Aus der amerikanischen Werkstattpraxis.

Bericht über eine
Studienreise in den Vereinigten Staaten von Amerika.

Von

Paul Möller,
Dipl.-Ing.

Mit 365 in den Text gedruckten Figuren.

Springer-Verlag Berlin Heidelberg GmbH

1904.

Sonderabdruck aus der Zeitschrift des Vereines deutscher Ingenieure.

ISBN 978-3-642-51910-9   ISBN 978-3-642-51972-7 (eBook)
DOI 10.1007/978-3-642-51972-7

Vorwort.

Auf seiner 43. Hauptversammlung zu Düsseldorf im Jahre 1902 beschloß der Verein deutscher Ingenieure, einen Ingenieur zu Studien in das Ausland zu entsenden, und mir wurde der Auftrag vom Vorstande des Vereines zu teil, mich nach den Vereinigten Staaten von Amerika zu begeben, um dort Anlage und Einrichtungen von Maschinenfabriken zu studieren. Die Reise wurde im September 1902 angetreten und im März 1903 beendet. Die Ergebnisse sind in einer Reihe von Einzelberichten in der Zeitschrift des Vereines deutscher Ingenieure niedergelegt, und diese Einzelberichte sind im vorliegenden Bande zusammengefaßt.

Ich bin bemüht gewesen, dasjenige zusammenzustellen, was mir in amerikanischen Werkstätten eigenartig und kennzeichnend erschienen ist, ohne im allgemeinen auf die Frage einzugehen, ob Einrichtungen, die sich drüben bewährt haben, auch für unsere Verhältnisse vorteilhaft und empfehlenswert sind. Gelegentlich habe ich zwar darauf hingewiesen, daß diese oder jene Einrichtung vollkommen aus amerikanischen Verhältnissen hervorgewachsen sei und schwerlich auf deutschem Boden gedeihen könne; aber in der Hauptsache glaubte ich, diese Beurteilung den Fachgenossen überlassen zu sollen. Ich bin überzeugt — und zahlreiche Aeußerungen von anderer Seite haben mir darin Recht gegeben —, daß sehr viele amerikanische Einrichtungen, wenn sie auch für deutsche Werkstätten unbrauchbar sind, reiche Anregung für unsere Betriebe bieten können. In diesem Sinne können und sollen wir von den Amerikanern lernen, genau so wie amerikanische Ingenieure nach Deutschland kommen, um durch das Studium unserer Werkstätten und der Erzeugnisse unserer von ihnen im internationalen Wettbewerb geschätzten und gefürchteten Industrie ihre Kenntnisse zu erweitern.

Ueberdies ist es wie im Kriege auch im wirtschaftlichen Wettstreite von unschätzbarem Vorteil, die Waffen zu kennen, deren sich der Gegner bedient, und ich habe die Aufgabe, die mir vom Vorstande des Vereines deutscher Ingenieure anvertraut war, so aufgefaßt, daß ich zu dieser Kenntnis beisteuern sollte.

P. Möller.

Inhalt.

I. Die amerikanische Maschinenindustrie und die Ursachen ihrer Erfolge.

Die Entwicklung der amerikanischen Industrie steht in der Kulturgeschichte beispiellos da. Während man in England und Deutschland bis weit in das 18. Jahrhundert hinein verfolgen kann, wie sich aus dem Handwerk die Grofsindustrie entwickelt hat, gab es in Amerika im Anfang des 19. Jahrhunderts kaum etwas, was als Fabrikbetrieb bezeichnet werden konnte. Schon 80 Jahre später begann man in Europa von einer industriellen Invasion Amerikas zu reden, und der österreichische Minister Goluchowski sprach im Jahre 1897 inbezug auf die »amerikanische Gefahr« die allerdings übertriebenen Worte aus: »Der vernichtende Konkurrenzkampf, den wir auf allen Gebieten menschlichen Schaffens mit überseeischen Ländern teils schon heute zu bestehen, teils für die nächste Zukunft zu gewärtigen haben, erheischt rasche, durchgreifende Gegenwehr, sollen die europäischen Völker nicht in ihren vitalsten Interessen geschädigt werden und einem Siechtum entgegengehen, das sie dem allmählichen Untergang zuführen müsste.«

Fragt man nach den Ursachen dieser beinahe stürmischen Entwicklung der amerikanischen Industrie, so ist wohl in erster Linie der beständig wachsende Wohlstand des Landes anzuführen, der zum grofsen Teil in den reichen Ernten, vergl. Fig. 1, seinen Ursprung findet. Hat sich doch das Nationalvermögen der Vereinigten Staaten, auf den Kopf der Bevölkerung berechnet, von 1850 bis 1900 mehr als vervierfacht. Und mit dem wachsenden Wohlstande steigerte sich auch der Bedarf an Industrieerzeugnissen.

Aber der Boden lieferte noch mehr als die Mittel zum Kaufe der Industrieerzeugnisse: er gab auch die Rohstoffe, deren die Industrie bedarf. An Kohle haben die Vereinigten Staaten im Jahre 1901 34 vH der gesamten Gewinnung der Welt aufgebracht, vergl. Fig. 2, während Grofsbritannien mit 28 vH, Deutschland mit 19,2 vH beteiligt ist. Auch im Reichtum an Eisenerzen stehen die Vereinigten Staaten allen andern Ländern voran. Im Jahre 1899 wurden von allen Ländern der Welt insgesamt 79 Mill. t Eisenerze gefördert, und davon entfallen 25 Mill. auf die Vereinigten Staaten. Dem entspricht die Eisenerzeugung, s. Fig. 3 und 4. Nicht unerwähnt dürfen schliefslich das Petroleum, vergl. Fig. 5, und das Naturgas bleiben, das in vielen Industriezweigen Amerikas Verwendung findet.

Nächst den natürlichen Hülfsquellen ist die Einwanderung, vergl. Fig. 6, der Entwicklung der Industrie zugute gekommen; denn durch sie wurden nicht allein Arbeitskräfte, sondern auch neue Verbraucher dem verhältnismäfsig schwach bevölkerten Lande zugeführt.

Die Kaufkraft, der Reichtum an Rohstoffen und die Einwanderung von Arbeitskräften bildeten demnach den Boden, in welchem die Industrie Wurzel schlagen konnte. Um jedoch

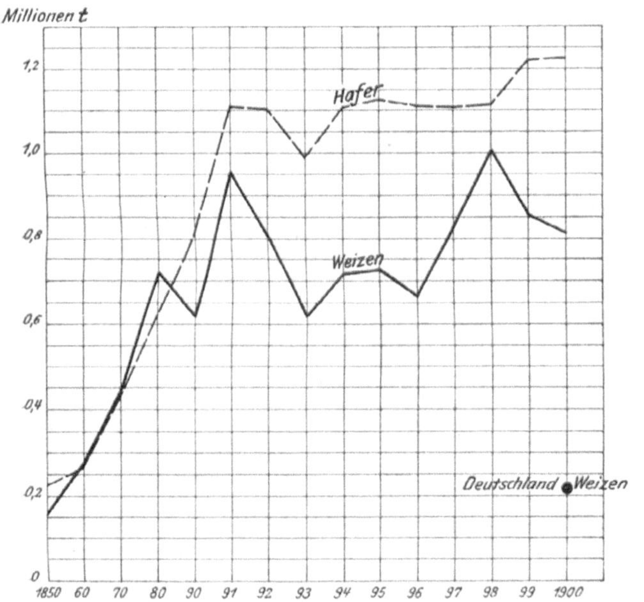

Fig. 1.

Getreidegewinnung in den Ver. Staaten.

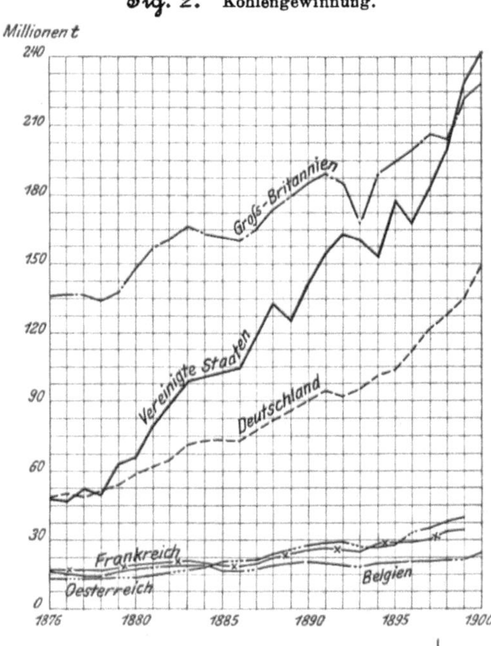

Fig. 2. Kohlengewinnung.

die industrielle Entwicklung zu der Blüte zu bringen, wie wir sie heute vor uns haben, fand man noch eine andere Triebkraft in der Schutzzollgesetzgebung. Während man aber durch den Schutzzoll eine chinesische Mauer gegen die Einfuhr aus Europa aufbaute, hat man anderseits dem freien Handel zwischen den einzelnen Staaten der Union keine Schranken gesetzt. Im Gegenteil wird der Verkehr im In-

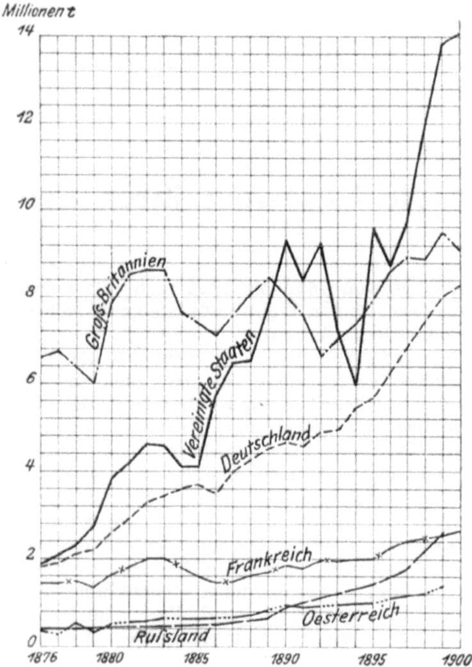

Fig. 3. Roheisenerzeugung.

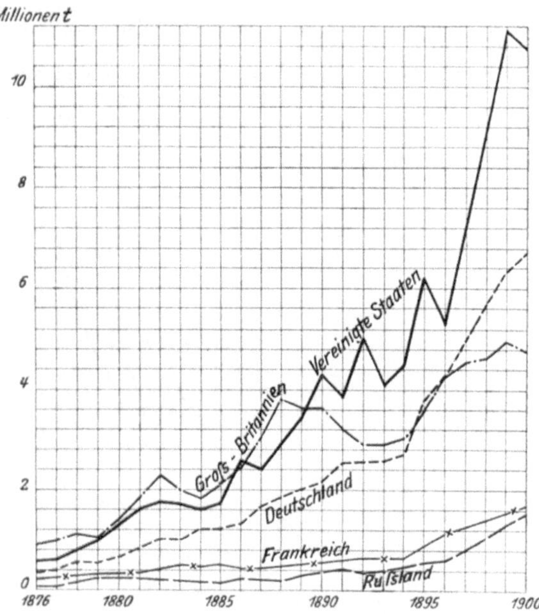

Fig. 4. Fluſseisenerzeugung.

nern noch durch gute Transportmittel begünstigt: die groſsen Seen, die Flüsse, von denen mehr als 29 000 km schiffbar sind, die Küstenschiffahrt und vor allem die Eisenbahnen, deren Entwicklung der Industrie weit vorausgeeilt war, und deren Frachtsätze infolge des freien Wettbewerbes niedriger sind als in Europa.

Bedenkt man schlieſslich noch, daſs die Entwicklung weder durch geschichtliche Ueberlieferungen noch durch Ar-

beiterfürsorgegesetze, welche dem Unternehmer harte Lasten auferlegen, gehemmt worden ist, so darf man wohl aussprechen, daſs nirgend in der Welt günstigere Bedingungen für das Gedeihen der Industrie vorhanden waren und noch sind.

Allerdings steht auf der andern Seite als schwerer Nachteil, den Amerika den übrigen Ländern gegenüber hat, die Höhe der Löhne. Nach der letzten mir vorliegenden Statistik betrug im Jahre 1901 der Durchschnittslohn eines Arbeiters allgemein 11,65 $\mathcal{M}$ pro Tag, in der Metall- und Maschinenindustrie 11,25 $\mathcal{M}$. Wenn man auf Einzelhei-

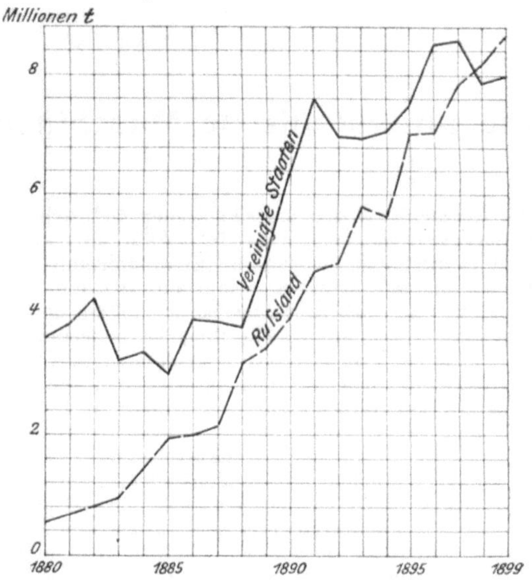

Fig. 5. Petroleumgewinnung.

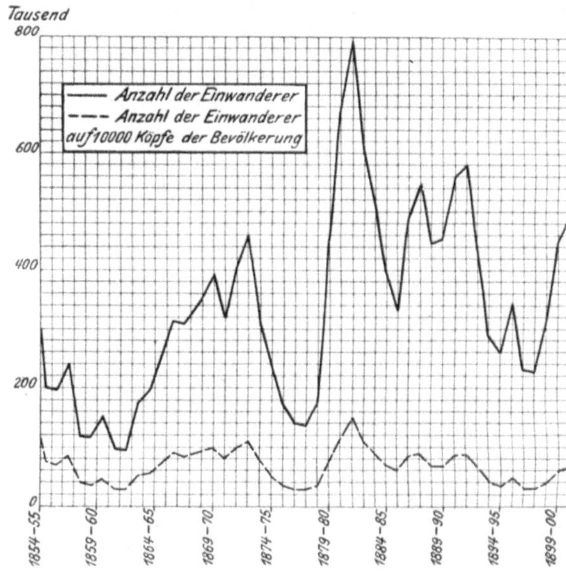

Fig. 6.
Einwanderung in die Ver. Saaten.

ten eingeht, so findet man z. B., daſs ein Maschinenbauer im Jahre 1900 im Staate Massachusetts pro Tag 9,80 $\mathcal{M}$ durchschnittlich verdiente, in Pennsylvanien 10,50 $\mathcal{M}$, in England dagegen 1899 6,30 $\mathcal{M}$, in Deutschland 1898 nur 3,75 $\mathcal{M}$. Ein Eisengieſser kann in Massachusetts bis zu 4 Dollar = 16,80 $\mathcal{M}$ pro Tag verdienen; ein Modelltischler oder ein Schmied verdient 12,60 $\mathcal{M}$ bis 16,80 $\mathcal{M}$. Dabei ist noch zu bedenken, daſs die Arbeitszeiten in den Vereinigten Staaten kürzer sind als in Deutschland.

Faſst man das eben Gesagte zusammen, so hatte sich

die amerikanische Industrie mit zwei Faktoren abzufinden: erstlich einem aufserordentlich grofsen und rasch wachsenden Bedarf, und dieser machte es nötig, viel und schnell zu fabrizieren, d. h. einen hohen Wirkungsgrad aus den Anlagen herauszuwirtschaften. Der zweite Faktor sind die hohen Löhne, welche es erforderten, auch aus den Arbeitskräften einen hohen Wirkungsgrad zu erzielen, d. h. Menschenarbeit so gut wie möglich auszunutzen, ja unter Umständen ganz zu vermeiden. Wie diese Forderungen im Maschinenbau erfüllt sind, soll im folgenden an Beispielen erläutert werden.

Ich möchte allerdings vorwegnehmen, dafs sich diese Beispiele auf diejenige Art der Fabrikation beziehen, die wir gewohnt sind, als spezifisch amerikanisch zu betrachten, und

die Beschränkung auf bestimmte Konstruktionsformen und Gröfsen, das Schaffen von Standards. Der Fabrikant geht von dem Gedanken aus, dafs er, dessen Tätigkeit auf ein eng begrenztes Gebiet beschränkt ist, auf diesem mehr als jeder andere mafsgebend sei, und er liefert seiner Kundschaft nur die von ihm wohl durchdachten Konstruktionen. Diese Zustände finden sich z. B. im Pumpenbau, im Werkzeugmaschinenfach, bei Hebezeugen und kleinen Dampfmaschinen, die als Dutzendware gebaut werden, also in all denjenigen Zweigen des Maschinenbaues, bei denen eine Massenfabrikation möglich ist. Es darf allerdings nicht verschwiegen werden, dafs der steigende Wettbewerb bereits hier und da die Fabrikanten zwingt, diesen stolzen Standpunkt

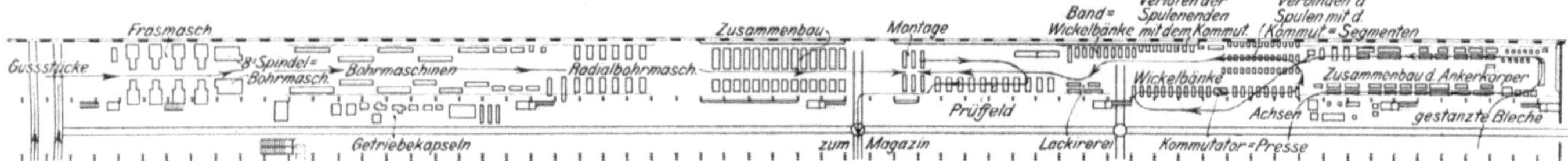

Fig. 7.

Werkstatt für Bahnmotoren der Westinghouse Electric & Mfg. Co., East Pittsburg, Pa.

bei der es auf eine Massenfabrikation hinausläuft. Daneben gibt es selbstverständlich noch andere Maschinenfabriken in den Vereinigten Staaten, deren Einrichtungen und Arbeitsweisen den europäischen nahestehen.

Ich möchte ferner hervorheben, dafs schwerlich alle Einrichtungen, die ich vorzuführen beabsichtige, bei uns unbekannt sein werden. Gehen doch alljährlich zahlreiche Fachgenossen nach den Vereinigten Staaten, um amerikanische Fabrikanlagen zu studieren, und unsere grofsen Werke haben sich deren Erfahrungen wohl zunutze gemacht. Mir kommt es aber hier darauf an, die wesentlichsten Gesichtspunkte hervorzuheben und durch einzelne Beispiele die Gesamtlage zu kennzeichnen.

Der erste Grundsatz, den sich die amerikanische Maschinenindustrie zu eigen gemacht hat, ist die Beschränkung auf bestimmte Sondergebiete. Ich besitze noch eine Geschäftskarte der nunmehr längst eingegangenen Fabrik von James Watt in Soho bei Birmingham, die mir gelegentlich eines Besuches im Jahre 1893 gegeben wurde. Darauf sind die Erzeugnisse der Firma verzeichnet, und es finden sich u. a.: feststehende und Schiffsmaschinen, Pumpen, hydraulische Anlagen, Kessel aller Art, Münzpressen, Maschinen für Walzwerke, Zuckerfabriken und Brauereien, Schmiedestücke usw. Eine ähnliche Vielseitigkeit gibt es in Amerika nicht; vielmehr geht man in der Spezialisierung dort oft so weit, dafs sich eine Fabrik nicht allein ein Fachgebiet, wie den Werkzeugmaschinenbau, wählt, sondern dafs sie z. B. nur Bohrmaschinen oder nur Drehbänke herstellt. Ja, mir ist eine Firma bekannt, die Jones & Lamson Machine Co., Springfield, Vt., die überhaupt nur Drehbänke von einer und derselben Konstruktion und einer und derselben Gröfse baut. Hierin zeigt sich gleichzeitig ein zweiter Grundsatz der amerikanischen Maschinenindustrie:

aufzugeben. So klagt man z. B. in Lokomotivfabriken, dafs technische Eisenbahnbeamte besondere Konstruktionen vorschreiben, und dafs man diese Wünsche, abweichend von den Standardformen, berücksichtigen müsse.

Dagegen hat man in manchen Fabriken mit grofsem Erfolg Normalien für Konstruktionselemente geschaffen; man stellt diese Teile auf Vorrat her und veranlafst den Konstrukteur, so weit als möglich diese vorhandenen Stücke zu verwenden. Das bezieht sich nicht allein auf Schrauben, Keile und dergl., sondern auch auf ganze Konstruktionsglieder, wie Pleuelstangen oder Exzenter.

Die Vereinheitlichung des Fabrikationszweiges und der Ausführungsformen bringt für den Gang der Fabrikation erhebliche Vorteile mit sich. Als ein Beispiel soll die Abteilung für Bahnmotoren der Westinghouse Electric & Mfg. Co., East Pittsburg, Pa., Fig. 7, herausgegriffen werden. Der langgestreckten Werkstatt werden auf der einen Schmalseite die gegossenen Gehäuseteile zugeführt, und diese werden, allmählich nach der Mitte wandernd, gefräst, gebohrt und zusammengepafst. Am andern Ende der Werkstatt kommen die ausgestanzten Blechscheiben für die Anker herein und werden zunächst mit den Achsen vereinigt, die wiederum an einer andern Stelle in den Gang der Fabrikation eingetreten sind. An die Ankerwicklerei schliefst sich dann die Montage, und von dort werden die fertigen Motoren auf den Versuchstand geschoben; sie verlassen schliefslich die Werkstatt auf einem Gleis, das etwa in der Mitte und senkrecht zur Längsachse des Gebäudes gelegen ist, und werden dem Magazin übergeben. Die Einzelheiten des Fabrikationsganges greifen hier so ineinander ein, dafs man fast von einem selbsttätigen Vorgange sprechen möchte.

Allerdings ist das Ganze auf eine Leistung von 60 Motoren pro Tag zugeschnitten, und es dürfte aufserfrage stehen, dafs die Fabrikation sich nicht mehr so regelmäfsig und

Fig. 8.

Nageln von Bohlen in den Pressed Steel Car Works, Pittsburg, Pa.

deshalb auch nicht so vorteilhaft abspielen wird, wenn die zu liefernde Menge Schwankungen unterworfen ist. In solchen Fällen ist es vorteilhafter, die Einzelteile auf Vorrat anzufertigen, sodaſs beim Zusammensetzen der Maschinen die einzelnen Stücke nicht aus der Bearbeitungswerkstatt, sondern aus einem Zwischenmagazin geholt werden. Diese Anordnung wirkt nicht allein ausgleichend auf den Gang der Fabrikation, sondern sie führt zugleich die Austauschbarkeit der Einzelteile herbei, die ein wesentliches Kennzeichen der Massenfabrikation bildet.

Eine Folge der Spezialisierung ist, daſs auch die Arbeiter zu Spezialisten werden. Das ist vielleicht eine zweischneidige Sache; denn man hört in Amerika oft die Klage, daſs tüchtige Maschinenbauer in dem bei uns üblichen vielseitigen Sinne immer seltener werden. Aber zur Verminderung der Herstellungskosten ist die Heranbildung von Spezialisten sehr wesentlich. So steht z. B. in der Werkstatt der Cincinnati Milling Machine Co. ein Arbeiter, der tagein tagaus, jahrein jahraus Reibahlen schleift; dabei hat er sich natürlich manchen kleinen Kunstgriff erdacht, der ihn instand setzt, mehr zu leisten als ein Anfänger. Ein anderes Beispiel habe ich in den Werken der Pressed Steel Car Works bei Pittsburg gesehen. Dort werden die Bohlen, die den Boden eines Güterwagens bilden, auf folgende Weise auf die Querbalken genagelt. Ein Mann, der sogenannte Starter, setzt die Nägel, deren Länge etwa 10 cm beträgt, locker in das Holz ein, und zwar geneigt zur Bohle. Wenn die ganze Fläche mit Nägeln wie gespickt ist, beginnt ein zweiter Arbeiter sein Werk, Fig. 8, indem er, sich langsam auf dem Boden fortbewegend, einen schweren Hammer im Kreise schwingt

Fig. 9.
Schruppwerkzeug mit eingesetzten Sticheln, American Turret Lathe Co.,
Wilmington, Del.

Fig. 10.
Fräsmaschine mit 3 Spindeln, Beaman & Smyth Co., Providence, R. J.

und niederfallen läſst, wobei die Nägel vollends eingeschlagen werden. Jeder der beiden Arbeiter ist durch lange Uebung ein Meister in seiner Arbeit geworden, aber keiner von ihnen kann die Arbeit des andern ebensogut oder zum mindesten doch ebenso schnell ausführen. Wohl niemals ist der Grundsatz des Spezialisierens oder der Arbeitsteilung schlagender durchgeführt worden!

Was die Konstruktion der Maschinen betrifft, so gilt der Grundsatz: Bearbeitung sparen, wo irgend angängig! Darum vermeidet man zunächst alles, was etwa nur dem schönen Aussehen dient, wie die blanken Reifen um die Zylinder einer Dampfmaschine. In einer namhaften Dampfmaschinenfabrik habe ich sogar gesehen, daſs man die Kurbeln, statt sie zu polieren, einfach mit Farbe strich. Man geht aber, um Bearbeitung zu sparen, noch weiter. In der Fabrik von Henry R. Worthington, Brooklyn, N. Y., werden die Dichtungsflächen der Pumpenhauben überhaupt nicht bearbeitet, vielmehr werden die Flächen der Flansche wellenförmig gegossen, und beim Zusammenschrauben wird Dichtungsstoff in die Fuge gelegt. Bei der Sturtevant Co., Boston, Mass., werden die Flansche der Ventilatorgehäuse ebenfalls nicht bearbeitet, sondern beim Zusammenschrauben mit Kitt gedichtet.

Ein anderes Mittel, die Bearbeitung in der Werkstatt zu sparen, hat man darin gefunden, daſs die Zwischenprodukte, die von der Maschinenfabrik gekauft werden, bereits so genau hergestellt sind, daſs sie garnicht oder nur wenig bearbeitet zu werden brauchen. So werden kalt gewalzte Rundstäbe bei Worthington zu Kolbenstangen, bei Pratt & Whitney, Hartford, Conn., zu Drehbankspindeln benutzt, ohne daſs sie abgedreht werden. Auch die Anwendung

und bei jeder Abwärtsbewegung einen Nagel trifft. Nun versteht man auch, weshalb die Nägel von vornherein schräg — nämlich in Richtung der Tangente der Hammerbahn — eingesetzt werden. Wenn auf diese Weise etwa 20 Nägel bis auf ein kleines Stückchen eingetrieben sind, dann beginnt derselbe Arbeiter von vorn, indem er den Hammer aufhebt von schmiedbarem Guſs, beispielsweise für Exzenterstangen an kleineren Dampfmaschinen, wie sie sich bei der Harrisburg Machine Co. findet, gehört hierher, ferner die Herstellung von Kurbelscheibe nebst Zapfen in einem Guſsstück, wobei dem Eisen im Kuppelofen Stahlspäne zugesetzt werden, und schlieſslich der Ersatz der teuren Schmiedestücke durch Stahlguſs.

Viel Zeit bei der Bearbeitung wird ferner durch Benutzung von Stücken gespart, die in stählernen Gesenken mittels Fallhammers geschmiedet sind. Derartige Gesenke sind so teuer, dafs ihre Anschaffung nur bei grofsem Bedarf lohnt. Aber es gibt Fabriken, wie J. H. Williams & Co., Brooklyn, N.Y., die eine Spezialität aus der Gesenkschmiederei gemacht haben, und manche Maschinenfabriken sind ihre ständigen Kunden. So bezieht z. B. Worthington für seine Pumpen grofse Mengen von Gesenkschmiedestücken, die aufserordentlich sauber gearbeitet sind. Bei Stücken, die abzudrehen oder mit Löchern

Fig. 11.

Vielfach-Bohrmaschine mit Drehkopf, National Automatic Tool Co., Dayton, O.

Fig. 12.

Zahlenrad für Registerkassen, National Cash Register Co., Dayton, O.

zu versehen sind, werden die Körner für die Drehbank- oder Bohrerspitze gleich im Gesenk mit eingeschmiedet. Andere Firmen, wie die American Locomotive Works in Schenectady, gehen noch weiter: die Löcher werden in die Schmiedestücke gleich während der Hitze gestanzt.

Zu den Mitteln, an Arbeitskosten zu sparen, gehört auch das Blankschleifen unwesentlicher Teile, wie ovaler Flansche, Lenkstangen und dergl. Dieses Schleifen ist eine Art Kunst, die, soweit meine Kenntnis reicht, ursprünglich von England eingeführt worden ist. In der Southwark Foundry & Machine Co., Philadelphia, sah ich, wie die Lenkstange einer Dampfmaschine von fast 5 m Länge blank geschliffen wurde. Zuerst wurde sie gegen einen gewöhnlichen Schleifstein geprefst und dann mit einer Schmirgelscheibe fertig bearbeitet. Das Rohschleifen dauert eine halbe Stunde, das Fertigschleifen eine Stunde.

Bei den Gufsstücken wird besonderer Wert darauf gelegt, dafs sie möglichst glatt und sauber in die Werkstatt kommen.

Fig. 13.

Gewinde-Fräsmaschine, Pratt & Whitney Co., Hartford, Conn.

Deshalb haben Maschinenfabriken, die keine eigene Giefserei besitzen, eine eigene Putzerei für die gelieferten Gufsstücke angelegt. In den Gufsputzereien findet man aufser den üblichen Rollfässern, Schleifsteinen und Druckluftmeifseln oft Sandstrahlgebläse. Auch das Beizen der Gufsstücke findet sich häufig: die Stücke werden eine zeitlang in eine Lösung von Schwefelsäure oder Flufssäure gelegt, wodurch der Sand und die Gufshaut entfernt werden. Die Giefser haben allerdings herausgefunden, dafs auf diese Weise auch die Blasen und dergl. sehr leicht blofsgelegt werden, und deshalb haben viele von ihnen das Beizen wieder aufgegeben. In Maschinenfabriken mit eigener Giefserei findet man es jedoch noch vielfach, weil das Beizen eine vortreffliche Vorbereitung für die Bearbeitung, besonders für das Fräsen, ist.

Um die Bearbeitung zu beschleunigen, hat man verschiedene Wege eingeschlagen. Am meisten Aufsehen hat wohl in neuerer Zeit der Schnelldrehstahl erregt, der zuerst durch Taylor und White von den Bethlehem-Stahlwerken bekannt gemacht wurde. Eine grofse Verbreitung hat, soweit meine Erfahrung reicht, dieser Stahl auch in Amerika noch nicht gefunden, teils weil die vorhandenen Werkzeugmaschinen nicht kräftig genug sind, teils weil die Herstellung der Stichel besondere Schwierigkeiten verursacht. Dagegen findet sich sehr häufig selbsthärtender Stahl, der zu heller Weifsglut gebracht und dann an der Luft gehärtet wird. Oft wird der Härtvorgang noch durch ein Gebläse oder durch einen Druckluftstrahl unterstützt.

Ein anderer Weg, die Bearbeitungszeit abzukürzen, führt zur gleichzeitigen Anwendung mehrerer Werkzeuge, und es ist nichts Aufsergewöhnliches in einer amerikanischen Werkstätte, dafs man z. B. beim Schneiden einer Schraubenspindel zwei Paare von Werkzeugen anwendet, von denen das eine beim Vor-, das andere beim Rückgange schneidet. Jedes Paar besteht aus einem Stichel zum Schruppen und einem zweiten zum Schlichten.

Eine eigenartige Vervielfältigung der Werkzeuge, die zum Schruppen einer ebenen Fläche dient, ist in Fig. 9 vorgeführt. Ganz allgemein ist ferner die gleichzeitige Benutzung mehrerer Fräser auf einer Spindel, und schliefslich ist ja ein Fräser an sich nichts anderes als die Vervielfältigung eines schneidenden Werkzeuges.

Aus der Maschine mit mehreren Werkzeugen hat sich dann die Mehrfach-Maschine entwickelt. In Fig. 10 ist eine Fräsmaschine mit drei Spindeln dargestellt, die zum Bearbeiten von drei Flanschen auf einmal dient, und zwar für Rohrstutzen, von denen mehrere hintereinander aufgespannt werden. Ein weiteres bekanntes Beispiel ist die mehrspindlige Bohrmaschine. Eine eigenartige Ausführung davon, Fig. 11, habe ich bei der Cash Register Co., Dayton, O., gesehen. Hier sind nicht weniger als 6 Gruppen von Bohrern in einer Art Drehkopf vereinigt. Beim Bohren wird der Tisch allmählich gehoben, und wenn er dann bei seinem Rückgang den tiefsten Stand erreicht hat, so schaltet sich der Drehkopf um.

Mit dieser Maschine sind wir schon in ein weiteres Gebiet gelangt, das der automatischen Maschine, die ihren Ausgangspunkt und ihre hohe Vol-

Fig. 14.

Drehbank mit besonderem Elektromotor für die Schlittenbewegung,
Gisholt Machine Co., Madison, Wis.

Fig. 15. Hängebahnen in den Pencoyd Iron Works.

Fig. 16.
Hängebahn mit Drucklufthebezeugen, Ingersoll-Sergeant Drill Co., Easton, Pa.

Fig. 17.
Drehbank für Eisenbahnwagen-Achsen, Niles Tool Works, Hamilton, O.

lendung in Amerika gefunden hat. Als ein Beispiel für die Leistung derartiger Maschinen ist in Fig. 12 ein Messingrädchen dargestellt, das zu hunderten beim Bau der bekannten Registerkassen gebraucht wird. Das Rädchen ist auf einer automatischen Schraubenschneidmaschine aus dem vollen Stabe hergestellt, und zwar nicht allein abgedreht, sondern es sind gleichzeitig die Zahlen an seinem Umfange mithülfe eines sich abwälzenden Matrizenrädchens aus gehärtetem Stahl eingeprefst. Das wiederholt sich auf der Maschine, ohne dafs der Arbeiter etwas anderes zu tun hat, als von Zeit zu Zeit einen frischen Messingstab hineinzustecken.

Darin liegt ja auch die Ursache dafür, dafs in Amerika die selbsttätigen Maschinen so grofse Verbreitung gefunden haben. Ein Arbeiter kann 6 und noch mehr Maschinen über-

wachen, und man kann dazu ungelernte Arbeiter verwenden unter der Voraussetzung, dafs ein geübter Mann, entweder der Vorarbeiter oder in gröfseren Betrieben ein besonderer Mechaniker, die Werkzeuge einstellt.

Auf diesem Grundsatz der Arbeitsteilung zwischen gelerntem Maschinenbauer und ungelerntem Arbeiter stöfst man in amerikanischen Werkstätten immer wieder und wieder, und die Anwendung mancher Werkzeugmaschine ist allein durch ihn möglich geworden. Worin besteht z. B. der Vorzug der Schleifmaschine, wenn man von der durch sie erzielten Genauigkeit absieht? In der Möglichkeit, die Stücke auf einer Drehbank von einem ungeübten Arbeiter abschruppen zu lassen und sie dann einem geübten Arbeiter zu übergeben, der sie auf der Schleifmaschine auf das genaue Mafs bringt. Ein anderes Beispiel liefert die

Schraubenfräsmaschine, Fig. 13, die von Pratt & Whitney in der Absicht ausgebildet ist, zum Schraubenschneiden ungeübte Arbeiter anstelle der gelernten Dreher zu verwenden.

Der Vervielfältigung der Werkzeuge steht die Vervielfältigung der Arbeitstücke gegenüber. So spannt man auf Hobelmaschinen gern eine gröfsere Anzahl gleicher Stücke zu gleicher Zeit auf, um den auf jedes Stück entfallenden Zeitverlust für das Aufspannen und für den Rückgang des Tisches zu vermindern.

Um die Zeit des Rückganges bei der Hobelmaschine abzukürzen, hat man Einrichtungen für schnellen Rückgang ausgebildet, und man hat in neuerer Zeit auch dazu elektrische Kupplungen herangezogen. Auch bei Drehbänken schenkt man dem raschen Rückgang der Schlitten Aufmerksamkeit. Als eine der neuesten Anordnungen dieser Art ist in Fig. 14 eine Drehbank vorgeführt, bei der zum schnellen Verschieben des Schlittens ein besonderer Elektromotor angebracht ist.

Das Wechseln der Geschwindigkeiten mithülfe von Stufenscheiben an Werkzeugmaschinen verursacht einen grofsen Zeitverlust. Man hat deshalb zuerst bei Drehbänken, neuerdings auch bei andern Werkzeugmaschinen die Riemen durch Rädergetriebe ersetzt, bei denen ein oder zwei Handgriffe genügen, um die Maschine mit anderer Geschwindigkeit laufen zu lassen. Auch der elektrische Antrieb bietet ein Mittel, die Geschwindigkeit rasch zu wechseln. Zwei Firmen in den Vereinigten Staaten haben eine besondere Anordnung dafür ausgebildet, die als das Vielfachspannungssystem bezeichnet wird. Für die Stromzuführung sind 4 Leitungen mit verschiedenen Spannungen vorhanden, und man kann durch Verbinden der Leiter 6 verschiedene Spannungsunterschiede bezw. Geschwindigkeiten des Motors erzielen. Dieses System ist noch ziemlich jung und in der Anlage teurer als die üblichen Gleichstromanlagen, hat jedoch bereits eine erhebliche Verbreitung in den Vereinigten Staaten gefunden.

Wenn ein Arbeitstück von einer Maschine zur andern geschafft werden soll, so müssen ausreichende und vor allem schnelle Hebezeuge und Transportmittel vorhanden sein. Beliebt sind ihrer Einfachheit wegen Hängebahnen, und manche Fabrik ist von einem ganzen Netz mit Abzweigungen für die einzelnen Werkzeugmaschinen durchzogen. Fig. 15 stellt die Hängebahnen in einer Brückenbauanstalt dar. An die Laufwagen der Hängebahnen werden entweder gewöhnliche Flaschenzüge oder Druckluftzylinder gehängt. Fig. 16 zeigt die letztere Anordnung. Die Zylinder liegen wagerecht, weil die Höhe für eine senkrechte Stellung nicht vorhanden war.

Vielfach geht man so weit, das Hebezeug unmittelbar mit der Werkzeugmaschine zu verbinden. Fig. 17 stellt eine derartig ausgestattete Drehbank für Eisenbahnwagenachsen dar, Fig. 18 eine Maschine zum Bohren der Radnaben von Eisenbahnwagenrädern.

Viel Zeit wird dann verloren, wenn der Arbeiter sich Werkzeuge oder ähnliche Dinge holen mufs. Was tut nun der praktische Amerikaner? Er stellt Laufjungen an und befestigt bei den einzelnen Werkzeugmaschinen Druckknöpfe einer Klingelleitung, durch welche die Jungen herbeigerufen werden. Nunmehr werden die Gänge von billigen Arbeitskräften gemacht, und für den Arbeiter fällt die Verlockung fort, von seiner Maschine fortzugehen und sich mit seinen Genossen zu unterhalten.

Auch die bei uns ebenfalls nicht seltene Einrichtung, dafs der Arbeiter mit dem Anschleifen seiner Werkzeuge nichts mehr zu tun hat, sondern dafs dies in der Werkzeugmacherei geschieht, erfüllt einen ähnlichen Zweck. Gleichzeitig werden aber die Werkzeuge auch besser geschliffen, da hierzu Spezialisten verwendet werden.

Den weitaus gröfsten Zeitverlust verursacht das Aufspannen der Werkstücke, und auf dieses Gebiet hat sich der erfinderische Sinn der Amerikaner vorzugsweise gerichtet. Bei grofsen Stücken hat man zu dem Mittel gegriffen, das Stück nur einmal auf einer Aufspannplatte festzulegen und die Werkzeugmaschinen der Reihe nach heranzubringen. Dafs man dabei auch vor Werkzeugmaschinen schwerster Art nicht mehr haltmacht, zeigt das Bild, Fig. 19, das in den Werkstätten der Westinghouse Electric & Mfg. Co. aufgenommen ist. Man kann aber auch umgekehrt das Werkstück auf einen Wagen stellen und vor das Werkzeug bringen, wie es in Fig. 20 dargestellt ist. Diese Maschine ist sehr beliebt, obwohl sie für ganz genaue Arbeiten nicht zu verwenden ist.

Für manche Zwecke haben sich Wechsel-Aufspannvorrichtungen geeignet erwiesen, bei denen mindestens zwei Einspannvorrichtungen vorhanden sind; der Arbeiter legt ein unbearbeitetes Stück in die eine, während die andere das gerade in Bearbeitung befindliche Stück festhält. Unter einer Vielfach-Bohrmaschine der Westinghouse Electric & Mfg. Co. liegt ein Schienengleis, Fig. 21, das durch eine Drehscheibe mit einem rechts und links neben der Maschine gelegenen Gleis in Verbindung steht. Während nun ein Wagen mit dem Arbeitstück unter der Maschine steht und die Bohrer ihr Werk verrichten, spannt der Arbeiter, der sonst untätig zusehen würde, ein anderes Stück auf einen zweiten Wagen und wechselt diesen mithülfe der Drehscheibe gegen den ersten aus, sobald das erste Stück fertig gebohrt ist.

Grofs ist die Reihe der Einrichtungen, die ein rasches Aufspannen ermöglichen sollen. Hierher gehören Schnellverschlüsse und magnetische Aufspannvorrichtungen, auf welche das Stück gelegt und durch Schliefsen des Stromes festgehalten wird.

Wo es sich darum handelt, gröfsere Mengen von einer und derselben Form herzustellen, haben sich Vorrichtungen eingebürgert, die das Werkstück ähnlich wie die Gufsform den gegossenen Gegenstand umschliefsen und an den erforderlichen Stellen Oeffnungen für den Eintritt des Werkzeuges haben. Diese Vorrichtungen — der Amerikaner nennt sie »jig« — sind häufig von recht verwickelter Gestalt und deshalb

Fig. 18.

Bohrmaschine für Eisenbahnräder, Niles Tool Works, Hamilton, O.

sehr teuer. Ihre Anschaffung lohnt sich also nur, wo tatsächlich eine Massenfabrikation vorliegt. Am meisten Anwendung finden sie beim Bohren, wobei der Schaft des Bohrers in einer gehärteten Stahlbüchse geführt wird, und es gibt Firmen, wie die Cincinnati Milling Machine Co., die sich rühmen, daß bei ihnen kein Loch ohne »jig« gebohrt wird. Derartige Bohrvorrichtungen werden sogar für ganz große Stücke verwendet. Bei der Brown & Sharpe Co., Providence, R. J., habe ich Kasten gesehen, in welche das vollständige Gestell einer Fräsmaschinen eingespannt wurde, um die verschiedenen Bohrungen auszuführen.

Außer der Schnelligkeit des Einspannens bringen diese Vorrichtungen noch andere Vorteile mit sich: zunächst die Genauigkeit, mit der ein Stück gleich dem andern wird, d. h. die Möglichkeit, die Stücke austauschbar zu machen; ferner aber wird das Anreißen, eine teure und zeitraubende Tätigkeit, vollkommen erspart.

Bei dieser Gelegenheit möchte ich eine Maschine vorführen, die ebenfalls den Zweck hat, das Anreißen zu sparen; es ist eine Maschine zum Stanzen von Löchern in Brückenträger, Fig. 22. Man erkennt 7 wagerecht verschiebliche Stempelhalter, die sich für gewöhnlich nur lose auf das Blech aufsetzen und erst dann durch das Blech hindurchgedrückt werden, wenn der Arbeiter einen Schließkeil zwischen den Stempelhalter und seinen Rahmen einschiebt. Der jedesmalige Vorschub des Trägers wird von einem zweiten Arbeiter mithülfe von zwei Hebeln geregelt. Beide Arbeiter haben eine Art Notenblatt vor sich, wonach der eine die Stempel niedergehen, der andere den Träger vorrücken läßt. Die Löcher werden also an der gewünschten Stelle eingestanzt ohne jedes Vorzeichnen. Derartige Stanzen haben übrigens auch in deutsche Werften Eingang gefunden. Einen ähnlichen Zweck, Anreiß- oder Meßarbeit zu vermindern, erfüllen Schablonen.

Fig. 19.

Aufspannplatte mit fahrbarer Bohr- und Fräsmaschine, Westinghouse Electric & Mfg. Co., East Pittsburg, Pa.

Fig. 20.

Bohrmaschine mit fahrbarem Tisch, Pawling & Harnischfeger, Milwaukee, Wis.

Ueber das Messen möchte ich nur mitteilen, daß man dort, wo man es nicht durch die zuvor geschilderten Einrichtungen ganz umgehen kann, dem Arbeiter gern feste Lehren in die Hand gibt und ihn nach Möglichkeit verhindert, Taster, Schraublehren und andere einstellbare Meßgeräte zu benutzen, weil ihr Gebrauch mehr Zeit erfordert und überdies leicht zu Ungenauigkeiten Veranlassung gibt.

Die arbeitsparenden Maschinen und Geräte, von denen ich eine kleine Auswahl vorgeführt habe, sind meist recht kostspielig, und doch haben sie allgemein Eingang in amerikanische Werkstätten gefunden. Der Fabrikleiter fragt eben bei einem neuen Dinge nicht zuerst: Was kostet's? sondern: Was spart's? Ist es imstande, die Leistungsfähigkeit der Arbeiter besser auszunutzen als zuvor, dann wird es angeschafft.

Die Leistungsfähigkeit der Arbeiter an sich zu heben, ist Gegenstand der weiteren Fürsorge des amerikanischen Arbeitgebers. Da ist zuerst das Lohnsystem. Gegen den Stücklohn wird von den Arbeiterverbänden geeifert, und wo diese Verbände durchgedrungen sind, findet man auch in den Vereinigten Staaten häufig Tagelohnarbeit, die ja im allgemeinen für den Unternehmer unvorteilhaft ist. Nun ist man aber auf eine neue Art der Löhnung gekommen, die eine Vereinigung beider Systeme ist, und mit der sich auch die Arbeiterverbände abgefunden haben: das Prämiensystem. Jeder Arbeiter hat einen festen Stundenlohn; außerdem ist aber für jede Arbeit eine bestimmte Zeit festgelegt. Wenn der Arbeiter diese innehält oder überschreitet, so erhält er nur den Stundenlohn. Spart er jedoch an Zeit, so wird ihm die Hälfte der ersparten Zeit seinem Lohnsatz entsprechend vergütet. Hat z. B. ein Mann, der einen Stundenlohn von 50 Pfg erhält, eine Arbeit, für die 12 st erlaubt sind, in 8 st erledigt, so erhält er eine Prämie von 1 $\mathcal{M}$. Dieses System erfordert eine genaue Prüfung der fertigen Stücke, aber wo es darauf ankommt, viel aus der Werkstatt und aus dem Arbeiter herauszuholen, ist es sehr wertvoll. Während beim Stücklohn der Vorteil des Fabrikanten nur in dem gröfseren Ausbringen besteht, vermindern sich beim Prämiensystem auch seine Unkosten. Die nach Einführung des Prämiensystems erzielten Ergebnisse sind geradezu glänzend, und zwar nicht etwa nur bei kleinen Fabriken, sondern auch bei Firmen wie der Westinghouse Electric & Mfg. Co.

Ich möchte bei dieser Gelegenheit erwähnen, dafs man in Amerika auch bei der Arbeiterkontrolle und der Berechnung der Löhne und der Selbstkosten nach rascher und einfacher Erledigung strebt und sich gern mechanischer Hülfsmittel dabei bedient. Ein aufserordentlich weitgehender Fall ist in Fig. 23 vorgeführt. Es ist eine Zeitkarte, die vom Arbeiter in den Schlitz einer Kontrolluhr gesteckt und dort morgens, mittags und abends mit einem Zeitstempel versehen wird. Am Schlusse der Woche wird die Zeit im Bureau zusammengezählt und die Lohnsumme verzeichnet. Auf der Rückseite derselben Karte wird nun ein Scheck ausgestellt, die Karte wird dem Arbeiter übergeben, und er kann seinen Lohn bei einer bestimmten Bank abheben. Die Bank belastet das Konto der Unternehmerin für jeden abgehobenen Scheck und sendet ihr dagegen den Scheck, der später zur Kostenberechnung in der Fabrik dient. Als Vorzug dieses Verfahrens wird geltend gemacht, dafs der Arbeiter zur Sparsamkeit angeregt wird, indem er einen Teil des Geldes in der Bank lassen kann, dafs die Bank auf diese Weise neue Kunden gewinnt, und dafs der Arbeitgeber kein bares Geld auszuzahlen braucht.

Man hat vielfach

Fig. 21.

Vielfach-Bohrmaschine mit auswechselbarem Tisch, Westinghouse Electric & Mfg. Co., East Pittsburg, Pa.

Fig. 22. Lochstanzmaschine, Pencoyd Iron Works.

versucht, aufser dem Lohn den Arbeitern noch einen Anteil am Geschäftsgewinn zu geben. Aber viel Erfolg hat man damit auch in Amerika nicht erzielt. Die Yale & Town Mfg. Co. hat sich mit Recht gesagt, dafs es zu weit gehe, wenn man den Arbeiter an dem ganzen Gewinn beteilige, während seine Tätigkeit nur auf die Produktionskosten Einflufs ausübe. Deshalb gab man ihm nur einen Anteil an etwaigen Ersparnissen der Herstellungskosten, welche man im voraus für ein Jahr festlegte. Aber auch diese Ertragbeteiligung ist wieder aufgegeben worden. Ein Ansporn für den Arbeiter ist sie nicht gewesen, sondern ein Grund zur Unzufriedenheit; denn der Arbeiter ist im allgemeinen nicht geneigt, jedesmal bis zum Schlusse des Jahres zu warten. Man geht deshalb bei der genannten Firma mit der Absicht um, eine monatliche Gewinnbeteiligung einzuführen.

Die United States Steel Corporation, der sogen. Stahltrust, hat ganz kürzlich nach dem Vorgange anderer Unternehmungen einen andern Weg eingeschlagen. Jeder Angestellte hat das Recht, Aktien der Gesellschaft bis zu einer bestimmten Höhe und zu einem festgesetzten verhältnismäfsig niedrigen Kurs zu erwerben, und zwar durch Abzahlungen in Gestalt von Abzügen, die ihm von seinem Lohn gemacht werden. Die Gesamtsumme mufs im Laufe von 3 Jahren abgezahlt sein. Aber schon nach der ersten Zahlung tritt der Arbeiter in den Genufs der Dividende. Wenn der Arbeiter die Aktie, nachdem sie abgezahlt ist, 5 Jahre lang in seinem Besitz behält und während dieser Zeit im Dienste der Gesellschaft bleibt, so wird ihm noch eine besondere Belohnung von 5 $ pro Jahr und Aktie ausbezahlt. Nach den neuesten Nachrichten sollen die Angestellten in grofser Zahl auf das Anerbieten eingehen.

Ich fürchte aber, das ist ein Danaergeschenk, denn die Ersparnisse eines Arbeiters dürfen unter keinen Umständen den Schwankungen der Börsenkurse oder der Geschäftslage ausgesetzt werden.

Im allgemeinen hat der amerikanische Arbeiter kein Verständnis für Wohltaten und Wohlfahrtseinrichtungen. Er will nichts weiter als hohe Löhne; alles andere hält er für eine unberechtigte Einmischung in seine persönlichen Verhältnisse. Man fragt deshalb, wenn man von Wascheinrichtungen absieht, meist vergeblich auf amerikani-

Fig. 23.

Kontrollkarte mit Scheck, International Time Recorder Co., Binghamton, N. Y.

GLENS FALLS MILL, NO. 1.
INTERNATIONAL PAPER CO.
Mill .... Work .... Productive
Room .... Job .... Non-Prod.
No.
NAME
DAY NIGHT | TOUR
W.R.
WOOD ROOM

1 FOREMAN 7 CHIPPER 13 KNIFE GRINDER
2 LOG HANDLER 8 CHIP BIN 14 SAW FILER
3 SAWYER 9 CRUSHER 15 OILER
4 SPLITTER 10 KNOTTER 16 SWEEPER
5 WATER TANK 11 CONVEYOR 17 RACKS
6 BARKER 12 WASTE HANDLING 18

TIME AND EARNINGS	HOURS	DEC	RATE	AMOUNT
REGULAR				
OVERTIME				
LOST TIME				
TOTAL				

CHARGES
ACCOUNT NO. .... $
ACCOUNT NO. .... $
ACCOUNT NO. .... $

Transfers

	FROM		TO		SENT TO			
DAY	HRS.	MIN.	HRS.	MIN.	MILL	ROOM	WORK	JOB

DAY	IN	OUT	LOST OR OVERTIME IN	OUT	TOTAL HOURS	MIN.
M A.M. P.M.						
T A.M. P.M.						
W A.M. P.M.						
T A.M. P.M.						
F A.M. P.M.						
S A.M. P.M.						
S A.M. P.M.						

CHECKED BY .... APPROVED BY ....
MILL TIME KEEPER .... FOREMAN ....
REFER TO CORRECTION NOTICE NO. ....
TIME AND AMOUNTS EXTENDED BY ....
EXTENSIONS AND CHARGES VERIFIED BY ....
Form I. W. R.

GLENS FALLS MILL, NO. 1.
THIS SIDE OUT.
No.
NAME ....
RECEIVED FROM INTERNATIONAL PAPER CO., PAYMENT IN FULL FOR ALL WORK DONE DURING WEEK ENDING MONDAY 7 A. M. ....
PAYEE SIGN HERE ....
ENDORSEMENTS ONLY
APPROVED
CHECK DRAWN BY
THIS CHECK MUST BE KEPT CLEAN AND UNBROKEN AND SHOULD BE PRESENTED IMMEDIATELY.
SUPERINTENDENT
PAY ROLL CHECK
PAY TO THE ORDER OF
THE FIRST NATIONAL BANK, GLENS FALLS, N. Y.
GLENS FALLS, N. Y.,
No.
CASHIER
$
THIS CHECK NOT VALID FOR AN AMOUNT EXCEEDING FIFTY DOLLARS ($ 50 $).

Vorderseite   Rückseite

schen Werken nach Wohlfahrteinrichtungen, und wo Derartiges wirklich vorhanden ist, hat es nicht den erwünschten günstigen Einfluß auf die Arbeiterschaft gehabt. Die Cash Register Co. in Dayton, Ohio, hat wirklich viel für ihre Leute getan, und doch brechen gerade dort Streitigkeiten und Ausstände oft aus nichtigen Ursachen aus, und man hat in diesem Werk sogar ein ständiges Einigungsamt eingerichtet, das bei Streitigkeiten zwischen Arbeiter und Werkmeister vermitteln soll.

Ja, wird man nun fragen, was geschieht in Amerika mit dem Arbeiter, wenn er arbeitsunfähig wird? — Nun, für das Alter muß er schon selbst sparen — der Lohn ist ja hoch genug —, sonst fällt er der Armenpflege anheim. Für Krankheit oder Todesfall sind auf einigen Werken Hülfskassen vorhanden, die aber zum größten Teile von den Arbeitern selbst unterhalten werden, oder aber die Arbeiterverbände haben derartige Einrichtungen für ihre Mitglieder. Die Verantwortlichkeit bei Unfällen wälzen manche Arbeitgeber auf Versicherungsgesellschaften ab. Oft genug aber muß der Arbeiter durch einen Prozeß den Arbeitgeber haftbar machen, und da das Prozeßführen in Amerika sehr kostspielig ist, so kommt es vor, daß der Arbeiter sich mit dem Advokaten dahin einigt, daß dieser, wenn der Prozeß verloren wird, leer ausgeht, bei einem günstigen Ausgange jedoch die Hälfte der erstrittenen Summe erhält.

Ich bin deshalb auf die Arbeiterverhältnisse näher eingegangen, weil, wenn man die Erfolge der amerikanischen Industrie betrachtet, dem Arbeiter ein großer Anteil daran gebührt. Es ist von Kennern europäischer und amerikanischer Verhältnisse oft betont worden, daß der amerikanische Arbeiter leistungsfähiger ist als der europäische, und das muß uns Deutsche besonders interessieren, weil viele amerikanische Betriebsleiter zugeben, daß der deutsche Arbeiter, wenn er eine zeitlang im Lande gewesen ist, zu den tüchtigsten gezählt werden darf. Worin aber liegen die Ursachen für diese Vermehrung der Leistungsfähigkeit? — Von manchen wird das Klima angeführt, das auf die Nerven anregender wirken und den Menschen zu regsamer Tätigkeit anspornen soll. Mir hat die Möglichkeit gefehlt, diese Behauptung auf ihre Richtigkeit zu prüfen. Stichhaltiger erscheint schon der Umstand, daß die Ernährung dank den hohen Löhnen besser ist, und daß der amerikanische Arbeiter während der Arbeitzeit keinen Alkohol — auch nicht einmal in Gestalt von Bier — zu sich zu nehmen pflegt.

Von wesentlichem Einfluß ist die Behandlung der Arbeiter durch ihre Vorgesetzten. In einer amerikanischen Werkstatt herrschen vollständig demokratische Zustände. Damit meine ich aber beileibe keine Insubordination; im Gegenteil, jeder weiß genau, welchen Posten er auszufüllen hat, und wem er im gegebenen Falle gehorchen muß. Aber der Arbeiter hat das Gefühl, daß er keineswegs auf einer niedrigeren sozialen Stufe steht als sein Vorgesetzter. Er weiß ja in vielen Fällen, daß der Betriebsleiter oder gar der Direktor selbst als gewöhnlicher Arbeiter in die Fabrik eingetreten ist, und hat das Bewußtsein, daß er durch Eifer und Tüchtigkeit ebenfalls eine höhere Stellung erringen kann, daß es für ihn keine durch Geburt oder Schulbildung gezogene Schranke gibt. Ich möchte nur an das Beispiel Charles Schwabs erinnern, des bekannten Leiters des sogenannten Stahltrustes. Jeder aber, der in die industriellen Verhältnisse Amerikas hineinblickt, findet noch weit mehr derartige Fälle. Durch die Möglichkeit, weiterzukommen, wird aber der Ehrgeiz des Arbeiters rege gehalten und sein Gefühl für Verantwortung geweckt.

Der Tüchtigkeit und der Leistungsfähigkeit des amerikanischen Arbeiters strebt jedoch eine Macht entgegen, die auf die Zukunft drohende Schatten wirft, das sind die Arbeiterverbände, die Labor Unions. Die Unions haben sich zuerst als Hauptaufgabe die Erhöhung der Löhne und die Einführung des Achtstundentages gesetzt. »Wir wollen soviel Geld wie möglich für so wenig Arbeit wie möglich«, sagte mir einer ihrer Agitatoren in der Hitze des Gespräches. Um dieses Ziel zu erreichen, streben die Unions darnach, die Arbeitgeber zur Anerkennung der Unions zu zwingen; das bedeutet, daß in einem Betriebe nur Angehörige der Unions arbeiten dürfen, und daß die Mindestlohnsätze der Unions eingehalten werden. In der Regel werden sogar Verträge zwischen den Unions und den Arbeitgebern abgeschlossen. Darin wird vor allem festgesetzt, daß nur oder vorzugsweise Union-Arbeiter in der betreffenden Werkstatt arbeiten sollen; die Arbeitzeit, vorläufig gewöhnlich 9 Stunden, die Anzahl der Lehrlinge wird bestimmt und dergleichen. Oft muß nach einem solchen Vertrage der Arbeitgeber den Abgesandten der Unions, den sogenannten herumgehenden Delegierten, Zutritt zu seinen Werkstätten gewähren, damit diese nachsehen, ob auch die Bestimmungen der Unions eingehalten werden, ob die Arbeiter den Mitgliedbeitrag für die Unions bezahlt haben, und so fort. Und das alles während der Arbeitstunden! Dafür verpflichtet sich die Union grofsmütig, die Arbeiter zur Erfüllung ihrer Pflicht anzuhalten. Läfst aber der Arbeitgeber sich den Unions gegenüber etwas zuschulden kommen, so wird ein Ausstand angesagt, und eine Geschichte der Unions würde zugleich eine Geschichte der Arbeiterausstände sein.

Die Unions in Amerika haben über eine Million Mitglieder und sind in rd. 100 nationale und internationale Gruppen gegliedert, jede für ein bestimmtes Handwerk und jede ihrerseits in eine Anzahl von örtlichen Vereinigungen zerfallend. Zum Beispiel besteht die International Association of Machinists aus etwa 400 Ortsvereinigungen. Jedes Mitglied dieser Union zahlt 75 Cents = 3,15 $\mathcal{M}$ pro Monat für die Hauptvereinigung und 25 Cents = rd. 1 $\mathcal{M}$ für die Ortsvereinigung. Die erstere gibt bei einem Ausstande 6 \$ = rd. 24,20 $\mathcal{M}$ pro Woche an verheiratete und 4 \$ = 16,80 $\mathcal{M}$ an unverheiratete Leute und zahlt beim Tode eines Mitgliedes 50 bis 200 \$ (210 bis 840 $\mathcal{M}$) an die Hinterbliebenen je nach der Dauer der Mitgliedschaft. Der Ortsvereinigung liegt die Sorge für Kranke ob. Gewöhnlich ist die ärztliche Behandlung frei, und es werden gezahlt: 5 bis 7 \$ pro Woche während der ersten 13 Wochen, dann 3 \$ für die folgenden 10 Wochen und schliefslich 1 \$ pro Woche bis zur Genesung oder bis zum Tode.

Eine grofse Gefahr für die Industrie bilden die Unions dadurch, dafs sie versuchen, die Leistung des einzelnen Arbeiters auf ein bestimmtes Mafs festzusetzen, angeblich, um zu verhindern, dafs ein Teil der Arbeiter brotlos wird, während sich ein anderer Teil überanstrengt. Es ist bekannt, dafs in England ganze Industriezweige durch diese Beschränkung der Arbeitsleistung wettbewerbunfähig gemacht und zugrunde gerichtet worden sind. Auch in Amerika hat die Beschränkung der Leistungsfähigkeit bereits um sich gegriffen, wenn auch noch nicht so weit wie in England. Man unterschätzt diese Gefahr in den Vereinigten Staaten keineswegs, und wiederholt haben sich Arbeitgeber zusammengeschlossen, um sich gegen die Uebergriffe der Unions zu wehren, nicht etwa, um die Unions als solche zu bekämpfen. Denn man gesteht in Amerika den Arbeitern im allgemeinen das Recht zu, sich zu Vereinen oder zu Verbänden zusammenzutun zu dem Zwecke, einen möglichst hohen Preis für ihre Arbeit zu erzielen. Der Fabrikant will sich ja dieses Recht auch nicht verkümmern lassen. Und wenn die Arbeitgeber ihre Trusts gründen, warum sollen die Arbeiter nicht auch einen Arbeitstrust haben, wie die Unions mehrfach bezeichnet worden sind?

Ich habe das Wort »Trust« gebraucht, obwohl es auf die meisten der sogenannten Trusts garnicht zutrifft; denn der amerikanische Sprachgebrauch versteht darunter eine industrielle Vereinigung, welcher alle oder der überwiegende Teil der Unternehmungen eines Industriezweiges angehören, sodafs die Leiter der Vereinigung die Verkaufpreise nach ihrem Belieben festsetzen können. In diesem Sinne dürfen eigentfich nur die Standard Oil Co. und die American Sugar Refining Co. als Trusts gelten; aber selbst diese Gesellschaften dürften weit entfernt davon sein, die Preise zu sehr in die Höhe zu schrauben. Wie unklug das ist, hat die Vereinigung der Spiritusfabriken, der sogenannte Whisky Trust, erfahren müssen. Dieser hatte Mitte der 90er Jahre, als er tatsächlich ein Monopol besafs, die Preise unangemessen erhöht. Sofort wurden angesichts dieser guten Preise neue Fabriken gegründet, und durch den entstehenden Wettbewerb wurden die Preise wieder ganz erheblich herabgedrückt.

Bei den meisten grofsen Industriegesellschaften in Amerika ist zurzeit der Wettbewerb hinreichend grofs, um ein Monopol auszuschliefsen, und tatsächlich läfst sich aus statistischen Untersuchungen erkennen, dafs sich die Steigerung der Verkaufpreise in den letzten Jahren zum gröfsten Teile auf eine Preissteigerung der Rohwaren zurückführen läfst, dafs also die Gewinne der grofsen Industriegesellschaften nicht übermäfsig gewachsen sind. Die Löhne sind überdies von jenen Unternehmungen nicht etwa gedrückt worden, sondern sie sind im allgemeinen gestiegen, zumteil sogar recht erheblich.

Ich möchte nach dem Gesagten das, was wir allgemein einen Trust nennen, als »Grofsaktiengesellschaft« bezeichnen. Es sind — wenn ich von Zuständen absehe, die der Vergangenheit angehören — Vereinigungen einer Anzahl früher selbständiger industrieller Betriebe zu einem Unternehmen mit zentraler Oberleitung, entstanden entweder dadurch, dafs man die einzelnen Fabriken selbst erworben, oder ihre Aktien ganz oder zum überwiegenden Teile aufgekauft hat. Von derartigen Grofsaktiengesellschaften sind im Jahre 1900 in den Vereinigten Staaten bereits 183 mit insgesamt 20290 Betriebstätten gezählt worden.

Es liegt aufserhalb des Rahmens meines Vortrages, das finanzielle Gebahren der Grofsaktiengesellschaften zu besprechen, das nicht immer einwandfrei ist; aber auf ihren wirtschaftlichen Einflufs möchte ich eingehen, denn er hat einen wesentlichen Anteil an den Erfolgen der amerikanischen Industrie. Die wirtschaftlichen Vorteile der Zentralisierung liegen auf der Hand: Rohstoffe können billiger eingekauft werden; die Handlungs- und Verkaufspesen sowie die allgemeinen Unkosten lassen sich vermindern; es werden Ersparnisse an Frachten gemacht, weil die einzelnen der Vereinigung angehörenden Fabriken jeweils das sie umgebende Absatzgebiet versorgen können. Der Wettbewerb wird vermindert, jedenfalls eine der Haupttriebfedern zur Gründung einer Grofsaktiengesellschaft. Dabei ist es vorgekommen, dafs eine Fabrik angekauft wurde, nur in der Absicht, sie aufser Betrieb zu setzen, weil ihre Einrichtungen minderwertig waren. Auch die gemeinsame Ausnutzung von Patenten bildet einen Vorteil der Grofsaktiengesellschaften. Ein wichtiger Umstand ist ferner, dafs durch die Zentralisierung die Möglichkeit gegeben ist, Standards zu schaffen. Die American Bridge Co. mit 25 verschiedenen Brückenbauanstalten hat das für Einzelteile von Eisenkonstruktionen getan und diese in Buchform zusammengestellt; dadurch hat sie nach einem Jahre die Ausgaben für Gehälter der Konstruktionsbureaus um 20 vH vermindert.

Vor allem aber wird die Verteilung der Aufträge an die verschiedenen Werke als einer der wirtschaftlichen Vorzüge der Grofsaktiengesellschaften angeführt.. Als ein Beispiel kann die American Steel Hoop Co. dienen, welche jetzt zur Steel Corporation gehört. Diese Gesellschaft umfafste 14 verschiedene Walzwerke, die insgesamt 85 bis 90 Profile lieferten. Das hatte zur Folge, dafs in jedem einzelnen Werk die Walzen oft gewechselt werden mufsten. Nachdem die Werke eine gemeinsame Leitung erhalten hatten, wurden die Aufträge so verteilt, dafs dieser Zeitverlust fortfiel, und es wurden dadurch 4 bis 6 $\mathcal{M}$/t gespart.

Auch bei der Otis Elevator Co., die 11 Fabriken vereinigt hat, und die 80 bis 85 vH aller Aufzüge in den Vereinigten Staaten baut, ist es üblich, die Aufträge so zu verteilen, dafs eine Fabrik jedesmal eine gröfsere Anzahl der gleichen Aufzüge herzustellen hat.

Die International Harvesting Machine Co., eine Vereinigung von Fabriken landwirtschaftlicher Maschinen, hat die Herstellung der Blechsitze für Mähmaschinen für alle ihre Fabriken der McCormick Harvesting Machine Co., Chicago, übertragen, weil das Werk besonders gut für diesen Teil der Fabrikation eingerichtet war.

Aehnliches hat die Niles-Bement-Pond Co. getan, eine Vereinigung mehrerer Werkzeugmaschinenfabriken, gegründet zu dem Zwecke, die Fabrikation zu verteilen und den Verkauf von einer Zentralstelle aus zu leiten. Diese Gesellschaft hatte einen aus den Vorständen der einzelnen Fabriken bestehenden Ausschufs eingesetzt, der zu untersuchen hatte, welches Werk für die Ausführung jeder einzelnen Maschinengattung am geeignetsten sei, und nur dieses Werk sollte von da ab die betreffenden Maschinen bauen. Allein in diesem Falle hatte das Verteilverfahren doch einen Haken: die Kunden waren nämlich nicht damit einverstanden. Ein Käufer, der z. B. vor Jahren eine Hobelmaschine von Bement, Miles & Co. gekauft hatte, verlangte bei einer Nachbestellung die gleiche Maschine, in derselben Fabrik gebaut. Der Niles-Bement-Pond Co. blieb, obwohl dieser Fabrikationszweig einem andern ihrer Werke zugeteilt war, nichts anderes übrig, als die Bestellung durch die gewünschte Fabrik ausführen zu lassen, oder ganz darauf zu verzichten. Denn sie ist nicht so mächtig, daſs sie den Markt beherrscht, wie etwa die Otis Elevator Co., und der Kunde ist von seiner Forderung nicht abzubringen, da eine Hobelmaschine kein Massenartikel ist, der überall gleich hergestellt wird, wie etwa eine Eisenbahnschiene. Wir sehen also, daſs auch in die Frage der Groſsaktiengesellschaften die Massenfabrikation hineinspricht.

Die American Locomotive Works, unter welchem Namen 8 Lokomotivfabriken vereinigt sind, haben zwei verschiedene Ausschüsse eingesetzt, welche von Zeit zu Zeit zusammentreten oder Besichtigungsreisen machen: einen Ausschuſs für die Konstruktion von Lokomotiven und einen zweiten für Werkzeugmaschinen und andere Werkstatteinrichtungen. Dem letzteren liegt die Einführung neuer Ar-

der Steel Corporation an der Roheisenerzeugung der Ver. Staaten auf rd. 43 vH, an der Fluſseisenerzeugung auf 66 vH angegeben wird. Ihr Gesamtbesitz ist Anfang dieses Jahres von ihrem Präsidenten Schwab auf rd. 5,9 Milliarden ℳ geschätzt worden.

Die Zentralleitung der Steel Corporation begann ihre Tätigkeit damit, daſs sie eine einheitliche Kostenberechnung für alle Werke einführte und daraus Vergleiche zwischen den Fabrikationskosten in den Anlagen gleicher Art anstellte. Diese Vergleiche wurden den Direktoren der Werke übersandt, und es war nunmehr deren Aufgabe, im Verein mit ihren Ingenieuren nachzuforschen, wie man die Kosten auf das geringste Maſs, das sich aus den Vergleichlisten ergab, herabbringen könne. Man ging aber noch einen Schritt wei-

Fig. 24.

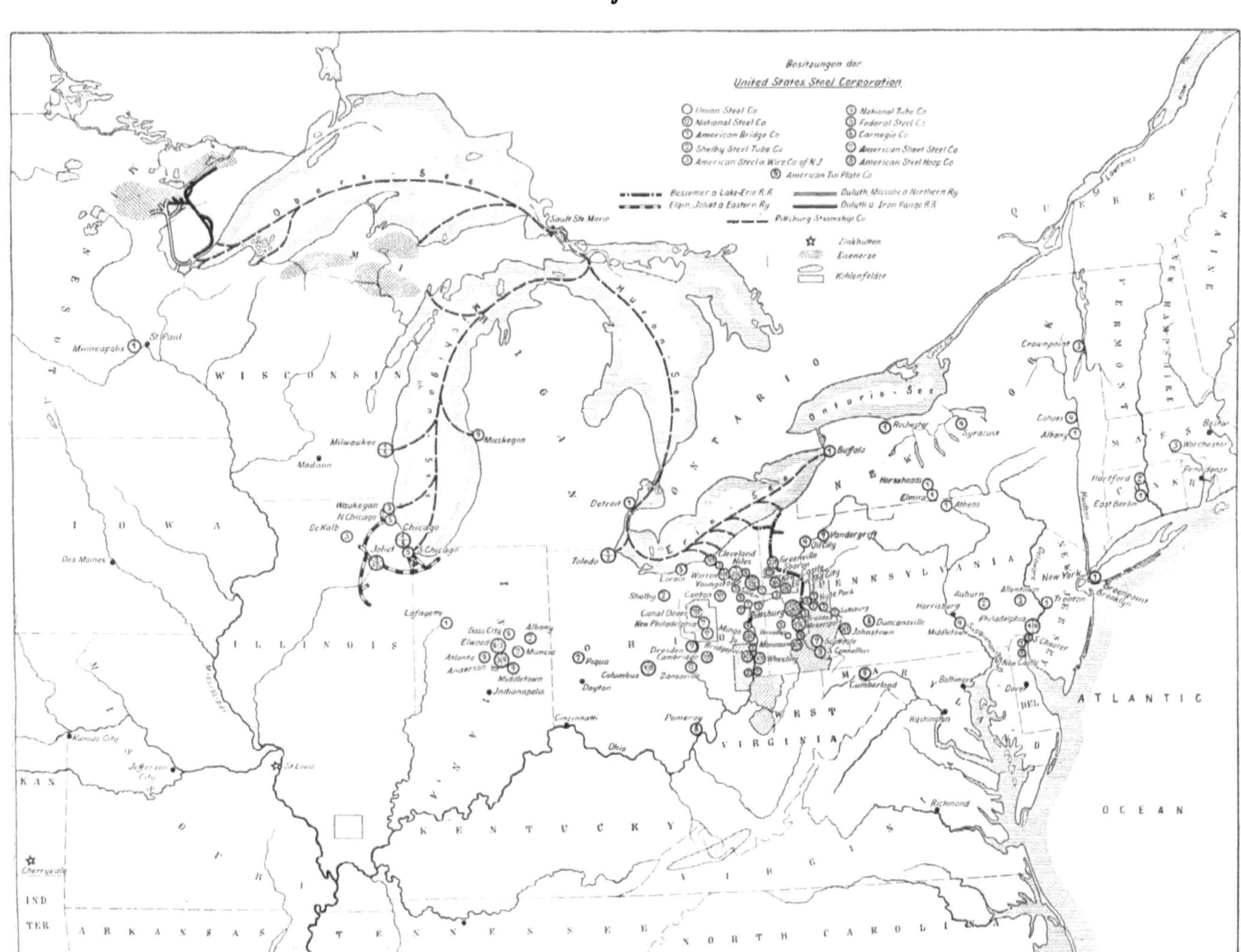

beitsverfahren und die Anschaffung von Werkzeugmaschinen ob.

Zu den bedeutendsten Groſsaktiengesellschaften und zu denen, welche den Ingenieur am meisten interessieren, gehört der sogenannte Stahltrust, die United States Steel Corporation. Diese ist Anfang 1901 gegründet worden und aus einer Reihe von Gesellschaften zusammengewachsen, die an sich schon alle Merkmale der Groſsaktiengesellschaften aufwiesen. Die Steel Corporation, vergl. Fig. 24, besitzt u. a. 77 Hochöfen, 112 Stahl- und Walzwerke, 26 Brückenbauanstalten, ferner Eisenerz- und Kohlengruben, Dampferlinien und Eisenbahnen. Da in den Vereinigten Staaten zurzeit rd. 400 Hochöfen und 527 Stahl- und Walzwerke gezählt werden, so entfallen auf die Steel Corporation 19 bis 21 vH der Zahl nach; allerdings gehören ihr gerade die gröſsten Anlagen, sodaſs der Anteil

ter, indem man die tüchtigsten Fachleute der verschiedenen Werke zu Ausschüssen zusammenrief, und so entstand ein Ausschuſs für Hochöfen, einer für Martinöfen, ein anderer für Hebe- und Transportmittel usw. Die Aufgabe der Ausschuſsmitglieder war es, die erwähnten Kostenvergleiche zu studieren, durch Rundreisen persönliche Beobachtungen zu machen und die auf den verschiedenen Werken üblichen Verfahren miteinander zu vergleichen. Dann traten die Ausschüsse zu Beratungen zusammen, stellten die für jedes Werk nach ihrer Ansicht erreichbaren Mindestkosten auf und gaben den Weg an, wie sie zu erreichen seien. Den Leitern der einzelnen Werke lag es dann ob, die Fabrikationsunkosten auf die angegebenen Mindestwerte zu bringen.

Die Vorzüge des geschilderten Verfahrens liegen auf der Hand: Erfahrungen, die sonst als Geheimnis betrachtet zu werden pflegen, werden frei und offen ausgetauscht, der Ehrgeiz unter den Beamten wird angespornt, und die Begabung des Einzelnen für ein bestimmtes Sonderfach wird dem ganzen Unternehmen dienstbar gemacht. Tatsächlich sind durch das Vorgehen der Zentralleitung schon erhebliche Ersparnisse in der Fabrikation erzielt worden.

Daſs durch die Bildung von Groſsaktiengesellschaften die Unternehmungslust gefördert wird, dürfte auſserfrage stehen. Hat doch vor einigen Monaten die Steel Corporation beschlossen, auf ihren Werken Neuanlagen im Gesamtwerte von rd. 15 Mill. $\mathcal{M}$ sofort in Angriff zu nehmen. Daſs sich auch die Leistungsfähigkeit durch bessere Verteilung der Arbeit und günstigere Ausnutzung der vorhandenen Einrichtungen vermehren läſst, zeigt das Beispiel der American Locomotive Co., welche im ersten Jahre ihres Bestehens 25 vH mehr Vollbahnlokomotiven gebaut hat als die einzelnen Werke im Jahre vorher; dabei sind für Verbesserungen und Neuanlagen nur 3,2 vH des Aktienkapitals während dieses Betriebjahres aufgewendet worden.

Ich habe versucht, in aller Kürze ein Bild davon zu geben, wie die amerikanische Industrie, begünstigt durch den Reichtum an Rohstoffen und durch ihre Spezialisierung, benachteiligt hingegen durch die hohen Löhne und die Einwirkung der Unions, es möglich gemacht hat, durch zeitsparende Werkstatteinrichtungen, durch die Leistungsfähigkeit der Arbeiter und durch die wirtschaftlichen Vorteile, welche die Groſsaktiengesellschaften bieten, in siegreichen Wettbewerb mit der europäischen Industrie zu treten. Ich habe dabei absichtlich von Vergleichen mit unserer Industrie abgesehen. Aber meinen Studien und denen anderer, die hinübergehen, um amerikanische Verhältnisse kennen zu lernen, liegt doch der Gedanke zugrunde: Welche Einrichtungen sollen wir, die wir von der Natur weniger begünstigt sind, von den Amerikanern übernehmen, um ihnen Schach bieten zu können?

Es ist bekannt, daſs manche der zeitsparenden Werkstatteinrichtungen, wie ich sie vorgeführt habe, bereits zu uns herübergekommen sind. Aber sollen wir wirklich an diesem Ende beginnen, von den Amerikanern zu lernen? Ich glaube, daſs diese Frage zu verneinen ist, weil die amerikanischen Einrichtungen durch ganz andere Verhältnisse bedingt sind, als sie bei uns vorliegen. Gewiſs mögen einzelne Einrichtungen auch schon jetzt von Vorteil für un-

sere Industrie sein, aber sie sind hervorgegangen aus der Spezialisierung und der Schaffung von Standards, und dahin müſsten auch wir zuerst streben. Es wird jedoch schwer sein, dieses Ziel bei uns zu erreichen, denn gerade seine Anpassungsfähigkeit hat dem deutschen Fabrikanten manchen Markt im Auslande erschlossen, und auch in den Vereinigten Staaten zeigt sich schon hier und da, daſs das Prinzip der Standards nicht überall aufrecht erhalten werden kann. Dagegen glaube ich, daſs es von unermeſslichem Vorteil sein würde, wenn die Fabriken mehr dazu übergingen, ihre Konstruktionselemente zu normalisieren; es gibt deutsche Fabriken, die sich dieser mühseligen Arbeit bereits unterzogen haben.

Manchen Erfolg dürften wir ferner haben, wenn wir den Amerikanern auf das Gebiet der Groſsaktiengesellschaften nachfolgten, und die ersten Schritte dazu sind ja bereits gemacht worden. Aber die Frage der Groſsaktiengesellschaften hängt ebenfalls mit der Massenfabrikation zusammen; denn erst bei Massenartikeln können die Vorteile dieser Vereinigungen recht zur Geltung kommen. Schlieſslich dürften sich Versuche zur Erhöhung der Leistungsfähigkeit unserer Arbeiter dadurch, daſs man ihre soziale Stellung hebt, reichlich bezahlt machen.

Wohl müssen wir uns für einen scharfen Wettbewerb mit den Vereinigten Staaten rüsten, denn die Gefahr der amerikanischen Invasion ist nicht zu unterschätzen; aber wir haben auch keinen Grund, dieser Gefahr verzagend gegenüberzustehen. Die deutsche Industrie wurzelt fest auf dem Boden wissenschaftlicher Erkenntnis, sie wird gestützt und getragen durch die von keinem andern Land erreichte Ausbildung ihrer Jünger, vom Ingenieur herab bis zum Arbeiter. So hat Deutschland eine mächtige Industrie trotz ungünstiger Verhältnisse groſsgezogen, eine Leistung, so bedeutend, daſs jüngst ein Amerikaner, der frühere Unterstaatssekretär im Schatzamt zu Washington, Frank A. Vanderlip, in einer lesenswerten Schrift[1] angesichts der Entwicklung unserer Industrie die Worte ausgesprochen hat:

»Wenn der endliche Sieg, den eine Nation über ungünstige Verhältnisse erringt, der Maſsstab für die Gröſse derselben ist, so ist Deutschland die gröſste Nation der Welt.«

---

[1] Amerikas Eindringen in das europäische Wirtschaftsgebiet, Berlin 1903, Julius Springer.

II. Messen und Prüfen.

Dem Messen mit Taster und Maßstab haften zwei Uebelstände an: erstens ist es verhältnismäßig zeitraubend, und zweitens ist es ungenau, weil dabei viel von der Geschicklichkeit und Achtsamkeit des Arbeiters abhängt, und weil das Uebertragen vom Maßstab auf das Arbeitstück schon an sich eine Fehlerquelle ist. Schraublehren und Stichmaße mit Mikrometerschraube verhalten sich schon weit günstiger: der zuletzt genannte Uebelstand wird vermieden, aber es wird weder erheblich an Zeit gewonnen, noch wird man von der Person des Arbeiters völlig unabhängig. Am schnellsten und sichersten gestaltet sich das Messen mit Standlehren und Lehrbolzen, und diese sind denn auch in den Vereinigten Staaten außerordentlich verbreitet. Daneben finden sich auch oft Schraublehren für die Fälle, wo gerade keine Standlehren vorhanden sind. Die Formen der Standlehren unterscheiden

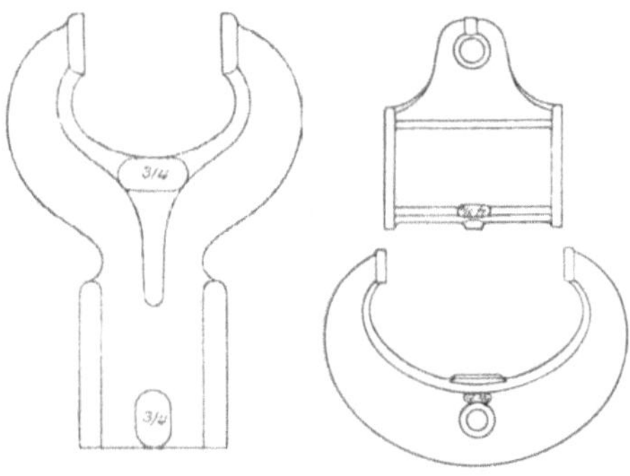

Fig. 25 und 26. Standlehren.

sich kaum von den bei uns üblichen. Die Lehren, Fig. 25 und 26, sind im Gesenk aus Werkzeugstahl geschmiedet und gehärtet, die Meßflächen sind geschliffen. Kleinere Lehren, Fig. 25, bis zu 3″ werden aus einem Stück hergestellt, größere aus zwei Teilen. Ringlehren und Bolzen, Fig. 27, werden bis zu Weiten von 3″ angefertigt; bei den größeren Durchmessern davon wird der Griff des Bolzens des geringeren Gewichtes wegen aus Aluminium hergestellt. Es gibt übrigens auch Fabriken, die den Gebrauch von Schraublehren vorziehen, weil ihrer Ansicht nach feste Lehren von der Temperatur stärker beeinflußt werden.

Eine mathematische Genauigkeit ist bei einer Messung mit Standlehren nicht zu erreichen, sondern es wird nur eine Annäherung erzielt, deren Grad von dem Gefühl und von der Uebung des Arbeiters abhängt, die aber nicht zahlenmäßig zu bestimmen sind. Es sei z. B. eine Welle abzu-

drehen und ein Lager passend dazu auszuführen. Die Welle wird dann so hergestellt, daß sie in die Lehre paßt, d. h. daß ihr Durchmesser kleiner ist als die Weite der Lehre. Das Lager wird so gebohrt, daß der Lehrbolzen hineingesteckt werden kann, also weiter, als das genaue Maß beträgt. Man weiß nun, daß die Welle in das Lager paßt, aber man hat keine Möglichkeit, vorauszusagen, ob der Unterschied vielleicht so gering ist, daß zwischen Welle und Lager kein Oel mehr Platz findet und infolgedessen die Welle heiß läuft, oder ob der Spielraum nicht so groß geworden ist, daß die Welle zu lose ruht. Man ist also vollständig auf die Erfahrung und Sicherheit des Arbeiters angewiesen.

Beim Einzelbau lassen sich solche Vorkommnisse dadurch vermeiden, daß man die Stücke zusammenpaßt, nicht aber beim Austauschbau, in dessen Wesen es liegt, daß ein

Fig. 27. Ringlehre und Bolzen.

beliebiges dem Vorratslager entnommenes Stück zu einem beliebigen andern Stück passen muß. Hier ist es notwendig, von vornherein die Grenzen festzusetzen, innerhalb deren die Abweichung vom genauen Maß liegt. Zu diesem Zwecke hat man Grenzlehren geschaffen, von denen zwei Formen in Fig. 28 und 29 dargestellt sind; sie enthalten zwei voneinander um ein bestimmtes Maß verschiedene Lehren, von denen die eine auf das Werkstück passen soll, die andere hingegen nicht. Das wirkliche Maß des Werkstückes liegt dann zwischen denen der beiden Lehren. Es ist üblich, daß bei Kaliberdornen sich an jedem Ende ein Meßdorn befindet, wie in Fig. 29 dargestellt. In einer Fabrik (Bullard Machine Tool Co., Bridgeport, Conn.) habe ich sogar Kaliberbolzen gesehen, Fig. 30, die an der einen Seite die Grenzwerte darstellten, an der andern Seite das genaue Maß. Die Anordnung der Grenzkaliber auf einer Seite macht es überflüssig, die Lehre beim Messen umzukehren. Ein Grund für die gleichzeitige Anbringung des genauen Kalibers ist nicht ersichtlich.

Man sollte nun meinen, daſs die unbestreitbaren Vorzüge der Grenzlehren ihnen ganz allgemein Eingang in die Maschinenfabriken der Vereinigten Staaten verschafft hätten, und man ist erstaunt, daſs trotzdem die Standlehre weit verbreiteter ist. Der Grund liegt vermutlich darin, daſs man die mit einem Systemwechsel verbundenen Kosten scheut, vielleicht auch, daſs man während der augenblicklichen industriellen Hochflut keine Zeit für derartige Aenderungen im Betriebe findet. In manchen Fabriken bestehen beide Meſsarten nebeneinander, was wohl nur eine Zeit des Ueberganges bedeutet, und man wendet dann die Grenzlehren gern für die feineren Arbeiten an. Man benutzt z. B. in den

Fig. 28 und 29. Grenzlehren.

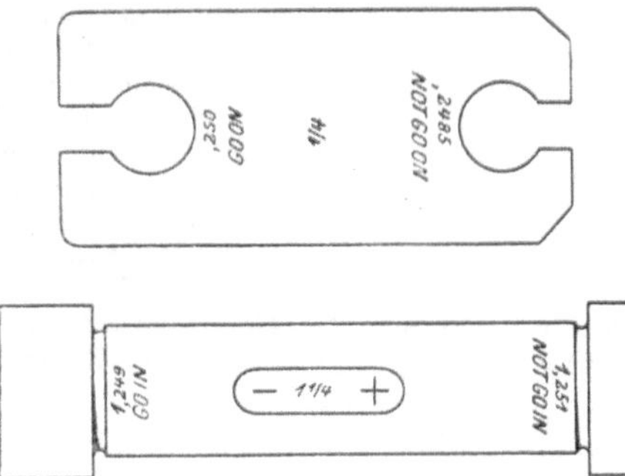

American Tool Works, Cincinnati, O., beim Ausreiben der Löcher Grenzlehren, im übrigen aber Standlehren.

Was die Grenze der Genauigkeit betrifft, so hängt sie naturgemäſs von der Art der Arbeit ab. Für rohere Arbeiten sind die Grenzen verhältnismäſsig sehr weit. So hat z. B. der Master Car Builder Club für die Abnahme von Rundeisen, das zu Schrauben bestimmt ist, bereits im Jahre 1883 die folgende Zahlentafel aufgestellt.

genaues Maſs	Oeffnung des weiten Endes der Lehre	Oeffnung des engen Endes der Lehre	Unterschied
Zoll engl.	Zoll engl.	Zoll engl.	Zoll engl.
$1/4$	0,2550	0,2450	0,010
$5/16$	0,3180	0,3070	0,011
$3/8$	0,3810	0,3690	0,012
$7/16$	0,4440	0,4310	0,013
$1/2$	0,5070	0,4930	0,014
$9/16$	0,5700	0,5550	0,015
$5/8$	0,6330	0,6170	0,016
$3/4$	0,7585	0,7415	0,017
$7/8$	0,8840	0,8660	0,018
1	1,0095	0,9905	0,019
$1^1/8$	1,1350	1,1150	1,020
$1^1/4$	1,2605	1,2395	1,021

Im Maschinenbau, besonders im Werkzeugmaschinenbau, sind die Grenzen naturgemäſs weit enger gezogen. Gewöhnlich sind die Abweichungen nach oben und nach unten gleich bemessen, und die zulässige Abweichung nach jeder Seite, ausgedrückt in tausendstel Zoll, entspricht etwa

der Formel $\frac{L}{2} = \frac{3}{16} D + 0{,}3\,{}^{1)}$), worin D den Durchmesser in Zoll bedeutet. Das ist jedoch nur eine rohe Faustformel; in Wirklichkeit wird über die zulässigen Grenzen von Fall zu Fall entschieden, und dabei ist auf die Art der Maschine und auf den Zweck der Verbindung Rücksicht zu nehmen. Man unterscheidet nämlich zwischen drehbaren und festen Verbindungen (running und driving fit), während die Preſs- und die Schrumpfverbindungen (forcing und shrinking fit) eine Klasse für sich bilden. Für jede dieser Arten wird der Unterschied zwischen dem genauen Maſs des Loches und des Bolzens festgelegt, und die Grenzen der Lehren sind so zu bemessen, daſs bei lösbaren Verbindungen der zulässige gröſste Durchmesser des Bolzens noch kleiner ist als der zulässige kleinste Durchmesser des Loches; bei festen Verbindungen hingegen muſs der kleinste Bolzen gröſser sein als die gröſste Bohrung $^{2)}$).

Die Lehren selbst haben einen hohen Grad der Genauigkeit, der auf Meſsmaschinen geprüft wird. Die Brown & Sharpe Mfg. Co., Providence, R. I., lassen bei den von ihnen hergestellten Lehren keine Abweichung von mehr als 0,0001″ nach oben und 0,00003″ nach unten zu, bei Bolzen nicht mehr als 0,00003″ nach oben und 0,0001″ nach unten. Dieselbe Firma hat in ihrem Betriebe eine sorgsame Ueber-

Fig. 30.

Grenzlehre der Bullard Machine Tool Co., Brigdeport, Conn.

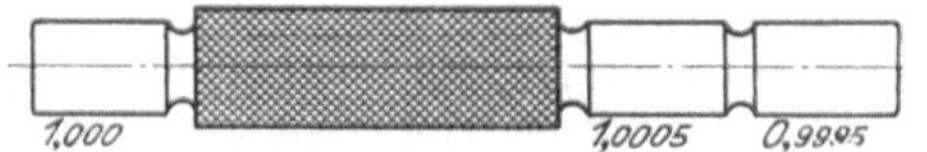

Fig. 31.

Meſsstab mit Spanndrähten, Westinghouse Electric & Mfg. Co., East Pittsburg, Pa.

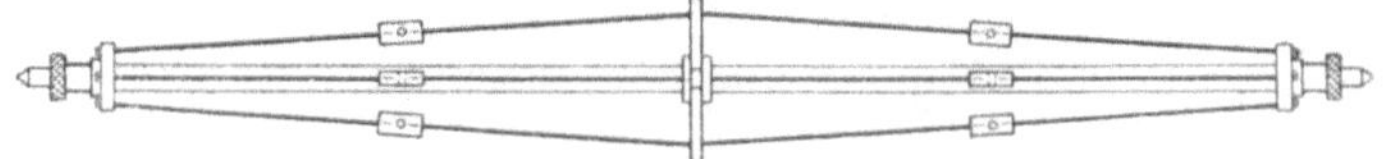

wachung der Meſsgeräte hinsichtlich ihrer Genauigkeit durchgeführt, da sie durch Abnutzung leicht leiden. Jedesmal, wenn die Lehren nach dem Gebrauch in der Werkstatt an das Werkzeuglager zurückgeliefert worden sind, werden sie nachgeprüft, und man läſst keine gröſsere Abnutzung als 0,00015″ bei kleineren, 0,00025″ bei gröſseren Lehren zu.

Für gewöhnlich werden Ringlehren und Bolzen nicht über 3″, Rachenlehren nicht über 7″ hergestellt. Für gröſsere Durchmesser benutzt man Endmaſsstäbe, deren Enden kugelförmig, dem Durchmesser des Stabes entsprechend, abgerundet sind, und die auch zum Messen des Abstandes ebener Flächen dienen können. Bei derartigen Stäben ist die Erwärmung durch die Hand des Arbeiters während der Benutzung von merkbarem Einfluſs. Man isoliert sie deshalb manchmal gegen die Wärme, indem man sie wie z. B. bei der Westinghouse Electric & Mfg. Co., East Pittsburg, Pa., mit einer vierkantigen Holzhülle umgibt. Bei sehr langen Stäben kommt auch noch die Durchbiegung inbetracht. Man hat deshalb ebenfalls bei der Westinghouse Electric & Mfg. Co. lange Meſsstäbe verspannt, Fig. 31, und in die Spanndrähte Schrauben zum Nachstellen eingeschaltet.

Bei Gewindelehren sind die Mutterlehren oft nachstellbar eingerichtet in der Weise, daſs sie über die Schraube gebracht und um diese festgespannt werden können. Zu diesem

---

$^{1)}$ vergl. Engineering News 25. Juni 1903 S. 563.
$^{2)}$ Dank den Erfahrungen und Bemühungen der Firma Ludwig Loewe & Co, Berlin, ist dies System der Grenzlehren auch bereits in einigen groſsen deutschen Werken (Gebr. Körting, Gasmotorenfabrik Deutz) eingeführt worden.

Zwecke werden sie geschlitzt und erhalten die erforderliche Elastizität durch eine besondere Bohrung, Fig. 32. Zum Spannen dienen zwei gegenläufige Schrauben, und die beiden Hälften sind miteinander durch einen Paßstift verbunden. Bei einfacherer Ausführung (Ingersoll-Sergeant Drill Co., Easton, Pa.) läßt man die Bohrung und den Paßstift fort.

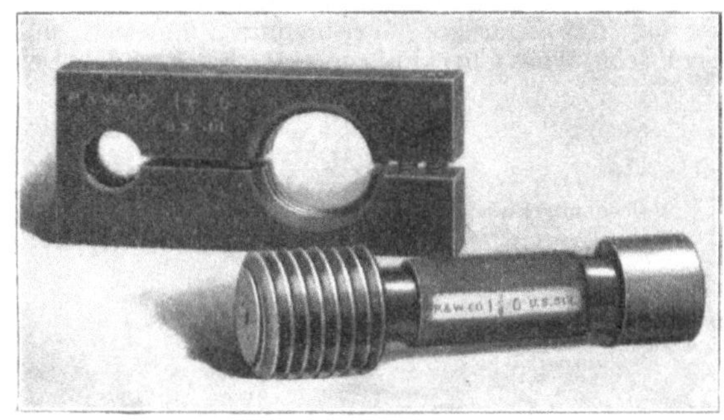

Fig. 32. Gewindelehre.

Fig. 33. Anwendung eines Meßklotzes.

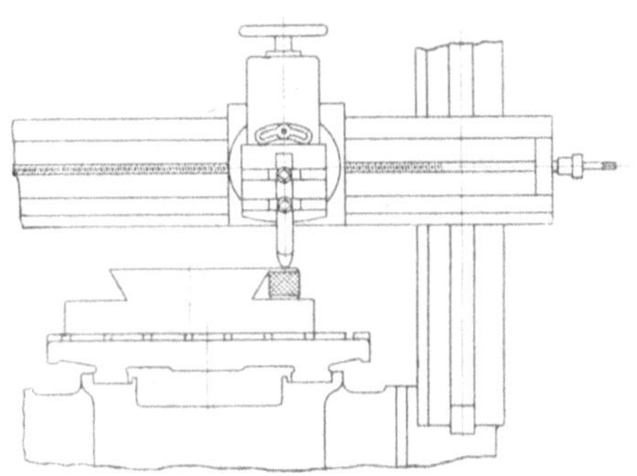

Fig. 34. Anwendung einer Schablone.

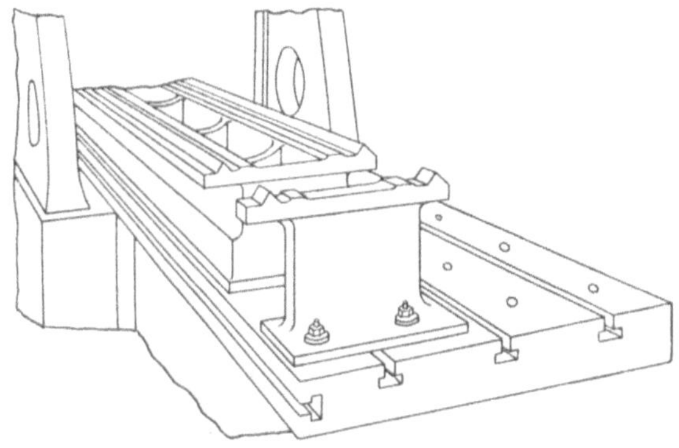

Auch auf das Messen von geraden Strecken hat man den Grundgedanken der Lehren, d. i. verstellbare Meßgeräte durch feste zu ersetzen, angewendet: bei Hobel- und bei Fräsmaschinen werden Meßklötze benutzt, um die Höhe des Werkstückes zu messen. Der Klotz wird neben das Werkstück gesetzt, und der Stichel oder der Fräser beim letzten Schnitt so eingestellt, daß er den Meßklotz berührt. In der Werkstatt der G. A. Gray Co. und der American Tool Works Co., beide in Cincinnati, O., werden derartige Klötze zum Hobeln von Schlittenführungen in der in Fig. 33 angedeuteten

Weise verwendet, wobei auf die Oberfläche des Meßklotzes, um ihn zu schützen, ein Stückchen Papier von bekannter Dicke gelegt wird.

Auch Schablonen werden in ähnlicher Weise als Meßgeräte verwendet. Wenn z. B. in den American Tool Works, Cincinnati, O., die Führungsflächen einer Drehbank gehobelt werden sollen, so wird auf den Tisch der Hobelmaschine vor dem Werkstück eine Schablone aufgestellt, Fig. 34, und der Hobelstahl wird so geführt, daß er dem Profil der Schablone folgt. Dabei werden auf die Schablone ebenfalls dünne Papierstreifen gelegt, welche der Stahl schließlich berühren muß.

Bei verschiedenen Firmen, u. a. bei der eben genannten American Tool Works Co., ferner bei Schumacher & Boyé und der G. A. Gray Co. werden zum Messen beim Hobeln von Führungsflächen Schablonenplatten benutzt, Fig. 35. Zuerst werden die vorderen Rückenflächen der Führungsleisten gehobelt, wobei man mittels der Schablonen I und II die Entfernungen mißt. Beim Abhobeln der hinteren Rückenflächen werden die Schablonen III und IV aufgelegt. Um die Fläche, an welche das Leitspindellager geschraubt werden soll, in der richtigen seitlichen Entfernung von der Führungsfläche zu erhalten, dient schließlich ein Anschlagstift a,

Fig. 35.

Anwendung von Schablonen beim Hobeln von Führungsleisten.

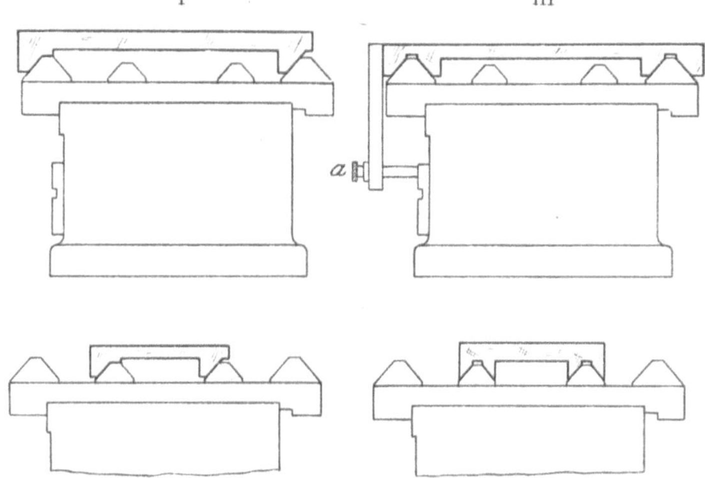

der diese Fläche gerade berühren muß. Beim Messen mit derartigen Schablonen wird, wie bereits erwähnt, häufig zwischen Arbeitstück und Schablone ein Papierstreifen von bekannter Dicke (z. B. 0,001″) gebracht, der beim Auflegen der Schablone gerade so festgeklemmt sein muß, daß er beim Herausziehen abreißt.

Ganz abweichend von allen üblichen ist ein Meßverfahren für gerade Strecken, das bei der C. W. Hunt Co., West New Brighton, Staten Island (Fabrik von Fördereinrichtungen für Massengüter, Industriebahnen und dergl.) angewandt wird, und dessen Kennzeichen darin besteht, daß die gegenseitigen Verschiebungen des Werkzeuges zum Werkstück, nicht aber die Entfernungen am Werkstück selbst gemessen werden, daß also jedes Messen oder Anreißen am Werkstück selbst fortfällt. Wenn z. B. ein Stück auf dem Tisch einer Bohrmaschine mit wagerechter Spindel aufgespannt ist, und es soll, nachdem ein Loch a, Fig. 36, fertig gestellt ist, ein zweites b gebohrt werden, so wird der Tisch erst um die Strecke bc gesenkt und dann um ac seitlich verschoben. Konstruktiv wird das so ausgeführt, daß am Gestell der Maschine ein durch Schraube einstellbarer Anschlag und am Aufspanntisch ein zweiter Anschlag befestigt wird. Der letztere bildet den einen Arm eines Hebels,

Fig. 36.

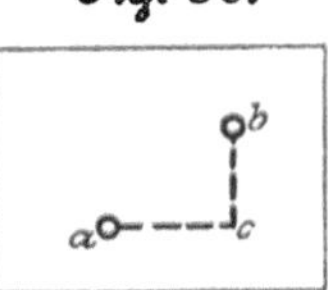

dessen zweiter Arm zu einem Zeiger ausgestaltet ist, sodafs man jede Verschiebung des Anschlages aus seiner Nulllage mit einer Vergröfserung von 1:10 an einer Teilung ablesen kann. Zwischen diese beiden Anschläge wird ein Endmafs gebracht, dessen Länge gleich der Strecke ist, um den der Aufspanntisch verschoben werden soll. Wenn das Endmafs wagerecht zu liegen kommt, wie beim Sticheltträger einer Hobelmaschine, Fig. 37, so wird noch ein hakenförmiges Auflager angebracht, das den Mafsstab vor dem Herabfallen schützt. Fig. 38 stellt die Anordnung für die senkrechte Verschiebung des Tisches einer Bohrmaschine mit wagerechter Spindel dar.

Wo es sich darum handelt, einen Aufspanntisch zu drehen, statt ihn zu verschieben, wie es bei Bohrmaschinen mit senkrechter Spindel vorkommt, treten Polarkoordinaten an die Stelle der rechtwinkligen. Der Tisch, Fig. 39, wird durch ein Schneckengetriebe so bewegt, dafs er sich bei einer vollen Drehung der Handkurbel um 1° dreht. Die mit der Kurbel verbundene Scheibe ist in Minuten eingeteilt, und ein Nonius gestattet, noch Sekunden abzulesen. Die ganze Einrichtung läfst sich übrigens leicht zur Seite drehen.

Das Mefsverfahren setzt eine vollständige Aenderung des Zeichenwesens voraus, und das ist bei der C. W. Hunt Co. tatsächlich durchgeführt: die Mafse werden nämlich als Koordinaten von einem Nullpunkt aus angegeben, der durch die Lage der Anschläge bestimmt ist. Die Mafszahlen werden

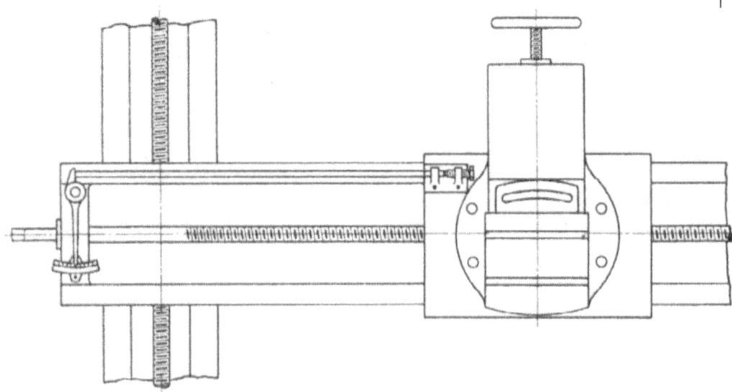

Fig. 37.

Messen mit Endmafs, C. W. Hunt Co., Staten Island.

auch nicht einmal an die Mafslinien geschrieben, sondern man bezeichnet sie, um dem Arbeiter die Möglichkeit, am Werkstück zu messen, zu erschweren, mit a, b, c usw. und gibt die Werte der Buchstaben in einer Zahlentafel an. Dabei werden zugleich die Grenzen für die Genauigkeit festgesetzt, die mithülfe des Zeigers auf der Teilung abzulesen sind. Z. B. findet sich die Angabe $a = 13^5/_8 {}^{+0,01}_{-0,02}$, worin der Bruch mit rot eingetragen ist, d. h. die Strecke a beträgt $13^5/_8''$, die zulässige Abweichung ist $0{,}01''$ nach oben, $0{,}02''$ nach unten. Uebrigens steht die Angabe der Grenzwerte nicht vereinzelt da: in der Dampfmaschinenfabrik von Lane & Bodly, Cincinnati, O., werden ebenfalls auf den Zeichnungen die zulässigen Grenzwerte angegeben.

Der Gedanke, welcher dem Mefsverfahren von Hunt zugrunde liegt, hat — das mufs man zugeben — etwas Verführerisches: Alles Messen am Werkstück selbst, vor allem aber das zeitraubende und kostspielige Anreifsen hört auf und wird durch das einfache Einlegen eines Endmafsstabes oder durch Drehen an einer Kurbel ersetzt. Hinsichtlich der Genauigkeit wird man auf diese Weise vom Arbeiter unabhängig, aber man hängt vom Zustande der Werkzeugmaschine ab. Wie, wenn die zum Verschieben des Werkzeugschlittens dienende Schraubenspindel toten Gang hat? Viel schwerer fällt jedoch ein anderer Einwurf ins Gewicht, den man gegen das Huntsche Verfahren machen kann: Darf man beim Arbeiter die erforderliche Kenntnis der Koordinaten-Geometrie voraussetzen, oder ist es möglich, ihm

diese Kenntnisse in kurzer Zeit so beizubringen, dafs Irrtümer ausgeschlossen sind?

Der Gedanke, die Ausführung einer Messung in die Arbeitsmaschine selbst zu verlegen, ist bei einer ganzen Klasse von Maschinen ebenfalls angewendet: bei den Pressen mit selbsttätiger Schaltung, wie sie in Amerika hauptsächlich von der E. W. Bliss Co. in Brooklyn ausgebildet sind. In diesen Pressen wird ein Blechstreifen, woraus Stücke auszustanzen sind, selbsttätig um ein für jede Arbeit einstellbares Mafs vorgerückt. Eigenartiger ist dies Verfahren bei einer Lochstanze für Brückenträger durchgeführt, die sich in den Pencoyd Iron Works bei Philadelphia findet und bereits in

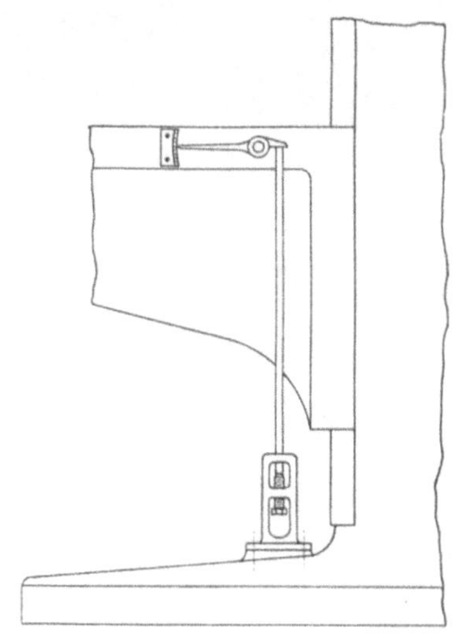

Fig. 38.

Messen mit Endmafs, C. W. Hunt Co., Staten Island.

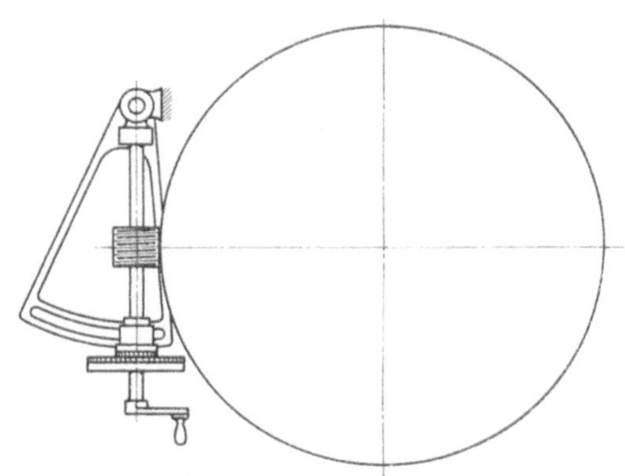

Fig. 39.

Messen durch Drehung des Tisches, C. W. Hunt Co., Staten Island.

Fig. 22 abgebildet und auf S. 9 beschrieben ist. Dort ist die Schaltung von einem Hub des Stempels zum andern veränderlich.

Die Prüfung der Maschinenteile und der fertigen Maschinen bildet eine wichtige Tätigkeit in amerikanischen Maschinenfabriken und spielt besonders im Werkzeugmaschinenbau eine grofse Rolle. Man treibt die Genauigkeit aufserordentlich weit, ja — selbst wenn man von unwahrscheinlichen Angaben mancher Fabrikanten absieht — man übertreibt wohl manchmal in dieser Hinsicht. Was hat es z. B.

für einen Sinn, wenn die Regierung der Vereinigten Staaten bei der Lieferung von Drehbänken für Gewehrfabrikation vorschreibt, daſs eine Bohrung von 20 mm Dmr. auf 0,0025 mm (0,0001″) genau sein muſs?

In den meisten Werkzeugmaschinenfabriken und in vielen andern Maschinenfabriken sind besondere Prüfungsbeamte angestellt, denen es obliegt, die Einzelteile, bevor sie in das Magazin kommen, oder die fertigen Maschinen zu prüfen. Die Ingersoll-Sergeant Co., Easton, Pa., hat zum Prüfen der von ihr gebauten Kompressoren und Gestein-

Machine Co., Torrington, Conn., senden sogar dem Käufer eine Kopie des Prüfscheines[1]).

Ein Vordruck der Brown & Sharpe Mfg. Co. ist in Fig. 40 wiedergegeben, während Fig. 41 einen ausgefüllten Prüfschein der Bullard Machine Tool Co., Bridgeport, Conn., darstellt. Die Cincinnati Milling Machine Co. gibt auf ihren Vordrucken, Fig. 42, gleichzeitig die zulässigen Abweichungen an; ein Vorteil ist das wohl nicht, denn die zulässigen Fehler sollten eigentlich nur den Oberbeamten bekannt sein, weil sonst die Gefahr vorliegt, daſs der Prüfer seine Meſsergebnisse diesen Werten anpaſst.

Fig. 40.

Prüfschein der Brown & Sharpe Mfg. Co., Providence, R. J.

No. ____ Automatic Gear Cutting Machine.

Lot No. ____ Construction No. ____ Stock No. ____

Work spindle runs at mouth, ____ end, ____

" " with cutter slide ways in Ver. ____ Hor. ____

" " " bed ways, Ver. ____ Hor. ____ (No. 4 mch.)

Front of Vertical with Horizontal slide ways, ____

Cutter spindle runs, ____

" " with work spindle ____ in ____ inches.

" " " " " when cutter slide is at 90°, ____
(No. 4 machine.)

" • " for 90° with Vertical slide, ____

Overhanging arm with work spindle ____ in 5 inches.

" " with supporting center high, ____ low, ____

Collet runs at mouth, ____ end, ____

Extreme variation of index wheel ____ (indicated on quadrant.)

Outer support with vertical ways, ____ (Nos. 5 and 6 mchs.)

" " bearing shell with spindle, ____ " "

Passed, ____ 189 ____ by ____
BROWN & SHARPE MFG. CO   *Inspector,*

REMARKS:

____

Wirkliche Gröſse 138 × 213 mm.

Fig. 41.

Prüfschein der Bullard Machine Tool Co., Bridgeport, Conn.

Boring and Turning Mills.

TEST RECORD.

Job No. *57.0* ____ Size *76″ Mill* ____ Machine No. *3417*

Uprights are out of square with table
{ R. H. *.0005″ Back* in 12 inches
{ L. H. *0* in 12 inches

Down Slides are out of square with table
{ R. H. *.001″ Back* in 12 inches
{ L. H. *.0005″ Forward* in 12 inches

Holes in down slides vary from Standard
{ R. H. *0* undersize
{ " *0* oversize
{ L. H. *0* undersize
{ " *0* oversize

Table gear and pinion run *Good*

Back gears and feed gears *Fair*

Table squares up
{ Hollow *0* in 12 inches
{ Rounding *0* in 12 inches

Variation between ____ R. H. *0* in 12 inches

Raising Screws ____ L. H. *.0005 Short* in 12 inches

Remarks. *Parallel Flat Table with 4 Face Plate Jaws.*
Headstock arranged for Motor Drive with a 10 H.P. 500 Volt motor.

Date *Nov. 10. 1902* Tested by *R. H. Jennings*

Wirkliche Gröſse 129 × 227 mm.

bohrmaschinen eine besondere Abteilung in ihrem Werk errichtet, in der 30 Prüfer unter einem Vormann tätig sind. Bei der Brown & Sharpe Mfg. Co., Providence, R. J., welche Fabrik rd. 2000 Arbeiter beschäftigt, sind zum Untersuchen der montierten Maschinen ein Oberinspektor und 10 unter ihm stehende Beamte angestellt. Jeder von ihnen ist mit einem auf Rollen stehenden Pult ausgestattet, dessen Kasten die erforderlichen Meſsgeräte enthält, und das jeweils dorthin gefahren wird, wo sich die zu prüfende Maschine befindet. Jedem Beamten ist genau vorgeschrieben, was und wie er zu untersuchen hat, und das Ergebnis wird in einen Vordruck eingetragen, der dem Oberinspektor vorgelegt und von ihm aufbewahrt wird. Einige Firmen, wie die Hendey

Wie der zuletzt erwähnte Vordruck zeigt, sind die Grenzen der Genauigkeit teilweise sehr eng gezogen, und um diese kleinen Gröſsen messen zu können, müssen die Prüfer mit besonders empfindlichen Geräten ausgestattet sein. Die Brown & Sharpe Mfg. Co. stellt ein einfaches Gerät, Fig. 43, her, das im wesentlichen aus einem doppelten Hebel besteht, dessen einer Arm als Fühlstift, dessen anderer Arm

---

[1]) Iron Age 5. März 1903 S. 10.

20

als Zeiger ausgebildet ist. Mittels eines Schräubchens kann der Fühlstift so eingestellt werden, daſs der Zeiger auf dem Nullpunkt steht. Das Gerät ist in der Höhe und in der Wagerechten verschiebbar und läſst sich auch in beliebiger Neigung einstellen. Die Teilung gestattet, tausendstel Zoll abzulesen.

Noch genauere Messungen läſst der sogenannte Bath Indicator, Fig. 44, zu, der von der Norton Emery Wheel Co., Worcester, Mass., gebaut wird. Hier ist eine dreifache Hebelübersetzung angeordnet, bei der die Gelenke zumteil als Schneiden ausgebildet sind. Die Vergröſserung beträgt $\frac{1000}{6}$ oder $\frac{1000}{12}$, je nachdem man den Fühlstift in eines von 2 Löchern im Block a einschraubt.

Schlieſslich ist ein drittes Meſsgerät zu erwähnen, das in vielen Fabriken angewendet wird, während andere es als zu empfindlich für ihre Zwecke befunden haben: der Indikator der American Watch Tool Co., Waltham, Mass., welcher das Aussehen einer Uhr besitzt, deren Zeiger die gemessenen Gröſsen auf einem Zifferblatt angibt. Hier wird ebenso wie beim Bath Indicator der Fühlstift durch eine Feder an das Werkstück gedrückt. Nähere Angaben über das Gerät waren leider nicht zu erhalten.

Wie die dargestellten und einige andere einfachere Geräte Anwendung finden, soll im Folgenden an einigen Beispielen erläutert werden. Fig. 45 zeigt, wie der Tisch einer Hobelmaschine mithülfe eines Bath Indicator geprüft wird, ob er eben ist. Jede höhere oder tiefere Stelle ist am Ausschlag des Zeigers zu erkennen. Eine noch einfachere Untersuchung ebener Flächen steht in Fabriken von Drehbänken beim Prüfen der Planscheibe im Gebrauch (Schumacher & Boyé, Cincinnati, O.; Prentice Bros. Co., Worcester, Mass.). Auf die Scheibe wird ein Lineal gelegt, und man merkt an der Beweglichkeit des Lineals ohne

jede Vorübung, ob die Scheibe gewölbt oder hohl ist. Um die Abweichung von der Ebene maſsstäblich festzustellen, schiebt man Streifen dünnen Papieres unter das Lineal, bis es fest aufliegt, und miſst die Dicke des Papieres. Die Firma Schumacher & Boyé läſst bei dieser Messung keinen gröſserenUnterschied als 0,001″ am Rande einer Planscheibe von 36″ Dmr. zu.

Eine andere Aufgabe der Prüfer ist es, die winkelrechte Stellung zweier Körper zu einander zu untersuchen. Bei der Bullard Machine Tool Co., Springfield, Mass., benutzt man dazu eine Vereinigung von Anschlagwinkel und Wasserwage. Bei der Cincinnati Milling Machine Co. wird der erwähnte uhrenförmige Indikator dazu verwendet, festzustellen, ob der Tisch einer Fräsmaschine winkelrecht zur Spindel steht. Auf den Spindelkopf wird nämlich ein Arm, Fig. 46, gesetzt, der an seinem freien Ende das Meſsgerät trägt, dessen Fühlstift an der gehobelten Seitenwange des Tisches anliegt, während der Tisch verschoben wird.

Sehr häufig ist zu prüfen, ob zwei Flächen hinreichend genau parallel zu einander sind. Wenn es sich dabei um einen Körper handelt, der mit einer Fläche auf eine ebene Unterlage gebracht werden kann, so gestaltet sich die Sache z. B. mithülfe des Meſsgerätes von Brown & Sharpe sehr einfach, wie dies Fig. 47 zeigt. Wenn zwei übereinander liegende Wellen geprüft werden sollen, so wenden Brown & Sharpe eine Platte mit aufgebogenen Rändern an, die auf der unteren Welle verschoben werden kann, und auf der eine Mikrometerschraube winkelrecht zur Platte befestigt ist, die jedesmal so weit herausgeschraubt wird, bis sie die obere Welle berührt.

Wenn an einer Drehbank zu prüfen ist, ob die Spindel winkelrecht zur Schlittenführung des Bettes steht, so wird ein Versuchstab auf die Spindel geschraubt, der des geringen Ge-

Fig. 42.

Prüfschein der Cincinnati Milling Machine Co., Cincinnati, O.

Test on No.......... Machine Shop No.......... S. O.......... Date..........			
Assembler.......... Inspector..........			

Assembler column		Inspector column	
Spindle and cone run freely and are properly adjusted and balanced.		Taper hole in Spindle fits test plug.	
Back Gears and Feed Gears run smoothly and freely.		Clamps for Knee and Saddle work properly.	
Table moves freely full length of feed.		All Bearings properly scraped.	
Saddle moves freely full length of feed.		Clutches on Cross and Vert. Screw fit well.	
Knee moves freely full length of feed.		Ball Crank fits end of Lead Screw.	
Lock Nuts on Cross and Lead Screws clamp properly.		Machine tested under cut,	
Levers on feed-arrangement work freely.		Large and small cutter.	
Pin in face gear drops in freely.		Cutter run over second time and shows no cut or chatter.	
Spindle will sustain End Pressure without sticking.		Arbor in line with overarm bearing in and out from col. and when bracket is revers'd	
Gear covers do not interfere with belt.		Screws for Clamping Mitre gear bearings and shafts in gear boxes all tight.	
Back Gear eccentric will not throw out when under a load.		Sliding covers operate properly full length.	
Gib Screw and Screw for bush in Back Gear Arm fit tight.		All Wrenches fit.	
Automatic Stops O. K. in all directions.			
Gears in connection with Cross and Lead Screws work freely without noise.			

	Maximum Error Allowed	TEST IN THOUSANDTH		
Spindle with Col. { Points in 36 inches. Points in 36 inches.	2 up 4 down 2 " 2 "		Up Down Right Left	Down is in Favor. Right is in Favor.
Center of Spindle to Right or Left of Center of Trunion..........	5 Right. 5 Left			Right is in Favor.
TABLE { Use Test Arbor..........Top. { Use 39 in. Tram..........Side.	0 Front 1 Back in 12 in. 2 Right 2 Left		Low Front Low Back — Off on right side. Off on left side.	Low Back is in Favor. — Right is in Favor.
Table with Column, Use 18 in. Square..........	1 Front 1 Back		Low Front. Low Back.	Low Back is in Favor.
Table T Slot to Right or Left.......... with Center of Trunion..........	5 Right 5 Left			When Ball Crank end is away from Column Right is in Favor.
Top of Knee with { Face of Col. Side of Col. } 18-inch length Side of Knee with Column	1 Up 2 Left 1 Left		Up Down. Right Left. Right Left.	Up is in Favor. Left is in Favor. Left is in Favor.
Arbor in 6 in. length..........	1			
Hole in Spindle.	½			
Chuck { Spindle.......... { Head..........	2 2			
Vise in 12 in. length..........	1			
Head..........Shop No..........Error.				
Screws Error in six inches { Cross.......... { Lead.......... { Vert..........	2 2 2		Long or Short. Long or Short. Long or Short.	

It is understood that these allowances are made only when they counteract each other to a certain extent.

14643

Wirkliche Gröſse 151 × 240 mm.

Fig. 43.

Mefsgerät der Brown & Sharpe Mfg. Co., Providence, R. J.

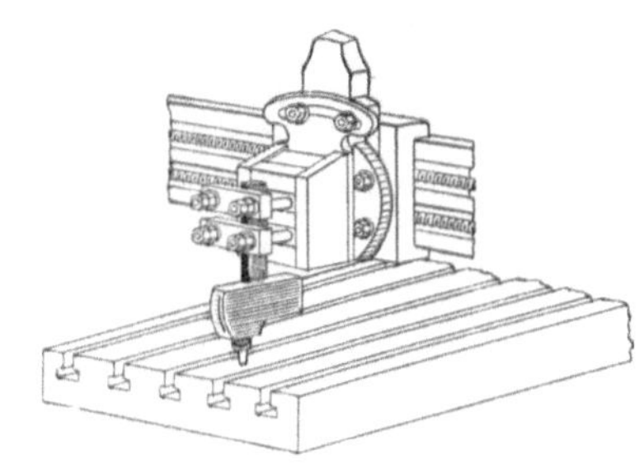

Fig. 44.

Bath Indicator, Norton Emery Wheel Co., Worcester, Mass.

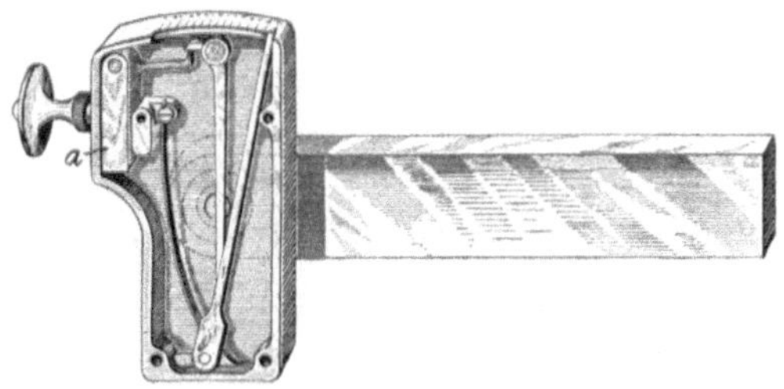

Fig. 45.

Prüfen des Tisches einer Hobelmaschine.

wichtes wegen hohl ist, manchmal (Schumacher & Boyé) sogar mit kegelförmiger Bohrung, sodafs er angenähert einen Körper von gleicher Festigkeit bildet. Auf das Bett oder auf den Support wird dann eines der beschriebenen Mefsgeräte gebracht, Fig. 48, und längs des Versuchstabes verschoben. Was die Genauigkeit betrifft, so wird gewöhnlich (z. B. Schumacher & Boyé) eine Abweichung von 0,001″ auf 12″ Länge für zulässig gehalten, während einige Fabriken noch weiter gehen. Die Cincinnati Milling Machine Co. gestattet bei den Spindeln ihrer Fräsmaschinen 0,001″ auf 6″ Länge.

Wenn bei den zuletzt genannten Fräsmaschinen die Parallelität von Spindel und Tisch untersucht ist, so mufs noch festgestellt werden, ob auch die Mittellinie des mittelsten **T**-Schlitzes im Tisch genau unterhalb der Spindelachse liegt. Zu diesem Zweck wird, Fig. 49, das Mefsgerät — in die-

Fig. 46.

Prüfen der winkelrechten Lage zweier Flächen, Cincinnati Milling Machine Co., Cincinnati, O.

sem Falle der Uhr-Indikator — auf einem Block befestigt, der in den **T**-Schlitz gesteckt werden kann, ihn aber nicht ausfüllt, Fig. 49. Man prefst dann den Block zunächst gegen die eine Wandung des Schlitzes und verschiebt ihn so, dafs der Fühlstift der Uhr den Versuchstab auf der Spindel berührt, dann dreht man den Block herum und führt ihn auf der andern Wandung des **T**-Schlitzes entlang. Wenn die beiden Ablesungen Unterschiede von einander aufweisen, so wird der Fehler durch Abhobeln korrigiert.

Auch die Zahnräder von Werkzeugmaschinen werden oft

Fig. 47.

Prüfen von zwei parallelen Flächen.

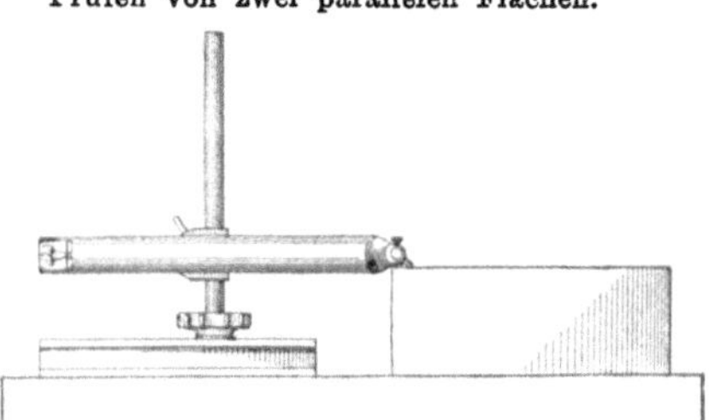

Fig. 48. Prüfen einer Drehbankspindel.

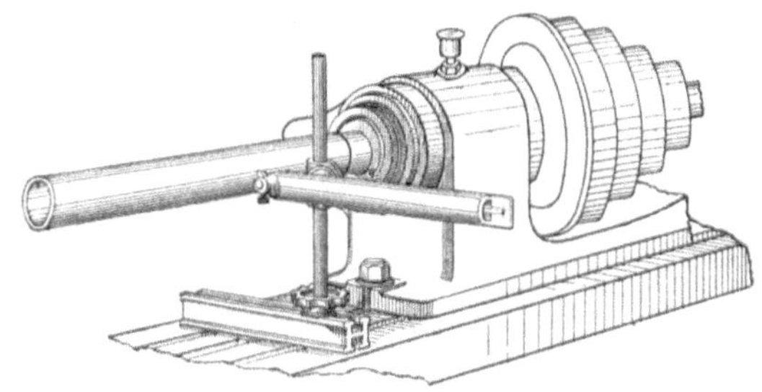

Prüfen der Stellung des Tisches einer Fräsmaschine, Cincinnati Milling Machine Co., Cincinnati, O.

einer Prüfung unterworfen, um zu sehen, ob sie ohne Stöße ineinander greifen. Für Stirnräder hat die Dreses Machine Tool Co., Cincinnati, O., eine Vorrichtung gebaut, die aus einer Bank mit Schlittenführung besteht, auf welcher zwei Schlitten mit aufrecht stehenden Zapfen gleiten können. Auf die Zapfen werden die zu prüfenden Räder gesteckt, der eine Schlitten wird festgeklemmt und der andere soweit herangerückt, wie es dem Achsenabstand der Räder entspricht. Zum Messen wird ein Rundstab benutzt, den man in eine in die Bank gehobelte Rinne legt, und dessen Enden von den beiden Schlitten berührt werden müssen. Die Art des Messens erinnert übrigens an das

Einrichtung zum Prüfen von Kegelrädern, G. A. Gray Co., Cincinnati, O.

obenerwähnte Verfahren der C. W. Hunt Co.

Eine Einrichtung für Kegelräder befindet sich bei der G. A. Gray Co., Cincinnati, O., Fig. 50[1]). Im Gegensatz zu der ersterwähnten, bei der die Räder vonhand gedreht werden, ist hier ein Elektromotor zum Antrieb des einen Rades benutzt, und die Achse des andern Rades kann durch einen Bremszaum belastet werden. Die Achsen, auf welche die Räder gesteckt werden, sind unter einem beliebigen Winkel schräg zu stellen. Die Niles Tool Works, Hamilton, O., benutzen zu demselben Zweck eine einfachere Vorrichtung mit Handbetrieb und ohne Bremse.

[1]) Fig. 50 ist dem American Machinist vom 21. März 1908 S. 326 entnommen.

III. Einspannladen [1].

Der Austauschbau und die Massenfabrikation haben Veranlassung zur Ausbildung von Einspannvorrichtungen gegeben, die nicht allgemeiner Anwendung fähig sind, wie etwa der Schraubstock, sondern nur für ein bestimmtes Stück passen, wovon gröfsere Mengen von stets gleichen Abmessungen bearbeitet werden sollen. Derartige Vorrichtungen sind in der Gewehrfabrikation, dem Nähmaschinen- und Fahrradbau

Fig. 51.

Lade zum Bohren von Rohrstutzen; Sturtevant Co., Boston, Mass.

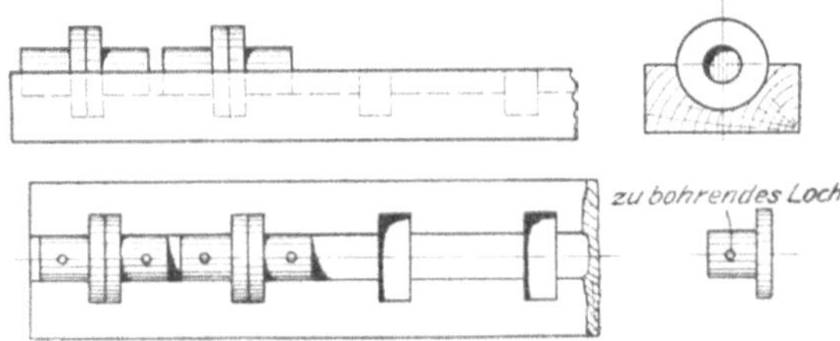

Fig. 52.

Bohrlade für Rohrkniee; Buffalo Forge
Co., Buffalo, N. Y.

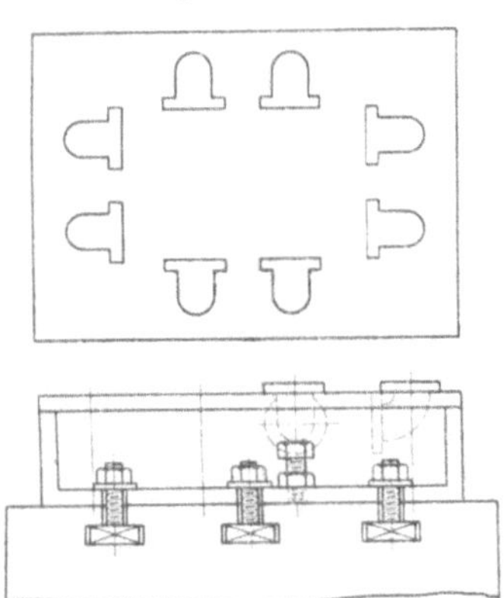

während einige grofse deutsche Firmen teils sie seit längerer Zeit benutzen, teils im Begriff stehen, sie einzuführen.

Das Kennzeichnende dieser Vorrichtungen ist, dafs sie das Werkstück ganz oder teilweise umhüllen. Tatsächlich bestehen diese Einspannladen in ihrer ur-sprünglichen Art aus einem Holzklotz, in dem eine Hohlform so ausgehoben ist, dafs der Klotz das eingelegte Werkstück umhüllt und während der Bearbeitung festhält. Derartige Holzformen

Fig. 53. Kreuzgelenk.

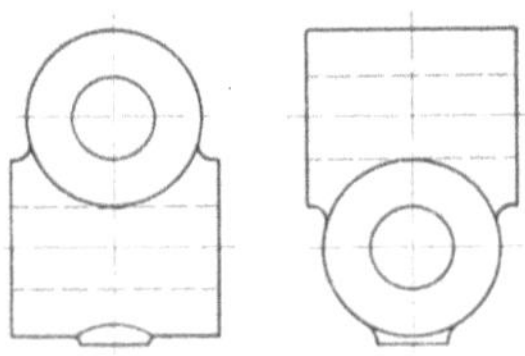

Fig. 54.

Bohrlade für Kreuzgelenke, Fig. 3; Providence Engineering
Works, Providence, R. J.

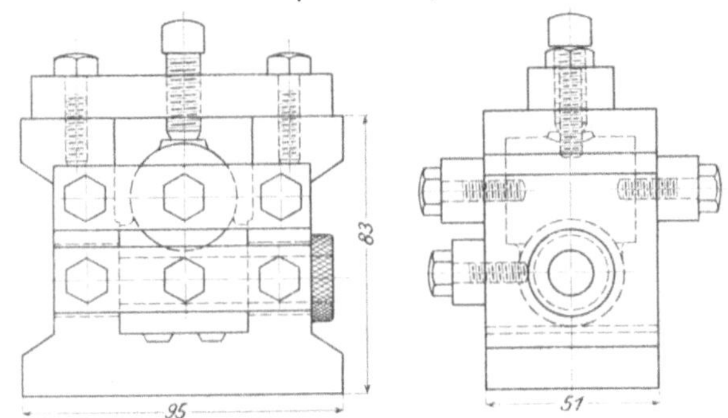

Fig. 55.

Bohrlade für Kreuzgelenke, Fig. 3; Providence Engineering
Works, Providence, R. J.

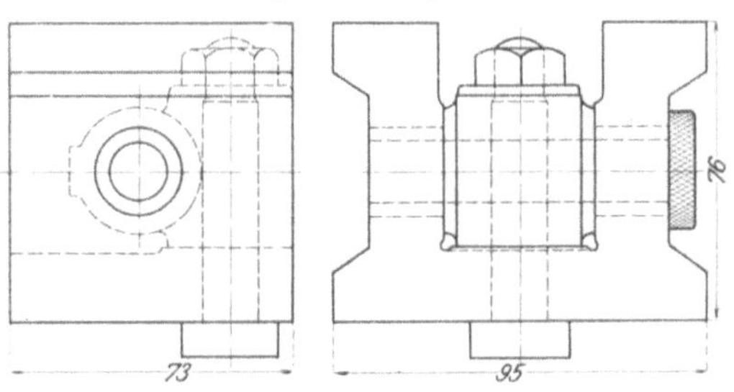

überall verbreitet. In den Vereinigten Staaten macht aber auch der Maschinenbau weitgehenden Gebrauch von ihnen,

[1] Die englische Bezeichnung dafür ist allgemein »jig«, und man unterscheidet in amerikanischen Werkstätten je nach der Werkzeugmaschine, für welche das »jig« verwendet wird, boring jig, milling jig, planing jig usw. Hr. Ingenieur B. Esmarch. Wilmersdorf bei Berlin, hat die betreffende Uebersetzung »Einspannlade« vorgeschlagen, die man entsprechend in Bohrlade, Fräslade, Hobellade usw. umwandeln kann.

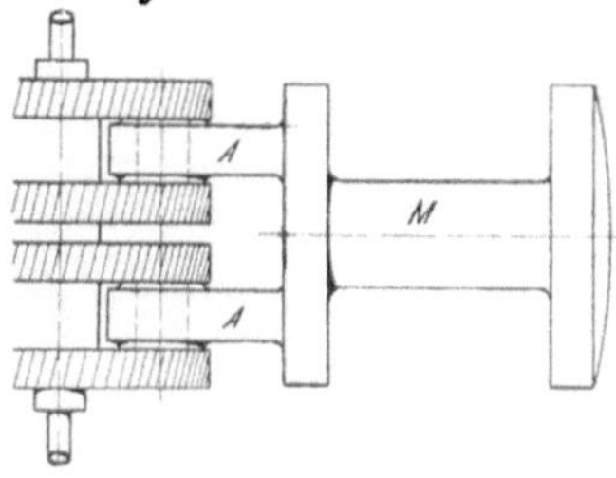

Fig. 56. Regulatorteil.

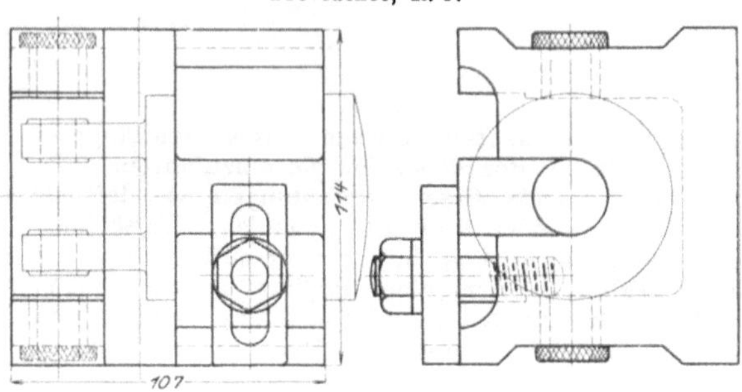

Fig. 58.
Bohrlade für Regulatorteile, Fig. 6; Providence Engineering Works,
Providence, R. J.

Fig. 57.
Fräslade für Regulatorteile, Fig. 6; Providence Engineering Works,
Providence, R. J.

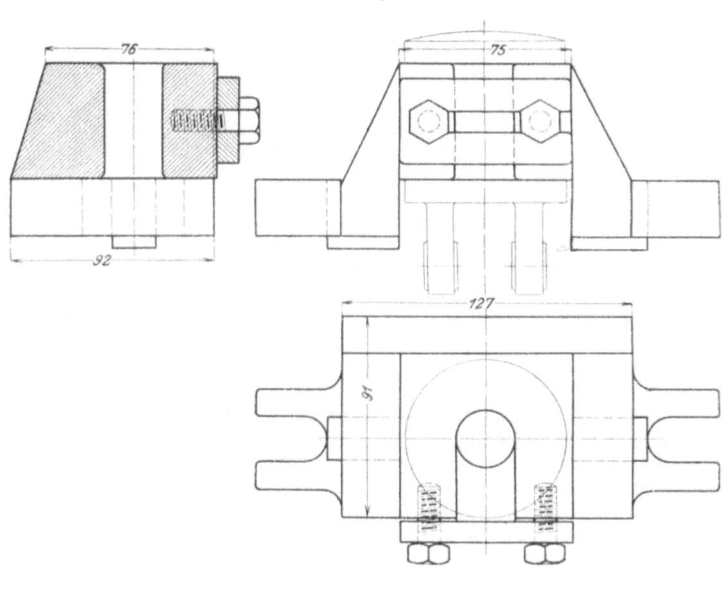

Fig. 59. Einspannlade für T-Stücke; de la Vergne Refrigerating Machine Co., New York City.

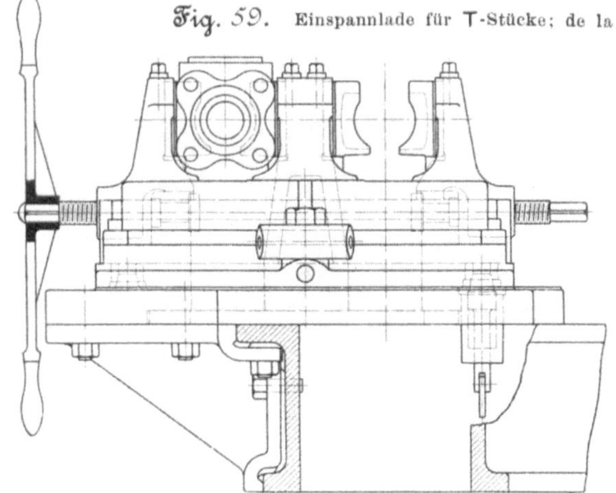

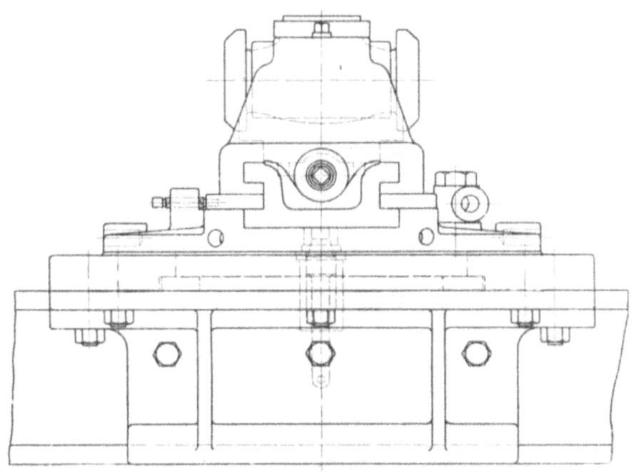

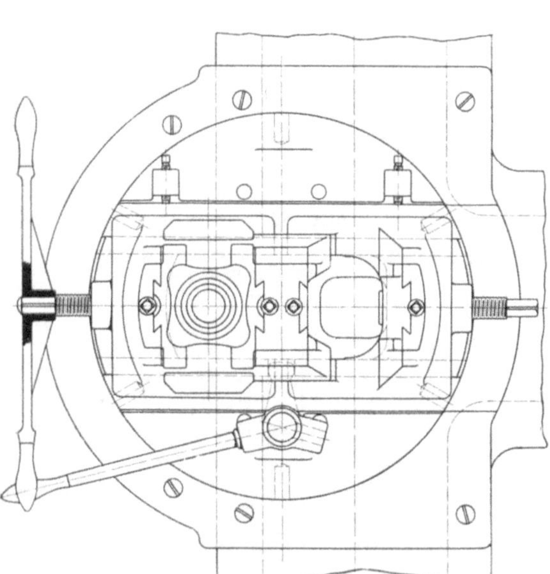

Holzformen habe ich bei der Lunkenheimer Co., Cincinnati, O., und bei der B. F. Sturtevant Co., Boston, Mass., angetroffen; bei der erstgenannten Firma dienten sie zum Bohren von Ventilkörpern, bei Sturtevant zum Bohren und Gewindeschneiden in Rohrstutzen, Fig. 51.

Für genauere Arbeiten sind natürlich diese rohen Ausführungen aus Holz nicht zu brauchen, die Laden müssen vielmehr aus Metall hergestellt sein. Fig. 52 zeigt eine Einspannlade der Buffalo Forge Co., Buffalo, N. Y., welche 8 Rohrkniee aufnimmt, die unter einer achtspindligen Bohrmaschine ausgebohrt und mit Gewinde versehen werden sollen. Die Umrisse der Kniestücke sind in der Oberplatte ausgespart, und ein weiterer Fortschritt gegenüber den Holzformen besteht darin, daſs die Stücke unten auf einstellbaren Schraubbolzen aufruhen. Die Vorrichtung läſst deutlich die Ableitung aus der Holzform erkennen, sie entspricht aber, abgesehen davon, daſs die Stücke gegen Verschiebung nach oben nicht gesichert sind, den Anforderungen, die man an Einspannladen stellen muſs.

Welches sind nun diese Anforderungen im einzelnen? Vor allem muſs das Arbeitstück unverrückbar fest liegen, und die Einspannladen selbst müssen vor Formänderungen geschützt, d. h. sie müssen hinreichend steif und massig sein. Aus diesen Bedingungen folgt, daſs im allgemeinen die Einspannladen nur je für ein bestimmtes Stück konstruiert werden und nicht etwa für ähnliche Stücke verschiedener Größe einstellbar sind, weil durch die Verstellbarkeit der einzelnen Glieder leicht die erforderliche Unverrückbarkeit und Starrheit verloren gehen würde. Ausnahmen von dieser Regel finden sich bei Einspannladen einfacher Art.

Das Gewicht der Einspannladen soll für gewöhnlich nicht so groß sein, daß dadurch die Handhabung erschwert wird. Diese Forderung ist aber mit Rücksicht auf die Festigkeit nicht immer zu erfüllen, z. B. wenn es sich um Laden für Gestelle von Fräsmaschinen (Brown & Sharpe Mfg. Co., Providence, R. J.) handelt. Derartiges fällt auch nicht so sehr ins Gewicht, weil in amerikanischen Werkstätten Hebezeuge in ausreichender Menge und für den Arbeiter erreichbar nahe vorhanden zu sein pflegen. Es empfiehlt sich, die schwereren Einspannladen gleich mit Haken oder mit Bügeln zum Einhängen in die Hebezeuge zu versehen.

Nächstdem soll eine Einspannlade in sich geschlossen sein, sie darf also keine abnehmbaren Teile enthalten; auch sollten Schraubschlüssel, Hammer, Hebel und ähnliche

groß; immerhin lassen sich einige Konstruktionsglieder heraussondern.

Darunter ist zunächst die Auflagerung des Werkstückes hervorzuheben; denn im allgemeinen enthält die Einspannlade nicht genau die Hohlform des Werkstückes, sondern es werden einzelne Auflagerpunkte oder Flächen angeordnet, welche der ideellen Hohlform angehören und so gewählt sein müssen, daß die Lage des Stückes dadurch unverrückbar gesichert ist. Es kommen hier zwei Fälle inbetracht: entweder ist bereits eine Fläche des Stückes bearbeitet, dann ist diese zur Auflagerung zu benutzen, oder es handelt sich um ein rohes Guß- oder Schmiedestück.

Es seien z. B. in dem Mittelstück eines Kreuzgelenkes, Fig. 53, die senkrecht zueinander stehenden Bohrungen auszuführen (Providence Engineering Works, Providence, R. I.). Für die erste wird die Einspannlade Fig. 54 gebraucht, die aus 5 Teilen zusammengesetzt ist, und in welcher das Stück durch Stellschrauben gehalten wird. Wenn das erste Loch gebohrt ist, so kommt das Stück in die Lade Fig. 55,

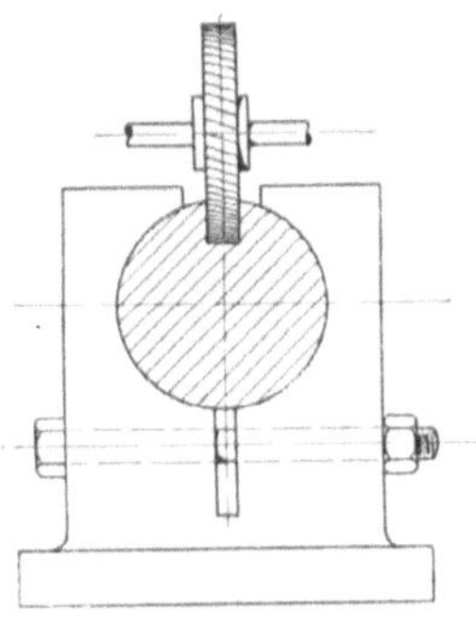

Fig. 60.

Einspannlade mit Klemmbacken; Cincinnati Milling Machine Co., Cincinnati, O.

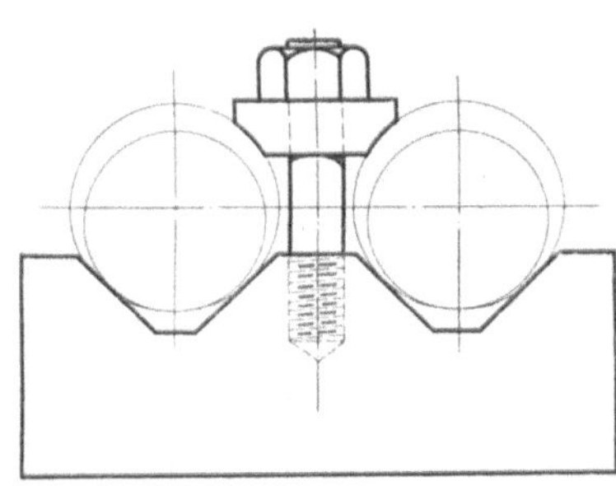

Fig. 61.

Einspannvorrichtung für Rundstäbe; Bickford Drill & Tool Co., Cincinnati, O.

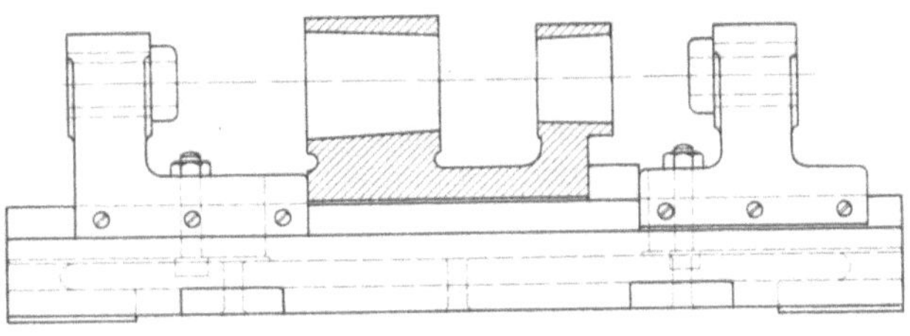

Fig. 62.

Aufspannvorrichtung für Körper mit Schwalbenschwanznute; Becker-Brainard Milling Machine Co., Hyde Park, Mass.

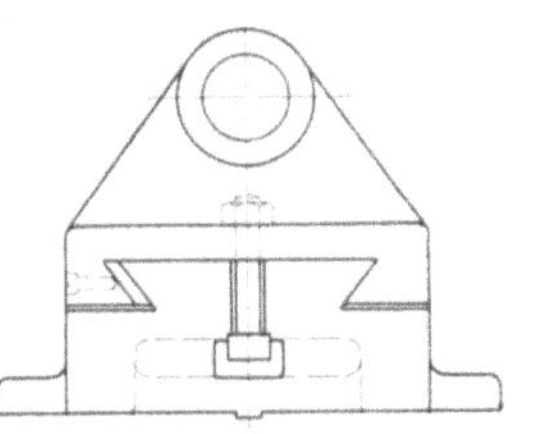

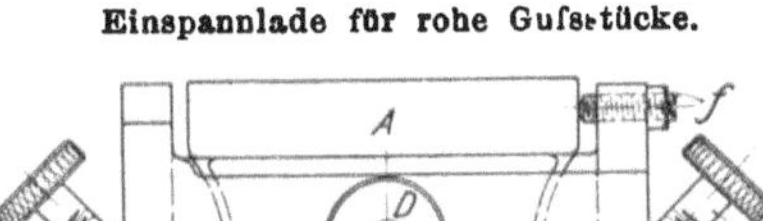

Fig. 63.

Einspannlade für rohe Gußstücke.

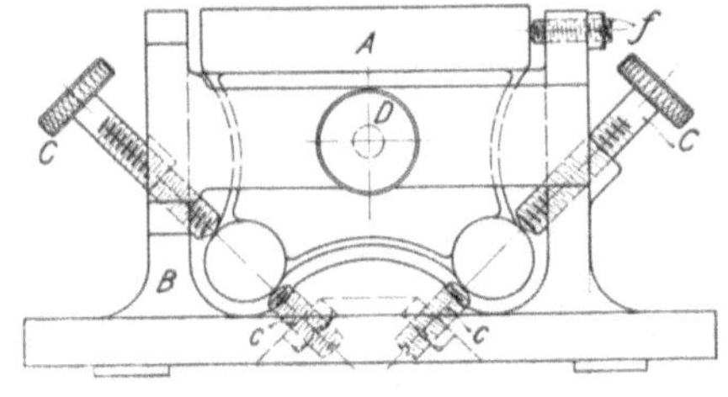

deren Aussehen und Handhabung weit einfacher sind als bei der Lade Fig. 54. Das Stück wird nämlich auf einen — übrigens sorgfältig auf genaues Maß geschliffenen — Bolzen geschoben und mit einer Mutter festgehalten.

Ein anderes Beispiel bietet die Bearbeitung eines Regulatorteiles, Fig. 56 (Providence Engineering Works, Providence, R. J.). Hier wird zuerst der Bolzen M abgedreht, und damit ist eine Fläche zum Festhalten des Stückes während der Bearbeitung der Arme A geschaffen, an denen zunächst die Augen abzufräsen und dann die Löcher zu bohren sind. Die Fräslade, Fig. 57, und die Bohrlade, Fig. 58, umfassen beide den Bolzen M, wobei ein Einsatzstück benutzt wird, um den Bolzen vollkommen zu umschließen [1].

Oft kann man rund gedrehte Teile durch Klemmbacken zusammenhalten, sodaß eine dem Schraubstock ähnliche Ausführung entsteht. In Fig. 59 (De la Vergne Refrigerating Machine Co., New York City) handelt es sich um T-Stücke, die auf einer Bohrmaschine mit einer senkrechten und zwei wagerechten einander gegenüber stehenden Spindeln bearbeitet werden sollen. Die Einspannlade ist als Wechselvorrichtung ausgebildet, bei welcher das eine Stück freigegeben wird, wenn man das andere festklemmt; zu diesem Zwecke

Werkzeuge, die mit dem Gerät nicht fest verbunden werden können, für die Handhabung nicht inbetracht kommen. Aber auch von dieser Forderung wird bei einem großen Stücke, wo abschraubbare Platten vorkommen, oft abgewichen. Ferner ist beim Anbringen der Verschlüsse, Griffe, Handräder usw. auf die Stellung des Arbeiters an der Werkzeugmaschine Rücksicht zu nehmen; es soll nach Möglichkeit vermieden werden, daß der Arbeiter seinen Platz verlassen muß, wenn er ein frisches Stück einspannen will.

Wenn es sich darum handelt, die vorstehend angedeuteten Forderungen zu erfüllen, so fragt man in einer amerikanischen Werkstatt nicht darnach, ob die Einspannlade einen großen Geldaufwand verursacht, vorausgesetzt, daß die Menge gleicher Werkstücke hinreicht, um die Ausgabe zu rechtfertigen. Die Hauptsache ist, daß das Werkstück rasch eingespannt und genau bearbeitet werden kann, und daher finden sich oft recht verwickelte Konstruktionen unter den Einspannladen. Die Mannigfaltigkeit ist naturgemäß außerordentlich

---

[1] Hier und in einem Teil der folgenden Figuren ist das Werkstück mit dünneren Linien eingezeichnet.

ist die mittlere Backe mittels eines Handhebels verschieblich, und die ganze Vorrichtung ist drehbar, damit man das jeweils festgespannte Stück vor die Bohrmaschine bringen kann.

Klemmbacken sind ebenfalls in Fig. 60 angewandt, wo die Form aufgeschlitzt ist und durch eine Schraube zusammengepreſst wird. Ein anderes Mittel, das oft benutzt wird, wenn mehrere Rundstäbe nebeneinander aufzuspannen sind, bieten Keilstücke, Fig. 61, die durch Schrauben niedergepreſst werden.

Neben gedrehten Körpern kommen auch gehobelte oder gefräste Flächen für das Einspannen inbetracht. Fig. 62 zeigt ein Stück, das mittels einer zuvor gehobelten Schwalbenschwanznut in einer Aufspannvorrichtung befestigt ist.

Wenn das Stück roh gegossen und geschmiedet ist, müssen für das Einspannen einzelne Auflagerpunkte gewählt werden, wobei es besonders wichtig ist, daſs die Auflager vor Spänen geschützt bleiben. Ein verhältnismäſsig einfaches Beispiel ist in Fig. 63 vorgeführt[1]). Ein Guſskörper A soll für die Bearbeitung seiner unteren Fläche in einer Einspannlade B festgelegt werden. Er ruht unten auf den einstellbaren Schraubbolzen c und wird mithülfe der Schrauben C festgestellt. Senkrecht zur Bildfläche ist eine Schraube D zum Feststellen vorhanden, der ein in der Skizze nicht dargestellter einstellbarer Auflagerbolzen gegenübersteht. Die Schraube f dient dazu, den Druck des Fräsers aufzunehmen.

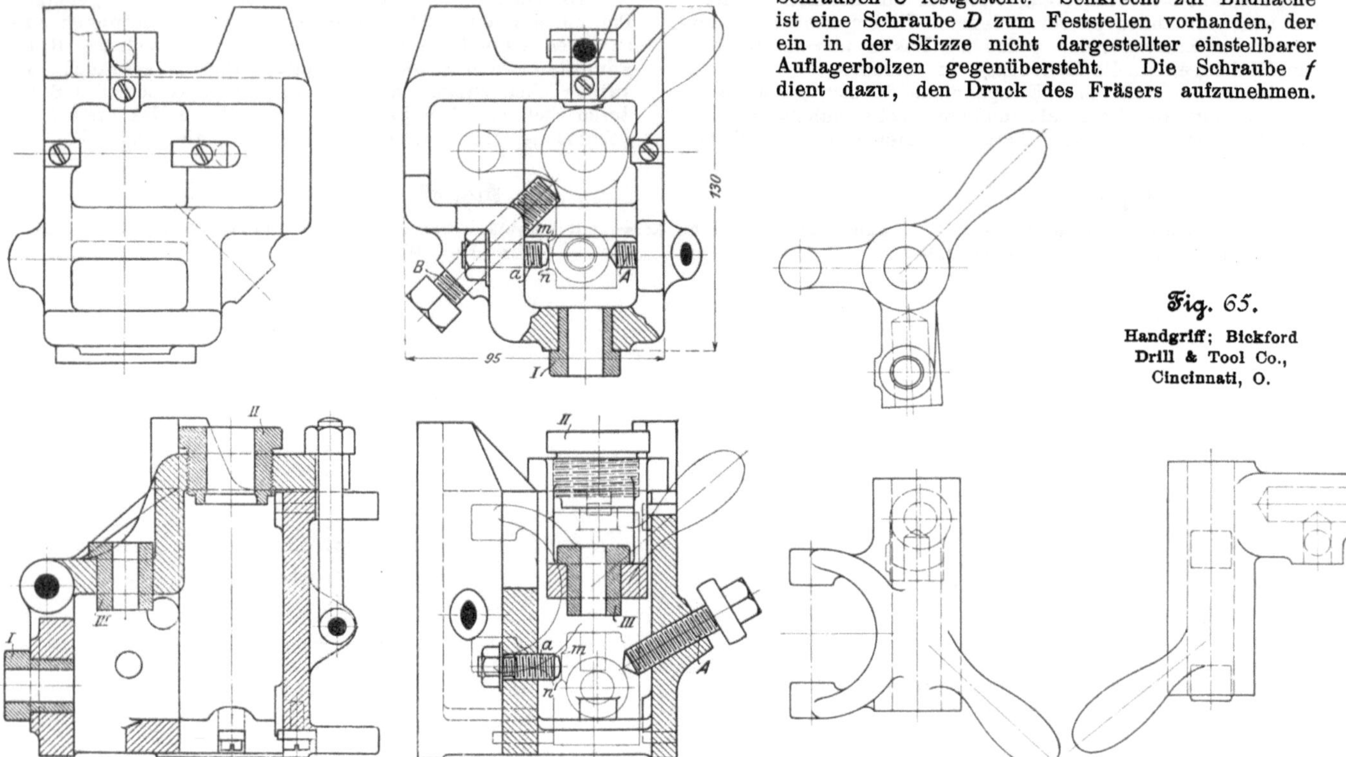

Fig. 64.

Einspannlade für den Handgriff Fig. 65; Bickford Drill & Tool Co., Cincinnati, O.

Fig. 65.

Handgriff; Bickford Drill & Tool Co., Cincinnati, O.

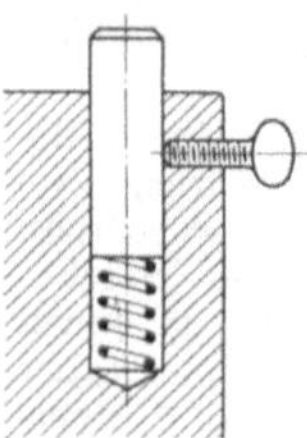

Fig. 66.

Auflagerstift.

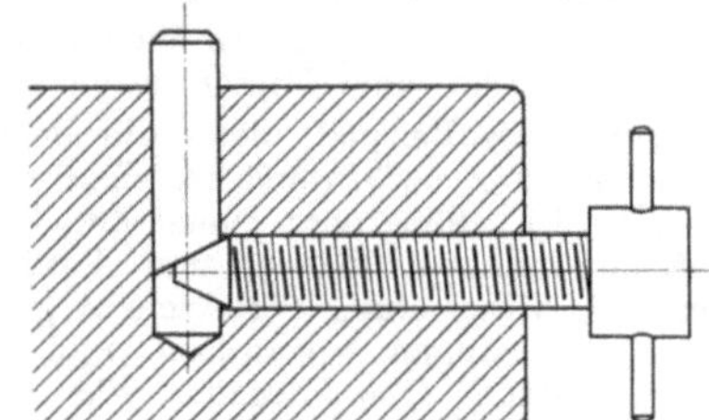

Fig. 67 und 68.

Einspannlade mit einstellbarem Auflager; Cincinnati Milling Machine Co., Cincinnati, O.

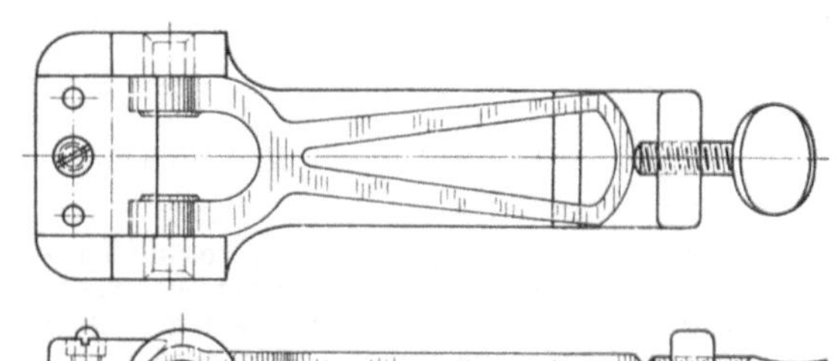

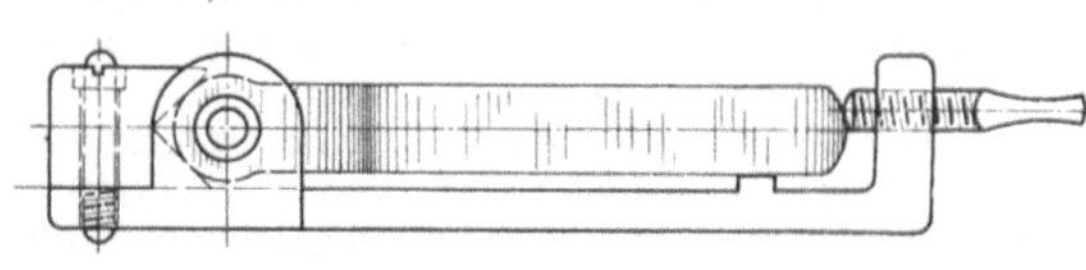

Fig. 69.

Einspannlade für einen Handgriff; Western Electric Co., Chicago, Ill.

Wichtig ist, daſs die Befestigungsschrauben den Auflagerpunkten möglichst genau gegenüber liegen, damit das Werkstück keinen Verbiegungen ausgesetzt ist. Wenn die eine Fläche des Stückes gefräst ist, wird man sie, wenn irgend möglich, bei der folgenden Bearbeitung zum Festspannen benutzen. In den seltenen Fällen, wo das nicht angängig ist, muſs man darauf sehen, daſs die Auflagerpunkte bei der

<hr>

[1]) American Machinist 22. Juni 1901 S. 682.

zweiten Einspannlade dieselben sind wie bei der ersten, damit keine Ungenauigkeiten entstehen.

In Fig. 63 waren zum Feststellen des Stückes 3 Schrauben nötig. Fig. 64 zeigt eine Einspannlade für einen Handgriff von ziemlich verwickelter Gestalt, Fig. 65, wobei nur zwei Schrauben A und B verwendet sind. Der Schraube A, Fig. 64, steht ein einstellbarer Auflagerbolzen a gegenüber, während sich gegenüber B zwei nicht einstellbare Auflagerklötzchen befinden. Um ein gutes Auflager für den Bolzen a zu schaffen, wird hier die Fläche mn angefeilt, bevor man das Stück einspannt.

Für einstellbare Auflagerpunkte kommen aufser Schraubbolzen noch Federstifte, Fig. 66, inbetracht, die sich unter dem Druck der Feder gegen das Werkstück legen und mithülfe einer seitlichen Klemmschraube in der angenommenen Lage festgehalten werden. Bei Federstiften ist aber mit der Möglichkeit zu rechnen, dafs durch Staub und Schmierstoffe Klemmungen hervorgerufen werden.

Eine eigenartige Einstellung ist in Fig. 67 skizziert, während Fig. 68 ihre Anwendung zeigt. Der Auflagerstift ist nicht unmittelbar zugänglich, und so hat man eine Art Uebersetzung unter einem Winkel von 90^0 angewandt, indem man die Unterseite des Bolzens schräg abgeschnitten hat und gegen diese Fläche das Ende einer Schraube drücken läfst, das als Kegel ausgestaltet ist.

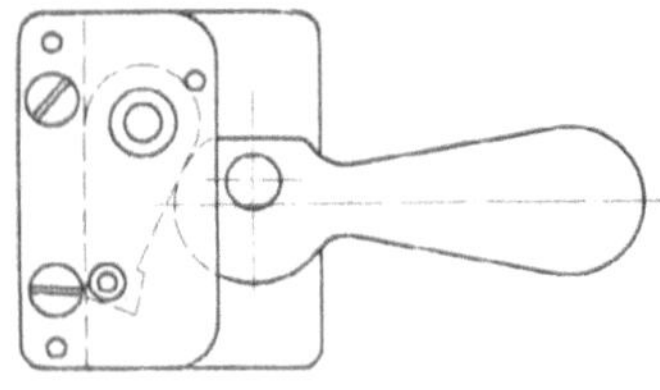

Fig. 70.

Einspannlade mit Exzenterverschlufs.

Fig. 71.

Schnellverschlufs; Bickford Drill & Tool Co., Cincinnati, O.

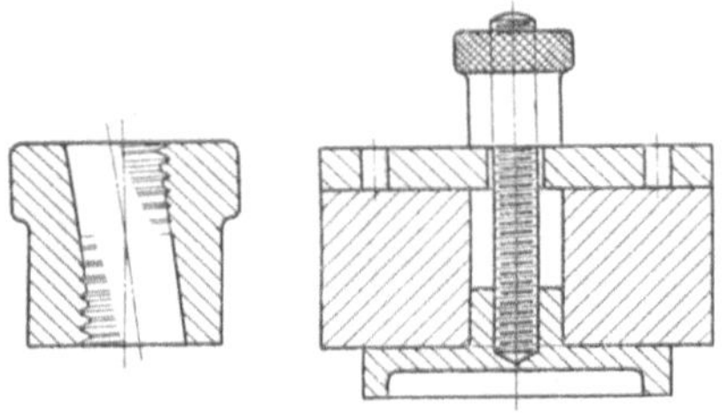

Fig. 68 zeigt zugleich eine der vielen Anwendungen, deren die Schraube zum Festpressen des Werkstückes fähig ist. Das Stück soll auf der Oberfläche abgefräst werden, darf also von oben her nicht festgespannt werden. Man hat deshalb die Schrauben, die am Ende zugespitzt sind, ein wenig gegen die Wagerechte nach abwärts geneigt. Etwas Aehnliches ist bei der Einspannlade Fig. 69 geschehen: die Fläche, gegen welche sich die Schrauben legen sollen, ist gewölbt, und die Schraube liegt oberhalb der Mittellinie der Wölbung. Dadurch ist erreicht, dafs man durch Anziehen der einen Schraube das Stück gleichzeitig in wagerechter wie in senkrechter Richtung anpressen kann. Hier zeigt sich zugleich, in welcher Weise der Konstrukteur der Werkstätte in die Hand arbeiten kann. Die einfache und schnelle Handhabung der Einspannlade ist nur durch die gewölbte Form der Endfläche des Stückes möglich gemacht; aber für die Konstruktion des Griffes an sich macht es augenscheinlich keinen Unterschied, ob die Endfläche zylindrisch oder kuppenförmig ist. Anstelle der Schraube wird manchmal eine Exzenterscheibe, Fig. 70[1]), zum Anpressen benutzt.

---

[1]) American Machinist 18. April 1908 S. 478.

Die Einspannladen lassen sich in zwei grofse Klassen teilen: solche, bei denen eine oder mehrere Flächen des Stückes vollständig frei liegen und dem bearbeitenden Werkzeug zugänglich sind, und solche, bei denen das Stück von allen Seiten umhüllt ist und für das Werkzeug Eintrittsöffnungen vorhanden sind, die zugleich als Führungen dienen.

Bei geschlossenen Einspannladen kommen zu den bereits erwähnten Konstruktionsgliedern noch die Verschlüsse hinzu, die vor allem der Anforderung genügen müssen, dafs sie schnell geöffnet oder geschlossen werden können. Auch bei den Verschlüssen findet die Schraube in ausgedehnter Weise Anwendung. Die einfachste Form des Verschlusses ist der Deckel oder Bügel, der allerdings den Ansprüchen an Schnelligkeit nicht zu genügen vermag, wenn jedesmal die Mutter vollständig von der Schraube heruntergedreht werden mufs. Man sieht deshalb häufig, dafs die Deckel anstelle des Loches für den Durchtritt der Schraube einen nach einer Seite offenen Schlitz haben, sodafs man sie auf die Schraube schieben kann, ohne die Mutter abnehmen zu müssen.

Ein anderer Kunstgriff, um die Mutter schnell handhaben zu können, ist in Fig. 71 dargestellt. Eine Scheibe mit zentraler Bohrung ist auf einer Platte festzuspannen. Die Scheibe wird über eine Schraube geschoben, die aus der Aufspannplatte hervorragt, und soll mit einer Mutter angeprefst werden. In diese Mutter ist nun das Gewinde zunächst in gewöhnlicher Weise eingeschnitten; dann aber ist ein glattes Loch von dem Durchmesser der Schraube schräg zur Achse der Mutter so eingebohrt, dafs die Hälfte des

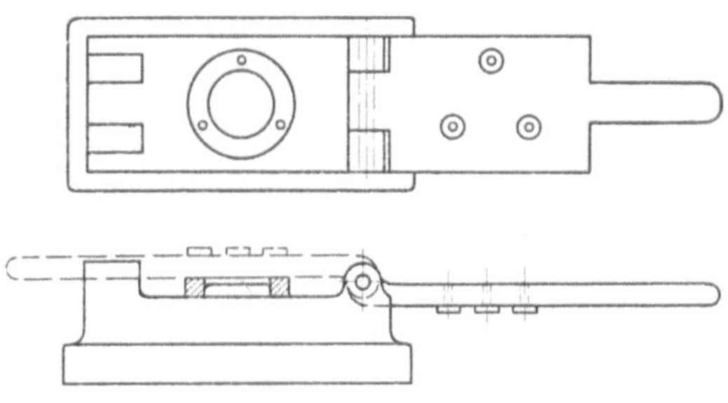

Fig. 72.

Bohrlade für Ringe; McCormick Harvesting Machine Co., Chicago, Ill.

Muttergewindes fortgeschnitten ist. Man kann nunmehr die Mutter, ohne sie zu drehen, über die Schraube streifen, bis sie auf dem festzuklemmenden Gegenstand aufliegt. Dann genügt eine Drehung um 90^0, um die Mutter festzupressen.

Sehr häufig wird die Schraube in Verbindung mit einer drehbaren Lasche oder einem Klappbügel, Fig. 64, angewendet. Der Klappbügel kann übrigens auch bei kleineren Stücken ohne Schraubenverschlufs, von der Hand des Arbeiters niedergedrückt, benutzt werden, wie in Fig. 72, wo in einen Ring 3 Löcher zu bohren sind. Auch bei Verschlüssen kann ebenso wie zum Festlegen des Stückes in der Einspannlade, vergl. Fig. 70, die Schraube durch eine Exzenterscheibe ersetzt werden.

Während die offenen Einspannladen gewöhnlich beim Bearbeiten ebener Flächen Anwendung finden, also beim Fräsen und Hobeln — eine Ausnahme davon zeigt Fig. 52 —, werden die geschlossenen gewöhnlich beim Bohren benutzt. Die Bohrladen sind bei weitem am verbreitetsten von allen Einspannladen und sind auch einer weit mannigfaltigeren Anwendung fähig. Während bei den Fräs- und Hobelladen nur eine Seite des Werkstückes bearbeitet wird, lassen sich bei den geschlossenen Laden auf jeder beliebigen Seite Oeffnungen für das Werkzeug anbringen; man kann also von allen Seiten Löcher in das Werkstück bohren. Von dieser Eigenschaft macht auch die Praxis eifrig Gebrauch und richtet häufig die Bohrladen so ein, dafs verschiedene Wandungen unter den Bohrer gebracht werden können, zu welchem Zwecke die Laden auf verschiedenen Seiten mit Füfsen ausgestattet werden; vergl. Fig. 64. Die ganze

Fläche aufruhen zu lassen, empfiehlt sich nicht, weil Bohrspäne darunter geraten können, wodurch sich die Bohrlade schief stellen würde, es sei denn, daſs sie auf dem Tisch der Bohrmaschine festgeschraubt wird. Aus dem gleichen Grunde zieht man es vor, 4 Füſse statt dreier anzubringen, weil man dabei sofort merkt, wenn ein Fuſs nicht fest aufruht. Die Füſse müssen sorgfältig abgeschliffen sein und ihre Fläche so groſs gewählt werden, daſs sie nicht in die Löcher oder Schlitze des Bohrmaschinentisches geraten können.

Bei den Bohrladen kommt zu den früher erwähnten Konstruktionsgliedern noch ein neues hinzu: die Büchse, die zum Führen des Bohrers dient. Die Büchse ist ein auſserordentlich wichtiger Teil der Bohrlade, denn von ihr hängt die Form und Lage des Loches ab. Deshalb muſs sie genau rund sein und genau in der Richtung der Lochachse liegen.

Fig. 73.

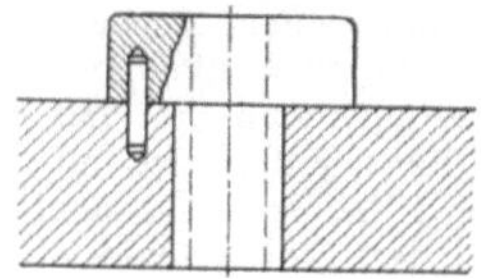

Bohrerbüchse; B. F. Sturtevant
Co., Boston, Mass.

Fig. 74.

Bohrerbüchse; Niles Tool Works,
Hamilton, O.

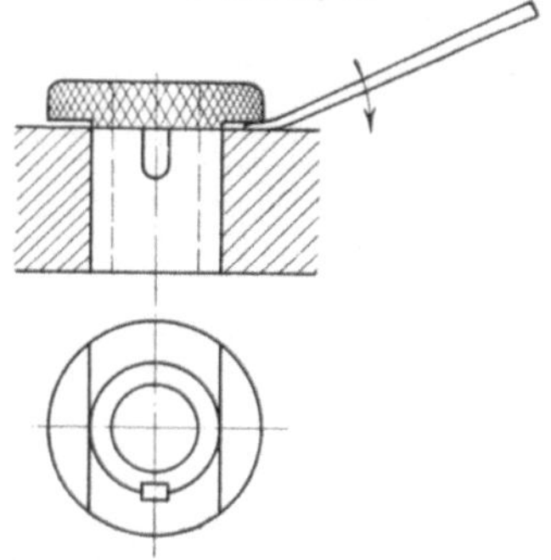

Fig. 75.

Bohrerbüchse; Cincinnati Milling Machine Co., Cincinnati, O.

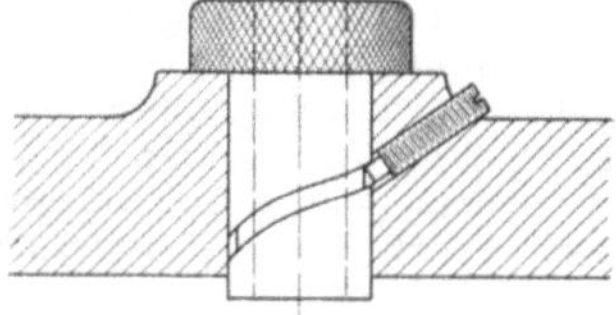

Die Richtung der Lochachse ist nun an der Werkzeugmaschine durch die Lage der Spindel bereits gegeben, und wenn etwa die Einspannlade nicht genau senkrecht zur Spindel stehen sollte, so können Klemmungen in der Büchse eintreten. Deshalb findet man oft, daſs an die Bohrspindeln mithülfe von Kreuz- oder Kugelgelenken eine Hülfswelle angeschlossen wird, die in jede beliebige Richtung gebracht werden kann, und deren Lage erst durch die Büchse festgelegt wird. An die Stelle der festen Bohrmaschine kann dann auch die verschiebbare Maschine mit biegsamer oder Kreuzgelenkwelle treten, die auch bei Stücken von groſsem Gewicht häufig angewandt wird.

Für die Büchse wird, wenn es sich um den Schaft eines Bohrers handelt, der genau geführt sein muſs, gewöhnlich

Stahl, in Wasser gehärteter Werkzeugstahl oder im Einsatzofen gehärteter Maschinenstahl, verwendet. Dem letzteren Material geben viele den Vorzug, weil es billiger und leichter zu bearbeiten ist, und weil es beim Härten nicht so leicht springt wie Werkzeugstahl. In einem Falle (Prentice Brothers, Worcester, Mass.) habe ich sogar guſseiserne Büchsen zu dem genannten Zwecke gefunden; ihre Anwendung wurde damit begründet, daſs sie für geringe Kosten erneuert werden könnten; übrigens war die Länge der Büchse auch hier gröſser als sie bei stählernen üblich ist. Für Reibahlen nimmt man sehr häufig guſseiserne Büchsen in der Absicht, die Schneidkanten des Werkzeuges zu schonen, und auf die Genauigkeit der Führung kommt es hier nicht so sehr an, weil die Reibahlen ja im vorgebohrten Loch eine Führung finden. Die Büchsen sind besonders bei kleinen Abmessungen fest mittels Druckwasser- oder Handpresse in das Loch gedrückt; oder sie sind auswechselbar, teils aus Sparsamkeitsrücksichten, damit man mit einer Büchse mehrere Löcher bohren kann, teils für den Fall, daſs die Reibahle eine Büchse von anderer Bohrung erfordert als der Bohrer.

Wenn die Büchse lose eingesteckt ist, kann es vorkommen, daſs sie vom Bohrer mitgenommen wird und dadurch

Fig. 76.

Schraubzwinge für Bohrschablonen.

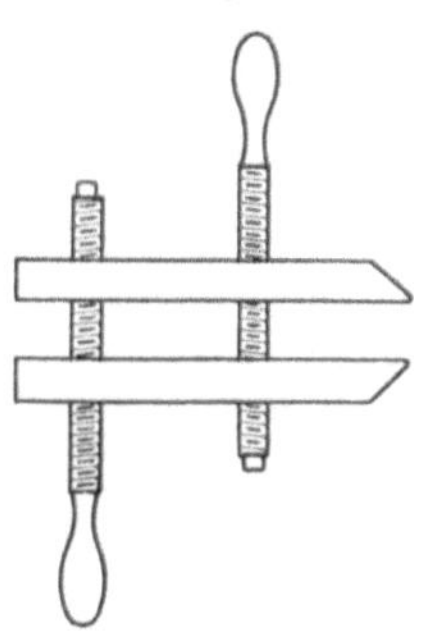

Fig. 77.

Vorrichtung zum Bohren von Kettengliedern.

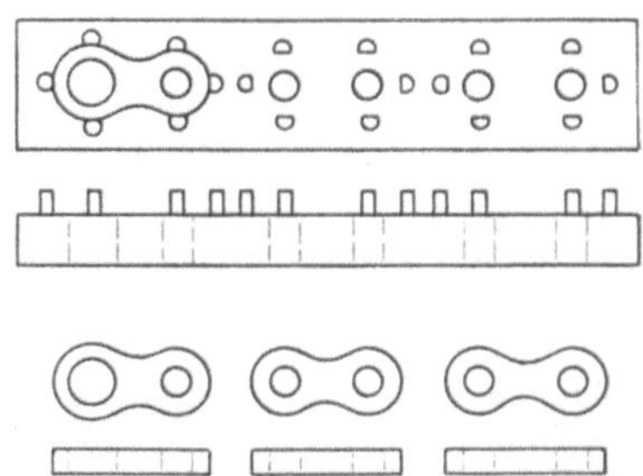

das Loch in der Einspannform ausschleift. Um dies zu verhindern, verbindet man häufig mit der Büchse einen löffelstielartigen Griff, der entweder vom Arbeiter gehalten wird oder an dem Werkstück oder der Einspannlade einen Anschlag findet; zugleich erleichtert der Griff das Ausheben der Büchse. Andere verhindern die Drehung der Büchse durch einen Stift, Fig. 73, oder einen Längskeil, Fig. 74. In der letzteren Figur hat der Kopf der Büchse an der Auflagefläche zwei Abflachungen, welche gestatten, daſs man mit einem spitzen Gerät unter die Fläche greift und die Büchse aushebt. Die Büchse durch eine Schraube zu sichern, die geneigt zur Achse der Bohrung steht, vermeidet man, weil dadurch leicht eine Formänderung hervorgerufen wird und schon geringe Bruchteile von Millimetern schädlich wirken können. Die Cincinnati Milling Machine Co., Cincinnati, O., umgeht dies dadurch, daſs sie eine schraubenförmige Eindrehung auf der Büchse anbringt und in diese ein Schräubchen greifen läſst, Fig. 75.

Die Büchsen werden nicht nur bei Bohrladen angewandt, sondern auch bei Bohrschablonen, die sich von jenen dadurch unterscheiden, daß sie nicht das Werkstück von mehreren Seiten umfassen, sondern auf einer Fläche des Stückes befestigt werden. Bohrschablonen und Bohrladen sind vermutlich aus derselben Absicht hervorgegangen, der die Ankörnschablonen ihre Entstehung verdanken, die, aus Holz zusammengenagelt und mit Löchern für den Durchtritt des Ankörnwerkzeuges versehen, im Brückenbau auf Metall, im Wagenbau (Pullman Works) auf Holz dazu dienen, die Arbeit des Anreißens zu ersetzen.

Zum Befestigen der Bohrschablonen werden Schraubzwingen benutzt, häufig solche aus Holz, Fig. 76, wie sie die Tischler zu haben pflegen. Am meisten Anwendung finden die Schablonen beim Bohren von Flanschlöchern, wozu sie auch in Deutschland vielfach benutzt werden. Ein anderes Anwendungsbeispiel bieten die Rahmen großer Maschinen, wie bei der Ingersoll-Sergeant Drill Co., Easton, Pa., wo sich derartige Schablonen bis zu 2,5 m Länge und 0,75 m Breite finden. Wenn die Röhren Zentrierringe an den Flanschen haben (Westinghouse Air Brake Co., Pittsburg, Pa.), so können diese zum Zentrieren der Schablone benutzt werden. Dann ist durch sie das Werkstück von mehreren Seiten umfaßt: ein Uebergang zur Bohrlade.

Ein ähnliches Beispiel zeigt Fig. 77, eine Vorrichtung zum Bohren von Kettengliedern[1]). Das Kettenglied wird auf eine Schablonenplatte gelegt, auf der durch eingesetzte Stifte die Umrißform des Stückes begrenzt ist. Ist das Stück eingelegt, so kehrt man die Platte um und legt sie auf den Tisch der Bohrmaschine, und da die Stifte genau so hoch sind wie das Kettenglied dick, so ist das Arbeitstück nunmehr vollkommen umhüllt.

[1]) American Machinist 21. Juni 1902 S. 805.]

Fig. 83.

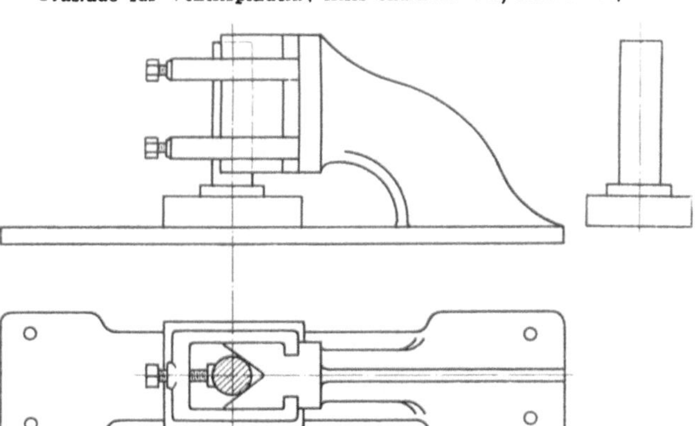

Fräslade für Ventilspindeln; Allis-Chalmers Co., Milwaukee, Wis.

Fig. 78 bis 80.

Gehäuse eines Druckluftmotors und Schablonen dazu; Chicago Pneumatic Tool Co., Cleveland, O.

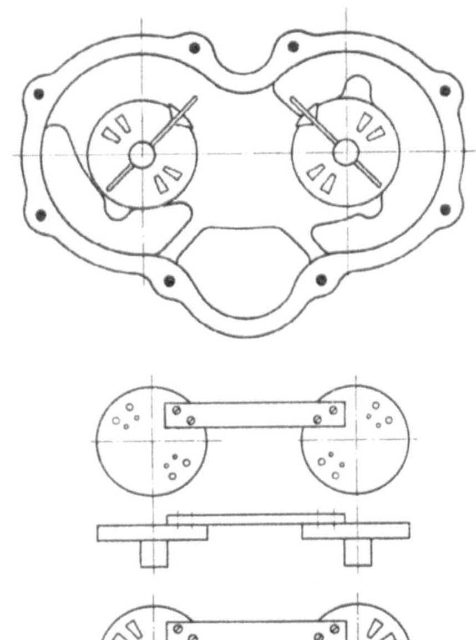

Fig. 81.

Karte für den Katalog von Einspannladen; Cincinnati Milling Machine Co., Cincinnati, O.

No.	Name of Part Jig or Tool is used on.		
Date Rec'd	Operation		Location
Remarks		Date	Value
Improvement			
Quality—per cent.			
Quantity—per cent.			
Date Present Wage Rate			
Date Former " "			

Fig. 82.

Einspannlade zum Einarbeiten von Nuten Bickford Drill & Tool Co., Cincinnati, O.

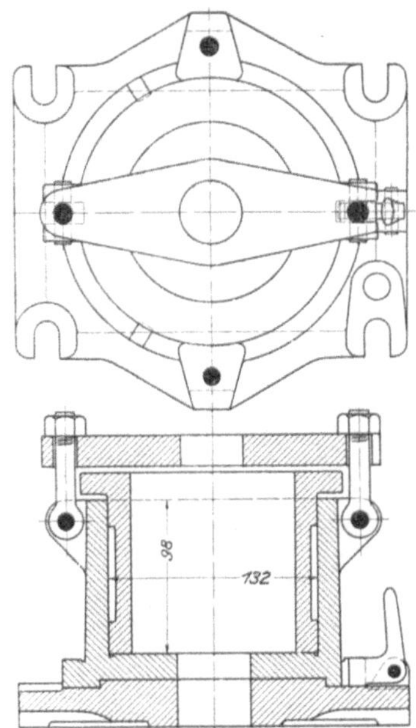

Einen eigenartigen Satz von Schablonen, die bei Herstellung des Gehäuses eines schwingenden Druckluftmotors, Fig. 78, benutzt werden (Chicago Pneumatic Tool Co., Cleveland, O.), zeigen Fig. 79 und 80. In zwei Scheiben mit zentraler Bohrung sollen trapezförmige Schlitze eingearbeitet werden. Zuerst werden mithülfe der Schablone Fig. 79 für jeden Schlitz zwei Löcher gebohrt; dann werden mittels der Schablone Fig. 80 die Schlitze selbst ausgestanzt. Dies Beispiel zeigt, daß Schablonen und Einspannladen auch für Stoßmaschinen verwendbar gemacht werden können.

Ueber die konstruktive Ausführung der Einspannladen läßt sich — abgesehen von den besprochenen häufig wiederkehrenden Konstruktionsgliedern — wenig Allgemeines sagen, da die Gestalten zu mannigfaltig und verschiedenartig sind. Der Konstrukteur hilft sich eben, wie er kann, und wendet bald Platten und angeschraubte Klötze, bald Schmiedestücke an; eine Richtschnur läßt sich kaum geben, alles hängt von der Uebung und Geschicklichkeit des Konstrukteurs ab. Man beschäftigt deshalb auch in manchen Fabriken (De la Vergne Refrigerating Machine Co., New York City; Pratt & Whitney Co., Hartford, Conn.) Spezialisten mit dem Entwerfen von Einspannladen, und oft wird dabei der Rat des Vorarbeiters oder Arbeiters angehört. Viele Fabriken haben ein bedeutendes Lager von Einspannladen, welche ein nicht unbeträchtliches Kapital darstellen.

Bevor man sich deshalb entschließt, Einspannladen für die Fabrikation einer Maschine zu bauen, wird diese einmal in der bei uns üblichen Weise hergestellt, d. h. mit Anreißen, und ausgeprobt. Wenn viele Verbesserungen vorgenommen werden, kommt es vor, daß auch noch

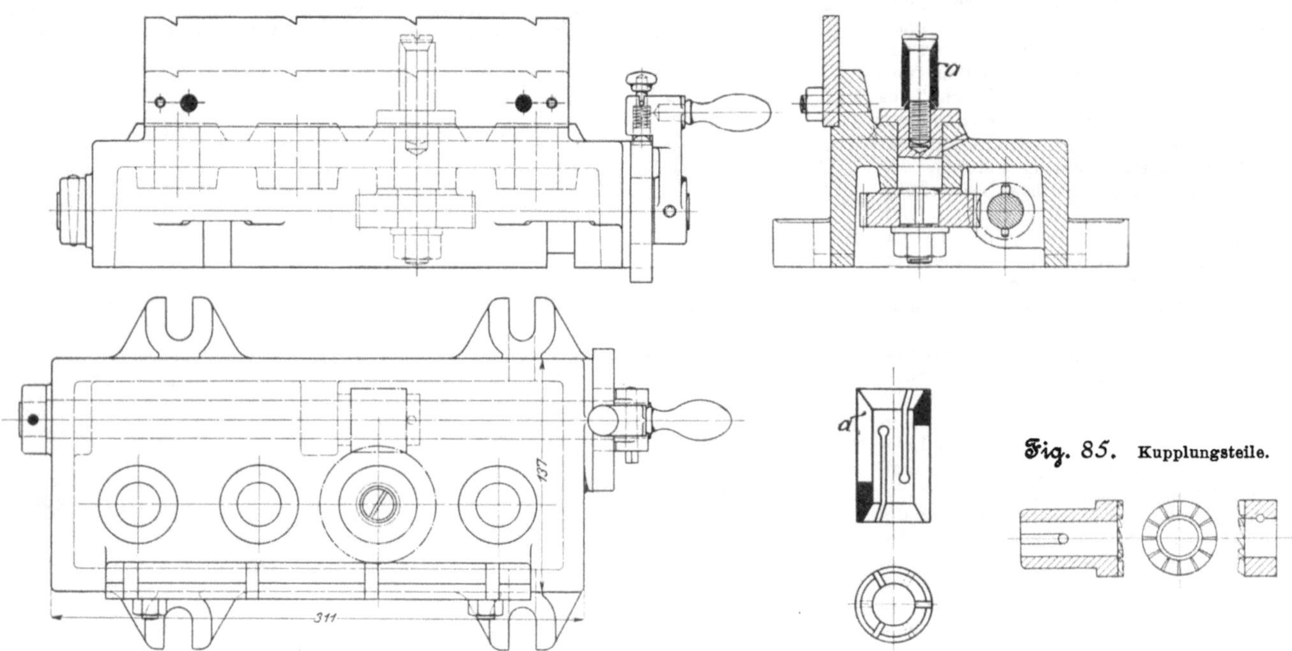

Fig. 84. Fräslade für Kupplungsteile; Bickford Drill & Tool Co., Cincinnati, O.

Fig. 85. Kupplungsteile.

ein zweites Stück in der gleichen Weise ausgeführt wird. Glaubt man dann eine mustergültige Form geschaffen zu haben, so fertigt man die Einspannladen an und beginnt nunmehr, die Maschine in Sätzen von 12, 25, 50 Stück und noch mehr zu bauen. Dieses Vorgehen ist hauptsächlich im Werkzeugmaschinenfach üblich. Auf andern Gebieten, etwa beim Dampfmaschinenbau, bemüht man sich wenigstens, die häufig wiederkehrenden Konstruktionsteile mittels Einspannlade herzustellen, und das geschieht nicht nur in Fabriken, die Dutzendware liefern, sondern z. B. auch bei der Nordberg Mfg. Co., Milwaukee, Wis., welche Bergwerks- und Hüttenmaschinen baut. Dort werden Pleuelstangen und deren Lagerbüchsen mithülfe von Einspannformen angefertigt und auf Lager gelegt.

Der Ordnung halber ist es notwendig, einen Katalog, gewöhnlich aus einzelnen Karten bestehend, für die Einspannladen anzulegen und jeder Lade eine Bezeichnung und Nummer einzuprägen. Wenn besondere Werkzeuge in Verbindung mit den Einspannladen benutzt werden, so ist auch an diesen die gleiche Bezeichnung anzubringen. Sehr oft wird auch bei Bohrladen der Durchmesser des zu benutzenden Bohrers neben der entsprechenden Büchse mit Lettern eingeschlagen. Man findet ferner, daſs die Entstehung der Einspannladen, ihre Leistungen, d. h. die damit erzielten Ersparnisse und dergl., aufgezeichnet werden; eine zu diesem Zwecke von der Cincinnati Milling Machine Co. angewandte Karte ist in Fig. 81 wiedergegeben.

Die Mannigfaltigkeit der Einspannformen macht es unmöglich, dieses Gebiet auch nur einigermaſsen erschöpfend zu behandeln. Deshalb möchte ich mich darauf beschränken, nur noch einige Beispiele vorzuführen, die mir Eigenartiges zu bieten scheinen.

Fig. 82 zeigt eine Einspannlade zum Einarbeiten von Keilnuten in Zahnräder auf der Stoſsmaschine (Bickford Drill & Tool Co., Cincinnati, O.). Bemerkenswert ist, daſs die Vorrichtung durch verschiedene ringartige Einsätze für Zahnräder verschiedenen Durchmessers brauchbar gemacht, und daſs eine Teilvorrichtung mit ihr verbunden ist, welche gestattet, drei gegeneinander um 120° versetzte Nuten zu stoſsen. Für letzteren Zweck ist der Oberteil drehbar und mit drei Einkerbungen versehen, in die eine Sperrklinke eingelegt wird.

Fig. 86 bis 88.
Oberteil einer Bohrmaschine; Bickford Drill & Tool Co., Cincinnati, O.

Fig. 86.

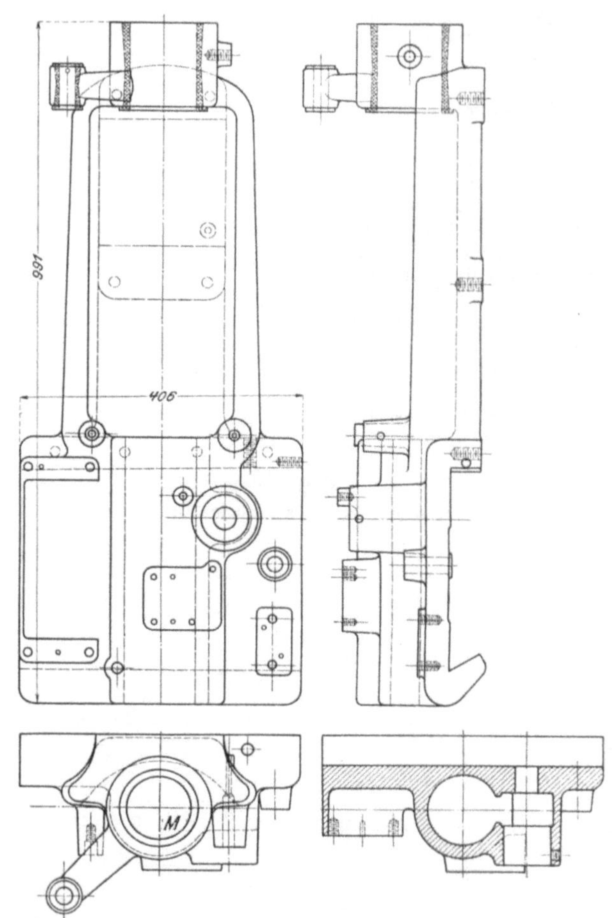

die Vorlegespindel gelagert sind, und
r Vor- und Rückwärtsgang sowie für
ossen werden. Um die Gestalt des
ch zu machen, ist in Fig. 87 und 88
rmaschine abgebildet. Die Aufgabe
konstruieren, mittels deren die Flä-
Löcher gebohrt werden können; die
it, Hülfsvorrichtungen selbst kostspie-
war dadurch gegeben, daſs die Ma-
d Drill & Tool Co. in Sätzen von 12
g gebaut werden.
organg ist das Hobeln der Rücken-
r Schwalbenschwanzführung, an wellen einen Teil des Vorschubgetriebes
Fig. 89 gibt die Einspannlade dazu

Fig. 88.

ch der Hobelmaschine befestigt wird.
terplatte mit drei verschiedenen Ein-
denen jede ein Stück aufnimmt, so-
inmal gehobelt werden können. Die
igung des Werkstückes bietet nach
einen Anlaſs zu besonderen Erläute-
ellschrauben für die Auflagerung,
esthalten des Stückes, ferner Bügel
ndet. Aber eine Eigenart zeigt die
rwähnung verdient: die Backen der
g stehen nämlich nicht parallel zu-
unter einem kleinen Winkel geneigt.
ksicht genommen werden, und man
tan, daſs man die drei Einspannladen
apfen a, Fig. 89, drehbar gemacht hat.
wird durch kegelförmige Paſsstifte be-

Fig. 89.

Hobellade für das Stück Fig. 86; Bickford Drill & Tool Co, Cincinnati, O.

Ansicht von vorn.

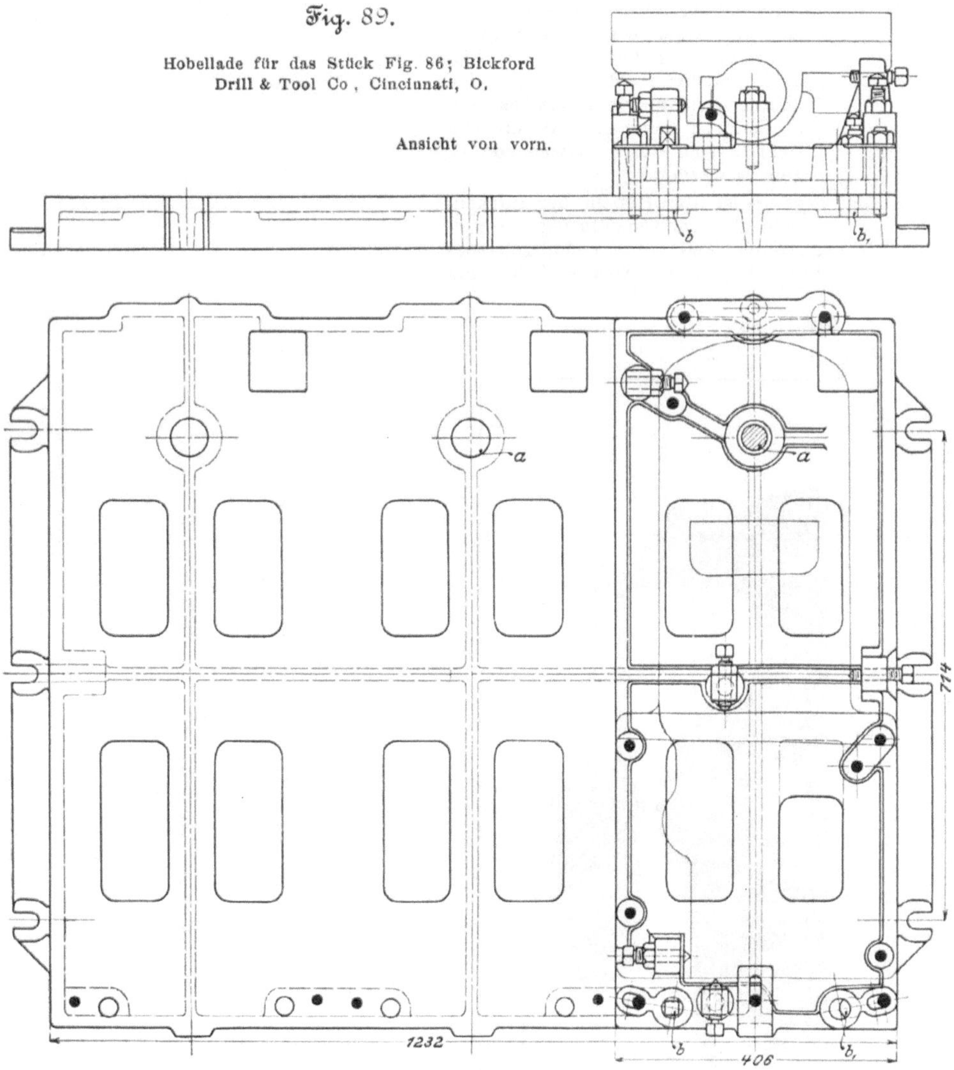

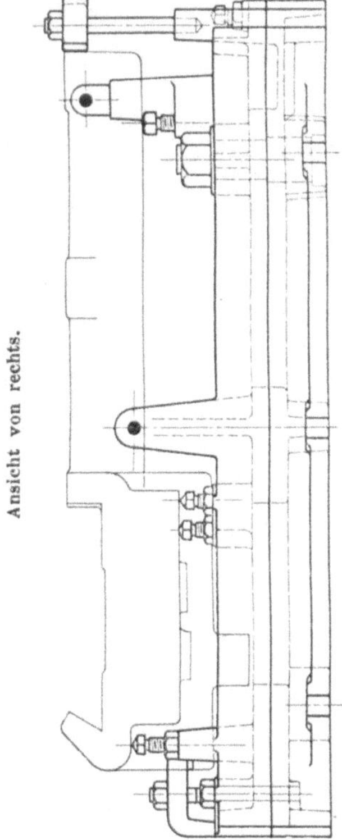

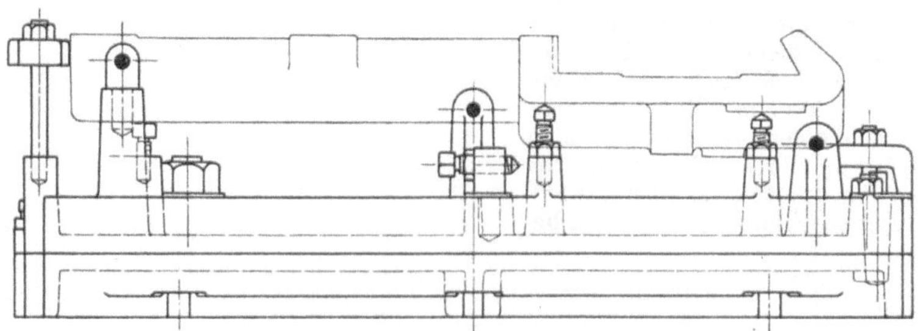

grenzt, die in Bohrungen der Unterplatte gesteckt werden. Ist die Einspannlade in der ersten Stellung, so befindet sich der Paſsstift an der Stelle b und sichert so die Stellung der Lade. Um die Lade zu schwenken, zieht man den Stift heraus und dreht die Lade soweit, bis der Stift an der Stelle b_1 eingesteckt

werden kann wobei die kegelförmige Gestalt des Stiftes das Finden der Bohrung in der Unterplatte erleichtert.

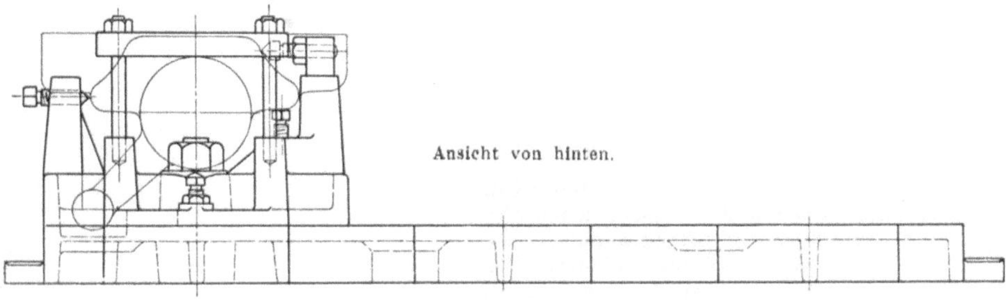

Wenn das Stück gehobelt ist, wird ohne besondere Einspannlade die Bohrung für die Lagerung der Hauptspindel — in Fig. 86 mit M bezeichnet —, ausgeführt und die Augen der Bohrung abgefast, und dann wird diese Bohrung im Verein mit der gehobelten Schwalbenschwanzführung dazu benutzt, das Stück in der Bohrlade, Fig. 90, zu lagern. Durch Zapfen, die in die erwähnte Bohrung gesteckt werden, wird die Verschiebung des Stückes nach einer Richtung verhindert, während die Schwalbenschwanzführung, die auf eine entsprechende Unterlage geschoben wird, und die Augen der Bohrung Verschiebungen nach den beiden andern Richtungen ausschlieſsen. Die Bohrlade besteht im wesentlichen aus einer Unterplatte, Fig. 91, welche die Lager für die erwähnten Zapfen und das Auflager für die Schwalbenschwanzführung enthält. Wenn das Stück auf die Unterplatte gelegt ist, so

Ansicht von hinten.

Ansicht von links.

werden ein Bügel, den Fig. 90 zu erkennen gibt, und eine Deckplatte, die in Fig. 92 besonders dargestellt ist, darüber gebracht und auf die Unterplatte geschraubt; um von vornherein die Deckplatte in ihre richtige Lage bringen zu können, hat man sie mit kegelförmigen Stiften versehen, welche in Löcher auf der Unterplatte passen. Die Büchsen, durch die der Bohrer geführt wird, sind in die Unter-

Beim Einspannen geht man wieder von der Schwalbenschwanzführung aus. Durch die Lager werden Bolzen gesteckt, die von besonderen Gußstücken getragen werden, und auf den Bolzen sitzen Ringe, welche sich gegen das auszugießende Lager legen und die seitliche Begrenzung der Gießslade bilden. Diese Ringe sind teils, fest und das Lager legt sich dann dagegen, teils werden sie herangeschoben und durch eine

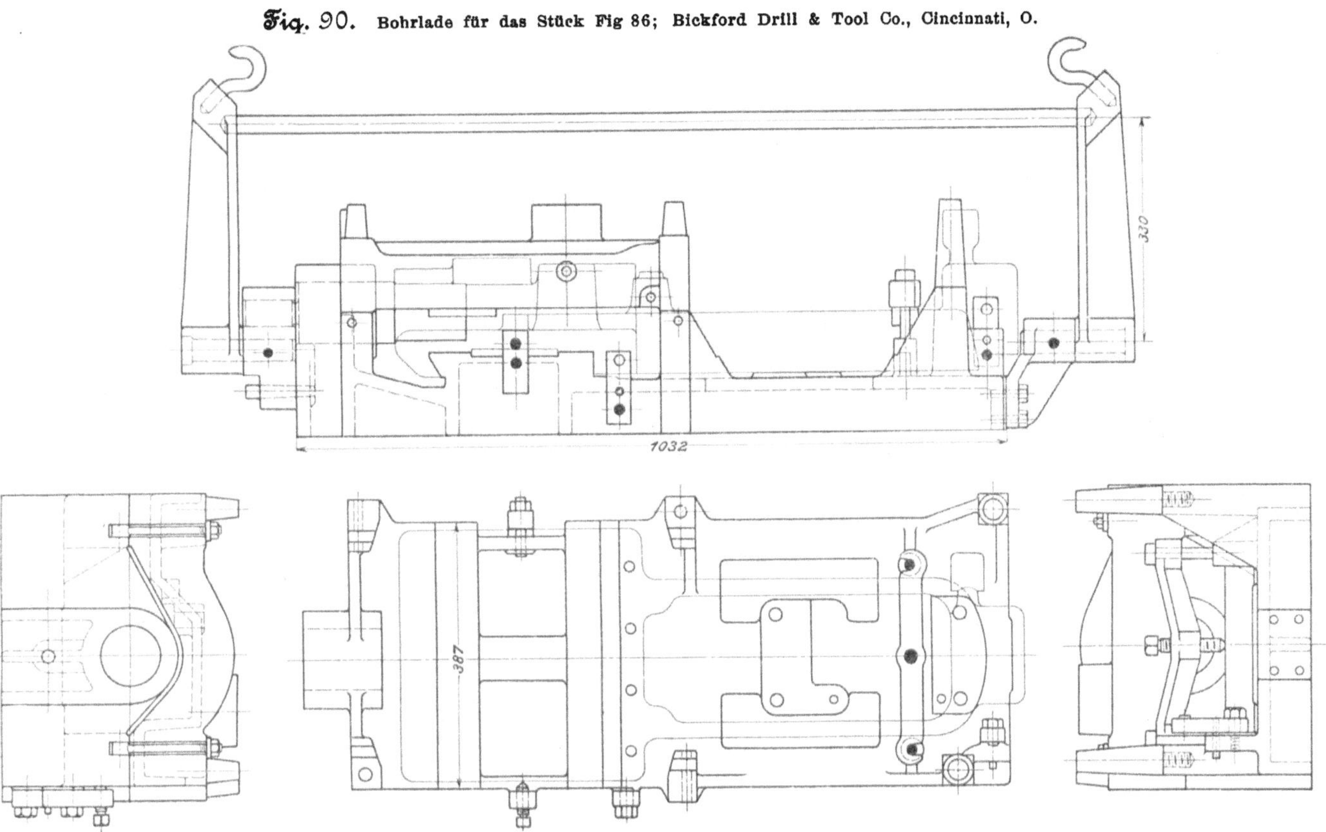

Fig. 90. Bohrlade für das Stück Fig 86; Bickford Drill & Tool Co., Cincinnati, O.

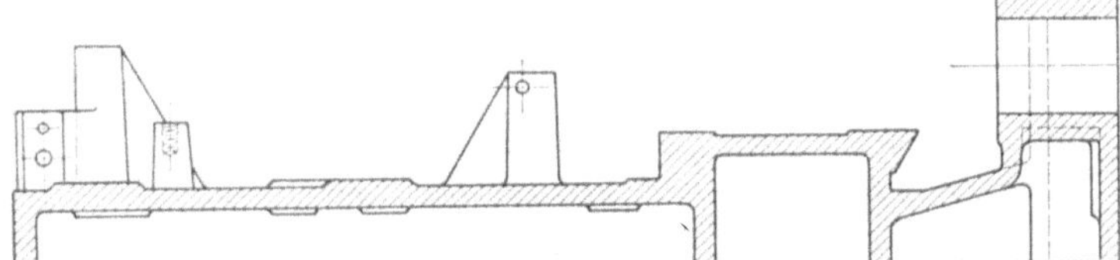

Fig. 91. Unterplatte der Bohrlade Fig. 90.

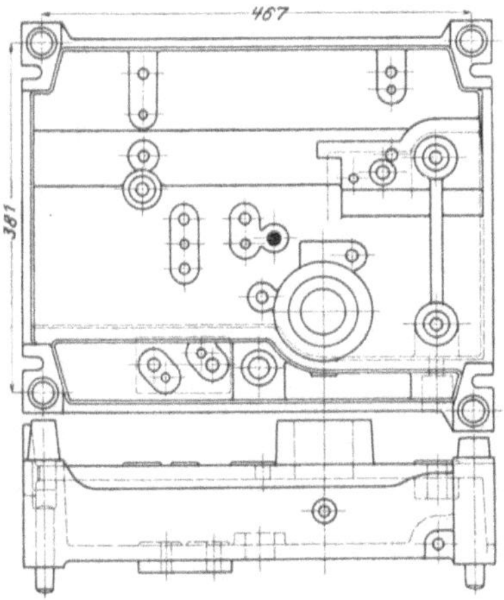

Fig. 92.
Oberplatte der Bohrlade Fig. 90.

platte und die Deckplatte eingepreßt. Das Ganze ist so schwer, daß man es, um es handhaben zu können, an ein Hebezeug hängen muß; man hat es deshalb mit einem Gehänge verbunden, und zwar drehbar, weil ein Teil der Löcher von oben, der andere von unten her gebohrt werden muß. Aus dem gleichen Grunde ist auch die Oberplatte, Fig. 92, mit vier Füßen versehen, denen zwei weitere Füße auf der Unterplatte entsprechen.

Hiermit wäre die Bearbeitung des Stückes vollendet. Aber man geht bei der Bickford Drill & Tool Co. in der Anwendung der Einspannlade noch weiter, indem man die Laden auch zum Ausgießen der Lager mit Lagermetall — die Verwendung von Lagermetall ist im amerikanischen Werkzeugmaschinenbau zurzeit allgemein üblich — benutzt.

Das Stück, dessen Werdegang wir verfolgt haben, wird mit dem hinteren Gußstück, das aus Fig. 88 zu erkennen ist, zusammengeschraubt und in eine Gießslade, Fig. 93, gebracht.

Stellschraube in ihrer Lage gehalten. Wo die Lager noch einen Bund erhalten sollen, ist über den ersten Ring noch ein zweiter geschoben, der ein wenig über ihn hinausragt. Die Lager mit senkrechter Achse haben ungeteilte Büchsen, während die beiden wagerechten Lager des Bügels geteilt sind. Die

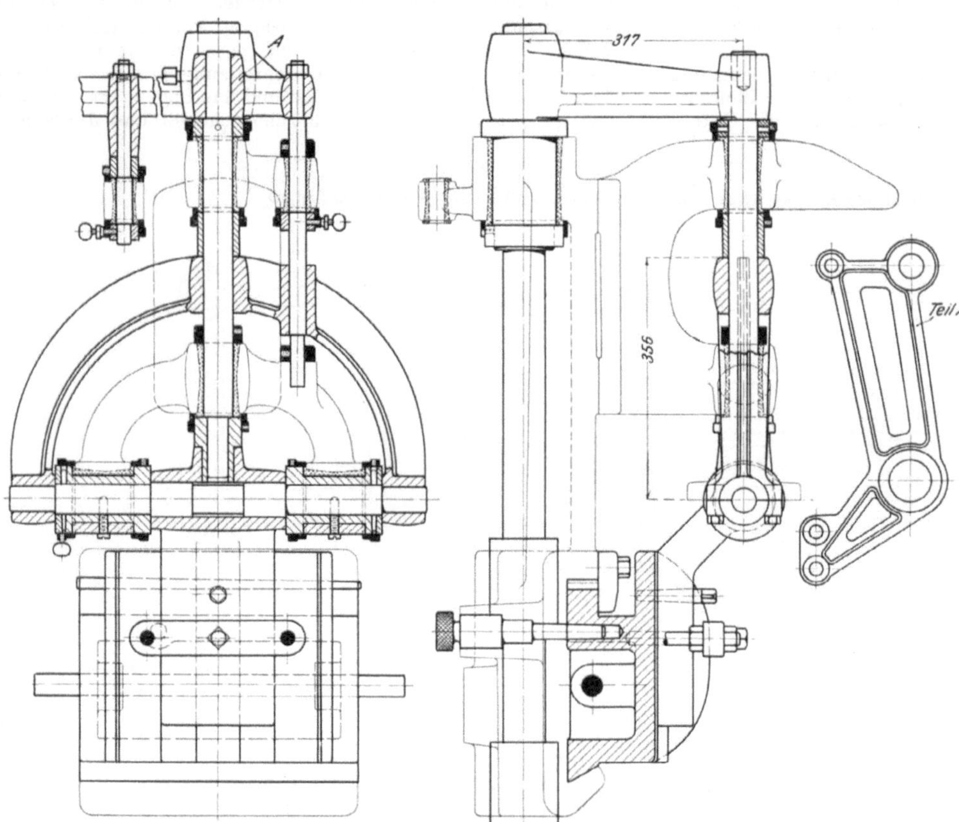

Fig. 93. Giefslade für das Stück Fig. 86; Bickford Drill & Tool Co., Cincinnati, O.

Bauart der Giefslade ist an dieser Stelle entsprechend geändert. Zum Eingiefsen des Lagermetalles erhalten die Lagerbüchsen kleine Bohrungen senkrecht zu ihrer Achse.

Um die Konstruktion der Ringe deutlicher zu machen, ist in Fig. 95 noch eine andere Giefslade derselben Firma wiedergegeben, welche für das in Fig. 94 abgebildete Stück benutzt wird. Das Stück ist geteilt, und jede Hälfte wird auf derselben Form ausgegossen. Dargestellt ist in Fig. 95 die Behandlung des oberen Teiles, vergl. Fig. 94; um den unteren Teil auszugiefsen, hat man den Arm *a*, Fig. 95, abzuschrauben.

In sehr einfacher Weise werden bei der Cleveland Automatic Machine Co., Cleveland, O., ähnliche Giefsladen gebildet. Durch die auszugiefsende Büchse wird ein Stab gesteckt und an beiden Enden Holzscheiben davorgeschoben, welche durch eine eiserne Klammer zusammengehalten werden. Oben haben diese Holzscheiben Ausschnitte, die als Fülltrichter dienen.

Fig. 94.

Getriebekasten einer Bohrmaschine; Bickford Drill & Tool Co., Cincinnati, O.

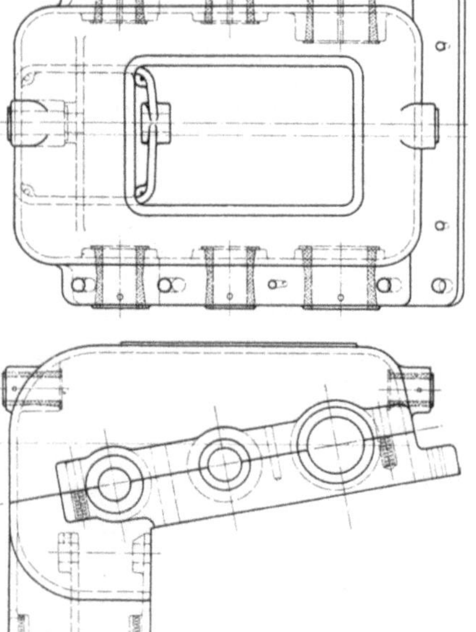

Fig. 95.

Giefslade für das Stück Fig. 94; Bickford Drill & Tool Co , Cincinnati, O.

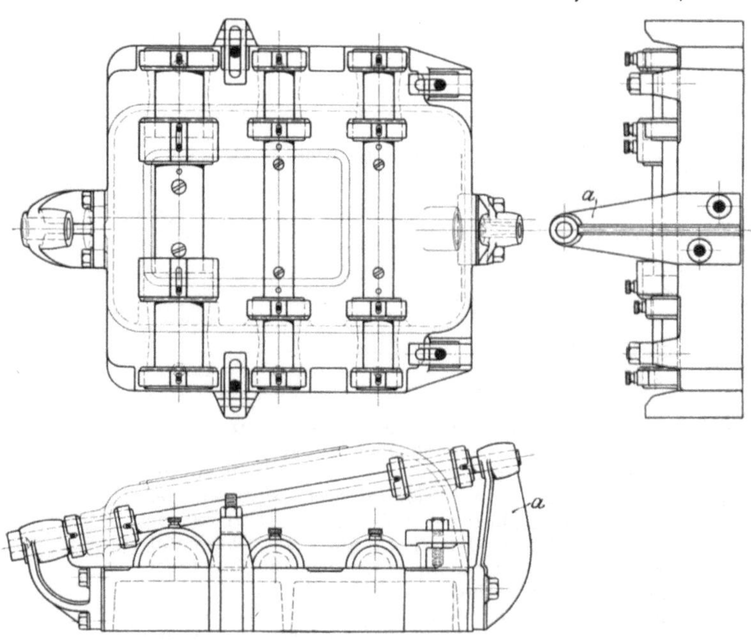

IV. Das Schmieden im Gesenk.

Der Grundsatz der amerikanischen Maschinenindustrie, die rohen Arbeitstücke so vorzubereiten, daſs wenig zu bearbeiten übrig bleibt, daſs also nach Möglichkeit an Arbeitslöhnen gespart wird, hat seinen Einfluſs auch in der Schmiedewerkstatt geltend gemacht. Das Schmieden nach Schablonen ist sehr verbreitet, und es haben z. B. die American Locomotive Works, Paterson, N. J., eine besonders abgeteilte Werkstätte angelegt, worin ein Arbeiter mit nichts weiter als mit dem Anfertigen von Schmiedeschablonen beschäftigt ist, — wieder ein kennzeichnendes Beispiel für die Ausbildung von Spezialisten. Uebrigens findet man auch in den Vereinigten Staaten Schmiedeschablonen aus Holz statt aus Eisenblech (Rogers Locomotive Works, Paterson, N. J.), weil hölzerne schneller und billiger herzustellen sind.

Während die Vorzüge des Schablonenschmiedens hauptsächlich in der Genauigkeit der Arbeit zu finden sind, die Zeitersparnis beim Schmieden selbst dagegen wenig ins Gewicht fällt, zeichnet sich die Gesenkschmiederei auch durch die Schnelligkeit der Arbeit in hohem Maſse aus. Die Gesenkschmiederei ist dann von groſsem Vorteil, wenn es sich um verhältnismäſsig kleine Stücke und um gröſsere Mengen eines Stückes handelt, also so recht ein Verfahren für die Massenfabrikation. Die Beschränkung auf mäſsig groſse Stücke ist durch die aus gehärtetem Stahl bestehenden Gesenke begründet, die eine gewisse Gröſse nicht überschreiten können; es scheint sich jedoch in Amerika das Bestreben geltend zu machen, die Gesenkschmiederei auf immer gröſsere Stücke auszudehnen [1]. Die Beschränkung auf die Massenfabrikation ist dadurch geboten, daſs die Herstellung der Gesenke einen nicht unbeträchtlichen Aufwand erfordert; man rechnet in den Vereinigten Staaten, daſs ein Gesenk 5000 bis 10 000 Schmiedestücke liefern soll, bevor es unbrauchbar wird.

Wegen der Kostspieligkeit der Gesenke ist die Einführung der Gesenkschmiederei in erster Linie von wirtschaftlichen Erwägungen abhängig. Viele Fabriken in den Vereinigten Staaten, welche im Gesenk geschmiedete Stücke in ausgedehntem Maſse benutzen, haben auch keine eigene Gesenkschmiede, sondern beziehen die Stücke von Firmen, welche die Gesenkschmiederei als Sondergebiet betreiben. Die bekanntesten darunter sind J. H. Williams & Co., Brooklyn, N. Y., Wyman & Gordon, Worcester, Mass., und die Billings & Spencer Co., Hartford, Conn. Es ist üblich, daſs diese Firmen die Gesenke, die sie für ihre Kunden herstellen, in eigenem Verwahrsam behalten und nur einen Teil der Herstellungskosten in Rechnung stellen. Die Absicht dabei ist, zu verhüten, daſs die Gesenke, in denen oft viel Erfahrung steckt, in die Hände eines Konkurrenten kommen.

In Deutschland ist die Gesenkschmiederei durchaus nichts Neues, vielmehr findet sie bei der Fabrikation von Waffen, Fahrrädern und dergl. und vor allem in der Kleineisenindustrie ausgedehnte Anwendung. In Hagen, Remscheid, Solingen und in der Umgebung dieser Städte sind zahlreiche leistungsfähige Gesenkschmieden vorhanden, die entweder im wesentlichen für eigenen Bedarf arbeiten, wie etwa die Messerfabrik von J. A. Henckels in Solingen, oder hauptsächlich fremde Bestellungen ausführen, wie Funcke & Hueck in Hagen, Gustav Tesche in Hagen oder Carl Sülberg in Remscheid. Wenn trotz dieser Verbreitung der Gesenkschmiederei in Deutschland an dieser Stelle näher darauf eingegangen wird, so geschieht das, weil in den Vereinigten Staaten auch der Maschinenbau ausgiebigen Gebrauch von Gesenkschmiedestücken macht — haben doch beispielsweise die American Locomotive Works, Schenectady, N. Y., eine eigene Gesenkschmiede —, während sie in unsern Maschinenfabriken selten benutzt werden. Das liegt zumteil daran, daſs in Amerika durch Spezialisieren der Fabriken und durch Normalisieren der Einzelteile die wirtschaftlichen Grundlagen für die Anwendbarkeit der Gesenkschmiederei gegeben sind, hingegen in deutschen Maschinenfabriken Massenbedarf an Schmiedestücken weniger häufig auftritt. Aber auch bei uns könnte wohl in einigen Fabrikationszweigen, z. B. im Bau von Pumpen, Gasmotoren und Lokomobilen, mehr Gebrauch von Gesenkschmiedestücken als bisher gemacht werden, und der Bedarf wird jedenfalls steigen, je mehr unsere Fabriken dazu übergehen, die Einzelheiten zu normalisieren. Auch verlohnt es sich deshalb, bei der Gesenkschmiederei etwas zu verweilen, weil unsere Literatur so gut wie nichts darüber enthält [1].

Vom technologischen Standpunkt betrachtet besteht zwischen Gesenkschmieden und Gieſsen eine groſse Aehnlichkeit: in beiden Fällen wird das Material in plastischem Zustande in eine Form gebracht, in der es erstarrt, und es muſs beim Herstellen der Form für das Schmieden ebenso wie für das Gieſsen auf das Schrumpfen Rücksicht genommen werden.

Die Gesenke werden möglichst nach einem Modell aus Stahlblöcken mithülfe von Fräsmaschine, Meiſsel und Grabstichel hergestellt. Wenn für ein Stück mehrere Gesenke anzufertigen sind, und wenn das Stück flach und nicht zu breit ist, welcher Fall in der Messerfabrikation vorkommt, so werden die Gesenke durch Einschlagen eines der Form des Stückes entsprechenden Stempels, eines sogenannten Leistens, in den glühenden Stahlblock hergestellt. Um das Ausheben des Stückes zu erleichtern, werden die Wandungen im Gesenk um 5 bis 7° abgeschrägt.

Die Gesenke werden in Wasser gehärtet, wobei viel Sorgfalt und Erfahrung dazu gehört, um zu verhüten, daſs

<hr>

[1] Vergl. The Iron Age 27. August 1903 S. 14.

[1] Engineering hat im Jahre 1901 in einer Reihe von Aufsätzen, betitelt »die forging«, u. a. Beispiele von Gesenkschmiederei veröffentlicht. The Iron Age brachte kürzlich (27. August 1903) einen kleinen Aufsatz über Gesenkschmiederei.

die kostbaren Stücke springen. Man verfährt beim Härten so, dafs man zunächst die Rückenfläche des glühenden Gesenkes langsam abkühlt und dann die Oberfläche rasch abschreckt, oder so, dafs man den Block mit seiner Oberfläche in ein Gefäfs mit mäfsig hoch stehendem Wasser stellt.

Die Oberfläche der Gesenke mufs so gestaltet sein, dafs der Ueberschufs an Material beim Einpressen in die Form entweichen kann. Es ist deshalb unrichtig, die Oberfläche eben zu machen, weil dann zwischen den beiden Hälften des Gesenkes eine Materialschicht bleibt, deren Dicke nicht kontrolliert werden kann, und die Folge davon ist, dafs auch die Dicke der geschmiedeten Stücke verschieden grofs ausfällt. Wenn man die Oberflächen der Gesenke dachförmig ausführt, Fig. 96, so kann der Materialüberschufs besser entweichen, aber es fehlt hierbei ebenfalls eine Kontrolle über die Dicke der Stücke. Gleichmäfsig dicke Stücke lassen sich erzielen, wenn man die beiden Gesenkhälften aufeinander schlagen läfst. Das kann geschehen, indem man an den vier Ecken der dachförmigen Gesenke hervorstehende Arbeitsflächen ausbildet,

aus dem vollen Stab abschmiedet, in welchem Falle das Gesenk natürlich eine Oeffnung haben mufs, durch die der Stab hinausragt.

Das Vorschmieden verteuert die Herstellung nicht unerheblich, und wenn ein Vergleich zwischen dem Stück in Fig. 98, das aus einer deutschen Werkstatt stammt, und dem in Fig. 99, das amerikanischen Ursprunges ist, hinsichtlich der Genauigkeit zugunsten des letzteren ausfällt, so darf man nicht vergessen, dafs auch die Grundbedingungen verschieden sind. Der Amerikaner mufs angesichts der hohen Löhne, die für die Bearbeitung des Stückes zu zahlen sind, auf grofse Genauigkeit des Schmiedestückes sehen, und die Massenherstellung macht die Ausgabe für mehrere Gesenke möglich. Die Kosten für das Schmieden selbst versteht man in Amerika dadurch zu vermindern, dafs man nur einen Mann an den Hammer stellt. In Deutschland will der Besteller seine Schmiedeteile möglichst billig geliefert erhalten, und die Gesenkschmieden müssen sich diesem Wunsche anpassen. Dafs aber die deutsche Gesenkschmiederei, wenn es gilt, ebenso

Fig. 96.

Fig. 97.

Fig. 98.

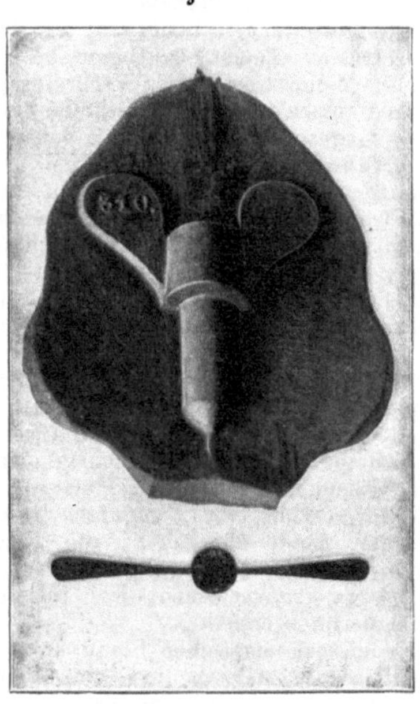

Fig. 99.

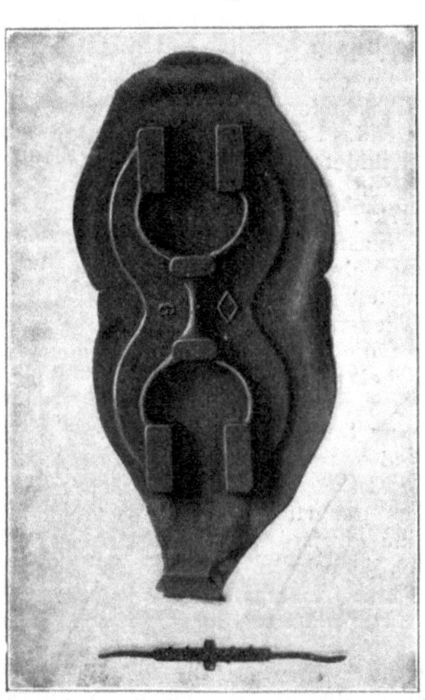

oder indem man rings um die Form eine flache Furche, einen sogenannten Graben, von 12 bis 15 mm Breite aushebt, Fig. 97, wie es in Amerika gewöhnlich geschieht. Beide Anordnungen haben den Nachteil, dafs die Gesenke sich mehr abnutzen als ein solches nach Fig. 96, weil keine als Schutzkissen wirkende Materialschicht zwischen beiden Gesenkteilen vorhanden ist. Ansicht und Querschnitt eines Stückes, das in einem Gesenk nach Fig. 96 geschmiedet worden ist, sind in Fig. 98 wiedergegeben, während Fig. 99 ein Stück zeigt, das aus einem Gesenk nach Fig. 97 herstammt. Man erkennt, dafs das letztere Gesenk genauere Stücke liefert und weniger Materialabfall hat.

Ein Gesenk nach Fig. 97 verlangt jedoch, dafs das Stück, wenn es keine ganz einfache Form hat, sorgfältig vorgeschmiedet wird. Es wird unter einem Hammer ausgestreckt oder gebogen, und es kommen Vorgesenke zur Anwendung. Auch durch Zerschneiden unter einer Schere, Fig. 100, kann man die Gestalt des rohen Materials der Form des Stückes anpassen. Vorteilhafter aber ist es, wenn man die Stücke

leistungsfähig sein kann wie die amerikanische, zeigt das Beispiel von J. A. Henckels, wo für den eigenen Bedarf aufserordentlich scharfe und genaue Stücke geschmiedet werden, oder das der Deutschen Waffen- und Munitionsfabriken, Berlin, deren Gesenkschmiede nach Einrichtungen und Leistungen von amerikanischen nicht abweicht.

Fig. 100.

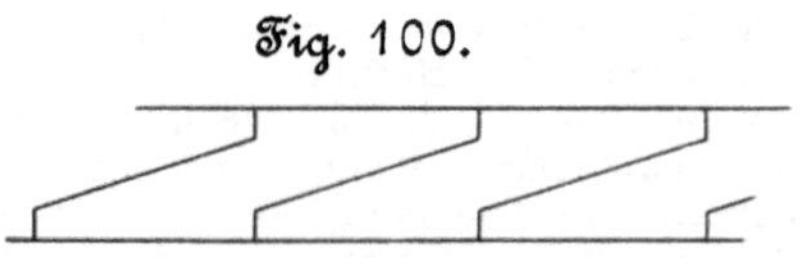

Was die erreichbare Genauigkeit anbetrifft, so weisen nach Angabe von J. H. Williams & Co. die Stücke, die aus einem und demselben Gesenk kommen, Unterschiede in der Dicke von $^1/_{100}$ bis $^1/_{32}$ Zoll auf, je nach Gröfse und Material. Für die Bearbeitung fügt die genannte Firma bei Herstellung der Gesenke einer jeden Fläche des Schmiedestückes $^1/_{32}$ Zoll zu; wenn aber das Stück nur abgeschliffen werden soll, so genügt $^1/_{100}$ Zoll.

Wenn das Stück aus dem Gesenk kommt, so ist es von einer Finne rings umgeben, s. Fig. 99, welche abgeschnitten werden muſs. Dieses sogenannte Abgraten wird unter einer Presse mithülfe besonderer Stanzgesenke vorgenommen. Die Stanzgesenke bestehen aus einem Stempel von dem Umriſs des Schmiedestückes und einer entsprechenden Hohlform, durch welche das Stück gedrückt wird, sodaſs es, nachdem die Finne, vergl. Fig. 99, abgetrennt ist, in der fertigen Gestalt, Fig. 101, unten herausfällt. Wenn das Stück auch Löcher enthält, so kommen auſser den Gesenken zum Abgraten der äuſseren Umrisse noch Lochgesenke zur Anwendung.

Gröſsere Stücke müssen abgegratet werden, während das Stück noch warm ist; bei kleineren, wo die Finne dünner ist, kann diese Arbeit auch am kalten Stück verrichtet werden, und das geschieht auch sehr häufig (Mc Cormick Harvesting Machine Co., Chicago, Ill.; Pope Mfg. Co., Hartford, Conn.; American Locomotive Works, Schenectady, N. Y.), in Deutschland fast ausschlieſslich. Die Vorteile des Kaltabgratens sind nicht zu unterschätzen. Der Schmied, der hohen Lohn erhält, kann, wenn er mit dem Abgraten nichts zu tun hat, zwei, selbst drei Stücke abschmieden, bevor er seinen Eisenstab wieder ins Feuer legt, und das Abgraten kann nunmehr einem billig bezahlten Burschen anvertraut werden. Ferner sind die Stücke kalt leichter zu handhaben. Dagegen läſst sich

Fig. 101.

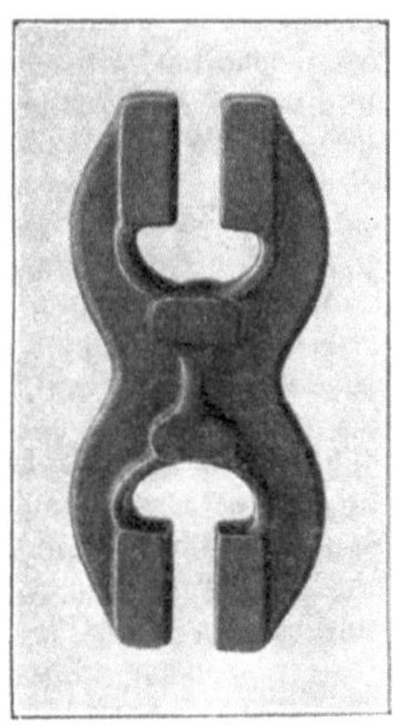

beim Abgraten in der Hitze eine gröſsere Genauigkeit erzielen, weil das Stück wieder in das Gesenk zurückgebracht und nachgeschlagen werden kann.

Runde Stücke werden während des Schmiedens im Gesenk vom Schmied gedreht, sodaſs sich keine Finne bildet und die Anwendung der Stanze wegfällt. Derartige Stücke werden so sauber geschmiedet, daſs man sie für abgedreht halten könnte.

Das Einstellen der Gesenke so, daſs der obere am Hammerbär befestigte Teil genau richtig auf das Untergesenk auf dem Amboſs paſst, ist zeitraubend. Auch aus diesem Grunde lohnt sich die Gesenkschmiederei erst bei Massenbedarf. Bei einer Einrichtung jedoch, die ich in einer deutschen Fabrik gesehen habe, fällt dieses Einstellen fort. Es wird nämlich nur das Untergesenk im Amboſs befestigt, während das Obergesenk von einem Arbeiter an einer Zange gehalten wird. Das Obergesenk hat kegelförmige Führstifte, die in Löcher im Untergesenk passen, und auſserdem greifen beide Gesenke mit Nut und Feder ineinander. Der Vorzug dieser Anordnung ist, daſs der Hammer sehr rasch wieder für andere Arbeiten frei wird — es wird nämlich nur gelegentlich im Gesenk geschmiedet. Aber es wird dadurch Zeit verloren, daſs jedesmal beim Einlegen eines Stückes das Obergesenk fortgenommen und wieder an seine Stelle gebracht werden muſs,

— statt des einmaligen Einstellens der Gesenke ein wiederholtes Aufsetzen des Obergesenkes.

Die Aehnlichkeit zwischen Gieſserei und Gesenkschmiede erstreckt sich auch auf die Nachbehandlung der Stücke: sie werden manchmal, wenn sie bearbeitet werden sollen, in Schwefelsäure gelegt, um die harte Haut zu entfernen; kleine Stücke bringt man wohl auch in Putztrommeln, um sie von Glühspan zu reinigen. Stählerne Stücke müssen nach dem Schmieden ausgeglüht werden, bevor sie zu den Werkzeugmaschinen gelangen, oder, wenn sie kalt abgegratet werden, bevor dies geschieht. Ein vorzügliches Aussehen wird bei stählernen Stücken erzielt, wenn man sie auf dem Schleifstein blank macht und dann im Einsatzofen härtet. J. H. Williams & Co. geben auf diese Weise Schraubenschlüsseln und dergl. ein Aussehen, als ob sie mit Schmelz überzogen wären.

Die Gesenkschmiederei verlangt ein vorzügliches Eisen- oder Stahlmaterial, das unter den Schlägen des Hammers gut flieſsen muſs. Es liegt deshalb in jedem Gesenkschmiedestück eine gewisse Gewähr für gutes Material. Beim Erhitzen soll

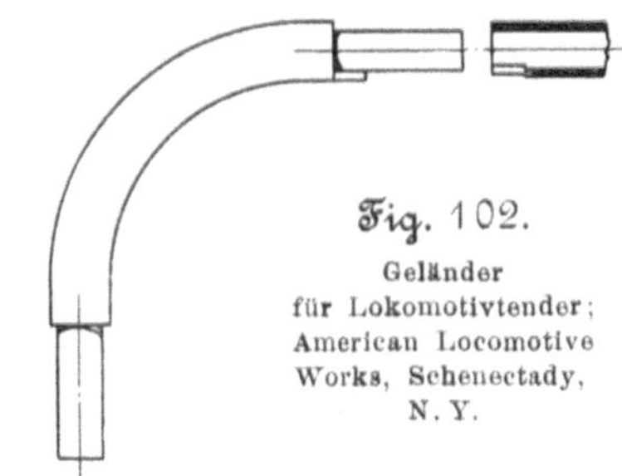

Fig. 102.
Geländer
für Lokomotivtender;
American Locomotive
Works, Schenectady,
N. Y.

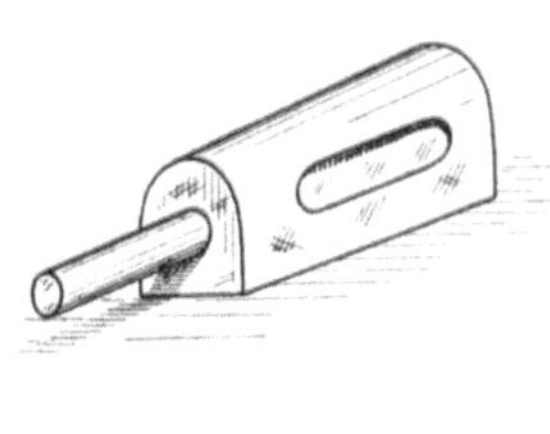
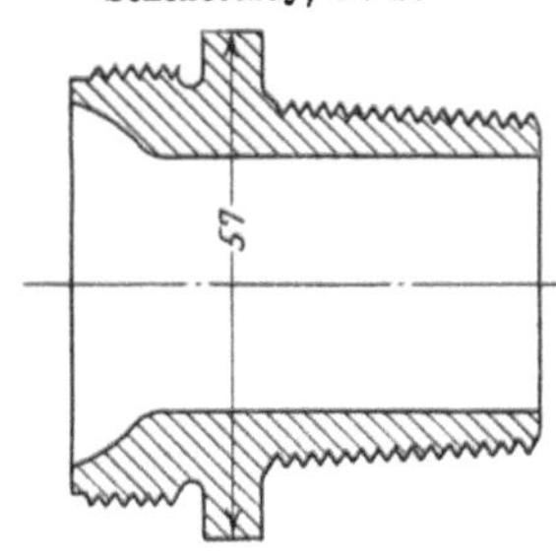

Fig. 103.
Keil für Pleuelstangen;
American Locomotive Works,
Schenectady, N. Y.

Fig. 104.
Hals für Stehbolzen;
American Locomotive Works,
Schenectady, N. Y.

der Schmied darauf sehen, den Eisenstab so heiſs wie möglich zu bekommen, damit er sein Stück in einer Hitze fertig schmieden kann. Er muſs aber Uebung besitzen, damit ihm das Material nicht überhitzt wird, was besonders bei Stahl mit hohem Kohlenstoffgehalt wichtig ist. Auſser Stahl und Eisen werden übrigens auch Kupfer, Bronze und Aluminium im Gesenk geschmiedet.

Das Anwendungsgebiet von Gesenkschmiedestücken in den Vereinigten Staaten erstreckt sich sehr weit: Nähmaschinen-, Fahrrad- und Motorwagenbau, Dampfmaschinen-, Gasmotoren- und Pumpenfabriken, Lokomotivbau, Fabriken von Werkzeugmaschinen, Aufzügen und Eismaschinen usw. machen davon Gebrauch. Vor allem aber sind es wie auch bei uns die Hersteller von Werkzeugen und sonstigem Kleineisenzeug, die Gesenkschmiedestücke in ausgedehntestem Maſse verwenden: Aexte, Hämmer, Lehren, Schraubenschlüssel, Drehbankherzen, Kurbelhandgriffe, Kranhaken werden gern im Gesenk geschmiedet.

In den American Locomotive Works werden gewöhnliche Keile im Gesenk geschmiedet und nur an der Naht, wo die Finne abgeschnitten ist, ein wenig am Schleifstein geputzt; dann sind sie ohne weiteres gebrauchsfertig. Bei derselben

Firma werden Handgriffe und Geländer für Lokomotivtender aus Gasröhren und Paſsstücken gebildet, die im Gesenk geschmiedet sind und abgesehen von Ueberputzen roh bleiben. Jedes Paſsstück, Fig. 102, hat an einer Seite eine Nase, welche in einen Schlitz des Rohres paſst, damit das Rohr sich nicht drehen kann.

Man hat bei den American Locomotive Works in Stücke, die zu bohren oder abzudrehen sind, die Körnerlöcher für Bohrer- oder Drehbankspitze mit eingeschmiedet, wie das auch sonst vielfach geschieht. In neuester Zeit geht man jedoch bei den American Locomotive Works so weit, die Löcher in gröſsere Stücke gleich während der Hitze einzustanzen.

Welche Ersparnisse sich durch die Gesenkschmiederei machen lassen, zeigt ein Beispiel der American Locomotive Works. Dort wurden Keile für Lokomotiv-Pleuelstangen, Fig. 103, früher für 7 cts das Stück in rohen guſseisernen Gesenken geschmiedet und für 35 cts bearbeitet. Jetzt kostet das Schmieden nur 4 cts und die Bearbeitung nur 12 cts; so genau kann das Stück im stählernen Gesenk angefertigt werden. Daſs aber die Gesenkschmiederei nicht immer vorteilhaft ist, beweist eine andere Angabe der zuletzt genannten Firma: Hälse für Stehbolzen, Fig. 104, wurden eine Zeitlang im Gesenk geschmiedet, und es wurden dafür $2^1/_2$ cts das Stück und für das Bearbeiten auf der Drehbank $18^1/_2$ cts gezahlt. Jetzt läſst man den Gegenstand auf einer selbsttätigen Revolverbank aus dem vollen Stab anfertigen, und das kostet nur $3^1/_2$ cts.

Als typisch für Gesenkschmiedearbeiten darf die Werkstatt von J. H. Williams & Co. angesehen werden, wo zu beiden Seiten eines Mittelganges mehr als 40 Stände für Gesenkschmiedearbeiten angeordnet sind. Zu einem Stand gehören ein Schmiedefeuer, ein Fallhammer und gewöhnlich auch eine Kurbelpresse, und der Schmied steht so, daſs sich das Feuer rechts hinter ihm, der Hammer links vor ihm und die Presse rechts vor ihm befindet. Der Schmied nimmt, indem er sich ein wenig nach rechts herumdreht, einen Stab aus dem Feuer, bringt ihn unter den Hammer, den er mit dem Fuſse betätigt, und kann ihn, etwas nach rechts tretend, unter die Presse halten, die ebenfalls mit dem Fuſse eingerückt wird.

Sehr oft werden gleichzeitig mehrere Gesenke zum Vor- und Fertigschmieden benutzt. Wenn es sich z. B. um gebogene Stücke handelt, so befinden sich auf dem Amboſs bezw. am Hammerbär drei Gesenke in einem Stahlblock. In dem rechts — vom Arbeiter aus gesehen — gelegenen wird die ausgestreckte Form des Stückes hergestellt, in dem linken wird das Stück gebogen und in dem mittleren schlieſslich fertig geschmiedet. Alsdann kommt das **Abgraten der Finne** unter der

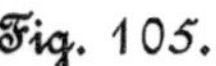

Fallhammer; E. W. Bliss Co., Brooklyn, N. Y.

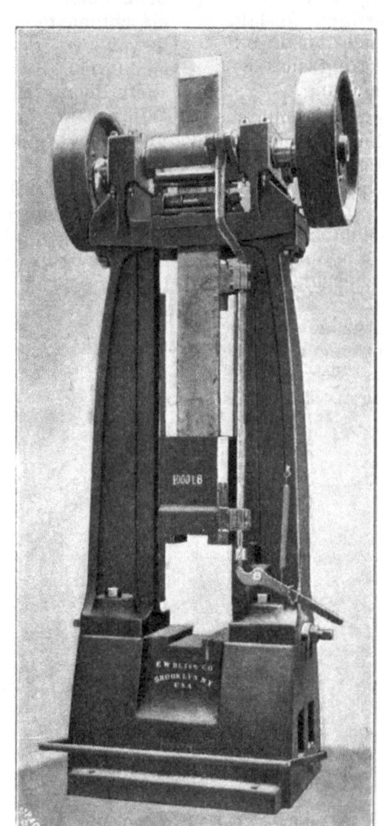

Presse, worauf das Stück nochmals in das Fertiggesenk gebracht wird. Wenn sich dabei wieder eine Finne bildet, so wird nochmals abgegratet, und dann wird auf einer Schere, die mit der Presse verbunden ist, das Stück vom Stab abgeschnitten. Zuletzt wird der Stab wieder ins Feuer gesteckt und ein frischer, der inzwischen heiſs geworden, herausgenommen.

Zum Entfernen des Glühspanes läſst man während des Schmiedens über das Untergesenk einen Druckluftstrahl streichen, der gleichzeitig mit dem Hammer angestellt wird. Dadurch werden die Gesenke geschont, und die Arbeit wird sauberer. Bei rund zu schmiedenden Stücken spritzt man zum Schluſs einen Wasserstrahl auf, wodurch eine sehr glatte, gleichmäſsig dunkel gefärbte Fläche erzielt wird.

Zum Erhitzen des Eisens findet man in den Vereinigten Staaten ausgemauerte Glühöfen, die mit Anthrazit, in neuerer Zeit oft mit Petroleum geheizt werden. Man rühmt den Petroleumöfen nach, daſs sie leistungsfähiger sind, weil keine Zeitverluste durch Abschlacken und Nachschütten entstehen.

Was die Hämmer betrifft, so werden für die Gesenkschmiederei in den Vereinigten Staaten fast ausschlieſslich Fallhämmer gebraucht; haben doch auch die Gesenkschmiedestücke von den Fallhämmern (drop hammer) ihren Namen (drop forgings) erhalten. In der Tat ist der Fallhammer für die Gesenkschmiederei sehr geeignet. Es können überhaupt nur Hämmer mit senkrechter Führung inbetracht kommen, weil das Obergesenk immer genau auf das Untergesenk treffen muſs, und unter diesen Hämmern liefert der Fallhammer leichte Schläge in rascher Aufeinanderfolge, wie sie die Gesenkschmiederei erfordert. Sehr beliebt sind die Stangenhämmer der E. W. Bliss Co., Brooklyn, N. Y., von denen einer in Fig. 105 dargestellt ist. Der Hammer hat eine selbsttätige Steuerung, die durch Verstellen eines Anschlages geregelt werden kann; auſserdem kann man den Bär aus beliebiger Höhe fallen lassen. Der Schaft wird, wenn der Hammer oben steht, durch Klemmbacken gehalten, welche sich unterhalb der Reibrollen befinden. Solange der Arbeiter den Fuſshebel hinunterdrückt, werden die Schläge aus der einmal eingestellten Höhe wiederholt; wenn die Fallhöhe veränderlich sein soll, wird der Handhebel benutzt. Diese Hämmer werden mit Bären von 25 bis 1000 kg angefertigt.

In Deutschland haben sich im bergischen Bezirk Stangenhämmer nicht allgemein eingeführt. An Stellen, wo man sie probiert

Fig. 106. Aufwerfhammer; Bradley Co., Syracuse, N. Y.

hat, sind sie wieder aufgegeben worden, weil sie zu viel Reparaturen erforderten. Vielleicht trug hieran die Gewöhnung der Arbeiter Schuld, welche mit den Stangenhämmern nicht umzugehen wuſsten. Allgemein gebräuchlich sind bei uns Riemenfallhämmer, aber sie erfordern einen zweiten Arbeiter zum Spannen des Riemens, während an dem amerikanischen Stangenhammer nur ein Mann tätig ist. Das zeigt wieder, wie man es in Amerika versteht, an Löhnen zu sparen. Auch schnellschlagende Dampfhämmer, die man eine Zeitlang in Deutschland benutzt hat, sind wegen zu vieler Reparaturen mit wenigen Ausnahmen wieder aus der Praxis verschwunden. In deutschen Waffenfabriken arbeitet man mit Stangenhämmern nach amerikanischem Muster.

Neben den Fallhämmern werden in Gesenkschmieden noch andere Hämmer gebraucht, und zwar zum Vorbereiten der Stäbe für das Gesenk, d. i. zum Flachschmieden u. dergl. Dazu ist naturgemäfs keine Führung des Bärs nötig; man kann deshalb mit Vorteil Federhämmer benutzen, die eine grofse Schlagzahl in der Minute zulassen. Aufserordentlich verbreitet sind für diesen Zweck die Hämmer der Bradley Co., Syracuse, N. Y., Fig. 106 [1]). Die Bewegung wird von einem einstellbaren Exzenter

---

[1]) Vergl. Z. 1887 S. 466.

Fig. 107.
Abgratpresse; E. W. Bliss Co., Brooklyn, N. Y.

auf den Hammerhelm mittels eines doppelarmigen Hebels übertragen, der an den beiden Stellen, wo er mit dem Helm in Berührung kommt, in der Figur rechts unten und links oben, dicke Gummiklötze trägt. Zwei andere am Gestell befestigte Gummiklötze dienen dazu, die lebendige Kraft des aufwärts geschnellten Helmes aufzunehmen und ihn zurückzuschleudern. Durch Niedertreten eines Fufshebels wird mithülfe einer Spannrolle der Hammer in Betrieb gesetzt, beim Loslassen wird eine Bremse betätigt. Derartige Hämmer werden mit Bären von 7,5 bis 100 kg und für 435 bis 225 Schläge in der Minute, je nach Gewicht, geliefert.

Die E. W. Bliss Co. liefert auch Abgratpressen zum Fortstanzen der Finne, Fig. 107. Es sind dies gewöhnliche Kurbelpressen kräftiger Bauart, die aufsen noch eine Schere zum Abschneiden des Stückes vom Stabe tragen. Zu letzterem Zweck werden bei uns oft kleine Fallhämmer benutzt, die neben dem Schmiedehammer stehen. Manchmal finden sich aber auch einfache Handhebelscheren, die am Fallhammer befestigt sind.

V. Das Schleifen.

In seinem Bericht über die Weltausstellung in Philadelphia[1]) hat Wencelides die Bemerkung gemacht: »In Amerika wird viel geschliffen, verhältnismäßig mehr, als in irgend einem Lande in Europa«, und wenn man heute, nach mehr als einem Vierteljahrhundert, amerikanische und deutsche Werkstätten durchwandert, so muß man zu der Ueberzeugung gelangen, daß dieser Satz auch jetzt noch Gültigkeit hat. Und doch sind auch bei uns außerordentliche Fortschritte, besonders durch die bedeutenden Leistungen von J. E. Reinecker in Chemnitz, gemacht worden, und die Bestellungen von Schleifmaschinen bei deutschen Fabrikanten beweisen ebenso wie die Einfuhr amerikanischer Maschinen, daß man in Deutschland der Schleiferei mehr und mehr die ihr gebührende Beachtung schenkt.

Freilich hatte und hat die Schleiferei in Amerika und anderswo mit besonderen Schwierigkeiten zu kämpfen, als deren wesentlichste die Eigenart des zur Verwendung kommenden Werkzeuges anzusehen ist. In der Tat sind die Eigenschaften der Schleifscheibe von denen der Schneidzeuge bei andern Werkzeugmaschinen sehr verschieden. Man hat die Schleifscheiben mit Fräsern verglichen; aber ein erheblicher Unterschied besteht darin, daß der Fräser stumpf wird und nachgeschliffen werden muß, während bei einer richtig arbeitenden Schleifscheibe die stumpf gewordenen Körner des Schleifmittels von selbst aus der Scheibe herausfallen und durch unberührte ersetzt werden sollen. Da die Körner durch ein Bindemittel zusammengehalten werden, so folgt, daß auch dieses in demselben Maße wie die Körner verschwinden muß.

Von Schleifmitteln kommen in der Natur der Schmirgel und der Korund vor, welch letzterer für die Herstellung von Schleifsteinen meist mit Schmirgel gemischt wird. Die Vereinigten Staaten verbrauchen jährlich rd. 16 000 t von diesen Stoffen, aber nur 6000 t davon werden im Lande selbst gewonnen. So konnte es nicht ausbleiben, daß der Amerikaner sich nach künstlichem Ersatz umtat. Von den Ersatzmitteln hat bisher das Karborundum am meisten Erfolg gehabt, das von der Carborundum Co., Niagara Falls, N. Y., hergestellt wird. Neuerdings soll es auch der Norton Emery Wheel Co., Worcester, Mass., gelungen sein, in einer Anlage am Niagara künstlichen Korund herzustellen.

Die letztgenannte Fabrik ist die bedeutendste für Schleifscheiben in Amerika. Sie verwendet nur Korund und Schmirgel, die in gemahlenem Zustande mit Wasser und Ton in Rührwerken gemischt, in Formen gestrichen und an der Luft soweit getrocknet werden, bis ihr Wasserüberschuß verdampft ist. Dann werden die Stücke auf Töpferscheiben abgedreht, in Gefäße aus feuerfestem Ton gebracht, wobei die Zwischenräume mit Quarzklein ausgefüllt werden, und in einem Brennofen mehrere Tage lang einer Weißgluthitze ausgesetzt, wodurch der Ton so hart gebrannt wird, daß er selbst die Eigenschaften eines Schleifmittels erhält. Zum Schluß werden die Steine mit Hülfe von Diamanten oder gehärteten Stahlrädchen abgedreht. Eine andere Sorte von Schleifsteinen erhält als Bindemittel an Stelle des Tones Natron-Wasserglas, wobei manchmal, um die Festigkeit zu erhöhen, ein Drahtnetz eingelegt wird; endlich stellt die Norton Emery Wheel Co. auch Scheiben mit einem elastischen Bindemittel her, das vermutlich in der Hauptsache aus Kautschuk besteht. Karborundumscheiben werden ähnlich hergestellt; als Bindemittel dienen gewöhnlich Ton und Feldspat gemischt, in manchen Fällen Schellack oder Kautschuk. — Die mit Ton hergestellten glasharten Scheiben werden für tiefe, die Scheiben mit elastischem Bindemittel für feine Schnitte verwendet; die Wasserglasscheiben stehen in der Mitte zwischen beiden.

Ich habe auch Schleifscheiben (bei der Ingersoll-Sergeant Drill Co., Easton, Pa.) angetroffen, die tatsächlich aus vulkanisiertem Kautschuk bestanden, worin die Schmirgelkörner eingebettet lagen, und man war mit den Betriebsergebnissen vollkommen zufrieden. Diese Art Scheiben, Vulcanite emery wheels genannt, werden von der New York Belting & Packing Co., New York City, geliefert; man nimmt für sie größere Sicherheit gegen Explosionsgefahr in Anspruch und behauptet, daß sie mit einer Umlaufgeschwindigkeit von über 50 m/sk laufen können. Die Norton Emery Wheel Co. empfiehlt für ihre Scheiben eine mittlere Geschwindigkeit von 25,6 m/sk (5000'/min) und prüft ihre Räder mit 45,7 m/sk (9000'/min)[1]). Es wird nämlich bei der Norton-Gesellschaft jede Scheibe, bevor sie versandt wird, geprüft, und über die Ergebnisse werden Verzeichnisse geführt.

Die Schmirgelscheiben werden nach ihrer Härte und nach der Korngröße des Schmirgels eingeteilt. Ein Rad ist weich, wenn seine Teile leicht losbröckeln, hart, wenn sie lange haften bleiben. Die Härte hängt von der Menge des Bindemittels und der Dauer der Brennzeit ab. Die Norton-Gesellschaft bezeichnet die Härtegrade mit den Buchstaben des Alphabets: A bedeutet die weichste, M die mittlere und Z die härteste Sorte. Man verwendet die weichen Scheiben für härteres Material, weil die Körner dabei schneller stumpf werden und entsprechend rascher entfernt werden müssen. Die Korngröße wird durch die Anzahl der Siebmaschen auf einem Quadratzoll Fläche angegeben, so daß etwa J 46 eine mittelweiche Scheibe bedeutet, deren Schmirgel durch ein

---

[1]) Wien 1877.

[1]) Die von Professor Grübler in Dresden angestellten Versuche (Z. 1903 S. 195) haben als Umlaufgeschwindigkeit beim Bruch für Norton-Scheiben 70 bis 72,12 m/sk ergeben. Neuere Versuche in Amerika, angestellt von Charles H. Benjamin (American Machinist 24. Oktober 1903 S. 1421), haben Umfangsgeschwindigkeiten beim Zerspringen von 58,4 bis 80,8 m/sk für gewöhnliche, im Handel befindliche Scheiben ergeben, 87,4 bis 92,5 m/sk für Scheiben mit vulkanisiertem Kautschuk und 96,6 bis 97,5 m/sk für Scheiben mit Drahtnetzeinlage.

Sieb mit 46 Maschen auf einem Quadratzoll gesiebt ist. Im allgemeinen wählt man, wenn das zu bearbeitende Material hart ist, ein grobes Korn, für Kupfer oder Bronze dagegen ein feines. Uebrigens ist ein feines Korn keineswegs Bedingung für die Erzielung glatter Flächen, sondern man kann sehr wohl mit groben Scheiben einen feinen Schliff erhalten, wenn nur die andern Umstände, besonders die Geschwindigkeiten, passend gewählt werden.

Man sollte nun meinen, daß sich für jedes zu schleifende Material eine bestimmte Schmirgelscheibe nach Härte und Korngröße bestimmen ließe, und in der Tat geben z. B. die Norton-Werke ein Verzeichnis, in dem für Gußeisen, Stahlguß, schmiedbaren Guß, Schmiedeisen, Bronze, gehärtete Werkzeuge verschiedener Art und dergl. die passenden Sorten angegeben sind. Die Firma bemerkt aber zugleich, daß das nur ungefähre Anhaltspunkte sind, und daß man besser täte, die Auswahl der geeigneten Schleifscheiben auf Grund der jeweils vorliegenden Einzelheiten dem Schmirgelfabrikanten zu überlassen. In Wirklichkeit wird wohl jede Maschinenfabrik mit einer möglichst geringen Anzahl von Scheiben auszukommen suchen; in einem Falle wird mitgeteilt, daß man mit 4 Sorten ausreiche[1]). Dabei sind naturgemäß in jedem Einzelfalle die Einflüsse, von denen die Schleifleistung abhängt, so zu ändern, daß die Leistung so groß wie möglich wird. Als praktisch durchführbare Leistung wird an-

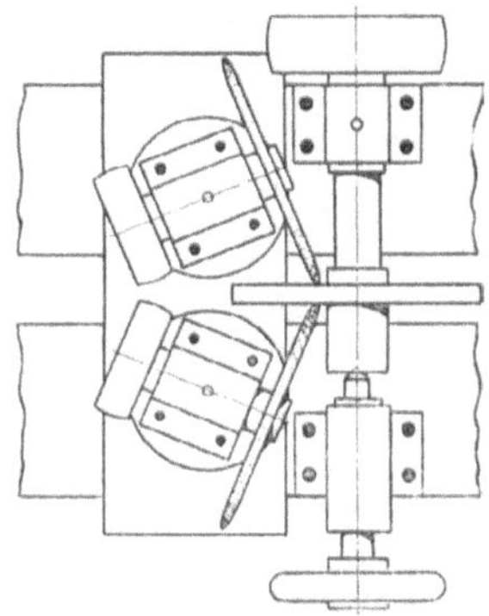

Fig. 108.

Schleifen gehärteter Scheiben; Otis Elevator Co., Chicago, Ill.

gegeben, daß von einem sich drehenden zylindrischen Körper aus nicht gehärtetem Stahl in der Minute 1 Kubikzoll abgeschliffen wird; doch läßt sich unter günstigen Verhältnissen die Leistung sogar auf das Doppelte steigern[2]).

Wovon ist aber außer von der Beschaffenheit der Scheibe die Schleifwirkung abhängig? Von der Arbeitsgeschwindigkeit, dem Vorschub, der Spandicke, der Zufuhr von Kühlflüssigkeit und der Dicke des Werkstückes.

Was zunächst die Geschwindigkeit der Scheibe betrifft, so ist die Anschauung verbreitet, daß die Schleifleistung mit der Geschwindigkeit steige[3]). Das ist aber für die praktische Anwendung keineswegs richtig, weil es bei zu hoher Geschwindigkeit möglich ist, daß die Scheibe zu heiß und daher glasig wird, so daß sie überhaupt nicht mehr angreift. Die Scheibe darf niemals heiß werden, und deshalb spielt auch die Abfuhr der Wärme eine erhebliche Rolle. Es kommt vor, daß eine gut gebaute Schleifmaschine nicht ordentlich arbeitet, und der Käufer ist dann geneigt, dies der Maschinenfabrik zur Last zu legen; diese gibt ihrerseits der Schmirgelscheibe die Schuld, und sie kann tatsächlich beweisen, daß die Maschine mit anderer Scheibe tadellos arbeitet. In Wirklichkeit mag es aber weder an der Maschine noch an der Scheibe liegen, vielmehr daran, daß die Geschwindigkeit der Maschine nicht für die Scheibe paßt, und

umgekehrt. Man wird es deshalb verstehen, daß die Brown & Sharpe Mfg. Co., Providence, R. I., für ihre Schleifmaschine ausschließlich Norton-Scheiben empfiehlt und eine Auswahl davon in die Liste ihrer Schleifmaschinen aufgenommen hat.

Es ist sehr wahrscheinlich, daß es für jede Schmirgelscheibe und jedes Material eine bestimmte Geschwindigkeit gibt, bei der das beste Ergebnis erzielt wird. Diese günstigste Geschwindigkeit ist diejenige, bei welcher die Scheibe nicht so schnell läuft, daß sie glasig wird, und nicht so langsam, daß sie zerkrümelt. Wenn eine Schleifscheibe nicht angreift, so kann man dieses Uebel oft durch langsameren Lauf heilen, und wenn sie scheinbar zu weich ist, so läßt sich manchmal durch Erhöhen der Geschwindigkeit Abhülfe schaffen. Versuchswerte über die günstigste Geschwindigkeit liegen, soweit meine Kenntnis reicht, nicht vor, und derartige Versuche — so dankenswert sie auch wären — würden auch schon deshalb großen Schwierigkeiten begegnen, weil die Schleifscheiben so außerordentlich verschieden zusammengesetzt sind. Die Umfangsgeschwindigkeiten der Schleifscheiben schwanken in Amerika im allgemeinen zwischen 20 und 30 m/sk (4000 und 6000 '/min), wobei man keinen Unterschied zwischen Scheiben mit mineralischem und vegetabilischem Bindemittel macht; man geht aber auch bis zu 38 m/sk[1]). Diesen Zahlen gegenüber erscheinen die preußischen Vorschriften, welche 15 m/sk für Scheiben mit mineralischen und 25 m/sk für solche mit vegetabilischen Bindemitteln festsetzen

Fig. 109.

Kolbenstangenführung; Ingersoll-Sergeant Drill Co., Easton, Pa.

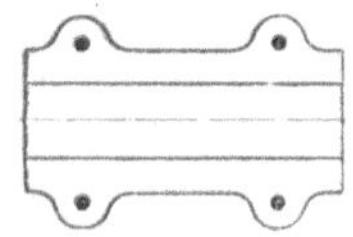

Fig. 110 und 111.

Teile der Aufspannvorrichtung für das Stück Fig. 109.

Fig. 110.   Fig. 111.

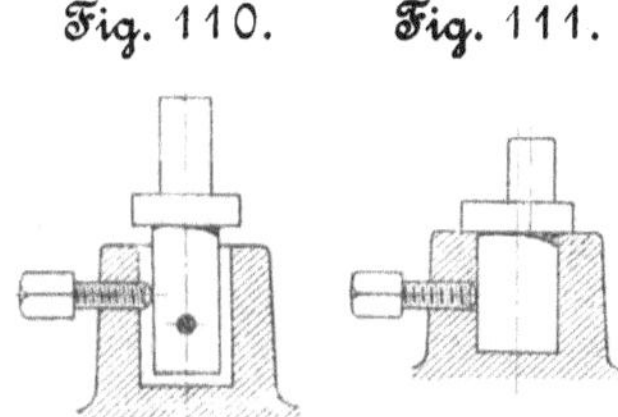

zu eng, und das ist ja auch durch die Versuche von Grübler hinreichend erwiesen. Auch spricht die in Amerika oft gemachte Erfahrung dafür[2]), daß die Explosionen von Schleifscheiben fast immer durch Unachtsamkeit der Arbeiter hervorgerufen werden, die entweder einen Fremdkörper zwischen die Schleifscheibe und ihre Umhüllung geraten lassen, oder die Geschwindigkeit mehr als erlaubt erhöhen und dergl. mehr.

Etwas günstiger in Hinsicht auf Versuche ist man gegenüber dem Einfluß des Vorschubes, der Spandicke und der Geschwindigkeit des Werkstückes gestellt; darüber hat nämlich Henry Hess, der frühere Leiter der Deutschen Niles-Werke in Oberschöneweide bei Berlin, Versuche an einer Rundschleifmaschine gemacht[3]). Von den Ergebnissen ist als besonders bemerkenswert hervorzuheben, daß die Geschwindigkeit des Werkstückes von großem Einfluß war; je mehr nämlich diese Geschwindigkeit gesteigert wurde, desto geringer wurde die Schleifleistung, gemessen in der Menge des abgeschliffenen Materials, und desto geringer wurde — wenigstens bei einer der untersuchten Scheiben — die Abnutzung. Die Versuche von Hess sind jedoch nicht erschöp-

---

[1]) American Machinist 25. Juli 1903 S. 1006.
[2]) ebenda 15. August 1903 S. 1073.
[3]) Vergl. Zeitschr. d. Vereines deutscher Ingenieure 1903 S. 195.

[1]) American Machinist 21. Februar 1903 S. 187.
[2]) ebenda 24. Oktober 1903 S. 1421.
[3]) ebenda 15. August 1903 S. 1073.

fend, einmal, weil sie sich nur auf zwei verschiedene Sorten von Schmirgelscheiben erstreckten, und ferner, weil der Einfluß der Geschwindigkeit der Schleifscheibe unberücksichtigt blieb. Vorläufig ist also, wie schließlich bei jeder andern Werkzeugmaschine, die Wahl der richtigen Größen beim Schleifen völlig Sache der Erfahrung, und der Erfolg der Schleiferei hängt ganz wesentlich von der Uebung der betreffenden Arbeiter oder Meister ab.

Von ganz erheblichem Einfluß beim Schleifen ist die Erwärmung, und zwar nicht nur auf die Schleifscheibe, wie bereits erwähnt, sondern auch auf die Beschaffenheit des Werkstückes. Der Vorschub, die Geschwindigkeit des Werkstückes und schließlich auch die Schnittiefe müssen von der Wärmeabfuhr abhängig gemacht und dürfen größer gewählt werden, wenn Kühlung vorgesehen, oder wenn etwa der Körper hohl ist. Ueber die Größe von Vorschub, Geschwindigkeit des Werkstückes und Schnitttiefe ist demnach von Fall zu Fall zu entscheiden, und wenn man hier und da hört, der Vorschub solle eine halbe oder eine ganze Scheibenbreite für eine Umdrehung des Werkstückes betragen, die Geschwindigkeit des Werkstückes 22,5 bis 30 m/min[1]) oder nach andern Angaben 9 bis 15 m/min beim Schruppen und 9 bis 30 m/min beim Fertigschleifen oder dergl., so sind das grobe Faustregeln, die nur ungefähre Anhaltspunkte geben können.

Ein Beispiel soll das Vorstehende näher kennzeichnen. Bei der Otis Elevator Co., Chicago, Ill., sind gehärtete Stahlscheiben eben zu schleifen, und man macht das in der Weise, daß man, Fig. 108, die kreisende Scheibe auf eine Seite gleichzeitig von einer Schleifscheibe bearbeiten läßt. Dabei wurden die Schleifscheiben früher mit gleichbleibender Geschwindigkeit auf dem Bett der Maschine verschoben. Nun aber war die Geschwindigkeit der bearbeiteten Stelle auf der kreisenden Stahlscheibe verschieden, je nachdem gerade die Schleifscheibe auf einem inneren oder einem nach außen zu gelegenen Kreise angriffen. Das Werkstück fand also an den außen gelegenen Stellen Zeit, sich abzukühlen, bevor die Schleifscheibe wieder dieselbe Stelle traf; innen war das aber nicht der Fall, so daß das Werkstück sich erwärmen und infolgedessen ausdehnen konnte. Beim Erkalten zeigte sich die Folge davon: die Stahlscheibe war hohlgeschliffen. Erst als man mit Hülfe eines Schubkurbelgetriebes die Schleifscheiben so verschob, daß ihr Vorschub annähernd der Umfangsgeschwindigkeit des Werkstückes gleich wurde, gelang es, die unregelmäßige Erwärmung so auszugleichen, daß die Stahlscheiben eben wurden.

Der Wärmeabfuhr wegen ist die Wasserkühlung ein Punkt, auf den besonderer Wert gelegt wird, und es scheint, als ob man in den Vereinigten Staaten mehr und mehr zum Naßschleifen übergeht. Man setzt dem Wasser sehr häufig Soda zu, um das Rosten der Werkstücke zu vermeiden; auch wird gelegentlich angeraten, noch Oel im Verhältnis von 1 : 100 hinzuzufügen[2]). Die Landis Tool Co., Waynesboro, Pa., empfiehlt frisches Wasser zuzuführen, damit keine Verunreinigungen durch Schmirgelstaub vorkommen; dabei verbietet sich der Gebrauch von Soda von selbst. Im Gegensatz dazu verlangt die Brown & Sharpe Mfg. Co., daß dasselbe Wasser immer wieder durch eine Pumpe in den Kreislauf gebracht wird, damit der Wärmeunterschied zwischen Kühlwasser und Werkstück möglichst gering ist; denn die Genauigkeit leidet durch große Temperaturunterschiede. Aus

demselben Grunde soll auch der Wasserstrom möglichst gleichmäßig sein.

Daß das Schleifen für die Maschinenfabrikation erhebliche Vorteile bietet, geht schon aus seiner wachsenden Verbreitung hervor. Die Vorzüge gegenüber andern Bearbeitungsverfahren lassen sich kurz unter 3 Gesichtspunkten zusammenfassen: Erzielung sauberer Flächen, größere Genauigkeit und — wenigstens in vielen Fällen — geringere Kosten. Die ersten beiden Punkte bedürfen keiner näheren Auseinandersetzung; es ist wohl außer Frage, daß die Rundschleifmaschine sauberere und genauere Arbeit liefern kann als die Drehbank — man denke dabei auch an den Gebrauch der Feile und des Schmirgelholzes —, und daß die Planschleifmaschine die Hobel- und Fräsmaschine ebenfalls übertrifft. Nur eine Bearbeitungsart ist vom Schleifen noch nicht verdrängt worden: das Schaben mit der Hand; wo es auf Genauigkeit ebener Flächen ankommt, habe ich auch in Amerika mit einer Ausnahme keine Schleifarbeit angetroffen.

Bei dieser Ausnahme handelte es sich um einen Versuch, der als gelungen und für die Zukunft viel versprechend angesehen wurde. Bei den Stoßbohrmaschinen der Ingersoll-Sergeant Drill Co., Easton, Pa., treten die Kolbenstangen durch eine stopfbüchsenähnliche Führung, die aus 2 Schalen, Fig. 109, mit Hülfe von Schrauben zusammengesetzt ist. Die Flächen, mit denen die Schalen aufeinander liegen, müssen luftdicht passen, und sie wurden bisher gehobelt und dann von Hand geschabt. Bei dem Versuch handelte es sich darum, diese Flächen, nachdem sie gefräst waren, eben zu schleifen, wozu man die ebene Fläche einer Schleifscheibe benutzte. Die Schwierigkeit bestand darin, eine Aufspannvorrichtung zu konstruieren, die hinreichend stark und doch so elastisch ist, daß sie sich kleinen Unterschieden in der Lage der Löcher am Werkstück anpassen kann. Erreicht ist das dadurch, daß man von den 4 Stiften, über die das Werkstück mit seinen 4 Bohrungen gesteckt wird, zwei um eine wagerechte Achse ein wenig drehbar und zwei nach Art von Exzentern in wagerechter Richtung verschiebbar machte; s. Fig. 110 und 111. Uebrigens sind die magnetischen Aufspannvorrichtungen für Planschleifmaschinen in Amerika recht verbreitet.

Ueber die erreichbare Genauigkeit beim Planschleifen gewährt die Angabe einen Anhaltspunkt, daß in einem Falle[1]) die Abweichung von der genauen Ebene auf 914 mm Länge 0,0127 mm betrug. Beim Rundschleifen läßt sich jede beliebige Genauigkeit erreichen, vorausgesetzt, daß die Spantiefe so klein gewählt wird, daß sich das Stück nicht zu sehr erwärmt. Die Spantiefe soll in solchen Fällen bis auf 0,00635 mm (0,00025 Zoll) vermindert werden. Zum Messen derartiger Größen müssen die feinsten Meßgeräte benutzt werden; es darf in dieser Hinsicht auf früher Gesagtes verwiesen werden[2]).

Was die Verminderung der Fabrikationskosten betrifft, so kommt beim Rundschleifen zunächst in manchen Fällen eine Zeitersparnis gegenüber dem Abdrehen auf der Drehbank in Betracht. Ein von der Norton Grinding Co., Worcester, Mass., die mit den Norton Emery Wheel Co. verbunden ist, angegebenes Beispiel soll hierfür mitgeteilt werden. Rohrstücke von 98 mm äußerem Durchmesser und 914 mm Länge wurden früher in einer Stunde abgedreht und dann in 30 weiteren Minuten auf der Drehbank gefeilt. Jetzt nimmt das Schleifen nur 50 min in Anspruch. Hierbei ist aller-

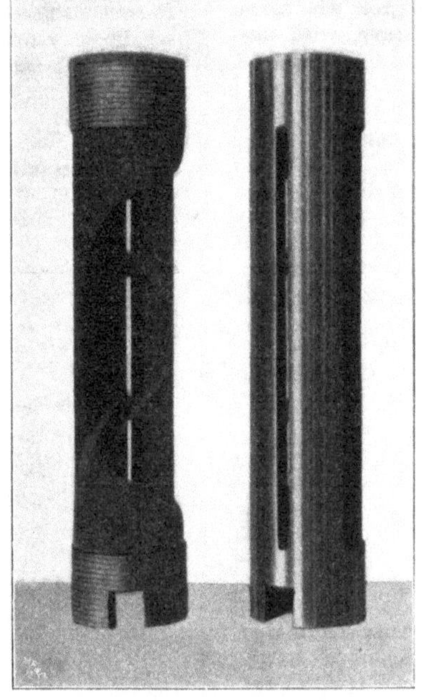

Fig. 112. Corliss-Schieber.

---

[1]) Cassiers Magazine November 1902 S. 260.
[2]) American Machinist 18. April 1903 S. 470.

[1]) The Engineer 27. März 1903 S. 306.
[2]) S. 15.

dings zu berücksichtigen, daß auch die Schmirgelscheiben einigen Geldaufwand erfordern, der unter Umständen die Ersparnis an Lohn wettmachen kann. Deshalb können Fälle eintreten, in denen der Amerikaner das Schleifen angesichts der hohen Löhne vorzieht, während der Deutsche besser tut, beim Abdrehen zu verharren. Eines schickt sich eben nicht für alle!

Mehr springen jedoch die Vorteile des Schleifens in die Augen, wenn es sich um eine Arbeitsteilung zwischen Drehbank und Schleifmaschine handelt, wobei der ersteren die Arbeit des Schruppens, der letzteren die des Schlichtens zufällt. Dieses Verfahren hat bereits eine außerordentliche Verbreitung in den Ver. Staaten gefunden, und die Ursache davon ist teilweise ebenfalls die Höhe der Löhne gelernter Arbeiter. Zum Abschruppen verwendet man ungeübte Arbeiter, die verhältnismäßig gering bezahlt werden, nicht gewohnt sind, fein zu messen, und mehrere Bänke auf einmal bedienen können. Der Schleifer aber, der Uebung im genauen Arbeiten haben muß, wird höher bezahlt; auch er kann übrigens unter Umständen zwei Schleifmaschinen überwachen.

In Fig. 112 ist ein Corliss-Auslaßschieber der Providence Engineering Works, Providence, R. I., von 660 mm Länge und 140 mm Dmr. dargestellt, und zwar zeigt der linke Teil der Figur den Schieber, wie er abgeschruppt von der Drehbank gekom-

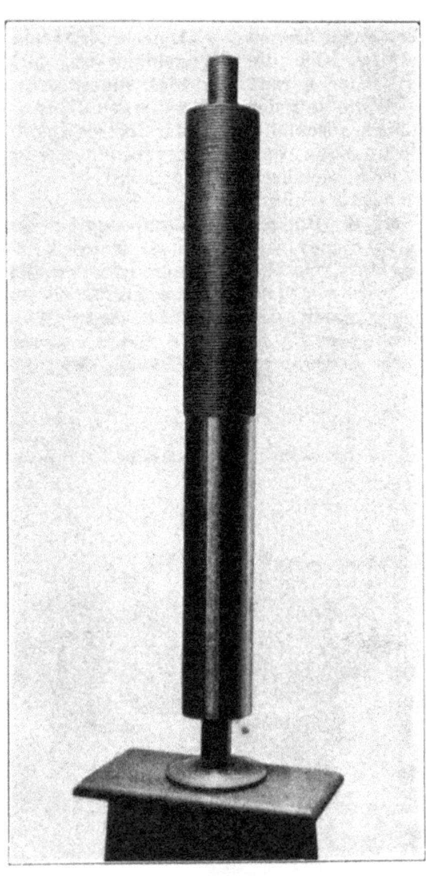

Fig. 113. Farbwalze einer Druckmaschine.

Schieber soll auf der panamerikanischen Ausstellung in Buffalo von der Norton-Gesellschaft ausgestellt gewesen sein; er hatte 305 mm Dmr., 1520 mm Länge und wog 375 kg.

Fig. 113 gibt ebenfalls ein von den Norton-Werken ausgeführtes Stück wieder: die Farbrolle einer Druckmaschine, die auf dem unteren Teil bereits geschliffen ist, während oben noch die Marken vom Drehen zu erkennen sind. Es sind 0,8 mm vom Durchmesser, gerechnet vom Grund der Drehmarken, abgeschliffen worden.

Eine 2743 mm lange Welle von 7 verschiedenen Durchmessern, deren größter 114 mm betrug, wurde, nachdem sie ganz grob abgeschruppt war, von der Norton-Gesellschaft geschliffen, wobei durchschnittlich 2 mm vom Durchmesser fortgenommen wurden. Die ganze Schleifarbeit dauerte 2 st 25 min, und die größte Ungenauigkeit betrug 0,025 mm. Der vorliegende Fall ist eine Art Paradefall, bei dem man in der Menge des durch Schleifen fortgenommenen Stoffes ganz besonders weit gegangen ist. Auch die im Verhältnis zum Durchmesser außerordentlich große Länge des Stükkes macht den Fall bemerkenswert.

Jedenfalls kann man aus den letzten Beispielen erkennen, daß das Bestreben in den Ver. Staaten jetzt dahin geht, die von der Schleifmaschine fortzunehmende Stoffmenge zu vergrößern. Während man früher so fein abdrehte, daß für die Schleif-

Fig. 114. Schleifmaschine der Norton Grinding Co., Worcester, Mass.

men ist, der rechte Teil das fertig geschliffene Stück. Das Drehen und Schleifen erforderte 42 min. Bemerkenswert ist, daß der Fehler im Durchmesser nur 0,0025 mm betrug, obwohl der Schieber trotz der exzentrischen Lage seiner Schwerpunktsachse nicht ausbalanciert war. Ein ähnlicher maschine nur 0,15 bis 0,25 mm übrig blieben, ist man allmählich dazu übergegangen, 0,4 bis 0,75 mm für das Schleifen stehen zu lassen. Bei der Ingersoll-Sergeant Drill Co., Easton, Pa., wird z. B. bis zu 0,7 mm bei einem Durchmesser von 70 mm abgeschliffen.

Die Verbindung von Drehen und Schleifen bringt noch den Vorteil mit sich, daß man zwischen die beiden Arbeitsvorgänge einen dritten einschalten kann. Bei genuteten Wellen war es üblich, die Welle zuerst fertig zu drehen und dann die Nut einzuarbeiten; dabei verbiegt sich die Welle sehr leicht, und es ist schwierig, sie wieder gerade zu richten. Anders ist es, wenn man die Welle auf der Drehbank abschruppt, dann nutet und schließlich abschleift; die Schleifmaschine übernimmt es dann, die etwa entstandenen Fehler zu beseitigen. Dieses Arbeitsverfahren ist in den Ver. Staaten durchaus nicht vereinzelt, sondern in zahlreichen Werkzeugmaschinenfabriken (z. B. Bullard Machine Tool Co., Bridgeport, Conn.; Cincinnati Planer Co., Cincinnati, O.; Prentice Bros. Co., Worcester, Mass.) zu finden; in manchen Fällen (Prentice Bros. Co.) wird vor dem Schleifen ein Holzstab in die Nut geschoben, damit das Stück an den Kanten der Nut nicht verletzt wird, sondern rund bleibt. Auch die Herstellung von Schraubenspindeln gehört hierher, bei denen nach dem Gewindeschneiden die Spindeln abgeschliffen werden (Ingersoll-Sergeant Drill Co., Easton, Pa.).

Ein anderes Beispiel für das Einschalten eines dritten Arbeitsvorganges zwischen Drehen und Schleifen bietet die Herstellung gehärteter Teile: die Stücke werden grob abgedreht, gehärtet und dann geschliffen. Man darf wohl behaupten, daß die Einführung der Schleifmaschine hier die Konstruktion beeinflußt hat, indem mancher Teil, der früher aus weichem Material bestand: Laufflächen u. dergl., jetzt aus gehärtetem Stahl hergestellt wird. Auch die Anwendung von kalt gewalzten Stäben ist zum Teil erst durch die Schleifmaschine möglich geworden.

Auf die konstruktive Ausführung der Schleifmaschinen soll an dieser Stelle, wo es mehr darauf ankommt, zu zeigen, wie die Maschinen benutzt werden, als wie sie gebaut sind, nicht näher eingegangen werden; zudem hat eine Reihe von deutschen Spezialfabriken es sich angelegen sein lassen, mustergültige Konstruktionen, zum Teil in Anlehnung an amerikanische Vorbilder, zu schaffen[1]). Das Eigenartige der Schleifmaschine ist, daß sie die feinsten Einstellvorrichtungen mit einer massigen Bauart verbindet. Auf der einen Seite handelt es sich um ganz geringfügige Größen — beträgt doch der selbsttätige Vorschub der Schleifscheibe bei den Rundschleifmaschinen von Brown & Sharpe und von der Norton Grinding Co. nur 0,0032 mm ($^1/_{8000}$ Zoll) —, auf der andern Seite muß die Scheibe so gelagert sein, daß Erschütterungen der Maschine ausgeschlossen sind. Man sucht, um Erschütterungen zu vermeiden, die Umlaufzahlen der Schleifwelle herabzumindern, und das hat zur Anwendung

großer Scheibendurchmesser geführt. Die neueste und — soweit mir bekannt ist — größte Rundschleifmaschine, gebaut von der Norton Grinding Co., hat eine Scheibe von 610 mm Dmr. und 51 mm Dicke. Diese Maschine, die in Fig. 114 abgebildet ist, darf wohl als letzter Fortschritt auf diesem Gebiet angesprochen werden; sie ist imstande, Stücke bis zu 2438 mm Länge und 471 mm Dmr. zu schleifen. Ein Teil der früher angeführten Beispiele, Fig. 112 und 113, ist darauf hergestellt worden.

Neben den für mannigfache Zwecke verwendbaren Plan-, Rund- und Universal-Schleifmaschinen sind in den Ver. Staaten auch zahlreiche Schleifmaschinen für Sonderzwecke, besonders zum Schleifen von Werkzeugen, ausgebildet worden, von denen die für Dreh- und Hobelstähle bei uns noch wenig eingeführt sind. Während es am gewöhnlichen Schleifsteine große Geschicklichkeit erfordert, Brust-, Rücken- und Seitenflächen stets gleich zu schleifen, ist durch die neuen Stichelschleifmaschinen diese Tätigkeit fast mechanisch geworden und kann — was für Amerika von hoher Bedeutung ist — einem ungeübten Arbeiter anvertraut werden. Fig. 115 stellt eine Schleifmaschine der Gisholt Machine Co., Madison, Wis., dar, und zwar eine mit Elektromotor auf der Schleifwelle. Die Maschine hat ein Stichelhaus, in das der zu schleifende Stichel gespannt wird, und das um 4 verschiedene Achsen gedreht werden kann. Zunächst kann das Stichelhaus selbst in seinem kreisförmigen Rahmen um 30° nach jeder Seite um eine senkrechte Achse verstellt werden, s. Gradteilung c, Fig. 116. Zweitens kann der Rahmen um eine wagerechte Achse gedreht werden, s. Gradteilung b, Fig. 117, und ferner läßt sich das Böckchen, das den Rahmen trägt, in einer wagerechten Ebene hin- und herschwingen, s. Gradteilung a. Schließlich kann man, um den Ansatzwinkel anzuschleifen, diese Ebene neigen, s. Gradteilung d.

Die Gisholt Machine Co. liefert zugleich mit der Schleifmaschine einen Satz

Fig. 115.

Werkzeugschleifmaschine; Gisholt Machine Co., Madison, Wis.

geschliffener Stichel sowie eine Tafel, in der die verschiedenen Formen der Stichel abgebildet und daneben die Angaben für die Einstellung der Gradteilungen gemacht sind. Ein Beispiel ist in Fig. 118 vorgeführt. Um die Fläche A zu schleifen, wird das Stichelhaus um 30° gedreht, dann wird der Rahmen auf 190°, das Böckchen auf 0° eingestellt; die Ebene des letzteren bleibt in der Grundstellung von 15°. Nach dem Einstellen wird der Stichel mit Hülfe eines Hebels an der Schleifscheibe vorbeigeführt, und zum Vorschub dient das in Fig. 115 sichtbare Handrad. Entsprechend ist bei den andern Flächen zu verfahren. Fig. 119 gibt einen anderen Stichel wieder, an dem 4 Flächen anzuschleifen sind. Bei der Schleifmaschine von Gisholt zeigt sich so recht das Bestreben der Amerikaner, nicht nur den Gegenstand zu verkaufen, sondern zugleich einen Plan zu liefern, wie man den Gegenstand verwerten soll. Auch die durch die Schleifmaschine bedingte Einführung von Normalien für die Stichel ist ein wohl zu beachtendes Kennzeichen der amerikanischen Industrie.

---

[1]) Ueber neuere Konstruktionen s. H. Fischer, Die Werkzeugmaschinen, sowie die Ausstellungs- und Fachberichte desselben Verfassers in der Zeitschr. des Vereines deutscher Ingenieure; ferner eine Reihe von Aufsätzen von Joseph Horner, die unter dem Titel »Grinding machines and processes« in »Engineering« 1902 und 1903 veröffentlicht worden sind und zahlreiche Konstruktionszeichnungen enthalten.

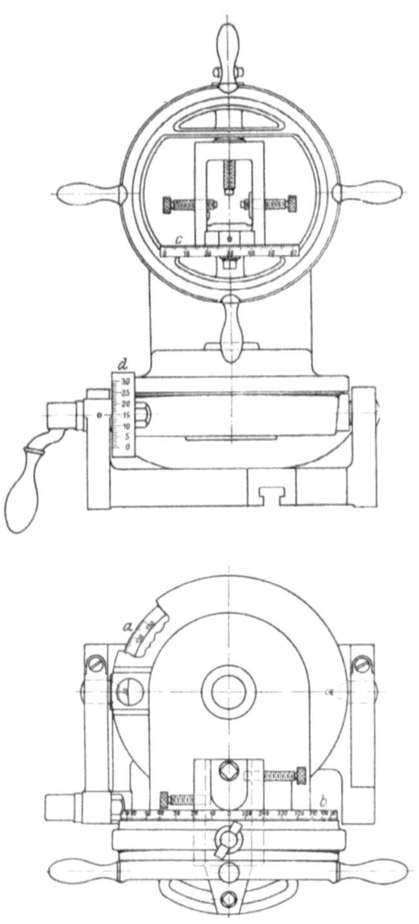

Fig. 116 und 117.

Stichelhaus der Werkzeugschleifmaschine; Gisholt Machine Co.

schieblich, wobei das Gewicht durch eine kräftige Schraubenfeder ausgeglichen ist. Ein kleiner Kran ist vorgesehen, damit man die Schleifscheibe bequem umkehren kann, um die ungleichmäßige Abnutzung beider Kegelflächen auszugleichen. Ein Satz Probestähle und eine Tafel werden wie bei der Gisholt Machine Co. mitgeliefert. William Sellers & Co. bauen auch noch eine ähnliche, aber einfacher gestaltete Maschine, bei der die Umfläche einer zylindrischen Schleifscheibe benutzt wird, die sich während des Schleifens

Fig. 118 und 119.

Normalstichel und Schleiftafel; Gisholt Machine Co., Madison, Wis.

Fig. 118. Fig. 119.

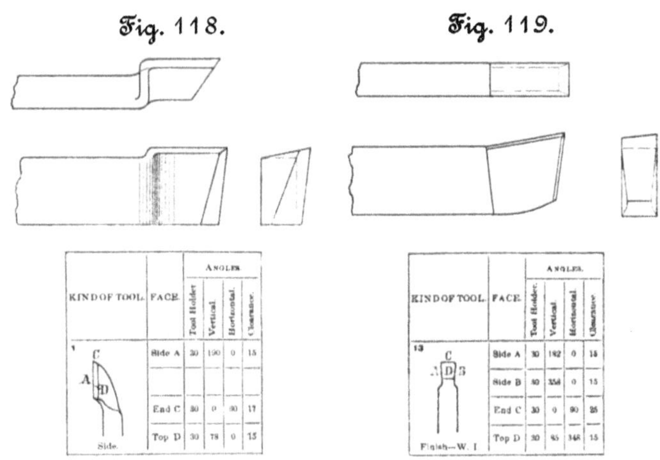

KIND OF TOOL	FACE	ANGLES			
		Tool Holder.	Vertical.	Horizontal.	Clearance.
C A D Side.	Side A	30	190	0	15
	End C	30	0	90	17
	Top D	30	78	0	15

KIND OF TOOL	FACE	ANGLES			
		Tool Holder.	Vertical.	Horizontal.	Clearance.
13 C A D B Finish—W. I	Side A	30	192	0	15
	Side B	30	354	0	15
	End C	30	0	90	25
	Top D	30	85	348	15

in achsialer Richtung hin- und herschiebt. Bemerkenswert ist, daß die Firma Sellers, als sie diese Schleifmaschinen in ihrem eigenen Betrieb einführte, anfänglich mit dem Widerstand ihrer Arbeiter zu kämpfen hatte, welche mit den ungewohnten Formen nicht zufrieden waren, sondern durchaus ihre früheren Stichelformen verlangten.

Die vorstehenden Ausführungen beziehen sich auf Feinschleifmaschinen, bei denen die Genauigkeit das hervorstechendste Kennzeichen ist. Aber auch für grobe Arbeiten steht das Schleifen in den Ver. Staaten sehr im Schwange, um verhältnismäßig große Stoffmengen fortzuschaffen, wie in zahlreichen amerikanischen Gießereien, wo Schmirgelscheiben zum Gußputzen verwendet werden, oder wie bei der Babcock & Wilcox Co., Bayonne, N. J., wo Schmirgelscheiben, die am freien Ende eines Riemenknies, Fig. 121, hängen, von Hand über die abgeschnittenen Ränder gekümpelter Kesselböden geführt werden, um den von der Schere gelassenen Grat fortzunehmen. Es finden sich für ähnliche Zwecke auch Schmirgelscheiben an biegsamen Wellen (Norton Emery Wheel Co.).

Ein weiteres kennzeichnendes Beispiel habe ich in der Dampfmaschinenfabrik von Lane & Bodley, Cincinnati, O., gesehen. Dort werden die gegossenen Segmente der Kolbenringe zunächst von Hand mit ihren ebenen Flächen gegen eine Schmirgelscheibe gepreßt. Darauf benutzt man dieselbe Scheibe zum Abschlei-

In Fig. 120 ist eine andere, von William Sellers & Co., Philadelphia, Pa., gebaute Schleifmaschine für Dreh- und Hobelstähle abgebildet, die auf demselben Grundgedanken beruht wie die zuvor beschriebene, und die sich ebenfalls häufig in amerikanischen Werkstätten findet. Der wesentlichste Unterschied besteht darin, daß nicht die ebene Stirnfläche einer Schleifscheibe, sondern die Kegelflächen einer am Rande zugeschärften Scheibe verwendet werden. Das Stichelhaus, das den zu schleifenden Stahl aufnimmt, ist auch hier um eine wagerechte Achse, sein Rahmen um eine senkrechte Achse, beide mit Gradteilung, drehbar. Darunter folgen zwei wagerechte Schlittenführungen, die senkrecht zueinander und parallel zu Tangentialebenen an den Kegelflächen der Schleifscheibe stehen, und schließlich ist der ganze Schlitten mittels eines Hebels in einer senkrechten Führung ver-

Fig. 120.

Werkzeugschleifmaschine; William Sellers & Co., Philadelphia, Pa.

fen der zylindrischen Außenflächen, indem man vor der Scheibe eine Vorlage anbringt und das Segment in eine einfache Vorrichtung mit einem Arm spannt, welcher seinen Drehpunkt in einem der in die Vorlage gebohrten Löcher findet.

Die Grobschleifeinrichtungen dienen auch sehr häufig nur dazu, den Gegenständen ein glattes oder blankes Aussehen zu geben; die Seitenflächen ovaler Flansche (Ingersoll-Sergeant Drill Co., Easton Pa.; Henry R. Worthington, Brooklyn, N. Y.), Pleuelstangen (Southwark Foundry and Machine Co., Philadelphia, Pa.)[1]), Muttern und viele andere Maschinenteile, bei denen es auf die Genauigkeit der Form nicht ankommt, werden mit Schmirgel- oder Polierscheiben oder Schmirgelbändern blank geschliffen, und die Bearbeitung durch andere Werkzeugmaschinen oder mit der Feile wird erspart. Es ist nichts Seltenes, daß in einer amerikanischen Maschinenfabrik diese Art der Schleiferei zu einer eigenen Abteilung (polishing department) zusammengefaßt ist, wie bei Henry R. Worthington (Pumpen), bei der Lid-

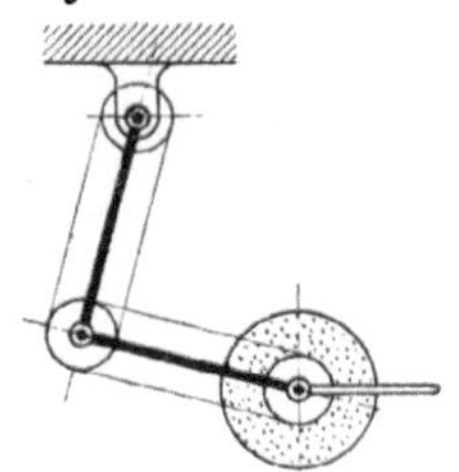

Fig. 121. Riemenknie.

gerwood Mfg. Co., Brooklyn, N. Y. (Bauwinden) oder bei der Brown & Sharpe Mfg. Co., Providence, R. I. (Werkzeugmaschinen).

Bei der letzteren Firma werden zum Blankschleifen neben Schmirgelscheiben hölzerne Scheiben mit Lederbesatz und Bänder — bei kleineren Abmessungen aus festem Baumwollgewebe, bei größeren Lederriemen — benutzt. Diese Scheiben oder Bänder werden in der Weise vorbereitet, daß sie mit Tischlerleim bestrichen und dann in Schmirgelpulver gewälzt werden. Die vorhandenen 6 Schmirgelsorten werden in 6 Holzkasten von verschiedener Höhe, die treppenförmig miteinander verbunden sind, aufbewahrt; die treppenförmige Anordnung ist in der Absicht getroffen, Verwechselungen zu verhüten. Abgenutzte Scheiben werden in Gefäße mit kochendem Wasser gehängt und durch ein Reibrad in Umdrehung versetzt, bis Schmirgel und Leim entfernt sind. Die Schleifabteilungen haben in den Ver. Staaten gewöhnlich Absaugevorrichtungen, eine der wenigen Wohlfahrtseinrichtungen, die mir aufgefallen ist. Die Ge-

sundheitsämter (board of health) der einzelnen Staaten schreiben dies vor; aber manchmal bewies die stauberfüllte Luft, daß die wenig wirksame Absaugevorrichtung nicht so sehr zum Schutze der Arbeiter angebracht war, als um den obrigkeitlichen Vorschriften zu genügen.

Zu den Grobschleifmaschinen gehört auch die Gardner-Schleifmaschine, die von C. H. Besly & Co., Beloit, Wis., gebaut wird, und die ich in einer Reihe von Maschinenfabriken getroffen habe. Diese Maschine, von der eine Ausführung in Fig. 122 und 123 wiedergegeben ist, zeichnet sich dadurch aus, daß zum Schleifen eine Scheibe aus Flußeisen verwendet wird, auf welcher eine Reihe Blätter aus Schmirgelleinwand übereinander mit Tischlerleim befestigt sind. Damit die Blätter besser haften, ist die Fläche der Scheibe mit Rillen

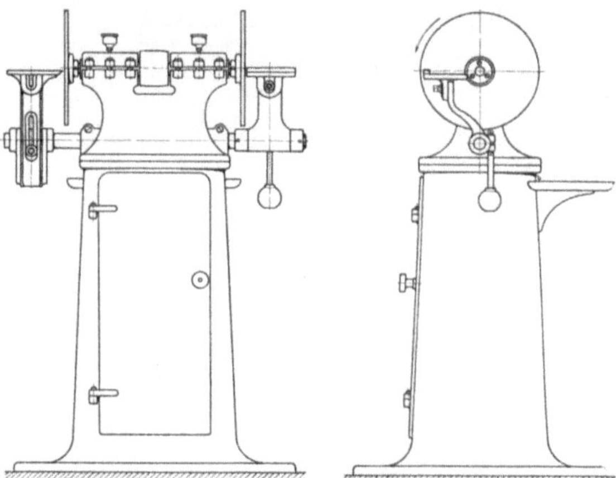

Fig. 122 und 123.

Gardner-Schleifmaschine; C. H. Besly & Co., Beloit, Wis.

versehen. Eine Schraubenpresse, in der die Scheibe bleibt, bis der Leim getrocknet ist, wird bei jeder Maschine mitgeliefert. Die Vorlagen, auf welchen das zu schleifende Stück von Hand festgehalten wird, sind um zwei Achsen drehbar: um die eine, damit sich das Stück an der Scheibe vorüberführen läßt, um die andere, damit man die Vorlage schief stellen und auf diese Weise beliebig zueinander geneigte Flächen schleifen kann. Dadurch, daß man die Vorlage durch ein Gegengewicht ausbalanziert, sucht man dem Schleifer die Arbeit zu erleichtern. Die Maschine gestattet, eine im Verhältnis zu ihrer Einfachheit große Genauigkeit zu erzielen, und ihre Schleifscheiben haben den Vorzug, sicherer gegen Explosionsgefahr zu sein als Schmirgelscheiben. Die Umfangsgeschwindigkeit am Rande der Scheiben beträgt bis zu 43 m/sk.

---

[1]) Vergl. S. 5.

VI. Das Fräsen.

Als die Fräsmaschine bei uns ihren Einzug in den Maschinenbau hielt, da fehlte es bald nicht an Leuten, die da glaubten, den Hobel-, Feil- und Stoßmaschinen hätte das letzte Stündlein geschlagen[1]). Diese »Frässchwärmer« erlebten aber eine große Enttäuschung; denn es hat sich gezeigt, daß das Fräsen doch nicht überall von Vorteil ist, und so konnte ein Rückschlag nicht ausbleiben. In Amerika hat man zwar auch schon längst erkannt, daß die Anwendung der Fräsmaschine ihre Grenzen hat. Aber man weiß auf der andern Seite die Vorzüge des Fräsens sehr zu schätzen, und zu seiner Verbreitung mag die eifrige Tätigkeit der amerikanischen Fräsmaschinenfabrikanten beigetragen haben, welche selbst ihre Maschinen im Betriebe studierten und fortbildeten und durch Bekanntgabe von Beispielen die Kenntnis dessen förderten, was sich mit Fräsmaschinen leisten läßt.

Der wesentlichste Vorteil der Fräsmaschine gegenüber der Werkzeugmaschine mit geradlinig bewegtem Werkzeug liegt in der Schnelligkeit der Arbeit. Zahlreiche Stücke lassen sich in einem Bruchteil derjenigen Zeit fräsen, die man beim Hobeln aufwenden müßte, weil die Vervielfältigung der Schneidkante beim Fräsen an sich eine höhere Geschwindigkeit zuläßt, und weil die Zeit des Leerganges bei der Fräsmaschine wesentlich kürzer ist. Das aber fällt in Amerika angesichts der hohen Löhne gewaltig ins Gewicht. Dazu kommt, daß sich in den Vereinigten Staaten zahlreiche Spezialfabriken finden, die viele gleiche Teile von mäßigen Abmessungen anzufertigen haben, so daß die Anschaffung der verhältnismäßig teuern Fräswerkzeuge lohnend wird, daß also ähnliche Grundbedingungen vorliegen, wie sie bei der Fabrikation von Gewehren, Nähmaschinen und Fahrrädern allenthalben der Fräserei eine so gewaltige Verbreitung geschafft haben.

Deshalb ist in Amerika die Kleinhobelei von der Fräserei sehr stark zurückgedrängt worden. Aber mit dem Größerwerden der Fräser wachsen die Schwierigkeiten, sie zu härten, zu schärfen, rund zu halten u. dergl., so daß die Großfräserei nicht unerhebliche Aufwendungen für die Anschaffung und die Instandhaltung der Werkzeuge verlangt. Zu diesem Nachteil der höheren Kosten gesellt sich als zweiter der Mangel an Genauigkeit der Arbeit, sobald es sich um größere Stücke handelt, wo Durchbiegungen des Werkstückes oder der Fräserwelle Erzittern und Verbiegungen des Ganzen zur Folge haben, oder sobald sich das Stück infolge der beim Fräsen entstehenden Wärme verzieht.

Der amerikanische Maschinenbau hat dies recht wohl erkannt, und seine heutige Anschauung läßt sich nicht besser ausdrücken als mit den Worten, die mir Hr. V. F. Prentice, Worcester, Mass., ein im Werkzeugmaschinenbau grau gewordener Mann, über die Fräserei gesagt hat: »Die Fräsmaschinen dürfen dort nicht angewendet werden, wo die Genauigkeit nicht beeinträchtigt werden darf, oder wo die Arbeit sich durch Verzinsung und Abschreibung der Maschinen sowie durch Anfertigung und Instandhaltung der Fräser zu teuer stellt.«

Gewiß sind mir manche Ausnahmen von dieser Regel auch in den Vereinigten Staaten aufgefallen. Dann handelte es sich allerdings oft um Paradestücke, die hier vollkommen ausscheiden müssen. Der folgende Fall aber ist sehr bemerkenswert, weil er eine regelmäßig ausgeführte Arbeit betrifft. Die Warner & Swasey Co., Cleveland, O., die hauptsächlich Drehbänke für die Bearbeitung von Messing baut, läßt die Drehbankbetten auf einer nach Art der Hobelmaschinen gebauten Fräsmaschine bearbeiten, und zwar werden sämtliche Teile gleichzeitig gefräst, was für die Unterflächen durch überhängende Arme und Zahnradübertragung möglich gemacht ist, Fig. 124. Zuerst werden die Flächen abgeschruppt und dann mit einem leichten Schnitt geschlichtet. Man behauptet, daß sie sich nunmehr leichter schaben lassen, als wenn sie gehobelt wären[1]).

Wie gesagt, bildet das Beispiel eine Ausnahme; denn im allgemeinen ist man in amerikanischen Werkstätten der Ansicht, daß nur Werkzeuge mit einer Schneidkante (single point tools) imstande sind, so genau zu arbeiten, wie es für Führungsflächen von erheblicher Länge erforderlich ist. Die Regel ist deshalb, daß man derartige Flächen auf der Fräsmaschine abschruppt und auf der Hobelmaschine schlichtet. Man ist also zu derselben Verteilung der Arbeit gelangt wie bei zylindrischen Körpern zwischen Drehen und Schleifen, und ebensowenig wie die Drehbank von der Schleifmaschine verdrängt worden ist, wird die Hobelmaschine von der Fräsmaschine aus dem Felde geschlagen werden. Manchmal werden sogar beide Bearbeitungen der Führungsflächen, das Schruppen und das Schlichten, auf der Hobelmaschine vorgenommen.

Man könnte gegen die Anwendung von Fräs- und Hobelmaschine nacheinander den Einwand erheben, daß, weil nun das Arbeitstück zweimal eingespannt werden muß, ein

---

[1]) W. v. Knabbe sagt in seinem Werk: Fräser und deren Rolle bei dem derzeitigen Stande des Maschinenbaues, 1893 (S. 6): »Die allgemeine Einführung des Fräsers als Universalwerkzeug an Stelle der Hobel-, Stoß- und teilweise sogar der Drehmeißel ist nur eine Frage der Zeit.«

[1]) Auch das Gegenteil, daß man nämlich dem Hobeln den Vorzug gibt, wo man gewöhnlich Fräsmaschinen benutzt, ist mir aufgefallen. Bei der Cincinnati Planer Co., Cincinnati, O., werden die Zahnstangen, die, auf der Unterseite des Hobelmaschinentisches befestigt, zum Antrieb dienen, in Längen von rd. 500 mm gehobelt, wobei eine größere Zahl von Stücken nebeneinander aufgespannt wird. Es wird mit 6 Stählen gleichzeitig angefangen, Einschnitte in den vollen Stab zu machen; mit 3 Stählen wird weiter gearbeitet und mit einem Stahl schließlich das genaue Zahnprofil hergestellt, wobei eine besondere Schaltvorrichtung gestattet, das Stichelhaus jedesmal um eine Zahnteilung zu verschieben.

unnötiger Zeitverlust entstehe. Unnötig aber ist dieser Zeitverlust keineswegs. Man hat nämlich herausgefunden, daß ein Gußstück, dessen Haut fortgenommen ist, sich verzieht, indem sich die Eigenspannungen des Körpers ausgleichen. Dieser Ausgleich währt aber unter Umständen tagelang, und man hat deshalb in amerikanischen Werkzeugmaschinenfabriken die Gewohnheit, Maschinenbetten, Tische u. dergl., nachdem sie abgefräst oder auf der Hobelmaschine abgeschruppt sind, eine Zeit lang stehen zu lassen, bevor sie auf der Hobelmaschine abgeschlichtet werden. Uebrigens werden auch in deutschen Fabriken, in denen man derartige Stücke vollkommen auf der Hobelmaschine bearbeitet, die Aufspannschrauben zunächst einmal gelockert, bevor man mit dem Schlichten beginnt.

Ebenso wie die Führungen werden auch die T-Schlitze in den Tischen von Werkzeugmaschinen behandelt, obwohl ich in einem Falle, bei der American Tool Works Co., Cincinnati, O., gesehen habe, daß derartige Schlitze auf der Hobelmaschine sowohl geschruppt wie geschlichtet werden, mit einer längeren Pause zwischen den beiden Arbeitsvorgängen. Das Gewöhnliche aber ist, daß man sich zum Schruppen der Fräsmaschine bedient. Bei der Brown & Sharpe Mfg. Co., Providence, R. J., werden die Schlitze mit einem Frässersatz, Fig. 125, vorgearbeitet, wobei der Vorschub 4,76 mm ($^3/_{16}''$) für eine Umdrehung der Spindel beträgt. Dann wird

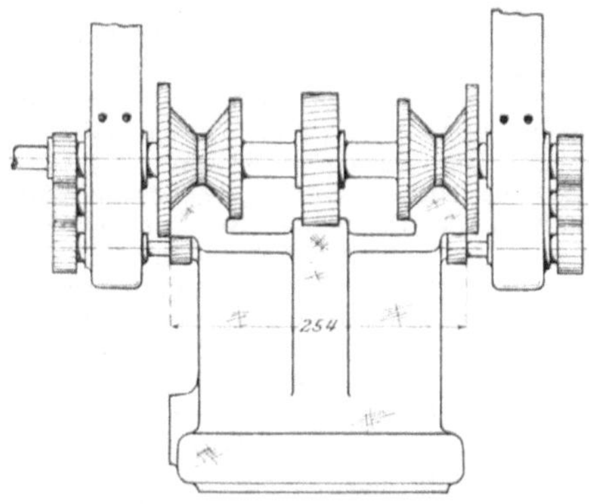

Fig. 124.

Fräsen von Drehbankbetten; Warner & Swasey Co., Cleveland, O.

die T-Form mit einem besonderen Fräser, Fig. 126, hergestellt. Abgeschlichtet wird der Tisch auf der Hobelmaschine.

Die Cincinnati Milling Machine Co., Cincinnati, O., läßt die T-Schlitze, Fig. 127, in ähnlicher Weise herstellen. Nachdem die durch die punktierte Linie angedeutete Vertiefung vorgearbeitet ist, wird das Stück mit einem besonderen Fräser, Fig. 128, weiter behandelt, wobei man eine Vorschubgeschwindigkeit von 165 mm/min ($6^1/_2''$/min) gewählt hat. Man beachte in Fig. 128 die Aufspannvorrichtung, bei der die bereits fertiggestellte Schwalbenschwanzführung zum Festlegen des Stückes benutzt wird. Wenn die Schlitze gefräst sind, so wandern die Tische in die Montageabteilung und werden in die Maschinen eingebaut. Alsdann wird die Parallelität zwischen Schlitzen und Frässpindel geprüft und die Abweichungen aufgeschrieben; wie diese Kontrolle geschieht, ist bereits zuvor[1]) dargestellt worden. Nunmehr wandern die Tische zur Hobelmaschine, wo die Fehler auf Grund der Notizen berichtigt werden.

Ein anderes Beispiel der Cincinnati Milling Machine Co. für das Fräsen von T-Schlitzen, das durch den schnellen Vorschub bemerkenswert ist, zeigt Fig. 129. Der Schlitz wird vorgefräst, vergl. die punktierten Linien, und zwar mit einer Vorschubgeschwindigkeit von 165 mm/min ($6^1/_2''$/min), und dann mit einem T-Fräser nach Fig. 125 bei einem Vorschub von 162 mm/min ($6^3/_8''$/min) fertiggestellt.

[1]) S. 21 und Fig. 49.

Ein weiteres Beispiel für schnelle Arbeit gibt Fig. 130 wieder. Das mit dem Zylinder zusammengegossene Lager einer 8 pferdigen Gasmaschine wird auf einer Fräsmaschine der Cincinnati Milling Machine Co. bearbeitet. Anfänglich beträgt der Vorschub 3 mm (0,102'') für eine Umdrehung des Fräsers, oder 44,5 mm/min ($1^3/_4''$/min), und zwar so lange, bis der große Fräser auf seiner vollen Höhe angreift; dann wird der Vorschub auf 2 mm (0,08'') oder 40 mm/min ($1^3/_8''$/min) eingestellt, und wenn der große Fräser freizukommen beginnt, wird wieder auf die erste Vorschubgeschwindigkeit umgeschaltet. Der zuletzt beschriebene Fall zeigt die Ueberlegenheit der Fräsmaschine gegenüber der Hobelmaschine in hellstem Licht. Denn man hat früher zum Hobeln des Stückes Fig. 130 1 st 35 min gebraucht, während das Fräsen nur 28 min dauert. Allerdings stehen der Lohnersparnis die Kosten des Fräsersatzes, rd. 50 $ (200 ℳ), gegenüber.

Im folgenden sollen einige Verwendungsarten von Fräsmaschinen mit senkrechter Spindel vorgeführt werden. Fig. 131 zeigt einen Sattel mit Schwalbenschwanzführung, dessen Fläche von 254 mm Länge und 152 mm Breite in 50 min abgefräst wird, während eine Hobelmaschine mehr als dreimal soviel Zeit brauchen würde. Da das Stück verhältnismäßig kurz ist, so ist die Gefahr des Verziehens hier nicht sehr zu fürchten. In Fig. 132 ist das Abfräsen einer Seitenfläche, die

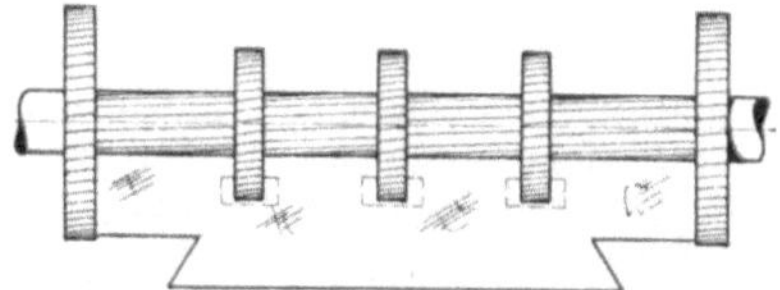

Fig. 125.

Fräsen des Tisches einer Werkzeugmaschine; Brown & Sharpe Mfg. Co., Providence, R. J.

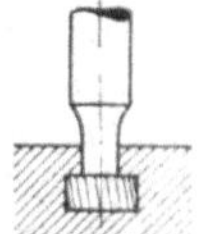

Fig. 126.

Schlitzfräser.

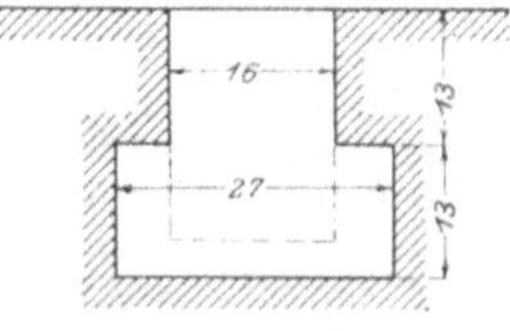

Fig. 127.

T-Schlitz; Cincinnati Milling Machine Co., Cincinnati, O.

nicht übermäßig genau zu sein braucht, mit einem Walzenfräser dargestellt, ebenfalls eine Arbeit, bei der man gewöhnlich eine Fräsmaschine nicht verwendet.

Die Mehrzahl der vorgeführten Beispiele war so ausgewählt, daß die in Frage kommenden Arbeiten auch von der Hobel- und Feilmaschine hätten geleistet werden können. Es kommen aber auch Fälle vor, wo die Fräsmaschine kaum durch eine andre Maschine zu ersetzen wäre. Fig. 133 zeigt, wie in eine Lokomotiv-Pleuelstange, die in der Mitte I-förmigen Querschnitt erhalten soll, während er an den Enden rechteckig ist, die eine Mulde von 38 mm Tiefe aus dem Vollen herausgefräst wird. Die dazu benutzte Maschine ist für die American Locomotive Works, Schenectady, N. Y., nach dem Entwurf dieser Firma von der Ingersoll Milling Machine Co., Rockford, Ill., hergestellt. Im Aufbau gleicht sie einer Hobelmaschine mit 2 senkrechten Ständern, auf denen sich die Lager der wagerechten Frässpindeln verschieben lassen. Zwischen den beiden Ständern geht der Tisch hin und her. Bei einem Probeversuch wurde auf dieser Maschine mit jeder Spindel eine Pleuelstange bearbeitet. Der Fräser hatte rd. 203 mm Dmr. und 102 mm Breite und machte 40 Uml./min. Dabei betrug der Vorschub 76 mm/min (3''/min). Das Material der Pleuelstange war

Fig. 128.

Fräsen von T-Schlitzen; Cincinnati Milling Machine Co., Cincinnati, O.

Fig. 128.

Fräsen von T-Schlitzen; Cincinnati Milling Machine Co., Cincinnati, O.

Stahl mit 0,4 vH Kohlenstoff. Die Maschine wird auch zum Abfräsen der übrigen Flächen der Pleuelstange benutzt.

Was die Umfangsgeschwindigkeit der Fräser betrifft, so schwankt sie im allgemeinen zwischen 6 und 18 m/min (20 und 60'/min); sie wird aber auch bei Fräsern aus

Fig. 129.

T-Schlitz; Cincinnati Milling Machine Co., Cincinnati, O.

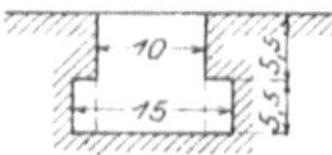

Schnelldrehstahl bis auf 30 m/min (100'/min) und darüber gesteigert. Die höheren Werte gelten für weiche Metalle und geringere Schnittiefen. Als Schnittiefe darf man für das Schlichten 0,25 mm (0,01″) als Durchschnittswert ansehen; beim Schruppen geht man auf 1,6 bis 3,2 mm (¹/₁₆ bis ¹/₈″) und bei ganz groben Arbeiten bis 6,4 (¹/₄″) mm. Der Vorschub beträgt 32 mm/min (1¹/₄″/min) bis 152 mm/min (6″/min); doch geht man auch noch höher, wie die vorher angeführten Beispiele beweisen. Irgend welche Regeln über die richtige Auswahl der Geschwindigkeiten lassen sich nicht geben; hier muß die Erfahrung von Fall zu Fall entscheiden.

Interessant dürfte es sein, hinsichtlich der Schnittgeschwindigkeit und des Vorschubes die Anschauungen und Gepflogenheiten der bedeutendsten Fräsmaschinenfabrikanten Amerikas kennen zu lernen. Die Brown & Sharpe Mfg. Co., Providence, R. J., läßt ihre Fräser mit Umfangsgeschwindigkeiten von 9 bis 30 m/min (30 bis 100 '/min) auf Eisen und Stahl arbeiten, mit der doppelten Geschwindigkeit auf Messing. Der Vorschub schwankt zwischen 0,076 und 9,5 mm (0,003″ bis ³/₈″) für eine Umdrehung des Fräsers. In einem Falle hat diese Firma Gußeisen mit einem Fräser von 305 mm (12″) Breite und 102 mm Dmr. bei einer Schnittiefe von 3,2 mm (¹/₈″) und einem Vorschub von 254 mm/min (10″/min) oder 0,83 mm (0,33″) für eine Umdrehung bearbeitet.

Die Pratt & Whitney Co., Hartford, Conn., ist in einem Ausnahmefall bei Gußeisen bis zu einer Umfangsgeschwindigkeit von 73 m/min (240 '/min) gegangen; 30 m/min (100'/min) kommen häufiger vor, wobei man 102 bis 152 mm/min (4 bis 6 ″/min) Vorschub gibt.

Die Cincinnati Milling Machine Co., Cincinnati, O., gibt als Umfangsgeschwindigkeit die folgenden Werte an:

für Gußeisen	. .	12	bis	15	m/min	(40	bis	50 '/min)
» Schmiedeisen		9	»	10,5	»	(30	»	35 »)
» Stahl	. . .	6	»	9	»	(20	»	30 »)
» Messing	. .	18	»	21	»	(60	»	70 »)

Hinsichtlich des Vorschubes bemerkt diese Firma, daß er von drei Dingen abhängig sei, erstlich von der verlangten Sauberkeit der Arbeit. Wenn z. B. Auflagerflächen an gußeisernen oder stählernen Stücken, die nachher geschabt werden sollen, zu fräsen sind, und der Fräser hat 76 mm (3″) Dmr., so erteilt man dem Stück einen Vorschub von 0,76 mm (0,03″) für eine Umdrehung des Fräsers. Zweitens hängt der Vorschub von der Festigkeit des Fräsers ab; wenn der Fräser im Verhältnis zur Maschine schwach ist, z. B. in dem in Fig. 128 dargestellten Falle, so geht man mit dem Vorschub so weit, wie es der Fräser aushält. Freilich geht manchmal beim Ausprobieren des richtigen Vorschubes der Fräser entzwei; aber man hält es für weniger kostspielig, einen Fräser zu verlieren, der vielleicht 4 bis 6 ℳ kostet, als tagelang mit einer Geschwindigkeit zu arbeiten, die unter Umständen nur die Hälfte des Zulässigen beträgt. Der dritte Punkt betrifft die Leistungsfähigkeit der Maschine. Beim Schruppen geht man mit dem Vorschub so weit, wie der Riemen noch durchzieht, indem man so lange die Vorschubgeschwindigkeit erhöht, bis der Riemen zu gleiten anfängt.

Im allgemeinen prägt sich in Amerika das Bestreben deutlich aus, die Vorschubgeschwindigkeiten zu vergrößern, also den Vorzug der Fräsmaschinen, rasch zu arbeiten, möglichst auszunutzen. Dieses Bestreben wird durch die neuen schnellarbeitenden Werkzeugstahlsorten gefördert. Die gleichen Bestrebungen machen sich ja auch bei uns geltend, wo vielfach in ähnlicher Weise gefräst wird, wie es im vorstehenden geschildert ist. Je weiter man aber den Vorschub treibt, desto schwieriger wird es, die Späne fortzuschaffen und für die erforderliche Abkühlung der sich erwärmenden Fräser und Werkstücke zu sorgen. Das Erstere wird durch eine ausreichend weite Zahnteilung der Fräser erreicht und dadurch, daß man bei Fräsern für schwere Arbeiten die Schneidkanten der Zähne durch versetzte Einkerbungen unterbricht. Fräser über 200 mm (8″) Dmr. werden mit eingesetzten Messern ausgeführt. Zur Abkühlung führt man Oel vielfach in so kräftigem Strahl zu,

Fig. 130.

Fräsen des Zylinders einer Gasmaschine.

Fig. 131.

Fräsen einer Schwalbenschwanzführung.

Fig. 132.

Abfräsen einer Seitenfläche.

Fig. 133.

Fräsen der Pleuelstange einer Lokomotive; American Locomotive Works, Schenectady, N. Y.

Fig. 137.

Rundfräsen; Becker-Brainard Milling Machine Co., Hyde Park, Mass.

daß gleichzeitig die Späne fortgespült werden. Man muß übrigens bei der Entscheidung zwischen Fräsmaschinen mit wagerechter oder mit senkrechter Spindel auf die Oelzuführung Rücksicht nehmen. Deshalb wird z. B. bei der Cincinnati Milling Machine Co. das Stück Fig. 134 richtigerweise auf einer Maschine mit liegender Spindel gefräst, damit das Oel von oben her auf das Stück fließen kann. Bei der Bearbeitung von Gußeisen wird Oel vermieden; dafür wird an vielen Stellen (z. B. Cincinnati Milling Machine Co., Cincinnati, O.; Ingersoll-Sergeant Drill Co., Easton, Pa.) Druckluft zugeführt, die unter 5 bis 6 at Pressung an der zu bearbeitenden Stelle

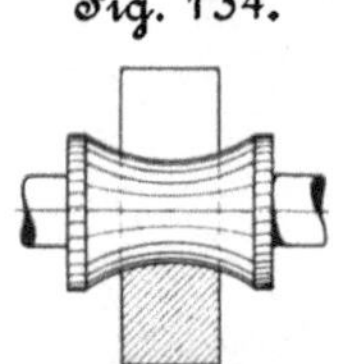

Fig. 134.

auspufft und, zugleich kühlend, die Späne mitreißt.

Ein weiteres Mittel, zu hohe Beanspruchungen der Fräser zu vermeiden, besteht darin, die Härte der Werkstücke zu vermindern. Auf das Beizen der Gußstücke mit Schwefelsäure oder Flußsäure und auf das Putzen des Gusses mit

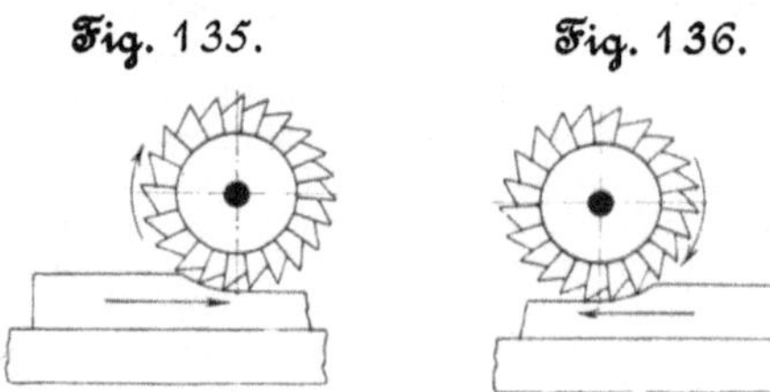

Fig. 135.   Fig. 136.

einem Sandstrahlgebläse, beides zu dem Zweck, die harte Gußhaut zu entfernen, ist bereits zuvor[1]) hingewiesen worden. Zu harte Gußteile und Stahlstücke werden manchmal vor

----

1) S. 5.

Fig. 138 und 139.

Gewindefräsmaschine; Pratt & Whitney Co., Hartford, Conn.

Fig. 140.

Schleifmaschine für Gewindefräser; Pratt & Whitney Co., Hartford, Conn.

dem Bearbeiten in Kasten, die mit Eisenspänen angefüllt sind, ausgeglüht (Prentice Broth. Co., Worcester, Mass.; Brown & Sharpe Mfg. Co., Providence, R. J.).

Die Rücksicht auf die Gußhaut spielt auch ihre Rolle bei der Entscheidung der Frage, ob die Richtung des Vorschubes entgegen der Drehrichtung des Fräsers, Fig. 135, oder umgekehrt, Fig. 136, zu wählen ist.[1]) Die amerikanische Praxis hat sich wie die deutsche meist für die erstgenannte Anordnung entschieden, weil dabei die Fräszähne beim Beginn des Schneidens auf

------

[1]) Vergl. W. Hartmann, Die Werkzeugmaschinen auf der Weltausstellung in Chicago 1893, Zeitschr. des Vereines deutscher Ingenieure 1894 S. 602.

das bereits bloßgelegte Material, nicht auf die Gußhaut treffen, und weil der Druck der Fräszähne dem toten Gang der Schraubenspindel, durch die der Vorschub vermittelt wird, entgegen wirkt. Die Pratt & Whitney Co., Hartford, Conn., macht aber von dieser Regel insofern eine Ausnahme, als sie es beim Schruppen und bei tiefen Schnitten vorzieht, das Werkstück in der Drehrichtung des Fräsers vorrücken zu lassen. In einem Fall ist man bei diesem Verfahren sogar auf einen Vorschub von 279 mm/min (11"/min) gegangen, während man gewöhnlich nur 102 bis 152 mm/min (4 bis 6"/min) Vorschub nimmt. Auch die American Locomotive Works, Schenectady, N. Y., halten es bei schweren Fräsarbeiten für das Vorteilhafteste, die Fräser nach Fig. 136 arbeiten zu lassen.

Aufgefallen ist mir, daß das Rundfräsen in amerikanischen Maschinenfabriken verhältnismäßig wenig verbreitet ist; denn die Zeitersparnis und die Möglichkeit, mehrere Maschinen von einem Arbeiter bedienen zu lassen, müssen — so sollte man meinen — dieses Verfahren den Amerikanern in besonders günstigem Licht erscheinen lassen. Die Becker-Brainard Milling Machine Co. liefert für ihre Fräsmaschinen mit senkrechter Spindel einen Drehtisch, der selbsttätig in Umlauf gesetzt werden kann. Fig. 137 (S. 50) zeigt die Bearbeitung eines runden Gußstückes auf diese Weise, und es wird angegeben, daß nur ein Drittel der für die Drehbank erforderlichen Zeit gebraucht wird. In diesem Falle gewährt das Fräsen noch den Nutzen, daß der zu dem Stück gehörige Ring, der auf dem Bild ebenfalls abgebildet ist, mit demselben Fräser passend bearbeitet werden kann. Andere Konstrukteure von Fräsmaschinen liefern auf Wunsch Drehtische, die

steigung schräg gestellt werden kann. Zunächst wird der Fräser durch Verschieben des Querschlittens auf die herzustellende Gewindetiefe eingestellt; dann setzt man die Maschine in Gang, und der Fräser schneidet das Gewinde in der ganzen Tiefe auf einmal, bis der Schlitten, am Ende seiner Längsverschiebung angelangt, mit Hülfe eines Anschlages stillgesetzt wird. Der Vorteil dieser Maschine besteht darin, daß ein Arbeiter mehrere Maschinen bedienen kann, und daß gelernte Dreher zum Gewindeschneiden überflüssig werden, beides Vorzüge, die für Amerika mit seinen hohen Löhnen und seinem Mangel an geübten Arbeitern Wert haben mögen. Dem steht gegenüber, daß die Fräser nicht billig sind, und von ihrer Genauigkeit hängt die Güte der Arbeit ab. Die Fräszähne sind so hergestellt, daß der eine nur rechts, der folgende nur links eine Schneidkante hat; ein Zahn jedoch hat auf beiden Seiten Schneidkanten, weil er zum Messen mit der Lehre benutzt wird. Daß das Anschleifen solcher Fräser keine einfache Arbeit ist, zeigt die dazu bestimmte, in Fig. 140 in einer Ansicht von oben dargestellte Schleifmaschine, die nicht weni-

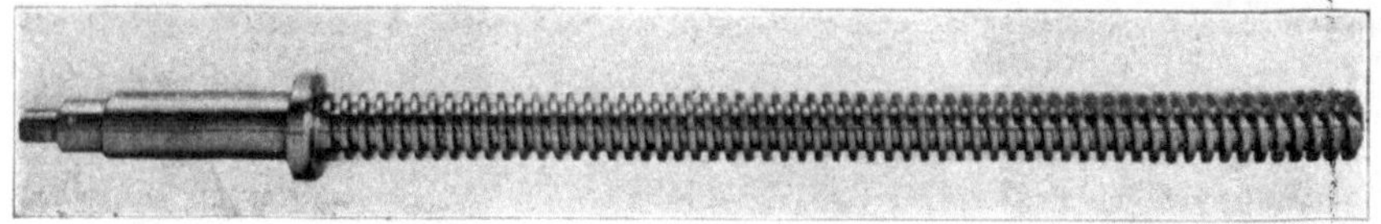

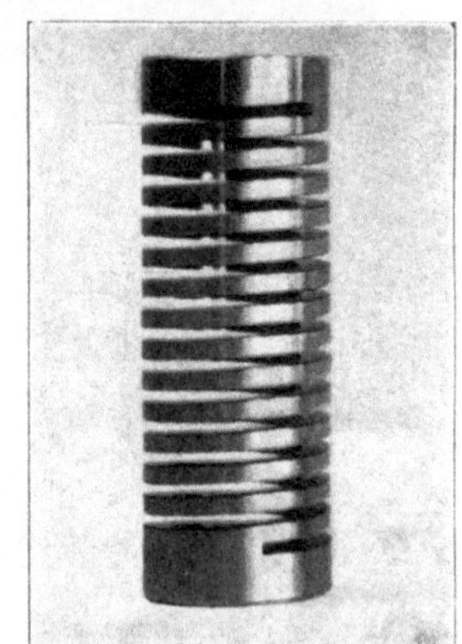

Fig. 141 bis 143.

Stücke, die auf der Fräsmaschine Fig. 138 und 139 gefräst sind.

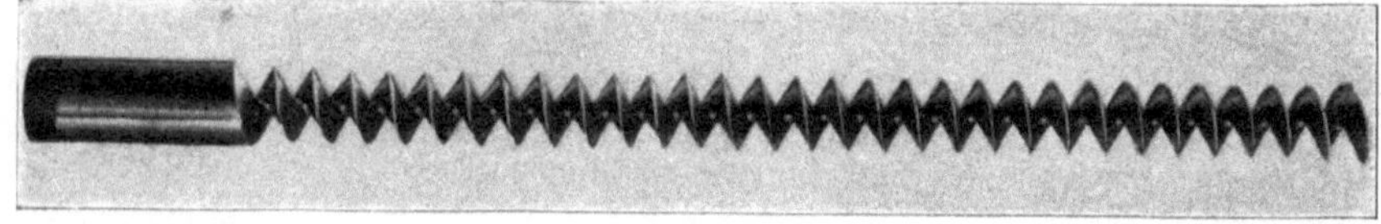

von Hand bewegt werden können. Im Betriebe habe ich keine davon gesehen, ebensowenig wie eine Spezialmaschine für Rundfräsen.

Bei der Pratt & Whitney Co., Hartford, Conn., ist das Fräsen von Handrädern wieder aufgegeben worden, weil es sich als zu teuer erwiesen hat. Die Räder wurden zur Zeit meines Besuches mit Hülfe eines selbsttätig im Kreise gedrehten Stichelhalters abgedreht, der zwei gleichzeitig arbeitende Stichel trug, einen zum Schruppen, den andern zum Schlichten. Bei der Prentice Broth. Co. wird ein gleicher Stichelhalter mit einem Werkzeug benutzt. Bei der Bullard Machine Co., Bridgeport, Conn., wurden die Handräder zwar zwischen den Speichen gefräst, außen aber abgedreht.

Eine ganz eigenartige Verwendung des Fräsers, nämlich zum Schraubenschneiden, habe ich bei der Pratt & Whitney Co., Hartford, Conn., gesehen. Die Gewindefräsmaschine, Fig. 138 und 139, gleicht insofern einer gewöhnlichen Drehbank, als der Werkzeugschlitten von einer durch Wechselräder angetriebenen Schraubenspindel bewegt wird. Das Werkzeug jedoch besteht aus einem Fräser, der entsprechend der Gewinde-

ger als drei Schmirgelscheiben trägt. Die Schnittgeschwindigkeit beim Fräsen von Gewinde wählt die Pratt & Whitney Co. zu 23 bis 30 m/min (76 bis 100 '/min); sie hofft aber, mit den neuen Stahlsorten weiter gehen zu können. Der Vorschub wird, wenn es auf Sauberkeit der Arbeit nicht so sehr ankommt, bis auf 305 mm/min (12″/min) erhöht, während man bei sauberen Arbeiten nicht über 229 mm/min (9″/min) geht.

Daß mit der Maschine gute Leistungen zu erzielen sind, beweisen darauf hergestellte Stücke, von denen Fig. 141 bis 143 einige wiedergeben. Der Gedanke, Gewinde zu fräsen, ist übrigens nicht neu; Korkzieher und ähnliche Schrauben mit schwachem Kern sind schon vor langen Jahren auf diese Weise hergestellt worden[1]), und in neuerer Zeit ist eine derartige Maschine der englischen Firma John Holroyd & Co., Rochdale, bekannt geworden[2]).

[1]) Vergl. Karmarsch und Heeren, Technisches Wörterbuch VIII. Bd. 1885 S. 25; ferner D. R. P. Nr. 12265 vom Jahre 1880 und Nr. 53836 von 1890.

[2]) Engineering 9. Febr. 1900 S. 186.

VII. Das Bohren.

Auch auf das älteste Bearbeitungsverfahren, das Bohren, haben die neueren Bestrebungen, die Arbeitsgeschwindigkeiten zu erhöhen und größere Genauigkeit zu erzielen, merklichen Einfluß ausgeübt.

Was die Geschwindigkeit anbetrifft, so hat die Bickford Drill & Tool Co., Cincinnati O., mit ihren Radialbohrmaschinen Außerordentliches geleistet. Für das Bohren von Löchern aus dem vollen Gußeisen, das in den Vereinigten Staaten allerdings gewöhnlich weicher ist als bei uns, verwendet sie

bei $^1/_4$ bis $^1/_2$" Dmr. 0,635 mm (0,025") Vorschub ⎫
» $^1/_2$ » 1" » 0,890 » (0,035") » ⎬ für eine Umdr.
» 1 » $1^1/_2$" » 1,625 » (0,064") » ⎭ der Spindel.

Zum Vergleich sei angeführt, daß die Morse Twist Drill & Machine Co., New Bedford, Mass., seit lange als brauchbare Vorschübe für $^1/_4$"-Bohrer 0,127 mm (0,005"), für $^1/_2$"-Bohrer 0,178 mm (0,007") und für $^3/_4$"-Bohrer 0,254 mm (0,01"), das Taschenbuch der Hütte[1]) 0,1 bis 0,5 mm für eine Umdrehung des Bohrers angibt.

Ueber die Umlaufgeschwindigkeiten, die von der Bickford Drill & Tool Co. eingeführt sind, gibt folgende für Gußeisen gültige Zahlentafel Auskunft:

Bickford Drill & Tool Co.			J. E. Reinecker		
Dmr. des Bohrers	Uml./min	Schnittgeschwindigkeit	Dmr. des Bohrers	Uml./min	Schnittgeschwindigkeit
Zoll		m/min	mm		m/min
$^1/_2$	267	10,67	11 bis 13	380	13,13 bis 15,52
$^5/_8$	222	10,97	}14 » 18	290	12,57 » 16,40
$^3/_4$	184	10,97			
$^7/_8$	153	10,67	19 » 22	210	12,53 » 14,51
1	128	10,06	23 » 25	160	11,56 » 12,57
$1^1/_8$	106	9,45	26 » 30	130	10,62 » 12,25
$1^1/_4$	88	8,84	31 » 35	110	10,71 » 12,10
$1^1/_2$	73	8,53	36 » 40	95	10,74 » 11,94
$1^3/_4$	61	8,53	41 » 45	80	10,30 » 11,31
2	51	7,92	46 » 50	60	8,67 » 9,43
$2^1/_4$	42	7,62			
$2^1/_2$	35	7,01			
$2^3/_4$	29	6,40			
3	24	5,79			
$3^1/_4$	20	5,18			
$3^1/_2$	17	4,57			

Zum Vergleich sind die von J. E. Reinecker, Chemnitz, für Gußeisen angegebenen Werte neben die der Bickford Drill & Tool Co. gesetzt worden. Sie zeigen, daß man bei uns in der Schnittgeschwindigkeit beim Bohren weiter geht als in Amerika.

[1]) 18. Aufl. S. 1052.

Als Beispiel für die Leistung ihrer Bohrmaschinen macht die Bickford Drill & Tool Co. folgende Angaben: In eine 114 mm dicke Platte aus Stahl mit 0,45 vH Kohlenstoffgehalt wurde ein Loch von 102 mm (4") Dmr. gebohrt, wobei die Bohrspindel 17,68 Uml./min machte und der Vorschub 1,83 mm für eine Umdrehung betrug; als Schmierstoff diente Wasser. Die Arbeit dauerte 3,67 min. Einen Begriff von dieser gewaltigen Leistung bekommt man, wenn man die bei dieser Arbeit gebohrten Späne betrachtet, von denen einige nebst einem Zollmaßstab in Fig. 144 wiedergegeben sind.

Die vorstehenden Zahlenwerte stellen freilich mehr das dar, was sich überhaupt erreichen läßt, als das, was in amerikanischen Durchschnittswerkstätten gang und gäbe ist; immerhin zeigen sie, nach welcher Richtung sich der Fortschritt bewegt. Voraussetzung dafür sind vorzügliche und vor allem frisch geschliffene Spiralbohrer sowie kräftig gebaute Bohrmaschinen. Die Bickford Drill & Tool Co. schreibt die Ursache davon, daß es möglich war, Leistungen wie die oben genannten zu erzielen, dem Umstande zu, daß der Auslegerarm ihrer Radialbohrmaschinen röhrenförmigen Querschnitt hat, wodurch er besonders widerstandsfähig gegen die Beanspruchung auf Verdrehung durch den Druck des Bohrers ist.

In der Konstruktion von Bickford ist auch noch der Grundsatz, Betriebspausen, die durch das Wechseln der Geschwindigkeiten entstehen können, zu vermeiden, sehr scharf zum Ausdruck gekommen, indem an Stelle von Riemenübertragungen Zahnräder und Kupplungen angewendet sind, die durch bequem gelegene Hebel bedient werden. Am Fuß der Säule steht ein Kasten mit 4 Räderpaaren, von denen je eines durch Klauenkupplungen zur Wirkung gebracht werden kann. Alle vier Kupplungen werden aber durch nur einen Hebel bedient, der um 2 senkrecht zueinander stehende Achsen beweglich ist. Am Ausleger der Bohrmaschine befinden sich 2 nebeneinander liegende Hebel, mittels deren die Reibkupplungen von 4 weiteren Räderpaaren bedient werden, so daß insgesamt 16 verschiedene Geschwindigkeiten zu erzielen sind. Für den Vorschub sind ebenfalls zunächst 4 Zahnräderpaare vorhanden; ein Rädersatz sitzt lose auf seiner Welle, und es kann immer ein Rad mit ihr gekuppelt werden. Dieselbe Einrichtung wiederholt sich bei einem zweiten aus 2 Räderpaaren bestehenden Vorgelege, wodurch 8 verschiedene Vorschübe eingestellt werden können.

Als der Austauschbau Veranlassung gab, den zulässigen Abweichungen vom genauen Maß außerordentlich enge Grenzen zu stecken, konnte man sich der Einsicht nicht verschließen, daß die Genauigkeit der mit den üblichen Spiralbohrern hergestellten Löcher recht unzulänglich sei, daß es vielmehr einer Nacharbeit mit der Reibahle bedürfe, um hinreichend saubere und genaue Löcher zu erhalten. Daraus hat sich ein Arbeitsverfahren entwickelt, das der Amerikaner mit »chucking« bezeichnet, und das dadurch gekennzeichnet ist, daß das zu bohrende Stück, in ein Klemmfutter (chuck) eingespannt, kreist, während es mit mehreren Werkzeugen der Reihe nach bearbeitet wird. Dieses Feinbohren stellt sich nicht etwa teurer als das gewöhnliche Bohren, sondern man rühmt ihm in Amerika nach, daß es billiger sei, weil es keine geübten Arbeiter erfordert, und weil

Fig. 144.

Bohrspäne, Bickford Drill & Tool Co., Cincinnati, O.

Fig. 146. Bohrstange mit eingesetztem Stichel.

Fig. 147. Fertigbohrer.

Fig. 148. Feste Reibahle.

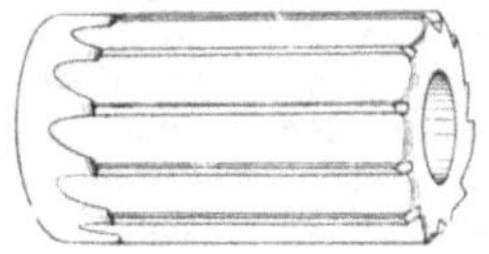

Fig. 149. Einstellbare Reibahle.

ein Arbeiter zwei Maschinen bedienen kann. Das »chucking«-Verfahren ist daher in den Ver. Staaten sehr verbreitet, und manche Firmen haben eigene Werkstattabteilungen (chucking departments) dafür eingerichtet. Allerdings verlangt es eine gut eingerichteten Werkzeugmacherei und tüchtige Werkzeugschlosser; denn die Bohrer und Reibahlen müssen sehr genau geschliffen sein. Hier lassen sich übrigens durch Normalisieren der Lochdurchmesser, d. h. dadurch, daß

man sich auf eine bestimmte, möglichst kleine Anzahl verschiedener Durchmesser beschränkt, Ersparnisse erzielen.

Der Teilung der Arbeit zwischen dem groben Bohrwerkzeug und der schlichtenden Reibahle liegt etwa Aehnliches zugrunde wie der Herstellung zylindrischer Körper durch Abschruppen auf der Drehbank und Fertigstellen auf der

Fig. 145.

Bohren und Drehen auf einem Bohrwerk; Bullard Machine Tool Co., Brigdeport, Conn.

Fig. 150.

Einstellbare Reibahle; Gisholt Machine Co., Madison, Wis.

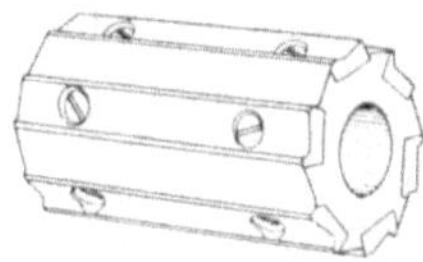

Fig. 151 und 152.

Einstellbare Reibahle; Prentice Bros. Co., Worcester, Mass.

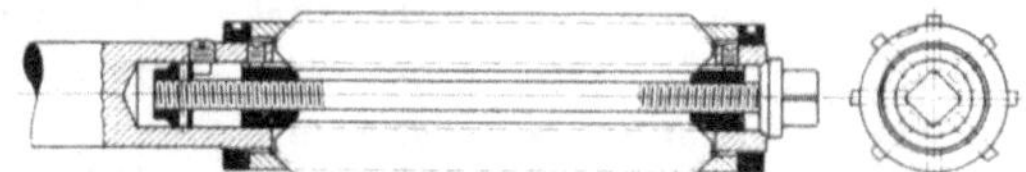

Fig. 153 und 154. Pendelnde Reibahle.

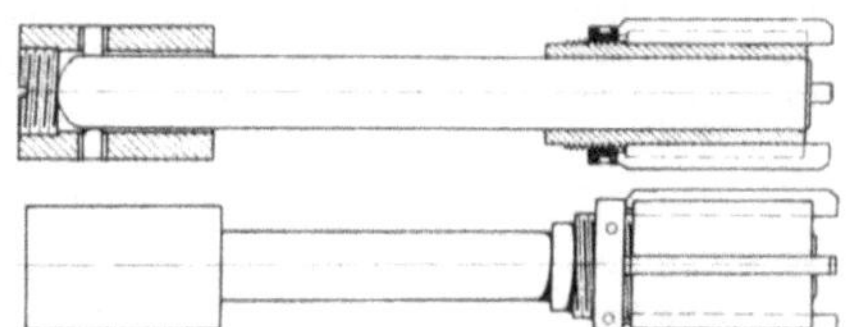

Rundschleifmaschine [1]) oder wie der Verwendung von Fräsmaschinen und Hobelmaschinen nacheinander [2]), wenn es sich um genaue Flächen handelt. Nur dadurch ist das »Chucking«-Verfahren von den genannten Verfahren verschieden, daß

[1]) Vergl. S. 40.
[2]) Vergl. S. 47.

Bohrer und Reibahlen auf einer und derselben Maschine zur Anwendung kommen.

Die Maschinen können mit liegender oder mit lotrechter Drehachse gebaut sein. Die ersteren: Drehbänke mit Drehkopf, werden hauptsächlich für leichtere und runde Körper gebraucht, die letzteren: Bohrwerke mit stehender Achse, für schwere und ungleichmäßig geformte Stücke; diese haben auch den Vorzug, daß die Bohrspäne von selbst unten herausfallen. Bei beiden Maschinen lassen sich Dreharbeiten mit dem Ausbohren verbinden, ohne daß das Stück umgespannt zu werden braucht. Fig. 145 gibt ein Beispiel davon.

Für gewöhnlich kommen 3 oder 4 Arbeitsvorgänge beim Feinbohren zur Anwendung: Löcher, die aus dem Vollen gebohrt werden, werden zentriert, vorgebohrt, fertig gebohrt und ausgerieben. Löcher, die bereits im Gußstück vorhanden sind, werden ausgedreht, fertig gebohrt und ausgerieben,

Prentice Bros. Co., Worcester, Mass., in Fig. 151 und 152 wiedergegeben. Für ganz genaue Arbeiten muß man berücksichtigen, daß möglicherweise die Drehachse des Arbeitsstückes nicht vollkommen mit der Achse der Reibahle zusammenfällt; für diesen Fall benutzt man pendelnde Reibahlen (floating reamers), Fig. 153 und 154, welche dem Loch folgen können. Diese sind dadurch etwas beweglich, daß sie mit Spielraum in ihrem Futter stecken und durch einen Stift darin gehalten werden, der ebenfalls lose im Futter sitzt.

Was die Materialmenge betrifft, die durch Reibahlen fortgenommen wird, so läßt man für den letzten Arbeitsvorgang das Loch nur 0,051 bis 0,102 mm (0,002 bis 0,004″) weiter, als das genaue Maß beträgt. Der untere Teil der Schneidkanten wird gewöhnlich um dieses Maß schwach kegelförmig gestaltet, damit die Reibahle im Loch ihre Führung findet. Ueber die erreichbare Genauigkeit wird mitgeteilt, daß sich eine Abweichung

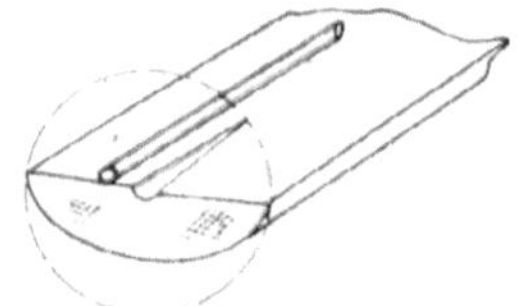

Fig. 155.

Bohrer für tiefe Löcher; American Tool Works Co., Cincinnati, O.

Fig. 156.

Späne, mit dem Bohrer Fig. 155 gebohrt.

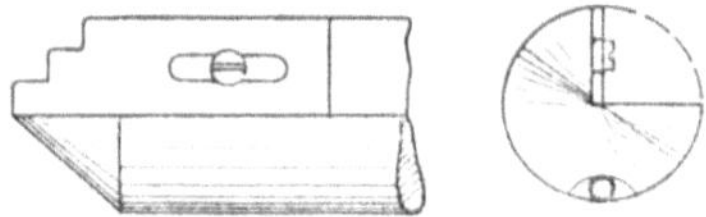

Fig. 157. Bohrer für tiefe Löcher.

wobei der eine oder andere Arbeitsvorgang auch wohl übergangen wird. Zum Zentrieren dient gewöhnlich ein kurzer Spiralbohrer, zum Vorbohren von Löchern im Vollen ein langer Spiralbohrer, während zum Ausdrehen von Löchern im Gußstück eine Bohrstange mit einem oder zwei quer zur Achse eingesetzten Sticheln benutzt wird, Fig. 146. Der Fertigbohrer besteht aus einem Spiralbohrer mit drei oder vier Windungen ohne Spitze, Fig. 147; bei Löchern, die aus dem Vollen gebohrt werden, wird manchmal auch die Bohrstange Fig. 146 als Fertigbohrer angewendet. Von

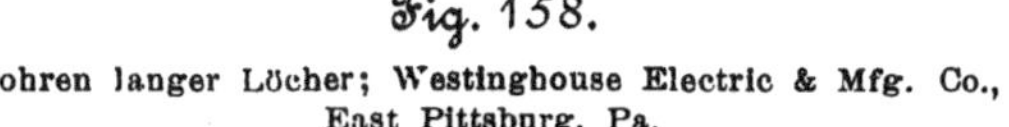

Fig. 158.

Bohren langer Löcher; Westinghouse Electric & Mfg. Co., East Pittsburg, Pa.

von nur 0,0127 mm (0,0005″) vom genauen Maß des Durchmessers bei Löchern bis zu 75 mm (3″) Dmr. erreichen läßt.

Ein besonderes Gebiet bildet das Ausbohren tiefer Löcher, wie es beim Herstellen hohler Spindeln im Werkzeugmaschinenbau sehr häufig ist, aber auch manchmal in andern Zweigen des Maschinenbaues vorkommt. Dabei steht ebenso wie beim Feinbohren das Werkzeug still, während das Werkstück kreist. Von den Bohrwerkzeugen zu diesem Zweck sind mir in amerikanischen Werkstätten drei verschiedene Arten bekannt ge-

Reibahlen kommen feste, Fig. 148, oder einstellbare zur Verwendung, die letzteren für die feinsten Arbeiten.[1]

Bei einstellbaren Reibahlen einfachster Art werden die Messer in einem Schaft mit spitz zulaufenden Nuten durch Reibung gehalten, Fig. 149, oder sie werden, wie bei der Gisholt Machine Co., aufgeschraubt, Fig. 150; in letzterem Falle werden die Messer dadurch nachgestellt, daß man Papierstreifen in den Nuten unterlegt. Am genauesten, allerdings nur für solche Löcher verwendbar, die vollkommen ausgebohrt werden, sind Reibahlen, die mit Hülfe von Schrauben nachgestellt werden. Als Beispiel dafür ist eine Ausführung der

worden, deren Vorbilder zum Teil in der Gewehrfabrikation zu suchen sind. Die Dreses Machine Tool Co., Cincinnati, O., benutzt Spiralbohrer mit Austrittöffnungen für das Oel, die mit einer Röhre verschraubt werden; es handelt sich hier um Löcher von verhältnismäßig geringem Durchmesser. Bei der American Tool Works Co., Cincinnati, O., wurden früher diese Arbeiten mit einem hohlen Kronenbohrer in der Weise vorgenommen, daß ein zylindrischer Kern aus dem Stab herausgebohrt wurde, der noch weitere Verwendung fand. Man hat dieses Verfahren aber zugunsten eines andern aufgegeben, bei dem eine Art Kanonenbohrer verwendet wird. Der Bohrer, Fig. 155, hat in der Mitte seiner ebenen Fläche eine Einkerbung, wodurch ebenfalls ein Kern stehen gelassen wird, der das Aussehen eines Drahtes hat. Da gleichzeitig von jeder

---

[1] Vergl. Schlesinger, Das Messen in der Werkstatt und die Herstellung austauschbarer Teile, Zeitschr. des Vereines deutscher Ingenieure 1903 S. 1382.

Seite des Werkstückes ein Bohrer vordringt und die beiden Bohrer sich in der Mitte begegnen, so wird aus dem vollen Stabe eine Scheibe herausgebohrt, an welche sich auf beiden Seiten Drähte ansetzen. Fig. 156 gibt zwei derartig ausgebohrte Stücke wieder.

Am häufigsten habe ich in amerikanischen Werkstätten (z. B. bei Lodge & Shipley, Cincinnati, O.; Warner & Swasey, Cleveland, O.; Automatic Machine Co., Cleveland, O.) zum Ausbohren von Stangen Bohrer von der in Fig. 157 dargestellten Form getroffen, wobei das ganze ausgebohrte Material zerspant wird. Der Bohrer hat den Vorzug, daß er sich im Loche führt, und daß das Messer auswechselbar ist; die Schneide hat die Gestalt einer gebrochenen Linie. Bei engeren Bohrungen vereinfacht man diese Bohrer dadurch, daß man die Schneide geradlinig und nicht auswechselbar macht.

Eine Ausbohrmaschine für lange Löcher, die ich bei der Westinghouse Electric & Machine Co., East Pittsburg, Pa., gesehen habe, ist in Fig. 158 im Betriebe dargestellt. Wichtig bei diesen Bohrungen ist reichliche Oelzufuhr unter so erheblichem Druck, daß die Späne herausgespült werden. Die Bohrer sind deshalb ausnahmslos mit Oelröhrchen versehen.

VIII. Kaltwalzen und -hämmern.

Die Möglichkeit, metallenen Körpern in kaltem Zustande durch Druck eine geringe Formänderung zu geben, kann zu mancherlei Zwecken ausgenutzt werden. Ich möchte hier von dem eigentlichen, auch bei uns bekannten Kaltwalzverfahren absehen, das in Amerika z. B. bei Jones & Laughlins Ltd., Pittsburg, Pa., ausgeübt wird und — eine Erweiterung des Drahtziehens — genau runde Stäbe mit glatter Oberfläche liefert. Diese Stäbe werden vom Maschinenbau in den Ver. Staaten zu Schraubenspindeln, Kolbenstangen u. dergl. verwendet.

Hierher gehört aber ein Verfahren, die Zapfen von Eisenbahnachsen fertig zu stellen, das in den Ver. Staaten allgemein angewendet wird; ich habe es bei der Pressed Steel Car Co., Pittsburg, Pa., der American Car & Foundry Co., St. Louis, Mo., in den Pullman Works, Pullman, Ill., und in

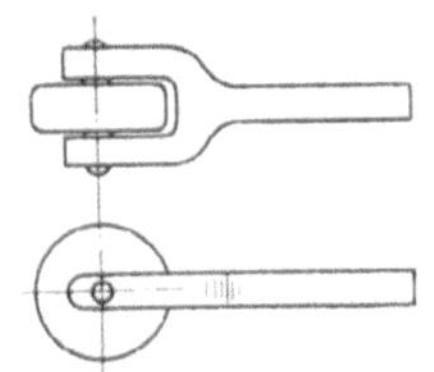

Fig. 159.

Walzwerkzeug für Zapfen; Pullman Works, Pullman, Ill.

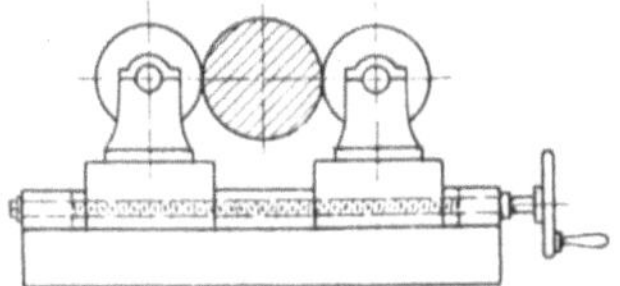

Fig. 160.

Walzen von Zapfen; American Car & Foundry Co., St. Louis, Mo.

Rogers Locomotive Works, Paterson, N. J., gesehen. Nach dem Abdrehen bearbeitet man die Zapfen, statt sie zu polieren, mit gehärteten und geschliffenen Rollen, die, gegen das umlaufende Werkstück gepreßt, die Drehmarken fortnehmen und dem Stück einen hohen Glanz verleihen; außerdem bekommt dadurch der Zapfen eine harte Oberfläche.

In den verschiedenen Werken wird entweder mit einer oder mit zwei Rollen gearbeitet. Bei den Pullman Works werden die Zapfen überdreht, dann wird an Stelle des Drehstahles ein Rollenhalter, Fig. 159, in den Stichelträger gespannt und wie der Drehstahl gehandhabt. Bei der American Car & Foundry Co. wird eine Einrichtung mit zwei gegenläufig bewegten Rollen, Fig. 160, verwendet. Allerdings liegt in dieser Bearbeitung die Gefahr, daß durch zu starkes Anpressen

das Material abblättert und die Oberfläche erst recht rauh wird. Die Verbreitung des Verfahrens aber beweist, daß dies durch Sorgfalt vermieden werden kann.

Bei einem verwandten, wenn auch in seinen Zielen völlig verschiedenen Verfahren hat man ebenfalls die Beobachtung gemacht, daß zu starkes Anpressen das Material zum Abblättern bringt: beim Dichten von Weißmetall. Man ist nämlich in Amerika im Werkzeugmaschinenfach und zum Teil auch im Dampfmaschinen- und Pumpenbau dazu übergegangen, Rotgußlager durch solche aus Weißmetall zu ersetzen. Man behauptet allgemein, daß diese Lager sich besser bewähren, vor allem, daß Anfressungen der Zapfen, wie sie bei Rotguß vorkommen, vermieden werden; eine Ersparnis bei der Fabrikation soll die Verwendung von Weißmetall angeblich nicht darstellen. Das Weißmetall ist nach dem Gießen locker und porös und muß durch mechanische Einwirkung dicht gemacht werden. Dazu verwendet die Cincinnati Milling Machine Co. eine Rolle, die gegen die gegossene Fläche gepreßt wird, während das Stück, auf der Drehbank eingespannt, kreist. Das übliche Mittel aber ist, das Weißmetall zu hämmern, was gewöhnlich von Hand geschieht. Man hat zwar auch versucht, die schneller arbeitenden Drucklufthämmer an die Stelle der Handhämmer zu setzen; aber das feine Gefühl des Arbeiters kann hier nicht entbehrt werden.

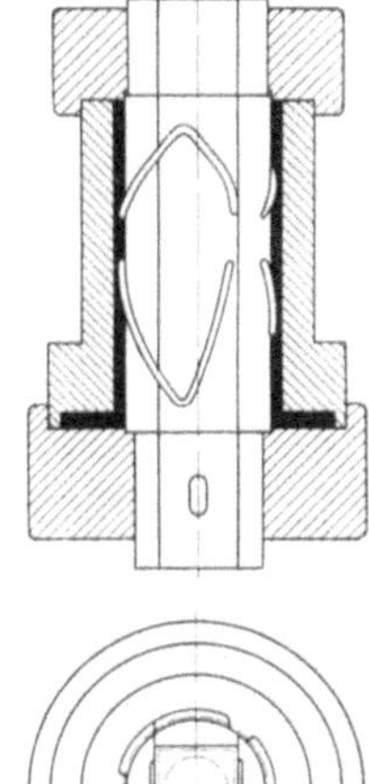

Fig. 161 und 162.

Gußkern für Lagerbüchsen; Westinghouse Electric & Mfg. Co., East Pittsburg, Pa.

Ich möchte bei dieser Gelegenheit zu dem bereits bei Besprechung der Einspannladen[1]) erwähnten Verfahren, Lager mit Metall auszugießen, einige weitere hinzufügen, die von Interesse sein dürften. Die Schmiernuten in den Lagerflächen werden gewöhnlich von Hand eingemeißelt, z. B. bei der General Electric Co., Schenectady, N. Y. Bei der Westinghouse Electric & Mfg. Co., East Pittsburg, Pa., jedoch werden sie eingegossen. Dazu dient ein mehrteiliger Gußkern aus Metall, Fig. 161 und 162. Er besteht aus einem vierkantigen, ein wenig zugespitzten Dorn, an dessen vier Flächen Schalen anliegen, deren Umflächen sich zu einem Zylinder zusammenschließen. Auf den Schalen

---

[1]) S. 33.

befinden sich buckelförmige Erhöhungen, welche die Schmiernuten bilden. Wenn man den Vierkantdorn herauszieht, so
fallen die Schalen nach innen und können leicht herausgenommen werden. Die CrockerWheeler Co. Ampere, N. J.,
benutzt für denselben Zweck einen Dorn, der nach Fig. 163
aus drei Teilen besteht.

Sehr eigenartig ist das Verfahren, das die McCormick
Harvesting Machine Co., Chicago, Ill., anwendet, um Lagerbüchsen, von denen eine ungeheure Anzahl gebraucht wird, mit
Lagermetall auszugießen. Die Büchsen werden in ein Bad
aus flüssigem Blei gelegt, bis sie hellrot sind; nachdem sie herausgenommen sind, wird ein runder, genau bemessener Pflock

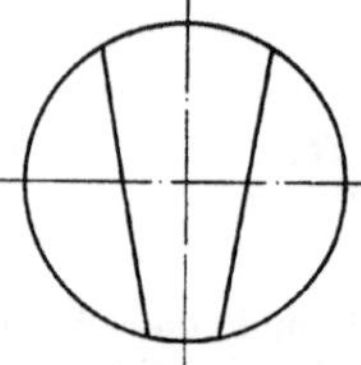

Fig. 163.

Geteilter Gußkern; Crocker-Wheeler Co., Ampere, N. J.

von Lagermetall in das Innere gesteckt, und die glühenden
Büchsen werden zwischen zwei einander gegenüber stehende Scheiben an zwei mit 2400 Uml./min kreisenden Spindeln gebracht und von diesen mit Hülfe eines Mitnehmers
mitgenommen. Die Oberfläche der Scheiben ist durch Asbest
geschützt. Man läßt die Büchse etwa 5 min lang herumlaufen,
wobei das Lagermetall schmilzt, und wenn man sie dann
herunternimmt, bedeckt das Metall in gleichmäßiger Schicht
ihre Wandung. Mit jedem Spindelpaar lassen sich an einem
Tage bis zu 100 Büchsen ausgießen[1]).

Nach dieser Abschweifung wieder zum Kalthämmern
zurückkehrend, möchte ich noch auf eine Maschine hinweisen, die für den Maschinenbau neu sein dürfte, wenn auch
nicht für Fahrradfabriken und Mechanikerwerkstätten. Es
ist die Hämmermaschine (swaging machine), die von der Ex-
celsior Needle Co., Torrington, Conn., gebaut wird und in
dieser Zeitschrift bereits früher[2]) beschrieben ist. Ihre Wirkung beruht darauf, daß zwei Gesenke mit halbrunden Ver-
tiefungen in außerordentlich kurzen Zwischenräumen — in
der Minute 2000- bis 4000 mal, je nach Größe der Maschine —
aufeinander geschlagen werden, während der Rahmen, in
welchem die Gesenke stecken, langsam umläuft. Durch das
Hämmern der Gesenke werden eingeführte Rundstäbe ausgezogen. Bei der Ingersoll-Sergeant Drill Co., Easton, Pa.,
wird eine solche Hämmermaschine dazu verwendet, den Durchmesser von Röhrenenden zu verkleinern. Man sprach sich
sehr lobend über die Leistung der Maschine aus.

---

[1]) Das Verfahren erinnert an den Zentrifugalguß, s. Zeitschr. des
Vereines deutscher Ingenieure 1900 S. 1290.

[2]) Zeitschr. des Vereines deutscher Ingenieure 1897 S. 1299.

IX. Stofs- und Räumarbeiten.

Es ist außer Frage, daß in Amerika die Stoßmaschine vielfach von der Fräsmaschine verdrängt worden ist. Besonders, wo zylindrische Flächen mit gekrümmter Leitlinie herzustellen sind, wie etwa bei der E. W. Bliss Co., Brooklyn, N. Y., hat man das Stoßen zugunsten des Fräsens aufgegeben, in der Weise, daß eine auf der Fräserachse sitzende Rolle an einer mit dem Werkstück verbundenen Schablone entlang geführt wird. Dagegen hat sich ein Verfahren sehr entwickelt, das technologisch mit dem Stoßen übereinstimmt: das Räumen mit einem Werkzeug, das als eine Vervielfältigung des Stoßmeißels anzusehen ist. Die Räummaschinen und ihre Arbeitsweise sind bei uns wohlbekannt; sie sind wiederholt[1] so erschöpfend behandelt worden, daß es nicht nötig ist, hier nochmals darauf einzugehen. In amerikanischen Werkstätten finden sie sich recht häufig, und zwar in ihren beiden Formen als Keilnuten-Hobelmaschinen und als eigentliche Räummaschinen.

Stoßwerkzeuge zum Bearbeiten viereckiger Löcher;
Westinghouse Electric & Mfg. Co., East Pittsburg, Pa.

Fig. 164.   Fig. 165.

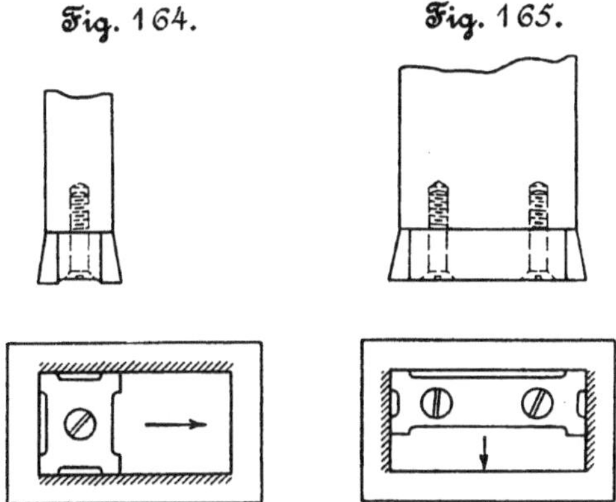

Aufgefallen ist mir, daß man sich bemüht, Keilnutenmaschinen auch zu andern Zwecken zu verwenden, als zu dem sie ursprünglich bestimmt sind, um die in der Maschine steckende Anlagesumme besser auszunutzen; denn es dürfte sich kaum eine Fabrik finden, die eine solche Maschine dauernd beschäftigen kann. Bei der Gisholt Machine Co., Madison, Wis., wurde eine Keilnutenmaschine benutzt, um Nuten auf der Außenseite eines zylindrischen Körpers einzuarbeiten; bei der Laidlaw-Dunn-Gordon Co., Cincinnati, O., diente sie dazu, um Nuten in Kolbenringe zu hobeln, von denen eine größere Anzahl mit ihren Seitenflächen aufein-

ander gelegt und durch Stifte zu einem Zylinder vereinigt war. Im allgemeinen werden die liegenden Keilnutenmaschinen für leichte Stücke, die stehenden für schwerere verwendet.

Von Räummaschinen für eckige Löcher (broaching presses) habe ich außer Pressen mit Schraubenbetrieb auch solche mit Druckwasserkolben und einer kleinen Preßpumpe getroffen, und zwar bei der General Electric Co., Schenectady, N. Y.[1]. Bei dieser Firma und bei der Crocker-Wheeler Co., Ampere, N. J., werden mittels der Räummaschine u. a. die vierkantigen Löcher in den Bürstenhaltern für Dynamos bearbeitet. Die Westinghouse Electric & Mfg. Co., East Pittsburg, Pa., hat dieses Verfahren wieder aufgegeben; sie benutzt statt dessen Stoßmaschinen und hat sie in einer Weise umgeändert, die an das Feinbohrverfahren (vergl. S. 53) erinnert. Der

<table>
<tr><td align="center">Fig. 166.</td><td align="center">Fig. 167.</td></tr>
<tr><td align="center">Stoßmeißel;
Rogers Locomotive Works,
Paterson, N. J.</td><td align="center">Stoßmeißel;
American Locomotive Works,
Paterson, N. J.</td></tr>
</table>

Schlitten der Stoßmaschine trägt nämlich einen Drehkopf mit vier Werkzeugen, von denen ein Paar die in Fig. 164, das andere die in Fig. 165 anschraffierten Flächen bestößt, und zwar wirken zuerst zwei Schruppwerkzeuge nacheinander, dann zwei Schlichtstähle. Die durch das Stoßen erzielte Arbeit ist außerordentlich sauber — nur an den Ecken muß mit der Feile ein wenig nachgeholfen werden —, und da die Bewegung des Stoßschlittens sehr rasch und der Vorschub des Werkstückes selbsttätig vor sich geht, so ist der Zeitaufwand gering.

Zweifellos beweist dieser Fall, daß die Stoßmaschine noch weiterer Ausbildung fähig ist. Andere Beispiele dafür habe ich in Rogers Locomotive Works, Paterson, N. J., und in der American Locomotive Works, ebenda, angetroffen. Dort werden parallele Flächen gleichzeitig mit einem Meißel bestoßen, er bei dem erstgenannten Werke die in Fig. 166, bei dem andern die in Fig. 167 dargestellte Form erhalten hat.

---

[1] Zeitschr. des Vereines deutscher Ingenieure 1897 S. 19; 1898 S. 203; ferner H. Fischer, Die Werkzeugmaschinen Bd. 1 S. 220.

[1] Eine Räummaschine mit Druckwasserbetrieb habe ich bereits vor 10 Jahren bei einer Firma in Manchester, England, gesehen.

X. Der elektrische Antrieb von Werkzeugmaschinen.

Während bei uns beim elektrischen Antrieb der Werkzeugmaschinen die Frage, ob Einzel- oder Gruppenantrieb, in der Weise gelöst erscheint, daß man schwerere Maschinen und auch solche mit großen Geschwindigkeiten und wenig Geschwindigkeitsabstufungen mit Einzelmotoren ausrüstet, kleinere dagegen im allgemeinen zu Gruppen vereinigt[1]), habe ich in den Vereinigten Staaten den Eindruck gewonnen, als ob man sehr häufig dem Einzelantrieb auch bei kleineren Maschinen den Vorzug gibt. Kommen doch mehrfach Ausführungen vor, die der deutsche Ingenieur als Uebertreibungen bezeichnen dürfte. Wenn man in der Werkstatt der Bullock Electric Mfg. Co., Cincinnati, O., eine kleine Absägemaschine oder bei der Crocker-Wheeler Co., Ampere, N. J., eine Schlitzmaschine für Schraubenköpfe von besonderen Motoren angetrieben sieht, so mag man das damit erklären, daß die genannten Firmen, welche selbst elektrische Maschinen bauen, den Besuchern ihre Erzeugnisse unter allen möglichen Verhältnissen vorführen wollen. Dagegen wird es schwer sein, eine Erklärung dafür zu finden, daß z. B. in der neuen Lokomotivwerkstatt der Lake Shore & Michigan Southern-Eisenbahn, Collinwood, O., und in der ebenfalls neu eröffneten Fabrik der Wellman-Seaver-Morgan Engineering Co., Cleveland, O., sich ebenfalls kleine Absägemaschinen mit Einzelantrieb befinden, ohne daß etwa diese Maschinen besonders weit von andern Werkzeugmaschinengruppen entfernt wären. Und dabei wurde mir bei der zuletzt genannten Firma angegeben, daß die Maschine rd. 50 Dollar, der Motor jedoch 120 Dollar koste!

Geht man der Ursache dieser auffälligen Bevorzugung des Einzelantriebes nach, so wird sie meines Erachtens in der Entwicklung der amerikanischen Arbeitsverfahren zu suchen sein, als deren Grundton die Ersparnis an Löhnen überall hindurchklingt. Man hat nun im elektrischen Antrieb eine zeitsparende Einrichtung gefunden, indem zum Wechseln der Geschwindigkeit Elektromotoren mit veränderlicher Umlaufzahl an Stelle der bis dahin üblichen Stufenscheibengetriebe eingeführt wurden. Denn das Umlegen der Riemen von einer Stufe auf die andere bedeutet einen Zeitverlust, und wenn es sich darum handelt, eine Drehbank bei einem Stück von verschiedenen Durchmessern jedesmal auf die zulässige höchste Arbeitsgeschwindigkeit einzurücken, so addieren sich diese Arbeitspausen so beträchtlich, daß der Arbeiter es oft genug unterläßt, die Geschwindigkeit überhaupt zu ändern. Ich habe mehrfach in amerikanischen Werkstätten zu beobachten Gelegenheit gehabt, wie ein Arbeiter

dieser Nachlässigkeit wegen zur Rede gestellt wurde. Beim Elektromotor kann ihm aber das Umschalten so bequem gemacht werden, wie nur irgend möglich.

Für den Antrieb von Werkzeugmaschinen werden in den Vereinigten Staaten Gleichstrommotoren durchaus bevorzugt: mir ist nur eine Werkstatt mit Wechselstrombetrieb bekannt geworden: die Staatswerft in Brooklyn, N.Y. Es hat sich also bei der Aufgabe, die Geschwindigkeit bei gleichbleibender Leistung zu regeln, wesentlich um Gleichstrommotoren gehandelt. Bei diesen läßt sich die Umlaufzahl auf drei Weisen beeinflussen: durch Aendern der Polzahl, durch Aendern der Feldstärke und durch Aendern der Betriebspannung.

Das erste Mittel ist von der Bullock Electric Mfg. Co., Cincinnati, O., versucht, aber wieder aufgegeben worden, weil es zu große Kraftverluste im Gefolge hatte, weil die

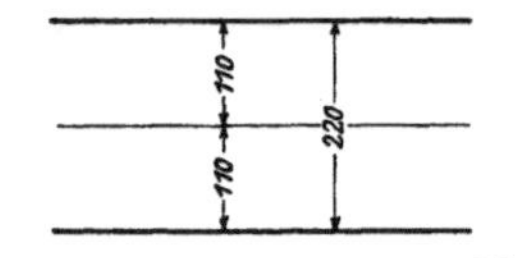

Fig. 168.

Dreileiternetz; Westinghouse Electric & Mfg. Co., East Pittsburg, Pa.

Fig. 169.   *Fig.* 170.

Vierleiternetz; Bullock Electric Mfg. Co., Cincinnati, O.   Vierleiternetz; Crocker-Wheeler Co., Ampere, N. J.

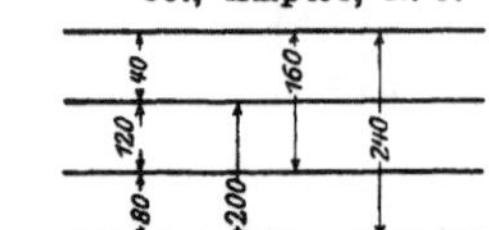

Motoren beim Umschalten leicht stehen blieben, und endlich, weil die Motoren sich zu teuer stellten. Das zweite Mittel, die Feldstärke zu regeln, läßt sich nur innerhalb verhältnismäßig enger Grenzen anwenden, weil darüber hinaus sich Funken am Kommutator bilden oder das Drehmoment zu schwach wird.

Der dritte Ausweg, die Spannung zu ändern, hat den Nachteil, daß die Motoren größer ausfallen als entsprechende Motoren von gleichbleibender Geschwindigkeit. Die konstruktive Durchführung dieses Mittels hat zur Anwendung von Mehrleiternetzen geführt. Je nachdem die Motoren zwischen Innen- oder Außenleitern eingeschaltet werden, kann man sie mit verschiedener Spannung betreiben. In der einfachsten Ausführung besteht diese Anordnung in einem Dreileiternetz mit 220 V Spannung zwischen den Außenleitern, Fig. 168. Auf diese Weise lassen sich zwei verschiedene Grundgeschwindigkeiten des Motors erzielen; da das jedoch nicht ausreicht, so hat man zu dem zweiten der angeführten Mittel gegriffen und Widerstände in die Feldwicklung eingeschaltet. Damit erzielt die Westinghouse Electric & Mfg. Co., East Pittsburg, Pa.,

---

[1]) Ein vortreffliches Beispiel für die Anwendung des Einzelantriebes bieten die Werkstätten der Allgemeinen Elektricitäts-Gesellschaft, Berlin, wo die im regelmäßigen Betriebe laufenden Motoren nach tausenden zählen. Vergl. O. Lasche: Die elektrische Kraftverteilung in den Maschinenbauwerkstätten der Allgemeinen Elektricitäts-Gesellschaft, Berlin, Zeitschr. des Vereines deutscher Ingenieure 1899 S. 113, sowie von demselben Verfasser: Elektrischer Einzelantrieb und seine Wirtschaftlichkeit, Ebenda 1900 S. 1189.

Geschwindigkeiten, deren kleinste sich zur größten wie 1:6 verhält. Die seit Juli 1902 im Betrieb befindliche Fabrik der Wellman-Seaver-Morgan Engineering Co., Cleveland, O., ist in dieser Weise ausgestattet.

Man ist jedoch bei drei Leitern nicht stehen geblieben, sondern hat Vierleitersysteme mit verschieden großen Spannungen zwischen benachbarten Leitern ausgebildet, die als multiple voltage-Systeme bezeichnet werden. Die Bullock Electric Mfg. Co. hat die Spannung von 60, 80 und 110 V angenommen und erhält durch Verbinden der verschiedenen Leiter außerdem die Spannungen 140, 190 und 250 V, also insgesamt 6 verschiedene Spannungen, vergl. Fig. 169. Die von der Crocker-Wheeler Co., Ampere, N. J., eingerichteten Anlagen haben die Spannungen 40, 120 und 80 V zwischen zwei benachbarten Leitern, also durch Kombination auch 160, 200 und 240 V, Fig. 170. Das Verhältnis der kleinsten zur größten Geschwindigkeit wird auch bei diesen Systemen gewöhnlich gleich 1 : 6 gewählt. Abgesehen von den eigenen Werken der genannten Firmen habe ich das System der Bullock Electric Mfg. Co. noch bei der Link Belt Engineering Co., Nicetown-Philadelphia, Pa., und in dem neuen Werk der Allis-Chalmers Co., Milwaukee, Wis., angetroffen[1]), das der Crocker-Wheeler

Fig. 171.

Drehbank der Jones & Lamson Machine Co. mit Motor der Bullock Electric Mfg. Co.

Co. in der neu errichteten Lokomotivwerkstatt der Lake Shore & Michigan Southern-Eisenbahn.[2])

Da aber selbst mit 6 verschiedenen Geschwindigkeiten den Bedürfnissen nach Anpaßfähigkeit der Werkzeugmaschinen noch nicht hinreichend Rechnung getragen wird, und da man die elektrische Leitungsanlage — etwa durch Hinzufügen eines fünften Leiters — nicht gut mehr verwickeln und verteuern darf, so hat die Bullock Electric Mfg. Co. dasselbe Mittel wie die Westinghouse Co. angewendet: Widerstände in die Feldwicklung einzuschalten. Auf diese Weise erzielt sie 26 verschiedene Geschwindigkeiten für Vorwärtsgang und 6 für Rückwärtsgang; aber der Motor wird durch diese Einrichtung beträchtlich größer und teurer.

Um letzteren Uebelstand soweit wie möglich zu vermeiden, hat die Crocker-Wheeler Co. auf Rädervorgelege zurückgegriffen: Zwischen Motor und Werkzeugmaschine ordnet sie ein dreifaches Vorgelege an, wodurch die Maschine allerdings, wenn auch nur wenig, verwickelter wird. Dagegen fällt der Motor kleiner aus, als wenn man die Zwischenstufen

der Geschwindigkeit durch Aendern der Feldstärke hervorbringen würde.

Größer als bei gewöhnlichem Gleichstrombetrieb wird der Motor freilich immer noch, und dadurch verteuert sich jede Mehrleiteranlage gegenüber einer Gleichstromanlage. Außerdem kommen noch die Kosten der Zwischenleiter sowie der Ausgleichmaschinen oder kreisenden Umformer, welche für das Mehrleitersystem erforderlich sind, sowie die Mehrkosten des Schaltbrettes in Betracht. Die Crocker-Wheeler Co. gibt an, daß die Anlage um 15 vH teurer wird als eine gewöhnliche Gleichstromanlage, was etwas niedrig gegriffen scheint.

Ein günstiger Umstand ist, daß sich vorhandene Anlagen leicht in ein Mehrleiternetz umwandeln lassen. Der Hauptvorzug aber besteht darin, daß die Vorrichtungen bequem und schnell zu handhaben sind; der Arbeiter hat eine Schaltwalze zu bedienen, die das Aussehen der Straßenbahn-Fahrschalter hat, und dieser Umstand dürfte es sein, der die Mehrleiteranordnung, soweit ich Urteile darüber gehört habe, die Zufriedenheit der Betriebsbeamten verschafft hat. Die Kosten der Anlage spielen in den Vereinigten Staaten gegenüber einer Ersparnis an Zeit, d. i. an Löhnen, keine große Rolle.

Fig. 172.

Drehbank der Jones & Lamson Machine Co. mit Motor der Crocker-Wheeler Co.

Die Bevorzugung des Einzelantriebes ist nicht ohne Einfluß auf den Aufbau der Werkzeugmaschinen geblieben. Man ist bestrebt gewesen, Motor und Arbeitsmaschine zu einem Ganzen zu verbinden, unter Fortfall der Riemenzwischengetriebe[1]). Bei schnellaufenden Werkzeugmaschinen, wie Schleifscheiben oder Bandsägen, hat man den Motor einfach auf die Achse der Maschine gesetzt. Bei andern Arbeitsmaschinen finden sich gewöhnlich Zahnräder- oder Kettengetriebe.

Fig. 173.

Gelenkkette in abgenutztem Zustand.

Fig. 174a und b.

Renolds Kette in neuem und abgenutztem Zustand.

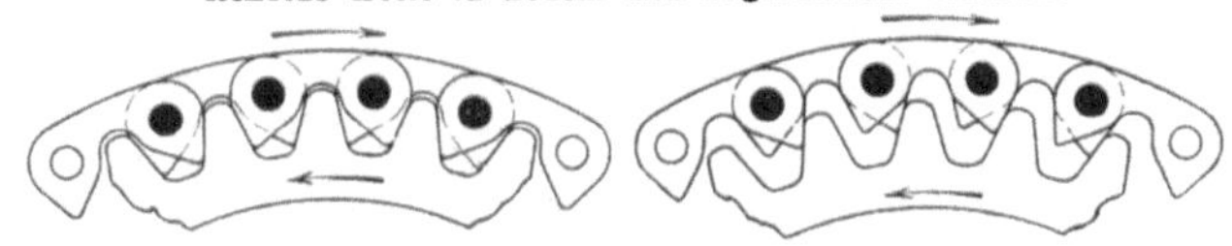

---

[1]) Außerdem ist das Werk der Fore River Ship & Engine Co., Quincy, Mass., von dieser Gesellschaft eingerichtet worden. Die Gesamtleistung der Dynamos soll dort beinahe 8000 PS betragen; es sind 112 Elektromotoren aufgestellt, von denen die Hälfte 5 PS und darunter leistet.

[2]) Auch die zur Zeit meines Besuches im Bau befindliche neue Fabrik der Ingersoll-Sergeant Drill Co., Easton, Pa., ist dem Vernehmen nach von der Crocker-Wheeler Co. mit dem Vierleitersystem ausgerüstet worden.

---

[1]) Auch in Europa hat man in letzter Zeit diesen Weg betreten; vor allem sei auf die Konstruktionen der Maschinenfabrik Oerlikon hingewiesen.

Im folgenden soll eine Reihe von Beispielen für die starre Verbindung des Motors mit der Arbeitsmaschine vorgeführt werden; sie zeigen zum größten Teil gleichzeitig, wie durch geschickte Anordnung des Motors Raum erspart werden kann. Man kann über die Verschmelzung von Motor und Arbeitsmaschine unter Einfügung starrer Zwischengetriebe verschiedener Meinung sein; man kann einwenden, daß die Zwischengetriebe leicht Anlaß zu kostspieligen Reparaturen geben, daß die Anordnung der Motoren in beträchtlicher Höhe auf der Maschine, wie sie sich vielfach in den folgenden Beispielen findet, Erschütterungen hervorrufe, welche die Genauigkeit der Arbeit stören. Aber das Aussehen derartiger Konstruktionen hat jedenfalls viel Bestechendes, und Klagen über die angedeuteten Uebelstände habe ich in keinem Betriebe gehört.

Die meisten der im folgenden abgebildeten Ausführungen sind Werkzeugmaschinen mit Drehbewegung: Drehbänke, Bohr- und Schleifmaschinen; wenigstens habe ich in amerikanischen Werkstätten bei Hobelmaschinen, soweit meine Erinnerung reicht, stets Riemengetriebe zwischen Motor und Arbeitsmaschine angetroffen. Das hat verschiedene Gründe. Erstens sollen die bisher gebräuchlichen Motoren nicht plötzlich umgesteuert werden, wie es etwa an einer Hobelmaschine beim Rückgang des Tisches erforderlich wäre; man kann also die Riemen nicht entbehren. (Uebrigens werden zum Schutz des Motors bei starrer Verbindung Schmelzsicherungen und Maximalausschalter angewendet.) Dann aber ist eine so weitgehende Veränderlichkeit der Geschwindigkeit, wie sie bei regulierbaren Motoren erzielt wird — 26 Geschwindigkeitsstufen beim Mehrleitersystem gegenüber 4 bis 6 bei Stufenkegeln —, an Maschinen mit geradliniger Arbeitsbewegung gar nicht erforderlich. Bei diesen muß zwar ebenso wie bei Werkzeugmaschinen mit Drehbewegung die Schnittgeschwindigkeit veränderlich sein; aber bei den letzteren muß die Geschwindigkeit noch dem Durchmesser des Werkstückes angepaßt werden. Bei Drehbänken und Bohrmaschinen tritt die Notwendigkeit, die Geschwindigkeit zu wechseln, besonders oft ein; deshalb nehmen auch in den folgenden Darstellungen diese Maschinen einen sehr breiten Raum ein.

Fig. 171 und 172 zeigen zwei verschiedene Lösungen derselben Aufgabe, nämlich eine Drehbank der Jones & Lamson Machine Co., Springfield, V., mit Hülfe eines Vierleitermotors anzutreiben. Die Bullock Electric Mfg. Co. hat den Motor auf einer angeschraubten Konsole, Fig. 171, aufgestellt und treibt die Drehbank mit Hülfe von drei eingekapselten Zahnrädern an; der Steuerschalter ist am hinteren Ende der Drehbank angehängt. Die Crocker-Wheeler Co. hat bei derselben Drehbank einen 5 pferdigen Motor über der Spindel aufgebaut und zum Antrieb die Gelenkkette von Renold verwendet; der Steuerschalter befindet sich vorn in der Nähe des Motors.

Die Renoldsche Kette, in Amerika von der Link Belt Engineering Co., Nicetown-Philadelphia, Pa., hergestellt, hat bei elektrischen Antrieben große Verbreitung gefunden. Man bezeichnet sie als geräuschlos (silent chain), und in der Tat ist man manchmal bei neueren Ausführungen überrascht durch den ruhigen Gang; bei älteren Ausführungen ist das weniger der Fall. Nach den Ausführungen des Erfinders entsteht das Geräusch bei den gewöhnlichen Gelenkketten dadurch, daß die Kette sich im Gebrauche dehnt. Infolge davon liegt, wenn der Zapfen eines Gliedes das Kettenrad verläßt, nicht sofort der nächste Zapfen an seinem Zahn an, sondern das Rad muß erst eine kleine Drehung nach rückwärts machen, bis dieser Augenblick eintritt, vergl. Fig. 173, wodurch ein Stoß hervorgerufen wird. Anders Renolds Kette, bei der nicht die Zapfen, sondern die Kettenglieder an den Zähnen des Rades anliegen. Die Flanken der Anlageflächen und der Zähne sind geradlinig, Fig. 174 a, so daß auch nach dem Recken der Kette der Eingriff gewahrt bleibt vergl. Fig. 175 b.

In Fig. 175 ist eine Drehbank dargestellt, die von der Le Blond Machine Tool Co., Cincinnati, O., gebaut und von der Bullock Electric Mfg. Co. mit Elektromotor ausgestattet ist. Der Spindelstock ist so ausgebildet, daß der Motor unmittelbar über der Spindel seinen Platz finden konnte und durch

Fig. 175.

Drehbank der Le Blond Machine Tool Co. mit Motor der Bullock Electric Mfg. Co.

Fig. 176.

Drehbank von Schuhmacher & Boyé mit Motor der Bullock Electric Mfg. Co.

Fig. 177

Drehbank der Gisholt Machine Co., Madison, Wis.

ein einziges Räderpaar die Maschine antreibt; das Vorgelege der Drehbank ist vollständig nach vorn verlegt. Die Abbildung läßt auch die Bedienung des Steuerschalters erkennen, die jedesmal von der Stelle aus erfolgt, wo sich der Werkzeugschlitten, also auch der Dreher, befindet. Es ist nämlich längs des Drehbankbettes eine Stange angeordnet, die mittels eines gleitenden, in der Schürze des Werkzeugschlittens gelagerten Hebels gedreht werden kann. Die Drehung wird durch ein Zahnräderpaar auf die Achse des Steuerschalters übertragen.

Dieselbe Anordnung des Steuerschalters findet sich bei der Drehbank von Schuhmacher & Boyé, Cincinnati, O., Fig. 176. Hier aber ist der Motor auf die Drehbankwelle selbst gesetzt, welche Lösung wohl den elegantesten Eindruck macht; der Motor wird indessen größer und teurer als sonst. Fig. 175 und 176 zeigen noch beide einen Riementrieb zur Bewegung der Zugspindeln. Man ist jedoch hierin auchschon weiter gegangen, indem man der Zugspindel einen unabhängigen Motor gegeben hat. Fig. 177 zeigt als Beispieleine Drehbank der Gisholt Machine Co., Madison, Wis., bei der die Spindel zum schnellen Verschieben des Drehkopfschlittens von einem besonderen Motor gedreht wird.

Ein derartiger Hülfsmotor ist auch bei der von der Niles Tool Works Co., Hamilton, O., für die Werkstätten der Pennsylvania-Eisenbahn in Altoona gebauten und mit Motoren der General Electric Co. ausgerüsteten Räderdrehbank, Fig. 178, angeordnet. Der dreipferdige Motor, der am rechten Ende der Bank sichtbar ist, dient zum Versetzen des Reitstockes. Der Hauptmotor der für Schnelldrehstahl bestimmten Maschine leistet 25 PS.

In manchen Fällen gestattet der elektrische Antrieb, die Werkzeugmaschinen erheblich zu vereinfachen. Die in Fig. 179 wiedergegebene Planfräsmaschine für Trägerenden der Cleveland Punch & Shear Works Co., Cleveland, O., mit einem 20 pferdigen Mehrleitermotor der Crocker-Wheeler Co. kann dies veranschaulichen. Die Maschine ist auf ihrer Grundplatte drehbar. Man vergegenwärtige sich die Schwierigkeit, eine solche Maschine mit Riemen anzutreiben, und halte ihr die einfache Lösung der Aufgabe

Fig. 178.

Räderdrehbank der Niles Tool Works Co. mit Motoren der General Electric Co.

Fig. 179.

Fräsmaschine der Cleveland Punch & Shear Works Co. mit Motor der Crocker-Wheeler Co.

Fig. 180.

Bohrmaschine der Bickford Drill & Tool Co.

durch den elektrischen Antrieb gegenüber!

Ein anderes packendes Beispiel für die Vereinfachung der Konstruktion durch den elektrischen Antrieb bietet eine Kranbohrmaschine der Bickford Drill & Tool Co., Cincinnati, O., Fig. 180, bei welcher der 5 pferdige Motor mit stehender Achse oben auf die Säule gesetzt ist. Dadurch wird die Maschine mit dem Motor ein vollkommen in sich geschlossenes Ganzes und kann nach Belieben fortgenommen und in einen andern Fuß eingesetzt werden, zu welchem Zweck eine Oese am Ausleger befestigt ist. Der Motor hat übrigens hier gleichbleibende Umlaufzahl, und zum Aendern der Geschwindigkeit dienen Räderwerke, die am Kopf der Säule untergebracht sind.

Die zuletzt dargestellte Maschine leitet auf das Gebiet der versetzbaren Werkzeugmaschinen über, welche überhaupt erst durch den Elektromotor lebensfähig geworden sind. In wie verschiedener Weise hierbei der Motor mit der Maschine verbunden werden kann, sollen die Fräs- und Bohrmaschinen der Westinghouse Electric & Mfg. Co., East Pittsburg, Pa., Fig. 181 und 182, zeigen. In Fig. 181 ist der Motor oben auf den Ständer der Maschine geschraubt, und die Drehung der Spindel wird wie bei einer Maschine mit Riementrieb durch eine senkrechte genutete Welle veranlaßt. Fig. 182 zeigt eine weitere Stufe der Entwicklung. Die Vorteile des elektrischen Antriebes sind dadurch besser ausgenutzt, daß die Spindel von einem Motor gedreht wird, der mittels einer Konsole mit dem auf- und abgehenden Schlitten verbunden ist. Zur Verschiebung des Schlittens ist hier, wo es sich um eine weit größere Last handelt als in Fig. 181, ein besonderer Motor oben auf dem Gestell angeordnet.

Bei solchen Anordnungen wird von den Elektrizitätsfirmen gern betont, daß die verwendeten Motoren von normaler Bauart sind, so daß sie bei Beschädigungen ohne weiteres ausgewechselt werden können. Der Werkzeugmaschinenfabrikant ist aber nicht in der angenehmen Lage, das Gleiche behaupten zu können; denn die Maschinen mit elektrischem Antrieb weichen in wesentlichen Punkten von der gängigen, für Riemenbetrieb eingerichteten Ware ab. Darin beruht ja aber die Stärke des amerikanischen Werkzeugmaschinenbaues, daß er mit Massenfabrikation arbeitet. Für die Massenfabrikation, vom Standpunkte des amerikanischen Werkzeugmaschinenfabrikanten betrachtet, bedeutet eine Vermehrung der Ausführungsformen, wie sie die vorgeführte Richtung des elektrischen Antriebes nach sich zieht, keinen Fortschritt. Folgerichtig müßte das Bestreben der Fabrikanten dahin gehen, Werkzeugmaschinen zu schaffen, die dem Käufer dieselben Vorteile wie die Maschinen mit eingebautem Motor, besonders den schnelleren Geschwindigkeitswechsel, gewähren und es zugleich den Fabrikanten möglich machen, nur eine Art von Maschinen für elektrischen und für Riemenbetrieb herzustellen. Gleichzeitig gewönne der Abnehmer, der seine Fabrik mit

amerikanischen Ausführungen der Wechsel der Geschwindigkeit durch ein Räderwerk vollzogen wird[1]).

Bei den ersten Versuchen in dieser Richtung hat man die Geschwindigkeitswechsel mit dem Deckenvorgelege verbunden. Die Lodge & Shipley Tool Co., Cincinnati, O., hat ein Deckenvorgelege konstruiert, bei dem auf 2 Wellen 8 Zahnräderpaare sitzen, die für gewöhnlich außer Eingriff sind, weil die Räder auf der unteren Welle eine weite Bohrung haben und infolge ihrer Schwere herabhängen. Durch Verschieben einer Verdickung auf der unteren Welle kann eines der Räder gehoben und so in Eingriff gebracht werden[2]). In dem eigenen Werke der Lodge & Shipley Co. habe ich zwar dieses Vorgelege im Betrieb gesehen; in einer benachbarten Fabrik aber hatte man es ausgemustert, weil es zu häufig Reparaturen

Fig. 181.   **Fig. 182.**

Bohr- und Fräsmaschinen der Westinghouse Electric & Mfg. Co., East Pittsburg, Pa.

Transmission betreibt, den Vorteil, daß er später ohne nennenswerte Kosten zum elektrischen Antrieb übergehen könnte.

In der Tat hat die neueste Entwicklung des amerikanischen Werkzeugmaschinenbaues diesen Weg eingeschlagen, richtiger gesagt: wieder eingeschlagen; denn an sich ist der Gedanke, die Werkzeugmaschinen mit austauschbaren Motoren von gleichbleibender Umlaufzahl zu verbinden und den Geschwindigkeitswechsel in die Uebertragglieder zu legen, keineswegs neu. Die deutsche Industrie hat diesen Grundsatz schon vor geraumer Zeit durchgeführt. Der Unterschied beruht nur darin, daß man früher Stufenscheiben und Riemen als Uebertragglieder benutzt hat, während bei den neuesten

erforderte. In allgemeine Aufnahme ist das Vorgelege von Lodge & Shipley jedenfalls nicht gekommen[3]).

Neuerdings hat man die Wechselgetriebe mit der Werkzeugmaschine verbunden. Dabei wird auf die Antriebwelle

[1]) Auch der deutsche Werkzeugmaschinenbau hat denselben Gedanken bereits erfolgreich durchgeführt; vergl. Ruppert: Aufgaben und Fortschritte des deutschen Werkzeugmaschinenbaues, Zeitschr. des Vereines deutscher Ingenieure 1901 S. 1674.

[2]) American Machinist 5. April 1902 S. 414, 6. September 1902 S. 1188. Eine ähnliche Konstruktion der National Machine Tool Co., Cincinnati, O., ist in The Iron Age 29. Oktober 1903 S. 15 veröffentlicht.

[3]) Vergl. Journal of the Association of Engineering Societies Januar 1903 S. 13.

des Räderwerkes, je nachdem man sich für den Elektromotor oder für Riemenantrieb entscheidet, entweder ein Zahn- oder Kettenrad oder eine Riemenscheibe gesetzt, und es kann tatsächlich dieselbe Maschine für elektrischen oder für Riemenbetrieb verwendet werden. Soweit meine Kenntnis reicht, ist zuerst die Bickford Drill & Tool Co. mit einer derartigen Konstruktion hervorgetreten. Fig. 183 zeigt eine Ausführung. Am Säulenfuße der Kranbohrmaschine steht der Kasten mit dem Räderwerk, aus welchem der Kupplungshebel herausragt. Die Welle des Räderwerkes wird von einem Motor mittels dreier Stirnräder angetrieben. Andere

Fig. 183.

Elektrischer Antrieb einer Bohrmaschine der Bickford Drill & Tool Co.

mit Riemenscheibe und beweist, wie vortrefflich es gelungen ist, sämtliche Triebwerke so einzukapseln, daß mit Ausnahme der Antriebscheibe und eines Stückes der Vorgelegewelle keinerlei bewegte Teile freiliegen. Aus Fig. 185 geht die Handhabung der Geschwindigkeitswechsel hervor. Man erkennt links von der Riemenscheibe drei Handgriffe. Mit Hülfe des mittleren, wagerecht verschiebbaren Knopfes wird ein Zwischenrad, das beständig in ein Zahnrad von vierfacher Breite auf der Antriebwelle eingreift, in die richtige Stellung gegenüber einem von 4 auf einer Zwischenwelle sitzenden Rädern gebracht. Der Hebel darunter bringt das Zwi-

Fig. 184 und 185. Fräsmaschine; Brown & Sharpe Mfg. Co., Providence R. J.

Fabrikanten von Bohrmaschinen: die Prentice Broth. Co., Worcester, Mass., die Muller Machine Tool Co., Cincinnati, O., die Fosdick Machine Tool Co., ebenda, sind dem Vorgange der Bickford Co. gefolgt. C. G. Nelson, Middletown, O., hat eine Drehbank konstruiert, in deren Spindelkasten ähnliche Rädergetriebe wie bei dem Deckenvorgelege von Lodge & Shipley untergebracht sind.[1])

Neuerdings hat auch die Brown & Sharpe Mfg. Co. eine Fräsmaschine mit einem Räderwerk zum Wechseln der Geschwindigkeit gebaut, die durch einen Elektromotor oder einen Riemen mit gleichbleibender Geschwindigkeit anzutreiben ist. Fig. 184 zeigt die Maschine

schenrad in Eingriff mit diesem. Durch Drehen des oberen in Fig. 185 sichtbaren Hebels werden zwei Zahnräder auf der Spindel so verschoben, daß das eine davon mit einem Rad auf der Zwischenwelle in Eingriff kommt. Es lassen sich auf diese Weise 4×2 Geschwindigkeiten erzielen; da aber außerdem noch das übliche Vorgelege vorhanden ist, so stehen 16 verschiedene Geschwindigkeiten der Spindel, von 15 bis 376 Uml./min, zur Verfügung.

Man sollte zunächst meinen, daß die Zahnradgetriebe großes Geräusch verursachen. Das ist jedoch nicht der Fall; die Räder arbeiten vielmehr sehr ruhig. Die Ursache dafür dürfte in der vorzüglichen Ausführung der Räder, vielleicht auch in der neuartigen, spitzen Form der Zahnprofile zu suchen sein.

[1]) American Machinist 12. September 1903 S. 1236.

XI. Die Verwendung von Druckluft in der Werkstatt.

Der Zensusbericht der Ver. Staaten über die Zeit von 1890 bis 1900[1]) führt unter den Punkten, welche den Fortschritt auf dem Gebiete der Metallbearbeitung während dieses Zeitabschnittes kennzeichnen, an, daß die Entstehung tragbarer Druckluftwerkzeuge und anderer Anwendungen von Druckluft in diese Zeit fallen; nur der Drucklufthammer ist bereits vor 1890 benutzt worden. In diesen 10 Jahren und in den darauf folgenden hat sich die Anwendung der Druckluft trotz ihrer Jugend in dem Werkstättenbetrieb Amerikas außerordentlich verbreitet; nicht nur große, sondern auch mittlere, ja selbst kleine Fabriken haben Druckluftanlagen und verwenden Druckluft als Magd für alles.

Der Kompressor, der von verschiedenen Fabriken als Marktware geliefert wird, ist meist mit der Kraftanlage des Werkes verbunden, jedenfalls aber in zentraler Lage gegenüber den Verbrauchstellen und so aufgestellt, daß Dampf und Kühlwasser leicht zu erreichen sind. Der Durchmesser der Druckluftleitung vermindert sich nach jeder Abzweigung; unter 19 mm ($^{3}/_{4}$") aber geht man nicht, und man vermeidet scharfe Krümmer u. dergl. Meist liegen die Röhren unter der Decke oder sind an den Dachträgern befestigt. Wenn sie der Außenluft ausgesetzt sind, so muß man für gute Entwässerung sorgen, was dadurch geschieht, daß man der Leitung Gefälle nach dem niedrigsten Punkte hin gibt und die Abzweigungen oben an die Hauptleitungsrohre anschließt, so daß Niederschlagwasser nicht in die Zweigleitungen fließen kann. Ein einfaches Mittel, Feuchtigkeit aus der Druckluft von vornherein zu entfernen, besteht darin, daß man hinter dem Kompressor einen Behälter aufstellt, in den das vom Kompressor kommende Rohr führt, während die Luft aus dem Gefäß an einer Stelle wieder austritt, die möglichst weit von der Eintrittsöffnung entfernt ist. Es ist aber darauf zu achten, daß der Behälter an einem kühlen Platz steht. Manchmal wird noch hinter diesem Behälter ein Abscheider angebracht. Wenn man nicht Sorgfalt genug auf das Entfernen von Feuchtigkeit verwendet, so kommt es im Winter vor, daß die Leitung einfriert, worüber ich z. B. in dem Werke der American Car & Foundry Co., Madison, Ill., habe klagen hören; dann heißt es mit Fackeln auftauen, was mitunter einen erheblichen Zeitverlust bedeutet.

Die Auslässe der Rohrleitungen werden durch Ventile oder Hähne abgeschlossen, die, wenn sie oben liegen, mittels herabhängender eiserner Stangen (McCormick Harvesting Co., Chicago, Ill.) gehandhabt werden. An die Auslaßstutzen schließen sich Gummischläuche, die an ihrem Ende Kupplungen mit Schrauben- oder Bajonettverschluß tragen. Wenn die Schläuche eine erheblichere Länge haben, was z. B. bei Hebezeugen oft vorkommt, so werden sie von Oesen gehalten, die von der Decke herabhängen oder sich auf besonderen an der Decke befestigten Schienen oder Drahtseilen mittels Rollen verschieben lassen, Fig. 186. Man verwendet mit Vorliebe Schläuche, die mit Eisendraht, mit Bandeisen oder mit einem Geflecht von verzinktem Eisenband umhüllt sind.

Der Druck schwankt zwischen 5,1 und 7 at (70 und 100 Pfd/Quadratzoll); am häufigsten kommen 5,6 at (80 Pfd/Quadratzoll) vor.

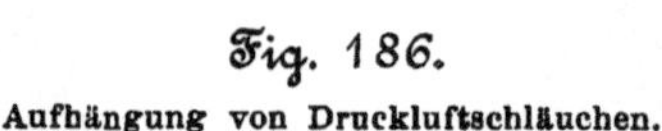

Fig. 186.

Aufhängung von Druckluftschläuchen.

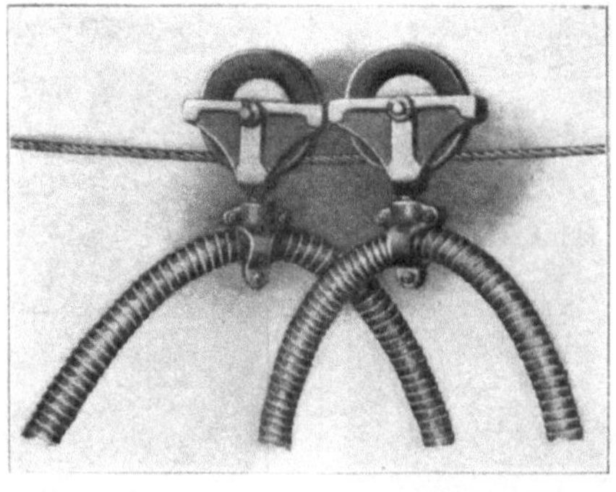

Wie schon angedeutet, ist die Verwendung der Druckluft außerordentlich mannigfach, und es gibt kaum einen Vorgang in der Werkstatt, zu dessen Betätigung nicht Druckluft schon vorgeschlagen oder versucht worden wäre. Dabei ist es nicht ausgeblieben, daß auch ganz verfehlte Konstruktionen von tüftelnden Erfindern ersonnen und von Werkstattleitern versucht worden sind. Es wirkt geradezu erheiternd, wenn man z. B. hört, daß in einer amerikanischen Lokomotivwerkstatt einmal ein Druckluftkran eingeführt wurde, der am Schornstein der Lokomotive zu befestigen war und dazu dienen sollte, die Deckel der Schieberkasten herunterzunehmen. Da der Kran noch einmal so schwer war wie der Schieberkasten, so waren drei Mann nötig, um ihn am Schornstein anzubringen, während zwei Arbeiter den Schieberkasten mit der Hand abnehmen konnten. Jetzt gehört diese »zeitsparende« Einrichtung zum alten Eisen[1]).

Die Verwendungsarten der Druckluft lassen sich in zwei Hauptgruppen teilen: solche, bei denen die Luft, aus ihrer Leitung austretend, ohne weiteres die beabsichtigte Wirkung ausübt, und solche, bei denen ihre Energie durch ein Gerät oder eine Maschine in Arbeit umgesetzt wird. Bei uns ist die zweite Art bekannter, obwohl auch die erste sich in deutschen Werkstätten findet[2]).

Mit den Anwendungen der ersten Art beginnend, erwähne ich zunächst das Reinigen mittels Druckluft. Das

---

[1]) Teil IV S. 386.

[1]) Cassiers Magazine März 1903 S. 646.

[2]) Die Anwendung der Druckluft dürfte in amerikanischen Werkstätten weit verbreiteter sein als in Deutschland; aber sie gewinnt bei uns dank den Leistungen einer Reihe von Spezialfirmen immer mehr an Boden.

beste Beispiel dafür bieten die Anlagen der Cincinnati Milling Machine Co., Cincinnati, O. Dort sind alle Werkstätten von einem Rohrnetz durchzogen, dessen Abzweigungen zu jeder Werkzeugmaschine und zu jeder Werkbank führen. An das Ende jedes Rohres setzt sich ein Schlauch mit einem Mundstück und einem durch eine Feder geschlossenen Ventil, das durch einen Fingerdruck geöffnet werden kann. Von der Druckluft wird hier ausgedehntester Gebrauch gemacht: die Werkbank wird mit Druckluft gereinigt, die

Fig. 187.

Petroleumbrenner; Chicago Pneumatic Tool Co , Chicago, Ill.

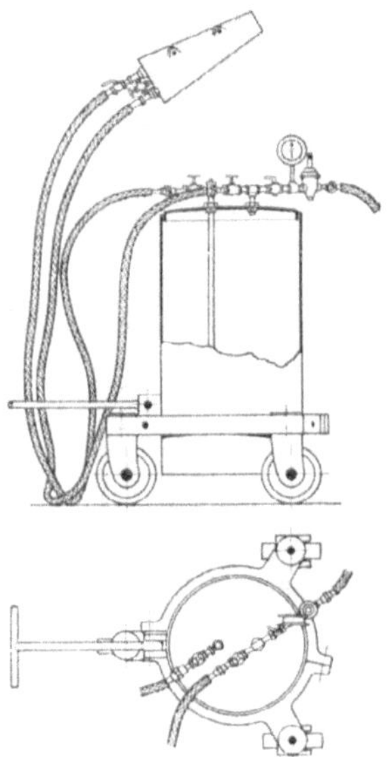

Späne beim Bohren und Fräsen von Gußeisen werden damit fortgeschafft, vor dem Montieren einer Maschine werden sämtliche Bohrungen mit Benzin gefüllt und dann mit Druckluft ausgeblasen, die Ankörnungen von runden Körpern, die zwischen Spitzen aufgespannt werden sollen, werden durch den Luftstrahl gereinigt usw. Wenn man durch die Werkstatt geht und von allen Seiten das Pfeifen und Zischen der Druckluft hört, so hat man zunächst das Gefühl, als ob hier einigermaßen übertrieben werde. Ließe sich z. B. die Werkbank nicht auch ebenso gut mit einem Besen rein machen? Wenn man dann aber bedenkt, daß etwa beim Aufspannen eines Stabes auf die Schleifmaschine schon ein kleiner Fremdkörper, der im Körnerloch haftet, die peinliche Genauigkeit der Schleifarbeit beeinträchtigen muß, so wird man manche dieser Anwendungen von Druckluft berechtigt finden. Jedenfalls kann man es dem Arbeiter nicht bequemer machen — und das ist auch wichtig, denn wenn eine Vorrichtung unbequem ist, so geht das Bestreben dahin, sie unbenutzt zu lassen —, und an Schnelligkeit dürfte das Reinigen mit Druckluft wohl unerreicht dastehen.

Es scheint aber, als ob man bei andern Firmen doch wegen der Kosten Bedenken trägt, Druckluft zum Reinigen ganz allgemein zu benutzen. Ich habe sie in keiner andern Werkstatt in so ausgedehntem Maße wie bei der Cincinnati Milling Machine Co. angetroffen, obwohl Druckluft zum

Ausblasen der Gesenke beim Schmieden[1]) und in Gießereien zum Reinigen der Modelle vom Formsand häufiger verwendet wird (Gießerei der Worthington Pump Co., Elizabethport, N. J.). Zum Fortschaffen der Späne beim Bearbeiten von Guß-

Fig. 188.

Sandstrahlgebläse; American Locomotive Works, Paterson, N. J.

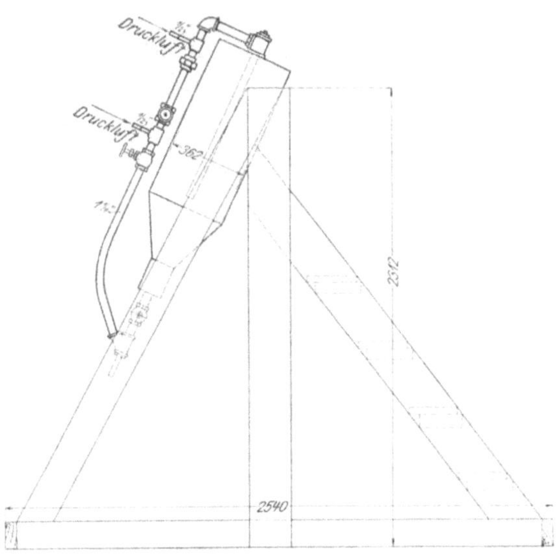

Fig. 189.

Mundstück eines Sandstrahlgebläses; Lunkenheimer Co., Cincinnati, O.

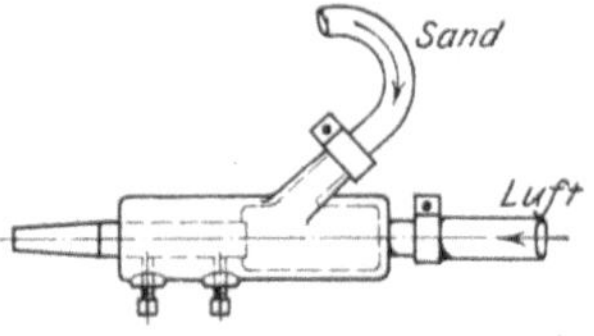

eisen ist die Anwendung von Druckluft ganz allgemein verbreitet. Hier wirkt die Druckluft gleichzeitig wie eine Flüssigkeit kühlend, und das ist beim Fräsen und Bohren von großem Nutzen. Um beim Bohren die Luft bis an die Bohrerspitze zu leiten, verwendet die Bullard Machine Tool Co., Bridgeport, Conn., hohle Bohrer mit einer seitlichen Oeffnung der Höhlung am oberen Ende; mit diesem steckt der Bohrer in einer feststehenden Hülse, in welche der Luftschlauch mündet.

Sehr eigenartig ist die Benutzung der Druckluft in der Versuchstation der Worthington Pump Co., Brooklyn, N.Y. Die Pumpen werden zunächst mit Druckluft geprobt, dann erst mit Dampf, und schließlich werden sie, bevor sie zur Versendung oder zum Lager kommen, mit erwärmter Druckluft ausgetrocknet.

Zum Umrühren eines Oelbades, worin Werkzeuge gehärtet werden, wird Druckluft bei der Ingersoll-Sergeant Drill Co., Easton, Pa., benutzt.

Zum Zerstäuben von Petroleum in Brennern scheint sich Druckluft desto mehr einzubürgern, je mehr die Verwendung von Petroleum als Brennstoff zunimmt, wozu die häufig wie-

Fig. 190.

Meißeln mit dem Drucklufthammer; Philadelphia Pneumatic Tool Co., Philadelphia, Pa.

---

1) Vergl. S. 38.

derkehrenden Ausstände der Bergleute in den Kohlenbezirken beitragen. Bei diesen Petroleumbrennern wird die Druckluft gleichzeitig dazu verwendet, weitere Verbrennungsluft anzusaugen. Bei der Deane Steam Pump [Co., Holyoke, Mass., bedient man sich derartiger Brenner, um den Sand der Formen in der Gießerei an der Oberfläche zu trocknen (skin drying), wobei die langgestreckte Form der Flamme besonders vorteilhaft ist. Die Chicago Pneumatic Tool Co., Chicago, Ill., baut eine Einrichtung, Fig. 187, die auf Schiffswerften, in Eisenbahnwagenfabriken u. dergl. zum Erhitzen von Blechen verwendet wird. Die Druckluftleitung ist gegabelt; ein Zweig mündet in den fahrbaren Petroleumbehälter und führt diesem die zum Verdrängen des Brennstoffes nötige Druckluft zu, der andere führt zum Brenner, wo auch die Steigleitung des Petroleums endet. Der Druck der Preßluft muß hier gewöhnlich noch durch ein Druckminderventil verringert werden. Eine ähnliche Anordnung findet auch als tragbares Nietfeuer Verwendung.

Der Vorgang des Zerstäubens wird auch beim Anstreichen mit Farbstoffen angewendet, welches Verfahren ziemlich verbreitet ist, aber hier übergangen werden kann, weil es im Werkstattbetriebe kaum vorkommt. Dagegen habe ich in den American Locomotive Works, Paterson, N. J., gesehen, wie

Fig. 191. Nieten mit Druckluft; Pressed Steel Car Works, Pittsburg, Pa.

Fig. 192. Nieten mit Druckluft auf einer Werft.

Druckluft zum Vorbereiten von Blechen für das Anstreichen benutzt wurde. Die Bleche wurden zu diesem Zwecke dem Strahl eines Sandgebläses, Fig. 188, ausgesetzt, das sich durch große Einfachheit auszeichnet. Ein zylindrisches Gefäß mit trichterförmigem Boden kann von oben her durch eine verschließbare Oeffnung mit trocknem Sand gefüllt werden. Die Druckluft tritt oben in das Gefäß ein und wirkt drückend auf die Sandmasse; gleichzeitig mischt sie sich dem austretenden Sand bei, um ihn zu beschleunigen. An die Austrittsöffnung wird ein Schlauch mit einem Mundstück angeschlossen. Eine noch einfachere Einrichtung habe ich bei der Lunkenheimer Co., Cincinnati, O., gesehen. In eine Mischdüse, Fig. 189, die vom Arbeiter gehalten wird, mündet zentral der Schlauch der Luftleitung und seitlich ein zweiter Schlauch, der zu einem hochhängenden Eimer mit Sand führt. Der Mischer trägt vorn ein auswechselbares Mundstück aus Gußeisen, das häufig ersetzt werden muß, weil es durch den Sandstrahl selbst angegriffen wird. Die Einrichtung dient zum Gußputzen; der Arbeiter, der den Mischer handhabt, steht in einer Kammer, die mit Staubabsaugung versehen ist, und ist durch eine Gesichtsmaske vor Staub geschützt. Aehnliche Einrichtungen zum Gußputzen habe ich ziemlich häufig gesehen, und es scheint, als ob dieses Verfahren der Gußreinigung für manche Zwecke, wo nur der Sand entfernt werden soll, das Beizen mit Säure verdrängen wird, besonders deshalb, weil es für billiger gehalten wird. Nur als Vorbereitung für das Fräsen dürfte sich das Beizen halten, weil es die harte Kruste entfernt[1]).

Zu denjenigen Anwendungen übergehend, wo die Druckluft in einem Gerät oder einer Maschine Arbeit leistet, möchte ich zunächst auf einige Fälle hinweisen, in denen die Druckluft zu einer Hülfsbewegung herangezogen wird. Man hat nämlich Kolben

———

[1]) Vergl. S. 5.

die von Druckluft bewegt werden, zur Umsteuerung des hin- und hergehenden Tisches von Werkzeugmaschinen verwendet. In der Werkstätte der Westinghouse Air Brake Co., Wilmerding, Pa., habe ich eine derartige Anordnung getroffen. Auch William Sellers & Co., Philadelphia, Pa., bauen Hobelmaschinen mit Druckluft-Umsteuerung. Ich habe aber keine davon im Betriebe gesehen, und man kann wohl annehmen, daß sie keine große Verbreitung gefunden haben. Gibt es nicht auch andere Umsteuergetriebe, die ebenso schnell und zuverlässig arbeiten, die aber den Vorzug haben, daß sie einfacher sind? Dasselbe gilt — und in noch höherem Grade — von einer Vorschubeinrichtung, die ich bei der McCormick Harvesting Machine Co., Chicago, Ill., getroffen habe. Dort werden an einer Mehrfachbohrmaschine die Spindeln mittels Druckluft gegen das Werkstück gepreßt.

Die Vorzüge der Druckluft kommen erst dort zur Geltung, wo der Arm des Arbeiters durch ein schnelleres und wirksameres, leicht und einfach zu handhabendes Werkzeug ersetzt werden soll. Am meisten verbreitet ist der Drucklufthammer, wie er auch das älteste Druckluftwerkzeug ist. Die durch die Kolbenwirkung gegebene geradlinige Bewegung macht dabei die Druckluft der Elektrizität überlegen, und ihre Leichtigkeit sowie der Umstand, daß der verbrauchte Kraftträger keine Ableitung erheischt, verleihen ihr vor dem Druckwasser schwerwiegende Vorzüge.

Der Drucklufthammer hat die verschiedensten Formen erhalten; er ist als Nietwerkzeug, Meißel, Stampfer ausgebildet worden, ohne daß grundsätzliche Unterschiede zwischen diesen Arten herrschen. Deshalb wird auch allen Ausführungsformen derselbe Vorwurf gemacht, daß nämlich der Rückstoß den Arm, der ihn aufzunehmen hat, zu sehr erschüttert. Tatsächlich sind die Stöße für den Ungeübten recht unangenehm; das wird jeder bestätigen können, der einen Drucklufthammer in die Hand nimmt, und wer gar einen Stampfer in einer Formerei zum ersten Male probiert, der wird die Wirkung der Rückstöße noch eine Zeitlang nachher verspüren. Daß durch Gewöhnung diese Unannehmlichkeit über-

wunden werden kann, beweist die weite Verbreitung der Drucklufthämmer in amerikanischen Werkstätten. Schwierigkeiten hat es aber im Anfang sehr häufig gegeben, bis die Arbeiter erkannten, daß auch sie bei Stückarbeit mit den Druckluftwerkzeugen besser fortkommen. In der Gießerei von Cramps Schiffswerft, Philadelphia, Pa., wünschen jetzt die Akkordarbeiter ausdrücklich, man solle ihnen die früher geschmähten Druckluftstampfer für ihre Arbeiten überlassen; bei der American Car & Foundry Co., St. Louis, Mo., dagegen hat man die Drucklufthämmer, die zum Putzen des Gusses bestimmt waren, wieder beiseite legen müssen, weil die Arbeiter zu empfindlich gegen den Rückstoß waren.

Die Drucklufthämmer lassen sich in zwei Gruppen teilen: in solche, bei denen der Kolben sich selbst steuert, und solche, bei denen ein besonderer Steuerkolben vorhanden ist. Die ersteren haben einen verhältnismäßig kurzen Hub; sie können 10000 bis 15000 Schläge i. d. Min. machen und werden zumeist für Meißel- und Stemmarbeiten benutzt. Die Hämmer mit Steuerkolben liefern stärkere Schläge, da ihr Hub länger ist; sie arbeiten aber langsamer, mit 1500 bis 2000 Schlägen i. d. Min. Ihre Hauptanwendung finden sie beim Nieten. Die Kolbendurchmesser schwanken zwischen 19 mm ($^3/_4''$) und 44 mm ($1\,^3/_4''$), die Hübe zwischen 13 mm ($^1/_2''$) und 127 mm ($5''$); die leichtesten Hämmer wiegen 1,36 kg (3 Pfd), die schwersten 11,8 kg (26 Pfd)[1].

Druckluftmeißel werden in amerikanischen Gießereien zum Entfernen der Gußtrichter und Gußnähte in ausgedehntem Maße angewendet, und man spricht im allgemeinen sehr anerkennend über ihre Eigenschaften als »zeitsparende« Geräte. Nur bei der McCormick Harvesting Machine Co., Chicago, Ill., ist mir mitgeteilt worden, daß man in der Gießerei Drucklufthämmer wieder aufgegeben

hat, weil sie zu häufig ausbesserungsbedürftig waren. Zum Meißeln und Stemmen dient der Hammer in Kesselschmieden, Brückenbauanstalten und dergleichen Werkstätten. Ein Bei-

Fig. 193.

Druckluft-Nietmaschine; Chicago Pneumatic Tool Co., Chicago, Ill.

Fig. 194.

Druckluft-Nietmaschine; Philadelphia Pneumatic Tool Co., Philadelphia, Pa.

---

[1] Diese Zahlenangaben sind einem Aufsatze von William L. Sanders in Cassiers Magazine, November 1902, S. 1, entnommen.

spiel für erstere Arbeit ist in Fig. 190 dargestellt, eines für letztere findet sich in Fig. 194. Bei allen diesen Vorrichtungen sieht man die Arbeiter häufig wie in Fig. 190 Lederhandschuhe tragen, die zum Abschwächen des Rückstoßes und zum Schutz der Hände gegen die auspuffende Luft, welche häufig scharfe Staubkörner mit sich führt, dienen sollen.

Die weitaus größte Verbreitung hat der Druckluft hammer als Nietwerkzeug auf Werften gefunden; auch in Waggonfabriken, Brükkenbauanstalten und Kesselschmieden sowie beim Bau der hohen

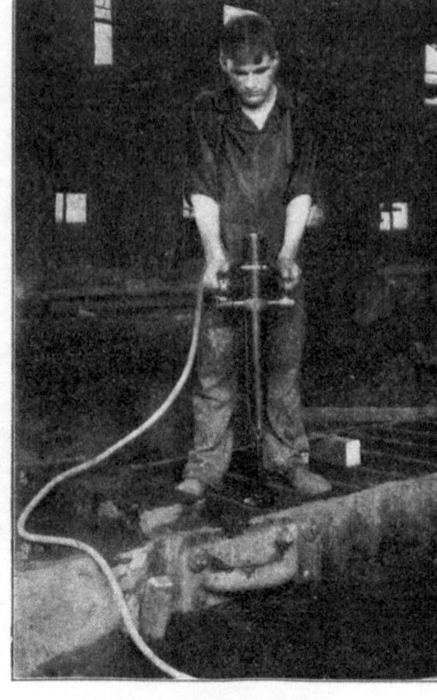

Fig. 195 und 196.

Druckluftstampfer; Philadelphia Pneumatic Tool Co., Philadelphia, Pa.

Druckluft gegen den Setzkopf des Nietes gepreßten Kolben. Indem man mit dem Hammer einen Bügel verbindet, der einen festen Gegenhalter trägt, entsteht die Druckluft-Nietmaschine. Den Bügel sucht man so leicht wie möglich zu machen. Fig. 193 zeigt, wie man Festigkeit und geringes Gewicht durch Fachwerkkonstruktion erzielt; in Fig. 194 ist zu demselben Zweck ein Rohr angewendet.

Für die Gießerei hat man den Hammer zum Stampfer umgewandelt; er kommt in drei Größen vor, von denen die kleinste Art sich mit einer Hand hal-

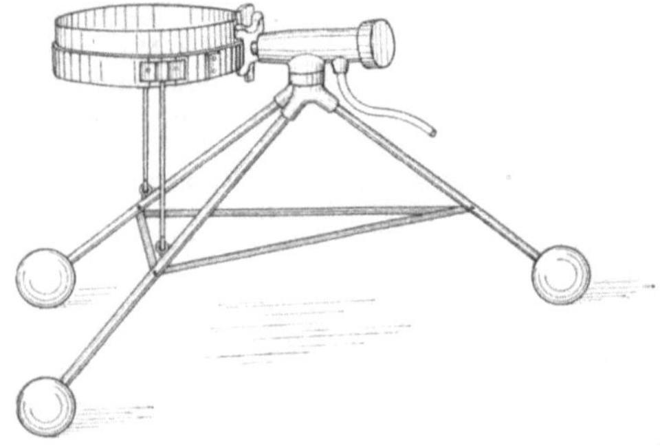

Fig. 197.

Siebvorrichtung; E. E. Hanna, Chicago, Ill.

ten läßt, wie es Fig. 195 darstellt; dieser Stampfer wiegt 8,2 kg (18 Pfd) und macht 350 bis 500 Schläge i. d. Min. Die nächste Nummer, Fig. 196, hat ein Gewicht von 20,4 kg (45 Pfd) und muß daher mit beiden Händen gefaßt werden; die Schlagzahl beträgt 300 bis 450 i. d. Min. Die schwerste Ausführung, die wie die übrigen von der Philadelphia Pneumatic Tool Co., Philadelphia, Pa., hergestellt wird, ist gar 127 kg (280 Pfd) schwer und soll an einem Kran aufgehängt werden; im Betriebe habe ich einen derartigen Stampfer nicht gesehen. Gegen die Arbeit des Druckluftstampfers wird manchmal geltend gemacht, daß der heftig zusammengepreßte Sand an der Unterfläche des Stampftellers backt und beim Hochgehen des Kolbens mit in die Höhe gerissen wird, so daß die Oberfläche der Form kein glattes Aussehen erhält. Es scheint aber, daß sich dieser Uebelstand durch Regulieren der Schläge vermeiden läßt, und der Umstand, daß der Druckluftstampfer tatsächlich an einigen Stellen gern benutzt wird, beweist, daß man dieser Schwierigkeit Herr werden kann.

Häuser wird vielfach mit Druckluft genietet. Ein Blick in die Werkstatt der Pressed Steel Car Works, Pittsburg, Pa., ist in Fig. 191 wiedergegeben; man erkennt im Vordergrunde einen Arbeiter mit einem Niethammer, während weiter hinten ein anderer eine Druckluftbohrmaschine handhabt. Auf dem Werftbilde, Fig. 192, ist außer dem Hammer ein zweites Druckluftwerkzeug zu sehen: der Gegenhalter, ein Zylinder mit einem durch

Eine andere in amerikanischen Gießereien sehr beliebte Fortbildung des Hammers ist der tragbare Sandsieber von E. E. Hanna, Chicago, Ill., Fig. 197. Auf drei durch Eisenkugeln beschwerten Füßen ruht ein Drucklufthammer; an seinem Kolben ist ein Sieb befestigt, das von zwei mit dem Gestell verbundenen Lenkstäben gestützt und geführt wird. Ein Drucklufthammer in zwerghafter Ausführung findet sich ferner bei Formmaschinen

Fig. 198.

Druckluft-Bohrmaschine; Philadelphia Pneumatic Tool Co., Philadelphia, Pa.

Fig. 199.

Druckluft-Bohrmaschine; Chicago Pneumatic Tool Co., Chicago, Ill.

zum Lockern der Modelle vor dem Ausheben: ein Hämmerchen mit winzigem Hub klopft gegen das Brett oder den Rahmen, an dem das Modell befestigt ist. Auch Formmaschinen werden häufig mit Druckluft betrieben; so sind bei der Westinghouse Air Brake Co., Wilmerding, Pa., die älteren Formmaschinen für Druckwasser-, die neueren für Druckluftbetrieb eingerichtet.

Gegenüber den Werkzeugen mit hin- und hergehendem Kolben treten die mit Drehbewegung etwas zurück, schon deshalb, weil die Drehbewegung mehr Mechanismen erfordert, wodurch das Gewicht der Geräte größer wird. Auch tritt hier der Elektromotor, bei dem die Drehbewegung das Naturgemäße ist, mit dem Druckluftmotor in erfolgreichen Wettbewerb. Immerhin habe ich, abgesehen von Werften und Brückenbauanstalten, eine ganze Reihe von Maschinenfabriken (z. B. Deane Steam Pump Co., Holyoke, Mass.; Bullard Machine Tool Co., Bridgeport, Conn.; Pratt & Whitney Co., Hartford, Conn.) getroffen, wo Druckluft-Bohrmaschinen in Anwendung standen. Sie werden auch in Kesselschmieden und Lokomotivwerkstätten benutzt, um Löcher zu bohren und auszureiben, Röhren einzuwalzen oder abzuschneiden u. dergl. mehr.

Man kann zwei verschiedene Konstruktionen unterscheiden, je nachdem schwingende Zylinder oder Kapselwerke angewendet werden, und äußerlich werden sie entweder so ausgebildet, daß man sie mit der Hand oder mit der Brust anpressen kann, oder in der Weise, daß sie nach Art der Bohrratschen mit einer Spitze einen Gegenhalt finden. Beispiele für beide Arten sind in Fig. 198 und Fig. 199 dargestellt. Bei manchen Konstruktionen kann man die Drehrichtung umkehren. Das Gewicht der kleinsten Maschinen beträgt 3,6 bis 4,5 kg (8 bis 10 Pfd) und steigt bei den größten Ausführungen, die für Durchmesser bis zu 76 mm (3″) bestimmt sind, auf 18 bis 26 kg (40 bis 58 Pfd). Die Umlaufzahlen schwanken zwischen 90 und 1000 i. d. Min.

Eigentliche Druckluftmotoren finden sich außerordentlich selten. Mir ist nur ein Fall erinnerlich, in welchem ich einen derartigen Motor angetroffen habe: bei der McCormick Harvesting Machine Co., Chicago, Ill., wo ein Druckluftmotor zum Antrieb der Preßpumpe für eine mit Drucköl arbeitende Presse verwendet wurde. Die Chicago Pneumatic Tool Co., Chicago, Ill., baut Druckluftmotoren mit zwei schwingenden Zylindern für 1,5 bis 5 PS; sie sind hauptsächlich zum Antrieb von Flaschenzügen von 1 bis 10 t Tragkraft bestimmt.

Aber nicht diese Flaschenzüge, die eigentlich nur dort ihre Berechtigung haben, wo der Raum der Höhe nach beschränkt ist, sondern vielmehr die einfachen Hebezylinder sind es, die es als Hebezeuge für kleine Lasten zu so ungeheurer Verbreitung in amerikanischen Werkstätten gebracht haben.

Fig. 200.

Liegender Hebezylinder; Curtis & Co. Mfg. Co., St. Louis, Mo.

Die Hebezylinder bestehen im wesentlichen aus einem Zylinder, einem Kolben, dessen Stange den Lasthaken trägt, und einem Steuerhahn. Gesteuert wird gewöhnlich nur die obere Seite des Kolbens, während die untere Seite beständig mit der Druckluftleitung in Verbindung steht. Auf diese Weise ist erreicht, daß das Hebezeug stoßfrei arbeitet. Die übliche Hubhöhe beträgt 1,22 m (4″); es werden aber auch Zylinder für Hubhöhen bis zu dem Dreifachen davon geliefert. Die zulässige Last schwankt zwischen 0,22 und 14,8 t, gerechnet bei einem Luftdruck von 5,6 at. Unter Umständen werden auch zwei Hubzylinder zu einem Hebezeug vereinigt (American Locomotive Works, Schenectady, N. Y.). Als Hubgeschwindigkeiten werden 3 bis 11 m/min angegeben.

Als Nachteil beim Gebrauch der Hebezylinder wird angeführt, daß die Last nicht länger als etwa $^1/_2$ st schwebend gehalten werden kann, weil Zylinder und Kolben oder der Steuerungshahn Undichtheiten zeigen. Dem ersteren Umstande sucht die Curtis & Co. Mfg. Co., St. Louis, Mo., dadurch abzuhelfen, daß sie die Zylinder aus Röhren herstellt, die mit Hülfe einer besonderen — leider geheim - gehaltenen — Schleifmaschine genau rund geschliffen werden. Die Kolben erhalten gewöhnlich Lederdichtung.

Fig. 201.

Werkstatt mit liegenden Hebezylindern; Ingersoll-Sergeant Drill Co., Easton, Pa.

Zumeist werden Hebezylinder in der Weise verwendet, daß man sie an eine Laufkatze hängt, die sich auf der Schiene einer Hängebahn oder auf einem drehbaren Ausleger von Hand verschieben läßt. Wenn der Raum nicht hoch genug ist, so kann man den Zylinder wagerecht legen; die Lastkette wird dann um eine feste Rolle geführt und entweder an der Kolbenstange belestigt, Fig. 200, oder man faßt eine als Verlängerung der Kolbenstange ausgeführte Zahnstange in ein auf der Rollenachse sitzendes Stirnrad greifen, wie es bei den in Fig. 201 sichtbaren Hebezylindern der Fall ist. Fig. 201 und 202 zeigen Anwendungen von Hebezylindern in den Werkstätten der Ingersoll-Sergeant Drill Co., Easton, Pa., das erstere in einer Bearbeitungswerkstätte mit beschränkter Höhe, das letztere in einer hohen Halle, wo Prüfbeamte und Monteure arbeiten. Beide Bilder lassen erkennen, wie freigiebig man bei der Verteilung der Druckluftzylinder gewesen ist, und besonders in Fig. 201 hat fast jede Werkzeugmaschine ihr eigenes Hebezeug. Man hat sogar bei einer Räderdrehbank der American Car & Foundry Co., Madison, Ill., einen stehenden Druckluftzylinder unmittelbar mit der Werkzeugmaschine verbunden.

In dieser Weise verwendet, bildet der Hebezylinder in der Tat eine zeitsparende Einrichtung ohnegleichen beim Aufspannen und Abnehmen schwererer Arbeitstücke. Sonst muß der Arbeiter seinen Nachbarn zuhülfe rufen; jetzt ist er imstande, allein das Stück zu heben und zu halten.

Auch Aufzüge mit Druckluftbetrieb sind manchmal zu treffen. In der Gießerei der Worthington Pump Co., Elizabethport, N. J., hat man sich einen Aufzug, der zwischen

dem Erdgeschoß und der auf der Galerie befindlichen Kernmacherei verkehrt, dadurch hergestellt, daß man an der Dachkonstruktion einen Druckluftzylinder aufgehängt und an seinem Haken eine seitlich geführte Schale befestigt hat. Einen Gichtaufzug mit Druckluftbetrieb für den Kuppelofen besitzt die Gießerei der American Car & Foundry Co., Madison, Ill. Neben diesen einfachen Anwendungen kommen, wenn auch seltener, Krane mit Druckluftzylindern vor. Man hat z. B. in einem Drehkran, Fig. 203, an Stelle der Handwinde einen Druckluftzylinder eingebaut, dessen Steuerhahn durch ein Handrad unter Vermittlung eines Kettengetriebes gedreht wird. Das Luftzuleitungsrohr ist durch den oberen Zapfen des Kranes hindurchgeführt. Zum Heben des Gewichtes hat man bei einem Fallwerk, Fig. 204, das zum Zerschlagen von Gußausschuß dient, ebenfalls einen Druckluftzylinder angewandt, der von unten zu steuern ist, und dessen Länge 3,86 m beträgt. Die beiden letzten Ausführungen rühren von der Curtis & Co. Mfg. Co. her und befinden sich bei der American Car & Foundry Co., Madison, Ill., welche Fabrik sich überhaupt durch zahl-

Fig. 202.

Werkstatt mit hängenden Druckluftzylindern; Ingersoll-Sergeant Drill Co., Easton, Pa.

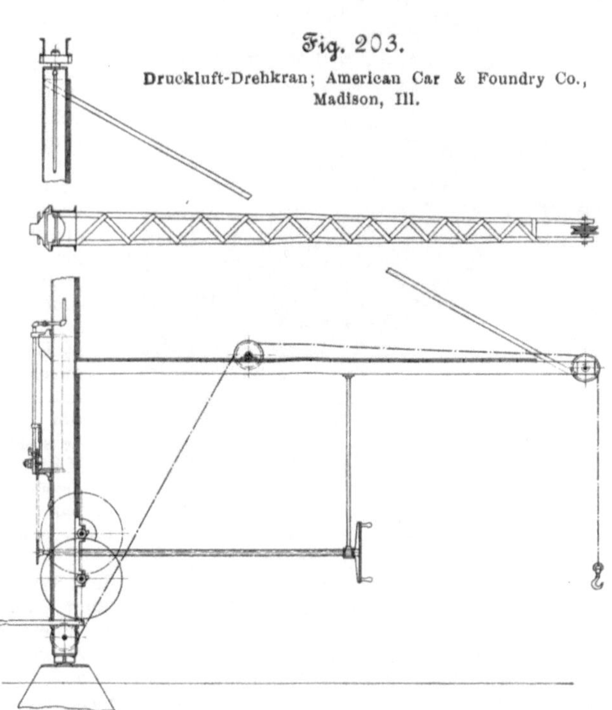

Fig. 203.

Druckluft-Drehkran; American Car & Foundry Co., Madison, Ill.

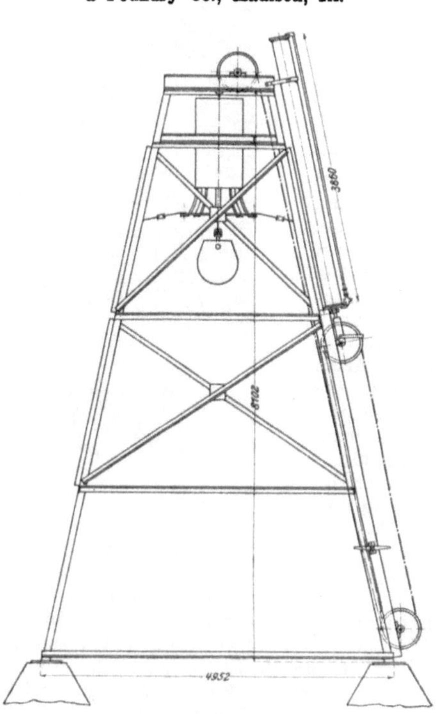

Fig. 204.

Fallwerk mit Druckluftzylinder; American Car & Foundry Co., Madison, Ill.

reiche und eigenartige Anwendungen von Druckluft auszeichnet.

Laufkrane, deren Anschlußschläuche an den Wänden in Oesen aufgehängt waren, habe ich bei der Lidgerwood Mfg. Co., Brooklyn, N. Y., gesehen. Die Garry Iron and Steel Co., Cleveland, O., baut sogar fahrbare Drehkrane für Druckluftbetrieb, von denen Fig. 205 eine Abbildung zeigt. Bei allen diesen Anordnungen bildet aber der nachzuschleppende Schlauch, der unter Umständen erheblich lang sein muß, eine lästige Zugabe, und die elektrischen Krane erscheinen ihnen überlegen.

Der einfache, nur für kleinere Lasten bestimmte

Fig. 205. Druckluft-Drehkran; Garry Iron and Steel Co., Cleveland, O.

Hebezylinder ist zwar infolge seines billigen Preises, seiner einfachen Konstruktion und seiner Unempfindlichkeit gegen Staub — letzterer Punkt ist besonders für Gießereien wichtig — wohl imstande, mit dem Elektromotor erfolgreich in Wettbewerb zu treten; sobald es sich aber um größere Lasten handelt, gibt die amerikanische Praxis dem Elektromotor den Vorzug. Das zeigt sich recht deutlich in der neu errichteten Gießerei der Laidlaw-Dunn-Gordon Co., Cincinnati, O., wo im Hauptschiff ein elektrischer Laufkran angebracht ist, während sich in den Seitenschiffen Hängebahnen mit Druckluftzylindern befinden.

XII. Anlage und Einrichtung von Werkstätten.

Im folgenden sollen die wesentlichsten Gesichtspunkte, die dem Maschineningenieur für die Beurteilung von Fabrikanlagen oder für ihren Entwurf maßgebend sind, durch Beispiele erläutert werden, welche Anlagen des Maschinenbaues und engverwandter Gebiete in den Vereinigten Staaten entnommen sind. Die Beispiele sind, wenn möglich, so ausgewählt, daß die amerikanische Eigenart sich darin ausprägt; aber die Gesichtspunkte sind wohl überall die gleichen, und man könnte deshalb auch bei deutschen Fabriken hinreichend Belege finden. Es ist jedoch davon abgesehen worden, deutsche Anlagen in Vergleich zu stellen.

Zwar wird der Ingenieur, der Amerika bereist, enttäuscht sein, wenn er zuerst die Fabriken in und bei New York, an der Küste des Atlantischen Ozeans bis südlich nach Philadelphia und in den Neuengland-Staaten besucht, wo die Industrie in der neuen Welt ihre erste Heimstätte gefunden hat. Dort wird er Werke sehen, die zwar bekannten Ruf haben, aber ihrer Anlage nach weit hinter dem zurückstehen, was wir in Deutschland als Durchschnittsmaß gewohnt sind. Je weiter man jedoch nach Westen kommt, in diejenigen Landesteile, die erst später der Industrie erschlossen sind, desto mehr wird man auf neue Fabrikbauten stoßen, und oft zeigt schon ein Blick aus dem Eisenbahnwagen, welch rege Tätigkeit auf diesem Gebiete herrscht. Neuerdings wird aber auch im Osten ein Teil der veralteten Fabriken durch Neubauten ersetzt. Tatsächlich sind die meisten der nachstehend besprochenen Bauten im Laufe der letzten Jahre entstanden; zum Teil waren sie zur Zeit meines Besuches (Ende 1902 und Anfang 1903) noch im Bau.

Die Auswahl des Platzes.

Derjenige Punkt, der bei der Anlage einer Fabrik in erster Linie in Betracht kommt, ist die Rücksicht auf die Transportverhältnisse. Deshalb gibt es wohl kaum eine neuere Anlage des Großmaschinenbaues, die nicht an die Eisenbahn angeschlossen wäre, welche ihr Rohstoffe und Kohle zuführt und die fertigen Maschinen nach ihrem Bestimmungsort schafft. In den Vereinigten Staaten wird der Bahnanschluß dadurch erleichtert, daß man in kleineren Industriestädten die Eisenbahn ohne irgend welche Bedenken durch bewohnte Stadtviertel und in öffentlichen Straßen führt. Große Werke legen Wert darauf, an mehrere Bahnlinien angeschlossen zu sein, und dabei kommen ihnen die Bahnverwaltungen dank dem freien Wettbewerb in den Vereinigten Staaten gern entgegen. So ist die Fabrik der Allis-Chalmers Co., West-Allis bei Milwaukee, Wis., Fig. 206, an die Chicago-Milwaukee- und St. Paul-Eisenbahn und auch an die Chicago-Northwestern-Bahn angeschlossen. Die Mesta Machine Co., West Homestead, Pa., Fig. 207[1]), ist auf der einen Seite von der

Pennsylvania-Bahn, auf der andern Seite von der Pittsburg-McKeesport- und Youghiogheny-Eisenbahn begrenzt, und die Gleise beider sind durch einen Bogen verbunden. Das Werk der Bullock Electric Mfg. Co., East Norwood bei Cincinnati, O., ist in der Nähe einer Stelle errichtet, wo die Pennsylvania-Bahn und die Baltimore- und Ohio- und Southwestern-Eisenbahn zusammenstoßen.

Für amerikanische Maschinenfabriken kommen die Wasserwege für den unmittelbaren Anschluß in geringerem Maße in Betracht[1]). Mir sind nur wenige bekannt geworden, die dicht an schiffbaren Wasserläufen gelegen sind. So hat die Babcock & Wilcox Co. ihre neue Dampfkesselfabrik,

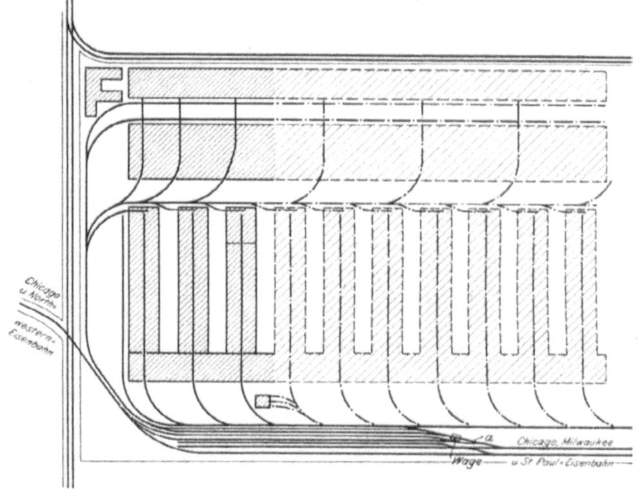

Fig. 206.

Fig. 208, an dem Kill van Kull, einem Arme der Bai von York, errichtet und einen Ladekai angelegt. Auch die C. W. Hunt Co., Staten Island, hat eine Verladestelle am Wasser, mit der ihr Werk durch ein über die öffentliche Straße führendes Schmalspurgleis verbunden ist. Die Worthington Pump Co., Brooklyn, N. Y., empfängt die Gußstücke von ihrer in Elizabethport, N. J., gelegenen Fabrik regelmäßig zu Wasser, und die Gießerei hat zu diesem Zweck einen kleinen Hafen.

Fast ebenso wichtig bei der Auswahl des Platzes für eine Fabrikanlage wie die Transportverhältnisse ist die Frage nach der Arbeiterschaft. Man kann nicht ohne weiteres ein Werk

---

[1]) Vergl. The Iron Age 14. November 1901 S. 8.

[1]) Anders für Eisenwerke, z. B. an den großen Seen die auf den Transport zu Wasser angewiesen sind.

in einen entlegenen Vorort verpflanzen, wenn der Arbeiterstamm nicht geneigt ist, mitzuwandern. In Amerika, wo in Zeiten eines industriellen Aufschwunges — und das ist doch die Zeit, in der neue Anlagen geschaffen werden — tüchtige Arbeitskräfte knapp sind, fällt dies besonders ins Gewicht. Die Allis-Chalmers Co. hatte z. B. mit dieser Arbeiterfrage zu kämpfen, als sie ihre neue Fabrik weit ab von Milwaukee erbaute, und erst als die Bautätigkeit in dem neu angelegten Vorort West-Allis Wohnhäuser entstehen ließ, gelang es, genügend Arbeiter heranzuziehen. Die beiden Straßenbahnlinien, die an dem Werk vorbeiführen, und die bei der Wahl des Grundstückes mit den Ausschlag gaben, waren also für diesen Zweck nicht wirksam genug; erfordert doch der Weg

der Grund aus festem Ton besteht, so daß keine tiefen Grundmauern nötig waren. Manchmal kann man die Beschaffenheit des Geländes nutzbar machen, indem man Eisenbahnrampen anlegt[1]). Mehrfach wird in den Vereinigten Staaten der Höhenunterschied dadurch ausgenutzt, daß man ein tiefer als der Boden der Werkstatt gelegenes Eisenbahngleis in die Fabrik hineinführt und den Flur als Laderampe für fertige Güter benutzt, Fig. 209, wie es z. B. bei der Norton Emery Wheel Co., Worcester, Mass., der Fall ist. In den Werken der Rogers Locomotive Co., Patterson, N. J., wird diese Anordnung benutzt, um die Kessel aus der Schmiede in die Montierhalle zu schaffen.

Schließlich ist bei der Wahl des Platzes auch noch auf

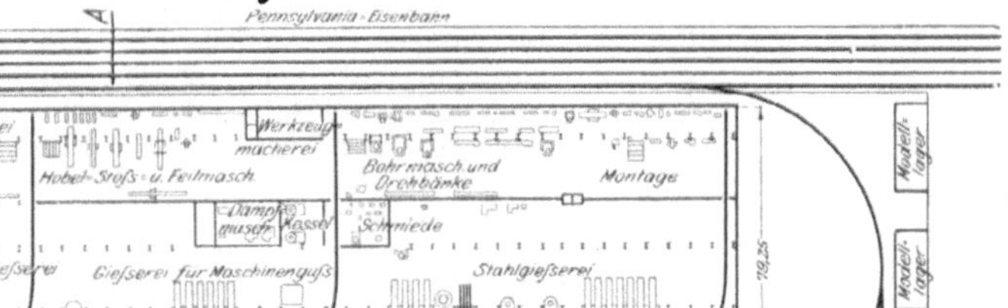

nach Milwaukee mit der Straßenbahn, soweit meine Erinnerung reicht, mehr als eine halbe Stunde.

Daß der Fabrikherr selbst Wohnhäuser für seine Arbeiter errichtet und vermietet, ist in Amerika meist nicht üblich, weil der amerikanische Arbeiter zu selbständig denkt, um sich in ein derartiges Abhängigkeitsverhältnis zu begeben. Das bekannteste Beispiel dieser Art ist die Stadt Pullman bei Chicago, Ill., die im Jahre 1879 gegründet wurde, in der Absicht, »die Atmosphäre des Platzes in moralischer und physischer Hinsicht rein und gesund zu halten«. Wie wenig diese Absicht geglückt ist, beweist der blutige Ausstand im Jahre 1894. Erfolgreicher sind diejenigen Unternehmungen gewesen, bei denen der Arbeiter Grundstücke oder Häuser

die Grundfläche für spätere Vergrößerungen, wovon weiter unten die Rede sein soll, ferner auf Wasserversorgung und Entwässerung Rücksicht zu nehmen. Für die Beschaffung von Wasser kann bei Fabriken mit großem Wasserbedarf eine städtische Wasserleitung nicht als genügend betrachtet werden, weil das Wasser sich zu teuer stellt. Beispielsweise entnimmt die Fabrik der American Locomotive Co., Schenectady, N. Y., das Wasser für Trinkzwecke und Druckwassereinrichtungen dem städtischen Netz. Für den übrigen Wasserbedarf hat sie aber zwei Worthington-Pumpen aufgestellt, durch die das Wasser dem am Werke vorüberfließenden Mohawk-Flusse entnommen und ungereinigt der Leitung der Fabrik zugeführt wird. Solche Anlagen setzen einen größeren Bedarf — er beträgt in diesem Falle 2270 cbm täglich — voraus. Derselbe Fluß nimmt auch die in einem unterirdischen Kanal gesammelten Abwässer der Fabrik auf. Ein anderes Beispiel für die Entwässerung bietet die neu errichtete Lokomotiv-Reparaturwerkstatt der Lake Shore und Michigan Southern-Eisenbahn, Collinwood, O., welche ihre Abwässer einem septischen Reinigungsverfahren unterwirft, bevor sie sie in den Erie-See leitet. Die Anlage ist für 172 cbm täglich berechnet.

Der Raumbedarf.

Der Entwurf einer neu zu errichtenden Fabrik hat von dem erforderlichen Raumbedarf auszugehen. Dabei ist in den Werkstätten nicht nur Platz für die Werkzeugmaschinen und die sie bedienenden Arbeiter vorzusehen, sondern auch

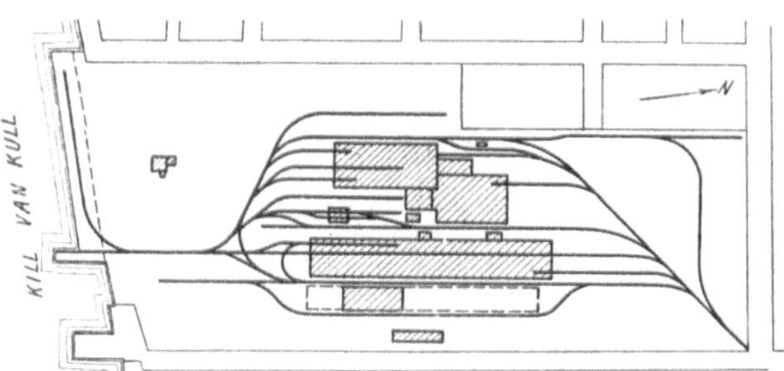

erwirbt; denn der Erwerb eines Hauses bildet in Amerika das Streben des besseren Arbeiters, weil es ihm eine Vorsorgung für das Alter gewährt. Zu den neuesten dieser Anlagen gehört das Gemeindewesen Trafford City, das von den Westinghouse-Unternehmungen bei Pittsburg auf einem zum Teil für neue Fabrikbauten bestimmten Gelände gegründet ist. Vorläufig ist dort eine Gießerei errichtet, und es sind 800 Baugrundstücke von etwa 9 × 30 m Fläche bereitgestellt.

Des weiteren spielt die Beschaffenheit des Geländes eine erhebliche Rolle bei der Wahl des Fabrikplatzes. Ein hügeliges Gelände kann unter Umständen ganz ungeeignet sein, weil die Gründungsarbeiten, die Ausschachtung oder Anschüttung zu hohe Kosten verursachen. Es wird z. B. der neuen Fabrik der Allis-Chalmers Co. nachgerühmt, daß

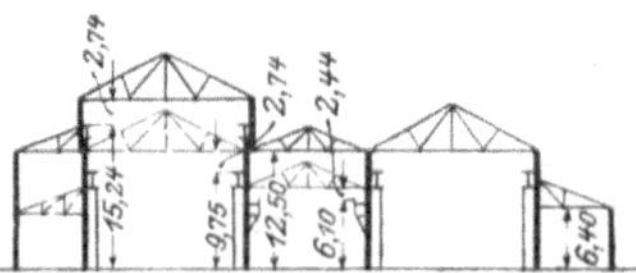

zum Aufstapeln der Arbeitstücke vor und nach der Bearbeitung, sowie für Gänge, die einen raschen Zutritt zu den Maschinen ermöglichen, um das Heranschaffen der Stücke und die Ueberwachung der Arbeiter zu erleichtern. In dieser Hinsicht hat der Grad der Beschäftigung einer Fabrik einen gewaltigen Einfluß: der Platz, der in gewöhnlichen Zeiten ausreichen mag, wird unzulänglich, sobald überreiche Aufträge etwa Tag- und Nachtarbeit verlangen. Dann türmen sich die Werkstücke leicht derart rings um die Maschinen auf, daß der Arbeiter in der Bedienung behindert und der Zugang erschwert wird. In dieser Hinsicht bot manche amerikanische Fabrik zur Zeit meines Besuches, der mit dem

---

[1]) Das Werk Giebitzenhof der Vereinigten Maschinenfabrik Augsburg und Maschinenbau-A.-G. Nürnberg, Zeitschr. des Vereines deutscher Ingenieure 1903 S. 1203, bietet ein Beispiel.

günstigen Stande der Industrie zusammenfiel, ein abschreckendes Beispiel. Bei der Westinghouse Machine Co., Pittsburg, Pa., suchte man sich in der Weise zu helfen, daß man diejenigen Teile des Bodens, die für Gänge freigelassen werden sollten, mit einem dicken Kreidestrich kennzeichnete.

Ueber den Bedarf an Grundfläche lassen sich keine allgemeinen Regeln aufstellen; vielmehr hat die Erfahrung von Fall zu Fall zu entscheiden; aber auch darüber sind zuverlässige Mitteilungen schwer zu erlangen. Die Allis-Chalmers Co. hat den Raumbedarf für jeden Arbeiter auf Grund der Erfahrungen in ihrer alten Fabrik berechnet und dem Entwurfe ihres neuen Werkes zugrunde gelegt. Dort hatten sich die Verhältnisse der Grundflächen und der Arbeiterzahlen folgendermaßen gestellt[1]):

Abteilung	Flächeninhalt qm	Zahl der Arbeiter	Grundfläche für einen Arbeiter qm	Verhältnis der Grundfläche der Abteilung zu derjenigen der Metallbearbeitungswerkstatt vH
Metallbearbeitung .	25 648	} 966	30,75	{ 100
Montage	4 034			15 8
Gießerei	13 282	607	21,88	52,0
Modelltischlerei .	2 661	80	33,26	10,4
Schmiede . . .	1 099	65	16,9	4,35
Zeichensäle . . .	1 053	} 175	21,32	{ 4,1
andere Bureaus .	2 679			10,5

Wenn man die Grundfläche der Metallbearbeitungswerkstatt gleich 100 setzt, so lassen sich die Flächen der übrigen Abteilungen in Bruchteilen dieser Grundfläche ausdrücken, und diese Werte sind in der letzten Spalte der Zahlentafel enthalten. Man hat nun diese Zahlen dem Entwurf der neuen Fabrik zugrunde gelegt, allerdings mit einer einschneidenden Aenderung. Man hat nämlich die Gießerei um den vierten Teil desjenigen Wertes größer angelegt, der sich aus obigen Verhältniszahlen ergeben würde. Der Grund dafür war, daß man in der neuen Fabrik schnellarbeitende Werkzeugmaschinen aufstellen wollte, während das alte Werk Maschinen älterer Konstruktion enthält. Man durfte also von vornherein annehmen, daß das Verhältnis der Leistungen von Gießerei und Maschinenwerkstatt sich zugunsten der letzteren ändern würde. Im Anschluß an die Montagewerkstatt ist ferner eine Versandabteilung angelegt worden, deren Flächeninhalt rd. 45 vH von jener beträgt.

Die Anordnung der Fabrikgebäude.

Die Fabrikabteilungen sollen so liegen, daß sich die Werkstücke möglichst in einer Richtung durch das Werk bewegen. Ferner müssen die Lager für rohe, halbfertige und fertige Teile sowie die Werkzeugmaschinen so verteilt sein, daß sie von den Abteilungen, die durch sie versorgt werden, schnell erreichbar sind. Ebenso wichtig sind die Transportmittel und Hebezeuge innerhalb der Werkstatt: sie sollen schnell arbeiten und so reichlich vorhanden sein, daß möglichst kein Arbeiter zu warten braucht, bis das von ihm zu benutzende Transportmittel frei wird. Endlich soll bei den Gebäuden auch die Möglichkeit vorgesehen sein, sie bei Bedarf zu vergrößern. Das sind etwa die Gesichtspunkte, unter denen die im folgenden vorgeführten Werkstattanlagen zu beurteilen sind. In früheren Jahren war man bei der Anordnung von Fabrikanlagen auch noch von der Art der Kraftübertragung abhängig. Seit jedoch die Anwendung des elektrischen Antriebes für Neuanlagen ganz allgemein geworden ist, fällt diese Rücksicht fort.

Wenn man zunächst die Frage entscheiden soll, ob eine Fabrik in einem mehrstöckigen Haus oder in einem Erdgeschoßbau unterzubringen ist, so wird die Antwort im allgemeinen zugunsten des letzteren ausfallen. Denn wenn auch für den

[1]) Vergl. American Machinist 28. Juni 1902 S. 840.

Mehrgeschoßbau der Umstand spricht, daß die für Gründungsarbeiten und Dächer aufzuwendenden Kosten geringer ausfallen, und daß er im Winter leichter zu heizen ist, so geht doch anderseits der Transport zu ebener Erde schneller und einfacher vor sich, und ferner läßt sich ein Erdgeschoßbau leichter vergrößern als ein mehrstöckiges Haus. Man kann jedoch die letztere Bauart nicht immer vermeiden, vor allem nicht im Innern einer Großstadt, wo der Grund und Boden teuer ist. Alle mehrgeschossigen Maschinenfabriken, die ich in den Vereinigten Staaten gesehen habe, befinden sich denn auch ausnahmslos in großen Städten.

Die Verwendung der mehrstöckigen Bauten für Fabriken erleidet noch eine weitere Einschränkung durch die Art der Fabrikation. Für schwere Maschinen sind sie nicht geeignet wegen der begrenzten Tragfähigkeit der Decken und wegen der Schwierigkeit, gewichtige Stücke von einem Stockwerk ins andere zu befördern. Die von mir besuchten mehrstöckigen Fabriken lieferten auch nur Maschinen oder Geräte von verhältnismäßig geringem Gewicht: Werkzeugmaschinen, landwirtschaftliche Maschinen, kleinere elektrische Maschinen und Geräte, Kesselarmaturen u. dergl. Es sind mir bis zu 5 (E. W. Bliss Co, Brooklyn, N. Y.) und 7 Stockwerke (Garvin Machine Tool Co., New York City) vorgekommen. Freilich scheut man sich in Amerika gelegentlich auch nicht davor, schwere und umfangreiche Gegenstände in mehrstöckigen Häusern herzustellen. In den Baldwin Locomotive Works, Philadelphia, Pa., werden die Rahmen und Wasserkasten der Tender im ersten und zweiten Stock zusammengebaut und in das dritte Geschoß gehoben, wo sie auf die Achsen gesetzt werden. Derselbe Fahrstuhl, der die Teile nach oben befördert hatte, bringt auch die fertigen Tender nach dem Erdgeschoß Diese Ausnahme wird dadurch erklärlich, daß die Fabrik inmitten von Philadelphia liegt. — Sehr häufig findet sich die Verbindung von mehrstöckigen Gebäuden mit Erdgeschoßbauten, die ersteren zur Herstellung einzelner leichterer Teile, die letzteren für die schweren Stücke und die Montage (z. B. Acme Machinery Co., Cleveland, O.; B. F. Sturtevant Co., Hyde Park, Mass.).

Bei mehrstöckigen Bauten ist die Gestalt des Grundrisses fast immer von dem zur Verfügung stehenden Grund und Boden abhängig, während man bei Erdgeschoßbauten meist aus dem Vollen schöpfen, d. h. die Art der Gebäude dem jeweiligen Zwecke anpassen kann. Deshalb herrscht hier eine reiche Mannigfaltigkeit in der Gestaltung der Grundrisse, wenigstens wenn es sich um Fabriken größeren Umfanges handelt. Denn für die kleineren ist die Halle, an welche sich oft auf der einen oder auf beiden Längsseiten Seitenschiffe anlehnen, am beliebtesten. Sobald die Fabrik aber einen größeren Umfang besitzt, entsteht die Frage, ob die Werkstätten in einem oder in mehreren Gebäuden untergebracht werden sollen. Beide Anordnungen haben ihre Vorzüge und ihre Nachteile. Allgemein haben Einzelbauten besseres Licht und unterliegen beim Ausbruch eines Feuers geringerer Gefahr. Aber der Transport, die Heizung und die Ueberwachung gestalten sich schwieriger; der Bau stellt sich teurer als ein Hallenbau von gleichem Flächeninhalt, vorausgesetzt, daß bei letzterem nicht übermäßig große Spannweiten werden; endlich gewährt ein großes Gebäude weiteren Spielraum bei der Bemessung der einzelnen Werkstattabteilungen als Einzelbauten.

Man vergleiche z. B. die Anlagen der General Electric Co., Schenectady, N. Y., Fig. 210, mit denen der Westinghouse Electric & Mfg. Co., East Pittsburg, Pa., Fig. 211. Die erstere stellt eine kleine Stadt mit einer Hauptstraße und Seitengassen dar, an denen die einzelnen Gebäude liegen, während bei der letzteren alle Hauptwerkstätten zur Zeit meines Besuches (Januar 1903) unter einem Dach vereinigt waren; nur die Stanzerei, die Gelbgießerei und die Kupferwerkstatt waren bei der Westinghouse Co. in besonderen Gebäuden untergebracht. Die parallel zum Hauptgebäude zwischen diesem und dem Fluß gelegene Halle ist ein Erweiterungsbau, der damals in der Ausführung begriffen war.

Bei der General Electric Co. wird der Verkehr durch ein weit verzweigtes Schienennetz vermittelt, auf dem elektrische Lokomotiven — zehn davon waren im Betriebe — mit Oberleitung verkehren. Dieser Betrieb ist übrigens keineswegs einwandfrei, denn die Kontaktrollen springen häufig ab und veranlassen Störungen, weshalb man neuerdings Kontaktbügel versucht hat. Bei der Westinghouse Co. stehen im Innern des Hauptgebäudes, das aus zwei Hauptschiffen und zwei breiten Nebenschiffen mit Galerien besteht, außer Haupt- und Schmalspurgleisen[1]), auf denen Akkumulator-Lokomotiven verkehren, zahlreiche Laufkrane zur Verfügung. Der Gang der Fabrikation ist bei der Westinghouse Co. so geregelt, daß die Rohstoffe und Gußstücke an der einen Schmalseite eintreten und an der andern die Fabrik verlassen, während bei der

bracht zu werden. Bei der Westinghouse Co. spielt sich die Herstellung der Bahnmotoren bis zu ihrer Erprobung in einem Schiffe des Hauptgebäudes ab, und erst, wenn der Motor für gut befunden ist, wird er in das Lager geschafft.

Für die Einzelbauten der General Electric Co. wird als Vorzug geltend gemacht, daß solche Fabrikabteilungen, die besondere Sorgfalt und Reinlichkeit erfordern, gesondert untergebracht werden können; so ist die Wicklerei für sich in ein Gebäude gelegt, damit sie dem Staube, der sich in Metallbearbeitungswerkstätten entwickelt, nicht ausgesetzt ist. Bei der Westinghouse Co. liegt die Wickelwerkstatt im Hauptgebäude zum großen Teil auf einer Galerie, zum Teil im Erdgeschoß.

Des weiteren ist die Feuerversicherungsprämie bei Einzelgebäuden niedriger als bei einem Hauptgebäude, was bei Riesenwerken, wie es die General Electric Co. ist, ins Gewicht fällt.

Endlich kann man mit Rücksicht auf die Uebersichtlichkeit des Ganzen wohl kaum noch bei einem einzelnen Gebäude über die bei der Westinghouse Co. erreichte Größe hinausgehen, wo die Länge des Hauptgebäudes über 350 m, seine Breite rd. 90 m beträgt. Die General Electric Co. beschäftigt aber noch etwa 2000 Arbeiter mehr als die Westinghouse Electric & Mfg. Co., bei der im ganzen einschließlich der Nachtschicht zur Zeit meines Besuches etwa 8000 Mann in East Pittsburg tätig gewesen sein sollen.

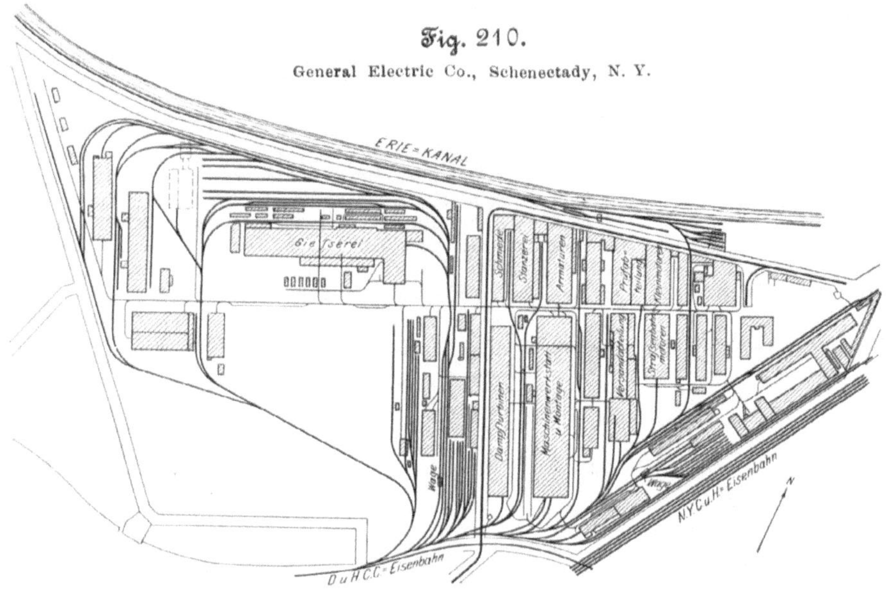

Fig. 210.

General Electric Co., Schenectady, N. Y.

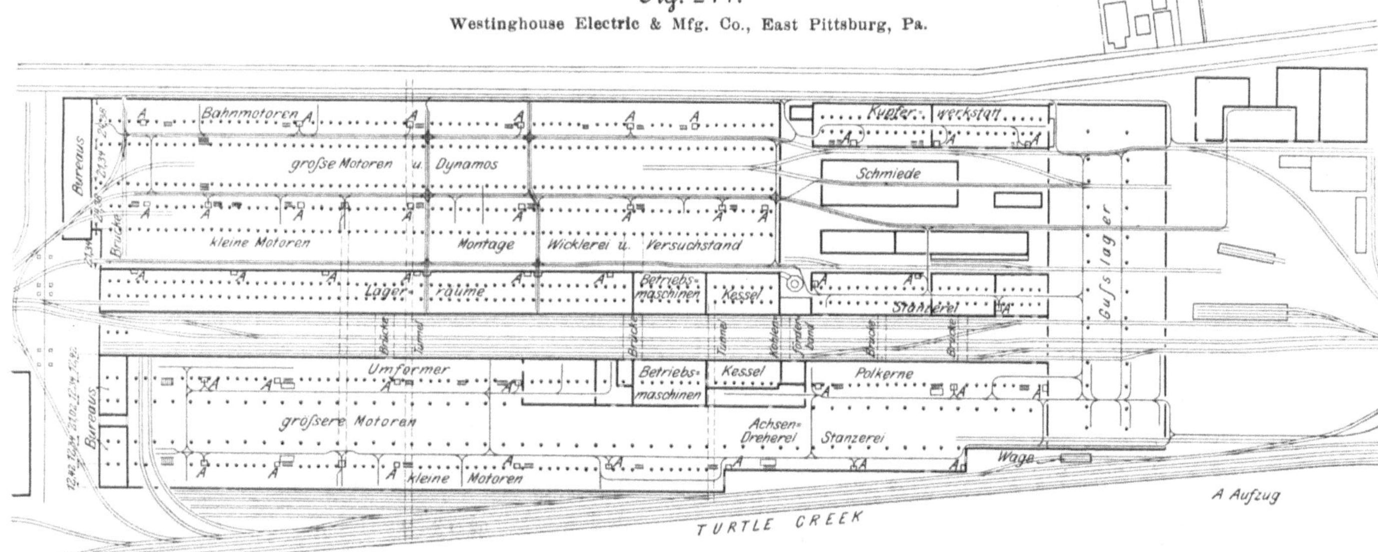

Fig. 211.

Westinghouse Electric & Mfg. Co., East Pittsburg, Pa.

General Electric Co. eine solche Ordnung nicht innegehalten werden kann. Beispielsweise werden dort Bahnmotoren in einem Gebäude bearbeitet, in das auf der einen Seite die fertigen Armaturen, auf der andern die rohen Achsen und auf der einen Längsseite die Gußteile eintreten. Die fertigen Motoren werden aber in ein anderes Gebäude geschafft, wo sie probiert und verpackt werden, und wenn sich dann ein Motor an der Probierstelle als untauglich erweist, so muß er denselben Weg zurückwandern, um in Ordnung gesetzt zu werden.

Ueberhaupt habe ich den Eindruck gewonnen, als ob in den Vereinigten Staaten die Neigung besteht, bei Neuanlagen möglichst viele Werkstätten unter ein Dach zu bringen, vermutlich in der Absicht, Löhne für Transportarbeiten zu sparen. Wozu das aber führen kann, zeigt die Reparaturwerkstatt der Lake Shore und Michigan Southern-Eisenbahn, Collinwood, O., Fig. 212, die im Jahre 1902 in Betrieb genommen ist. Hier enthält das dreischiffige Hauptgebäude im Mittelteil die Werkzeugmaschinen und anstoßend auf der einen Seite die Kesselschmiede und den Tenderbau. Durch die Nietfeuer und Glühöfen war die Luft zur Zeit meines Besuches ganz mit Rauch erfüllt, und man kann sich vorstellen, wie die Werkzeugmaschinen nach einiger Zeit beschaffen sein werden. Die

---

[1]) In Fig. 210 und 211 und in den übrigen Grundrissen sind Hauptspurgleise durch Doppellinien oder durch dicke Linien, Schmalspurgleise durch dünne Linien angedeutet.

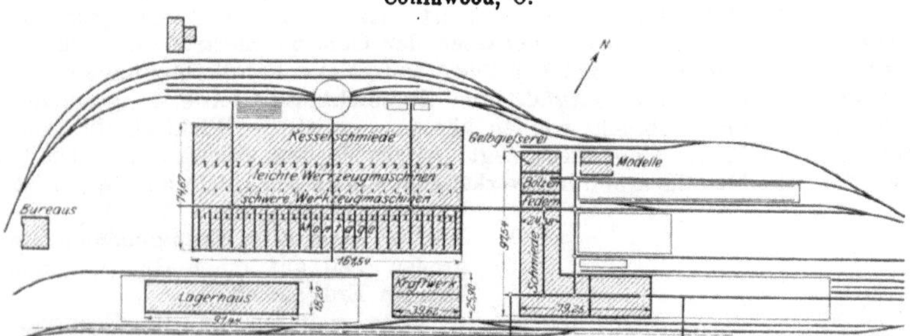

Fig. 212.

Reparaturwerkstatt der Lake Shore and Michigan Southern-Eisenbahn, Collinwood, O.

Mesta Machine Co., West Homestead, Pa., Fig. 207 (Fabrik von Walzwerkeinrichtungen), hat sogar ihre Gießereien: Walzen-, Maschinen- und Stahlgießerei, mit den Bearbeitungswerkstätten und dem Montierraum zu einem Gebäude vereinigt.

Hinsichtlich der Grundrisse von Anlagen, bei denen die wichtigsten Werkstätten in einem Gebäude untergebracht sind, lassen sich 6 verschiedene Arten unterscheiden: Bauten von rechteckigem Grundriß, die keine ausgesprochene Längenausdehnung haben, wozu in erster Linie Sägedachbauten gehören; einfache Hallenbauten, deren Kennzeichen ist, daß ihre Länge die Breite erheblich übertrifft; Vereinigungen parallel zu einander liegender Hallen; ferner der L-förmige, der U-förmige und der gabelförmige Grundriß. In diese Einteilung lassen sich alle von mir besuchten neueren Fabrikbauten einreihen.

Der Sägedachbau ist für Maschinenfabriken nicht sehr gebräuchlich, obwohl er, wie später gezeigt werden soll, mancherlei Vorteile gewährt. Das Werk der American Turret Lathe Mfg. Co., Warren, Pa., Fig. 213[1]), bietet ein Beispiel für einen Sägedachbau. Auch das große Werk der Brown Hoisting Machinery Co., Cleveland, O., Fig. 214, hat zum Teil Sägedächer. Am meisten verbreitet für mittlere und kleine Fabriken ist der Hallenbau, dessen Seitenschiffe meist mit Galerien versehen sind. Einen einfachen Hallenbau haben die Harrisburg Foundry & Machine Works, Harrisburg, Pa., Fig. 215, welche Dampfmaschinen bis zu 500 PS bauen. Das Gebäude ist dreischiffig und enthält vorn die Bureaus und in seinem hinteren Teile, durch eine massive Wand von den andern Werkstätten getrennt, die Gießerei.

Von Anlagen, bei denen mehrere Hallen nebeneinander gereiht sind, ist die Reparaturwerkstatt der Lake

[1]) Vergl. American Machinist 18. Juli 1903 S. 984.

Fig. 213. American Turret Lathe Mfg. Co , Warren, Pa.

Schnitt a-b

Schnitt c-d

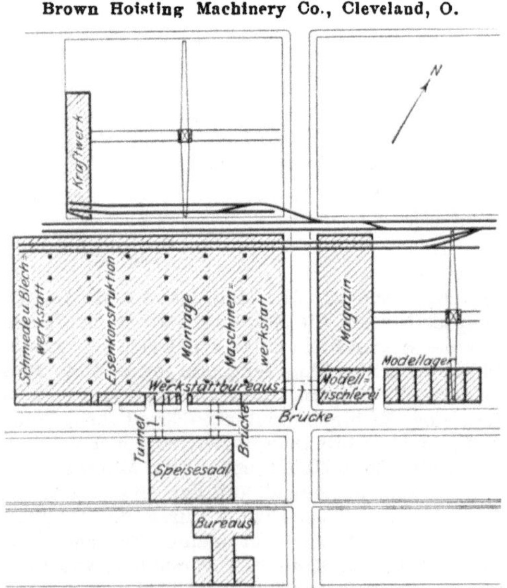

Fig. 214.

Brown Hoisting Machinery Co., Cleveland, O.

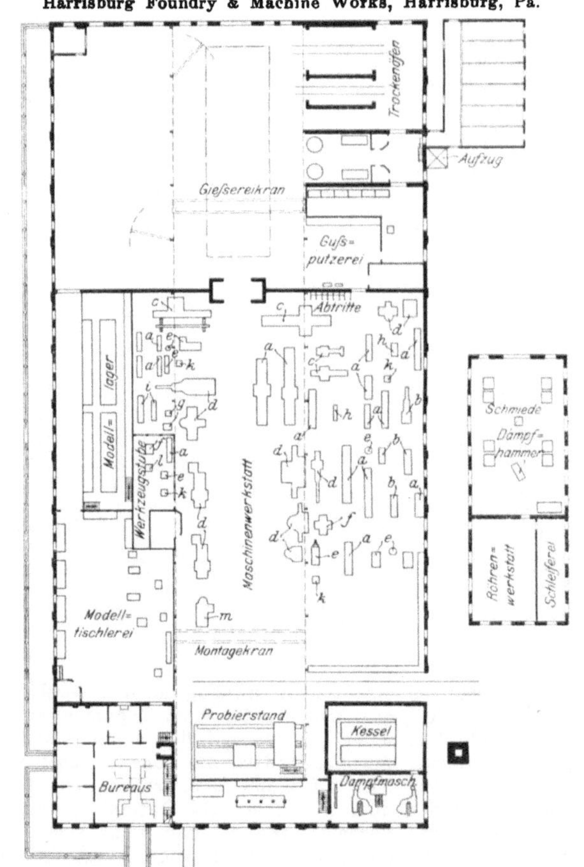

Fig. 215.

Harrisburg Foundry & Machine Works, Harrisburg, Pa.

a Leitspindelbank	e Bohrmaschine	i Schleifbank
b Revolverbank	f Fräsmaschine	k Schleifstein
c Hobelmaschine	g Feilmaschine	l Fräser- bzw. Werkzeugschleif-[maschine
d Bohrwerk	h Stoßmaschine	m Radialbohrmaschine

Shore & Michigan Southern-Eisenbahn, Collinwood, O., Fig. 212, bereits erwähnt worden; dort stoßen Kesselschmiede, Metallbearbeitung und Lokomotivmontage unmittelbar aneinander, während die Grobschmiede in einem besonderen Gebäude untergebracht ist. Auch bei der Mesta Machine Co., West Homestead, Pa., Fig. 207, sind drei Hallen nebeneinander gesetzt, und an die äußeren lehnen sich noch niedrigere Seitenhallen, so daß insgesamt ein Raum von 250 m Länge und 64 m Breite überdacht ist. Zwei der Haupthallen und die anstoßende Seitenhalle sind den Gießereien überwiesen, der Rest der Metallbearbeitung und Montage; Kraftwerk, Grobschmiede und Werkzeugstube sind in Einbauten untergebracht.

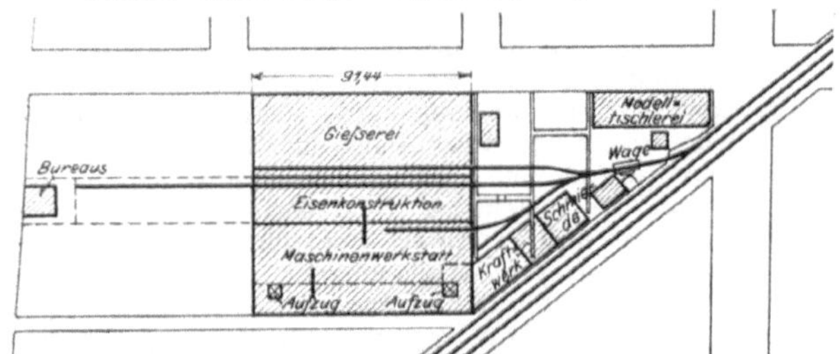

Fig. 216.

Wellman-Seaver-Morgan Engineering Co., Cleveland, O.

In eigenartiger Weise hat sich die Brown Hoisting Machinery Co. (Hebezeuge), Cleveland, O., einen riesenhaften Werkstattraum geschaffen, welcher mit rd. 90 m Breite und rd. 150 m Länge nicht minder eindrucksvoll wirkt als die Anlage der Westinghouse Electric & Mfg. Co. Wenn man vor dem Gebäude, Fig. 218, steht, so glaubt man eher einen Bahnhof als eine Fabrik vor sich zu haben. An eine dreischiffige, von einem mächtigen Bogen überspannte Halle schließen sich zu beiden Seiten niedrige Anbauten, die von Sägedächern bedeckt sind. Die Achsen der Sägedächer stehen senkrecht zu der der Haupthalle, aber die Kranbahnen in den Anbauten sind parallel zu denen der Haupthalle gerichtet, so daß tatsächlich an jeder Seite zwei parallele Nebenhallen entstehen, deren Breite wie bei den drei Schiffen der Haupthalle etwa 21,4 m beträgt. Von Westen nach Osten zu dienen die 7 Hallen für Schmiede und Blechbearbeitung, Eisenkonstruktion, Montage und Metallbearbeitung, vergl. Fig. 214.

Der ∟-förmige Grundriß wird manchmal an Stelle des sich geradlinig erstreckenden in der Absicht gewählt, sich dem zur Verfügung stehenden Platze besser anzupassen. Das ist wohl bei der Gisholt Machine Co., Madison, Wis., Fig. 219[1]), der Fall gewesen. Ein besonderer Vorteil dieser Anordnung kann darin gefunden werden, daß man in den entstehenden Winkel die Schmiede, die Vorratslager oder ähnliche Abteilungen hineinbauen kann, um den Weg von diesen Räumen zu den einzelnen Werkzeugmaschinen abzukürzen. Noch

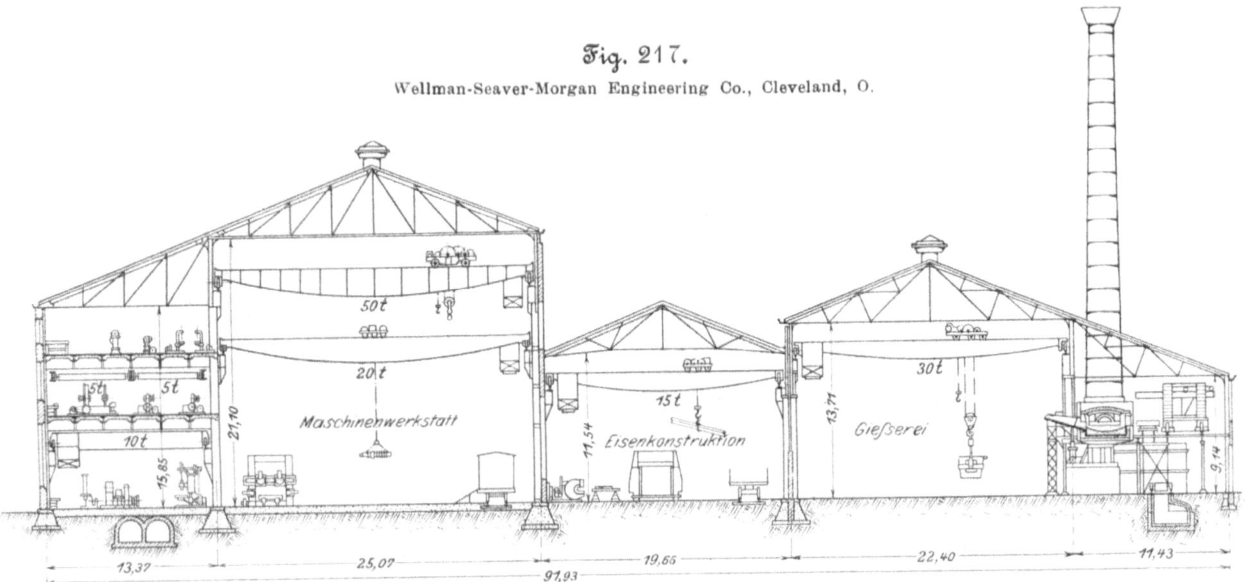

Fig. 217.

Wellman-Seaver-Morgan Engineering Co., Cleveland, O.

Bei der Wellman-Seaver-Morgan Engineering Co., Cleveland, O., welche Firma Krane, Lademaschinen und dergl. baut, besteht der Hauptteil des Werkes aus drei nebeneinander liegenden Hallen, Fig. 216 und 217. Das Mittelschiff der höchsten Halle dient wie üblich zur Aufstellung der schweren Werkzeugmaschinen und zur Montage; das Seitenschiff hat zwei Galerien, und sein Erdgeschoß sowie die erste Galerie tragen die leichteren Werkzeugmaschinen, während die oberste Galerie von einer mit der Wellman-Seaver-Morgan Engineering Co. geschäftlich verbundenen elektrotechnischen Fabrik: der Electric Controller & Supply Co., besetzt ist. An die große Halle stößt eine schmalere und niedrigere, die für Eisenkonstruktionen benutzt wird, und an diese die Gießerei (für Eisen- und Stahlguß). Die Schmiede hat auch hier ein besonderes Gebäude erhalten.

Während bei der Wellman-Seaver-Morgan Engineering Co. jede Halle von der andern durch eine Mauer geschieden ist, hat man bei der bereits erwähnten Westinghouse Electric & Mfg. Co., East Pittsburg, Pa., Fig. 211, durch Aneinanderreihen der Hallen ohne Zwischenwand tatsächlich einen einzigen Raum geschaffen, der zu den eindruckvollsten der mir bekannten Fabrikbauten gehört.

Fig. 218. Brown Hoisting Machinery Co., Cleveland, O.

besser tritt dieser Vorzug bei dem ⊔-förmigen Grundriß zutage. Beispielsweise hat die B. F. Sturtevant Co., Hyde Park, Mass., Fig. 220[2]), die Wascheinrichtungen und Kleiderablagen sowie die Schmiede in den Hof eingebaut; der noch übrig bleibende Teil dient als Lagerhof. Diese Fabrik liefert hauptsächlich Gebläse und ihre Antriebmaschinen: Dampfmaschinen und Elektromotoren. Sie zerfällt in drei scharf geschiedene

---

[1]) Vergl. American Machinist 12. April 1900 S. 338.

[2]) Von diesem Werk war zur Zeit meines Besuches im November 1902 nur die Gießerei fertig; alle andern Werkstätten waren noch im Bau.

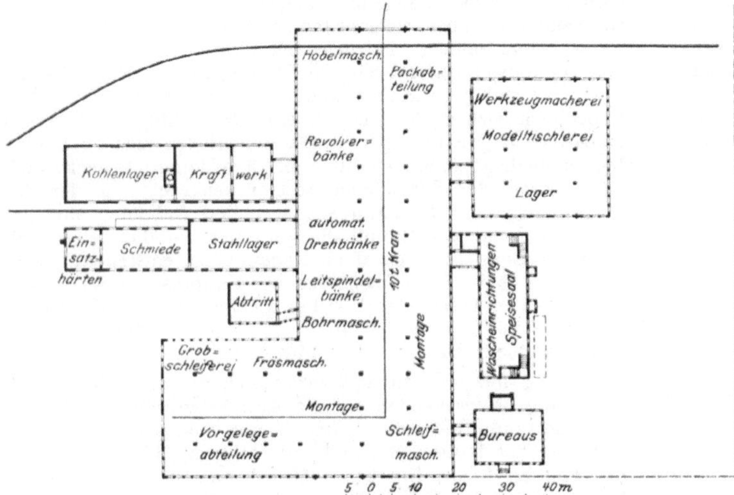

Fig. 219. Gisholt Machine Co., Madison, Wis.

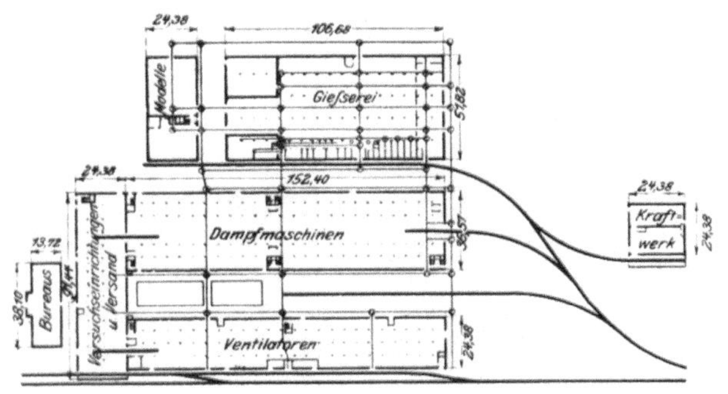

Fig. 220.

B. F. Sturtevant Co., Hyde Park, Mass.

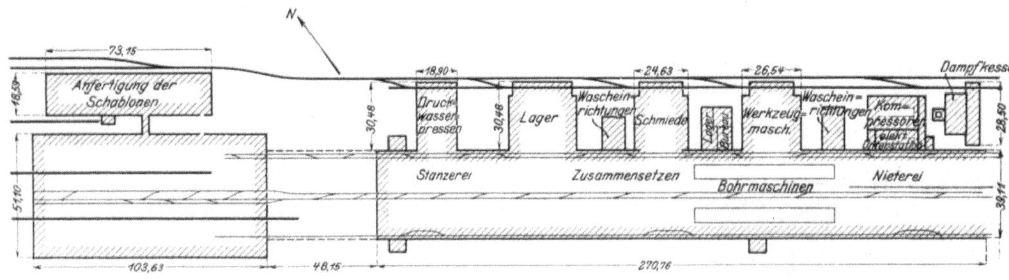

Fig. 221. Brückenbauanstalt der Pennsylvania Steel Co., Steelton, Pa.

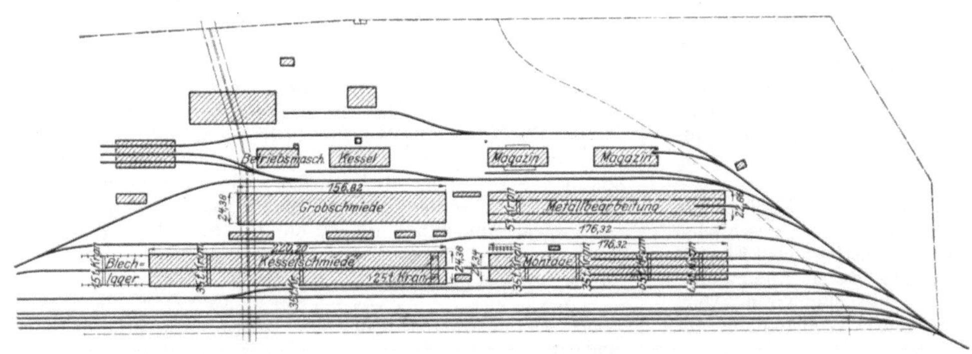

Fig. 222. Lokomotivfabrik der Pennsylvania-Eisenbahn, Juniata, Pa.

Abteilungen: die Herstellung der Ventilatoren und anderer Blecharbeiten, den Bau von Dampfmaschinen und die Fabrikation von Elektromotoren. Die Werkstätten der ersten Abteilung sind in dem einen zweistöckigen Seitenflügel untergebracht, der Dampfmaschinenbau in dem andern Seitenflügel, einem Hallenbau mit Galerie. Die elektrische Abteilung nimmt das erste und zweite Stockwerk des Mittelbaues ein, die Montage dessen Erdgeschoß.

Aus dem ⊔-förmigen Grundriß hat sich neuerdings eine Gestalt entwickelt, die als gabelförmig bezeichnet werden kann, weil von einem langgestreckten Hallenbau in gewissen Abständen Querbauten wie die Zinken einer Gabel ausgehen. Das bekannteste Beispiel ist die prächtige Neuanlage der Allis-Chalmers Co., West Allis bei Milwaukee, Wis., Fig. 206. In das langgestreckte Hauptgebäude, das im Hauptschiff die Montage, im Seitenschiff die Packabteilung aufgenommen hat, münden in Abständen von rd. 58 m von Achse zu Achse eine Reihe Quergebäude ein, wodurch eine übersichtliche Einteilung geschaffen ist. Von diesen Querbauten sind bis jetzt drei errichtet, zwei für die Metallbearbeitung, eines für das Kraftwerk und die Schmiede; die Höfe zwischen den Querbauten dienen als Lagerplätze. Parallel zu dem Montiergebäude liegen die Gießerei und die Modellschreinerei.

In eigenartiger Weise hat man sich den Gedanken der Gabelform in der neuen Brückenbauanstalt der Pennsylvania Steel Co., Steelton, Pa., Fig. 221[1]), welche für die Herstellung von 75 000 t Eisenbahnbrücken jährlich eingerichtet ist, nutzbar gemacht, indem man Hülfsanlagen und Vorratslager in Querbauten untergebracht hat. Der erste Querbau, wenn man am westlichen Ende der Haupthalle beginnt, birgt die Druckwasseranlage und die Druckwasserpressen, das nächste Quergebäude ein Lager für gelochte Teile; des weiteren folgen: eine Schmiede, eine Metallbearbeitungswerkstatt für Reparaturen, Anfertigung von Werkzeugen und Arbeiten an Bolzen und Stäben und schließlich die Druckluftwerkstatt. Für später ist ein Querbau in Aussicht genommen, worin Niete und Bolzen angefertigt werden sollen. In den Höfen zwischen den Quergebäuden sind die Wascheinrichtungen und Kleiderablagen, Werkstattbureaus und Vorratsräume untergebracht.

Von den Anlagen mit zerstreut liegenden Einzelgebäuden ist das Werk der General Electric Co., Schenectady, N. Y., Fig. 210, bereits besprochen worden. Ein anderes Beispiel ist die Lokomotivfabrik der Pennsylvania-Eisenbahn, Juniata bei Altoona, Pa., Fig. 222.

Die Höhe der Werkstätten.

Die für die einzelnen Abteilungen der Werkstatt erforderliche Höhe des Raumes ist recht verschieden, und es ist beim Bau einer Fabrik ein Gebot der Sparsamkeit, sich den jeweils vorliegenden Anforderungen nach Möglichkeit anzupassen. Wenn man hinsichtlich dieser Anpassungsfähigkeit die vorgeführten Grundrisse miteinander vergleicht, so zeigt sich der aus schmalen

---

[1]) S. The Engineering Record 26. September 1903, Tafel.

Hallen zusammengesetzte Grundriß besonders vorteilhaft. Die Fabrik der American Turret Lathe Mfg. Co., Fig. 213 (S. 78), beweist, wie leicht sich dabei die Höhe nach dem Bedürfnis einrichten läßt. Denn das Dach hat drei verschiedene Höhenlagen, je nachdem die betreffende Werkstattabteilung für die Montage, für schwere oder für leichte Werkzeugmaschinen bestimmt ist.

Der Hallenbau ist in dieser Hinsicht weniger günstig; zwar kann man die Höhe der Seitenschiffe durch Einbau von Galerien gut ausnutzen, aber das Hauptschiff erhält gewöhnlich die für die Montage nötige Höhe, während für die schweren Werkzeugmaschinen, die einen Teil des Hauptschiffes einnehmen, eine geringere Höhe ausreichend wäre. Es steht jedoch nichts im Wege, die Ueberdachung einer Halle verschieden hoch zu legen. Bei der Mesta Machine Co., Fig. 207 (S. 75), liegen z. B. Bearbeitungswerkstätten und Montage in einer Halle; aber die Unterkante des Daches ist für die ersteren in 12,5 m, für die Montageabteilung in 18 m Höhe gelegt. Wenn verschiedene Hallen in L- und U-förmiger oder in paralleler Anordnung zusammenstoßen, so lassen sich leicht verschieden hohe Räume anlegen. Das Werk der E. B. Sturtevant Co., Fig. 220, zeigt, wie man auf diese Weise sogar Hallen- und Stockwerkbauten verbinden kann.

Wenn die Fabrik aus verschiedenen parallel zueinander liegenden Hallen besteht, so werden nicht selten die Hallen verschieden hoch gemacht. Die Werkstatt der Lake Shore and Michigan Southern-Eisenbahn, Fig. 223, und das Werk der Mesta Machine Co., Fig. 207 (S. 75), zeigen das. Sehr bedeutend sind die Höhenunterschiede in der Anlage der Brown Hoisting Machinery Co., Fig. 214 (S. 78). Die rd. 25 m hohe Mittelhalle nimmt diejenigen Werkstätten auf, die eine beträchtliche Höhe erheischen: die Eisenkonstruktions- und Montierwerkstätten. Für die Schmiede, die Blechwerkstätten und die Werkzeugmaschinen ist eine derartige Raumhöhe nicht erforderlich, und deshalb sind für sie niedrigere Sägedachbauten weit mehr am Platze.

Die Helligkeit der Werkstätten.

Hinsichtlich der Helligkeit stehen die verschiedenen Arten von Gebäuden einander nicht gleich: die mehrstöckigen Bauten sind den Erdgeschoßbauten gegenüber insofern im Nachteil, als bei ihnen die Anwendung von Oberlicht mit Ausnahme des Dachgeschosses ausgeschlossen ist. Diesen Uebelstand hat man bei den Werken der Lunkenheimer Co., Cincinnati, O., dadurch zu mildern gesucht, daß man inmitten des Gebäudes einen glasgedeckten Lichthof angelegt hat, um den sich die einzelnen Stockwerke galerieartig gruppieren. Von den Erd-

geschoßbauten verhalten sich freistehende Hallen am günstigsten; denn jeder Anbau vermindert das seitlich einfallende Licht.

Das Streben geht dahin, die Fenster möglichst groß zu machen; wie es denn überhaupt ein Kennzeichen moderner Fabrikanlagen ist, daß viel Glas verwendet wird, was durch die Anwendung von Eisenkonstruktionen ermöglicht ist. Man braucht ja nicht soweit zu gehen wie in der Maschinenwerkstatt der Staatswerft zu Brooklyn, N. Y., Fig. 224, die völlig aus Eisen und Mattglas besteht; denn es ist wohl anzunehmen, daß in diesem Gebäude im Sommer — ich habe es im Winter besichtigt — eine treibhausähnliche Wärme herrscht.

Als ausreichend für Werkstatträume darf es gelten, wenn 50 vH der Wandflächen aus Glas bestehen (z. B. Bullock Electric Mfg. Co., Cincinnati, O.); aber man kann dank der modernen Bauweise in Glas und Eisen und dank dem elektrischen Antriebe, bei dem Wellen und Riemen entfallen, jeden beliebigen Grad von Helligkeit erzielen. Es erübrigt sich deshalb, wie es früher geschah, über die höchste zulässige Entfernung der Fensterwände u. dergl. Regeln abzuleiten.

Beispiele dafür, wie man möglichst große Fensterflächen erzielt, bieten die Bearbeitungswerkstätten der Allis-Chalmers Co., West-Allis, Wis., Fig. 225, und die Tenderwerkstatt der American Locomotive Co., Schenectady, N. Y., Fig. 226. Hier sind die Dächer der Seitenschiffe nach innen geneigt, so daß ihre Fenster — und in letzterer Figur auch die oberen Fenster des Mittelschiffes — höher gemacht werden konnten, als wenn die Dachflächen umgekehrt geneigt wären. Gleichzeitig gewinnt man übrigens den Vorteil, daß Regen und Schnee nicht vom Dach auf die anstoßenden Lagerhöfe fallen.

Wenn man, wie es gewöhnlich bei Hallenbauten geschieht, Oberlichtöffnungen im Dach zur Beleuchtung heranzieht, so steht man im Sommer der Schwierigkeit gegenüber, daß die senkrecht auffallenden Sonnenstrahlen im Innern des Gebäudes große Hitze erzeugen. Die Oberlichtfenster mit Kalkmilch zu weißen, ist zwar ein bekanntes Aushülfsmittel, aber gleichzeitig wird dadurch ein Teil des Lichtes verschluckt. In den Vereinigten Staaten hat man deshalb eine neue Dachdeckung mit einem durchsichtigen Stoff eingeführt, der von der Translucient Fabric Co., Quincy, Mass., angefertigt wird und aus einem in eine durchsichtige Masse eingebetteten Messingdrahtgewebe besteht; die Masse soll hauptsächlich aus Leinöl hergestellt sein. Mit dem Erfolge dieser Dachdeckung war man bei der General Electric Co., Schenectady, N. Y., welche einen erheblichen Teil ihrer Gebäude damit gedeckt hat, sehr zufrieden;

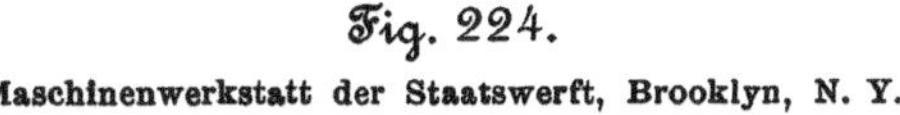

Fig. 223.

Reparaturwerkstatt der Lake Shore and Michigan Southern-Eisenbahn, Collinwood, O.

Fig. 224.

Maschinenwerkstatt der Staatswerft, Brooklyn, N. Y.

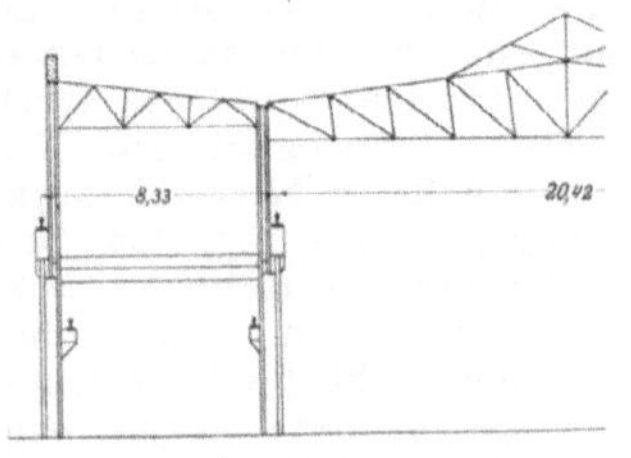

Fig. 225.

Bearbeitungswerkstatt der
Allis-Chalmers Co., West-Allis, Wis.

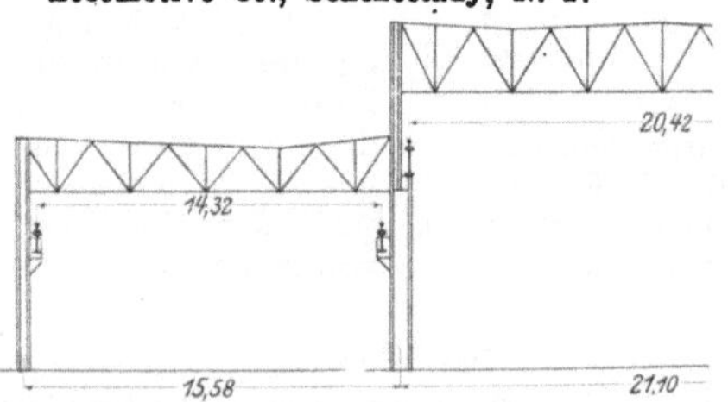

Fig. 226.

Tenderwerkstatt der American
Locomotive Co., Schenectady, N. Y.

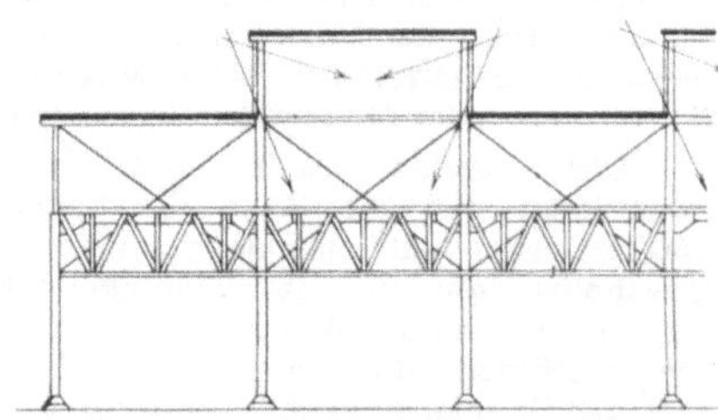

Fig. 227.

National Malleable Casting Co., Sharon, Pa.

nur für Gießereien ist der Stoff nicht geeignet, weil sich der Gießereistaub in die Masse einfrißt und nicht mehr zu entfernen ist. Auch die Bullock Electric Mfg. Co., East Norwood, O., hat diesen Stoff verwendet.

Sägedächer liefern ein vorzügliches Licht, sind aber der Beschränkung unterworfen, daß ihre Fenster nach Norden gerichtet sein sollen und daß sie in schneereichen Gegenden nicht brauchbar sind. Diese Rücksichten fallen bei einer Dachkonstruktion, Fig. 227, fort, die bei der National Malleable Casting Co., Sharon, Pa., und der Standard Steel Car Co., Butler, Pa.[1]), angewendet ist. Eine andere Abänderung des gewöhnlichen Sägedaches weist die Gießerei der Brown & Sharpe Mfg. Co., Providence, R. J., auf; dort hat das Dach zwei unter 45° geneigte Flächen, von denen die südliche mit Mattglas, die nördliche mit Rohglas gedeckt ist.

Man erhöht die Helligkeit durch Reflektion, indem man die Wände der Werkstatt weiß anstreicht. Auch die Werkzeugmaschinen mit weißer Farbe zu streichen, ist nicht empfehlenswert, weil Schmieröl und Staub den Maschinen nach einiger Zeit ein schmutziggelbes Aussehen verleihen, wie es in der Werkstatt der Lidgerwood Mfg. Co., Brooklyn, N. Y., zu beobachten war. Noch schlimmer aber ist es um einen silberfarbigen Anstrich bestellt, wie er sich bei der Bullock Electric Mfg. Co., East Norwood, O., und bei der National Cash Register Co., Dayton, O., vorfand.

Hinsichtlich der künstlichen Beleuchtung möchte ich nur erwähnen, daß man sich in den Vereinigten Staaten die neuesten Fortschritte der Beleuchtungstechnik sehr rasch zunutze gemacht hat. Bogenlampen mit eingeschlossenem Lichtbogen und Nernst-Lampen waren bereits zur Zeit meines Besuches (Herbst 1902 bis Frühjahr 1903) durchaus keine Seltenheiten in amerikanischen Werkstätten.

Vergrößerungen.

Eine Fabrikanlage soll so groß angelegt sein, daß sie nicht allein dem voraussichtlichen Bedürfnis der nächsten Jahre entspricht, sondern daß sie auch in späterer Zeit vergrößert werden kann, möglichst ohne daß dadurch der ursprüngliche Arbeitsplan gestört oder das anfängliche Größenverhältnis der einzelnen Werkstätten zueinander geändert wird. In dieser Hinsicht sind die verschiedenen Gebäudearten keineswegs gleichwertig.

Ein mehrstöckiger Bau kann durch Aufsetzen eines Stockwerkes vergrößert werden; aber dann müssen die unteren Mauern von vornherein stark genug sein, um die erhöhte Belastung tragen zu können. Sehr geeignet ist für diesen Fall die amerikanische Skelettbauweise, bei der das Haus aus einem Walzeisengerippe besteht, dessen Oeffnungen mit Steinen ausgefüllt werden[2]). Die neue Fabrik der Lunkenheimer Co., Cincinnati, O., ist in dieser Weise gebaut und hat vorläufig drei Stockwerke. Das Dach ist so eingerichtet, daß es leicht entfernt werden kann, wenn man das Haus durch Aufsetzen neuer Eisenpfosten erhöhen will; eine spätere Erweiterung um drei bis vier Geschosse ist geplant. Nach dem Aufsetzen eines neuen Stockwerkes müssen naturgemäß die Einrichtung der Fabrik und der Arbeitsplan geändert werden.

Bequemer gestaltet sich der Ausbau von Erdgeschoßbauten. Ein Sägedachbau läßt sich nach zwei Richtungen erweitern: durch Verlängern der vorhandenen Schiffe oder durch Anbau neuer. Bei einer Halle ist nur das erstere Mittel anwendbar. Bei Einzelbauten ist die Möglichkeit, neue

Gebäude zu errichten, nur durch den Grund und Boden beschränkt. Ein anderer Grundsatz als die Erweiterung vorhandener Werkstattanlagen ist in dem Plane der Harrisburg Foundry & Machine Works, Harrisburg, Pa., Fig. 215 (S. 78), verkörpert, welche einen Teil ihrer Haupthalle vorläufig als Gießerei verwenden und für ein später zu errichtendes eigenes Gießereigebäude Platz gelassen haben.

Von den übrigen zuvor besprochenen Anlagen sind insbesondere bei der B. F. Sturtevant Co., Fig. 220 (S. 80), und bei der Allis-Chalmers Co., Fig. 206 (S. 74), bedeutende Vergrößerungen vorgesehen, während z. B. bei der Brown Hoisting Co., Fig. 214 (S. 78), oder bei der Westinghouse Electric & Mfg. Co., Fig. 211 (S. 77), keine Möglichkeit besteht, die Anlage durch Ausbau zu erweitern. Die letztere Gesellschaft hat denn auch, als die ursprünglichen Werkstätten sich als zu eng erwiesen, einen neuen von der Hauptwerkstatt völlig getrennt liegenden Hallenbau errichtet und einen Teil ihrer Fabrikation dorthin verlegt.

Fig. 228 stellt die Vergrößerungen dar, die von der B. F. Sturtevant Co., vergl. Fig. 220 (S. 80), für später geplant sind, und zeigt, wie sich die Seitenflügel des ⊔-förmigen Baues vergrößern lassen. Der Mittelbau aber, der unten Montier- und Packräume enthält, ist im Nachteil, denn er kann nicht entsprechend andern Erweiterungen ausgedehnt werden. Vielmehr ist ein Anbau vorgesehen, durch den

Fig. 228.

B. F. Sturtevant Co., Hyde Park, Mass.

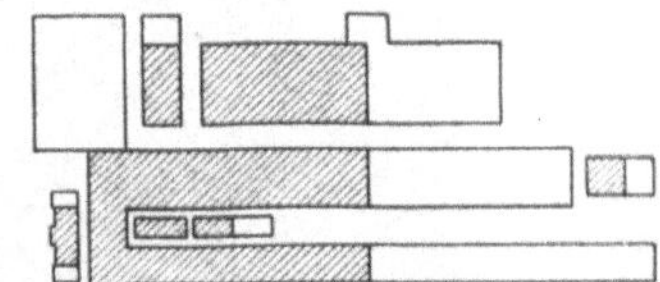

der ursprüngliche Arbeitsplan eine Beeinträchtigung erfahren würde.

Günstiger erscheint der Erweiterungsplan der Wellman-Seaver-Morgan Engineering Co., Fig. 216 (S. 79), nach welchem Gießerei, Eisenbau- und Metallbearbeitungswerkstatt gleichmäßig anwachsen, so daß das Größenverhältnis der drei Abteilungen und im wesentlichen auch der Arbeitsplan gewahrt bleibt. Auffallend ist nur, daß für die Modellschreinerei, die Schmiede und das Kraftwerk keine Vergrößerung vorgesehen ist.

Am vollkommensten ist für die Möglichkeit einer Erweiterung bei dem neuen Allis-Chalmers-Werk, das einen gabelförmigen Grundriß aufweist, gesorgt. Wie man aus Fig. 206 (S. 74) erkennt, ist geplant, allmählich die parallel zueinander stehenden Gebäude: Modellschreinerei, Gießerei und Montagehalle[1]), zu verlängern und 7 neue Querbauten zu errichten. Der Arbeitsplan wird durch diese Erweiterungen offenbar wenig beeinflußt. Die Größenverhältnisse werden nur insofern ein wenig gestört, als erst dann wieder vollkommenes Gleichgewicht herrschen wird, wenn jedesmal drei neue Querbauten fertiggestellt sind, weil erst jeder dritte eine Schmiedewerkstatt enthält. Erwähnt soll noch werden, daß nach völligem Ausbau eines der letzten Quergebäude ein zweites Kraftwerk aufnehmen soll. Bei der Nordberg Mfg. Co., Milwaukee, Wis., Fig. 229, die den Gedanken der Querbauten ebenfalls aufge-

---

[1]) Vergl. The Iron Age 11. Juni 1903 S. 6.
[2]) s. Zeitschr. des Vereines deutscher Ingenieure 1904 S. 37.

[1]) Vergl. Fig. 232 (S. 84).

nommen hat, sind das Hauptgebäude und ein Quergebäude zunächst fertig gestellt; drei Querbauten sind als Erweiterungen in Aussicht genommen.

Es empfiehlt sich, ähnlich wie es bei dem mehrstöckigen Fabrikhaus der Lunkenheimer Co. geschehen ist, auch bei Erdgeschoßbauten in der Bauausführung Rücksicht auf eine spätere Erweiterung zu nehmen. Bei manchen Fabriken werden deshalb die Hallen an der für die Verlängerung be-

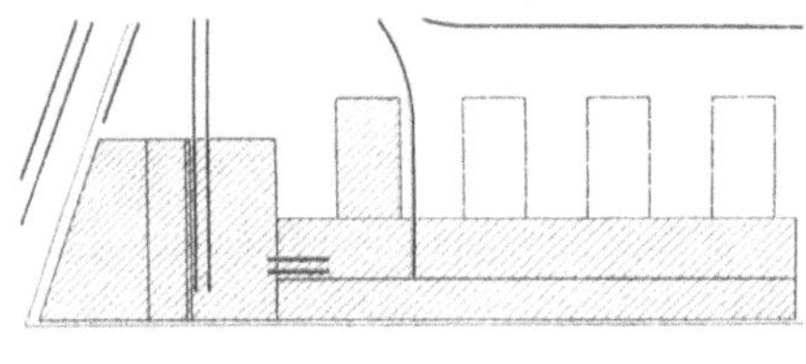

Fig. 229.

Nordberg Mfg. Co., Milwaukee, Wis.

stimmten Seite nur mit einem vorläufigen Abschluß aus Holz (Bullock Electric Mfg. Co., Allis-Chalmers Co.) oder aus einem mit Wellblech gefüllten Eisenfachwerk (Wellman-Seaver-Morgan Engineering Co.) versehen. Die American Locomotive Co. hat ihre Neubauten in Schenectady, N. Y., zwar mit Mauern abgeschlossen, aber die Dachkonstruktion so eingerichtet, daß ein Binder im Mauerwerk liegt, so daß man die Mauerung fortnehmen und das Dach leicht verlängern kann.

Der Gang der Fabrikation.

Der Gang der Fabrikation bei einem mehrstöckigen Fabrikgebäude ist, da die fertigen Waren unten verladen und versandt werden, naturgemäß von oben nach unten gerichtet. Dieser Grundgedanke kommt in der Armaturenfabrik der Crane Co., Chicago, Ill., sehr scharf zum Ausdruck; denn man hat dort die Gießerei in das oberste Stockwerk verlegt und läßt die Stücke tatsächlich von oben nach unten wandern. Aehnlich ist die eine der beiden Gießereien und ein Teil der Bearbeitungswerkstätten bei der McCormick Harvesting Machine Co., Chicago, Ill., angeordnet. Im vierten Stock des Gebäudes liegt die Gießerei für Rahmen und Räder der Mähmaschinen; im dritten Stock befindet sich die Gußputzerei, und im zweiten werden die Gußstücke gebohrt und zusammengepaßt.

Bei Fabrikanlagen, deren Arbeiten im wesentlichen zu ebener Erde vor sich gehen, lassen sich zwei Gruppen unterscheiden, je nachdem sich die Stücke vorzugsweise auf einer geraden oder auf rechtwinklig gebogenen Linien bewegen. Zu der ersten Gruppe gehören der Entwicklung ihres Grundrisses entsprechend die meisten Hallenbauten, obwohl bei zusammengesetzten Hallenbauten die Bewegung senkrecht zur Achse des Gebäudes ebenfalls eine große Rolle spielt. Die zweite Gruppe umfaßt vor allem die Anlagen mit L-, U- und gabelförmigem Grundriß.

Bei den in Fig. 215 (S. 78) dargestellten Harrisburg Foundry and Machine Works, Harrisburg, Pa., gelangen die Gußstücke von der Gießerei unmittelbar in die Bearbeitungswerkstatt und schreiten auf den vorderen Teil der Halle zu, wo die Montage stattfindet; dabei bleiben die größeren Stücke im Mittelschiff, wo die schweren Maschinen stehen, kleinere Teile gelangen unmittelbar aus der Gußputzerei zu den leichten Werkzeugmaschinen. Der einen Längswand gegenüber befindet sich die Schmiede, die so liegt, daß die Stücke, die auf den leichten Maschinen, besonders auf Drehbänken, bearbeitet werden, nur einen kurzen Weg zurückzulegen haben. An die Montage schließt sich der Probierstand, an dem ein Eisenbahngleis vorüberführt. Der vorliegende Plan zeigt die Modellschreinerei hinter den Bureauräumen und an diese anstoßend das Modellager, das dicht an der Gießerei liegt; Konstruktionsbureau, Schreinerei, Gießerei, Metallbearbeitung, Montage, Probierstand bilden auf diese Weise einen geschlossenen Ring. Dieser ursprüngliche Zustand ist aber durch Erweiterungen inzwischen verändert worden; der Raum für Schreinerei und Modellboden ist nämlich zur Metallbearbeitung hin-

zugenommen, und diese Abteilungen sind in ein besonderes Gebäude verlegt worden, das von der Gießerei durch einen breiten Hof getrennt ist, so daß sich jetzt auch der Weg der Modelle zur Gießerei in den geradlinigen Gang einreiht. Es besteht die Absicht, späterhin auch den Raum der Gießerei zu den Bearbeitungswerkstätten hinzunehmen und für die Gießerei in dem erwähnten Hof ein neues Gebäude zu errichten, wodurch Modellschreinerei und Gießerei wieder dicht aneinander rücken. — Aehnlich wie diese Fabrik ist auch das Werk der Crocker-Wheeler Co., Ampere, N. J., gebaut, eine Fabrik mittleren Umfanges für Dynamos und Motoren: die Gußteile treten an der einen Schmalseite des dreischiffigen Gebäudes ein, an der andern befinden sich die Versuchstände.

Bei der Westinghouse Electric Mfg. Co., East Pittsburg, Pa., Fig. 211 (S. 77), ist der Gang der Fabrikation, ganz allgemein angedeutet, so, daß die Wicklerei und die Bearbeitung leichter Teile auf den Galerien vor sich gehen; die größeren Teile, besonders die Gußstücke, werden unten bearbeitet, wobei sie von der einen Schmalseite eintreten, während auf der andern die fertigen Maschinen die Werkstatt verlassen.

Sehr deutlich prägt sich der geradlinige Gang der Fabrikation bei der Brückenbauanstalt der Pennsylvania Steel Co., Steelton, Pa., Fig. 221 (S. 80), aus. Aus der Vorbereitungswerkstatt, wo die Stücke abgeschnitten und angezeichnet werden, treten sie am westlichen Ende in die Haupthalle ein und werden der Reihe nach gelocht, zusammengepaßt, an den Löchern aufgerieben und genietet. Die Querbauten, von denen bereits zuvor die Rede war, liefern zum Teil Einzelteile dort ab, wo sie gerade gebraucht werden; z. B. stößt das erste Quergebäude, in welchem die Druckwasserpressen stehen, an denjenigen Teil der Haupthalle, wo die Stücke zusammengepaßt werden, wo man also die gepreßten Stücke braucht. Der zweite Querbau, worin gelochte Teile gelagert werden, dient gewissermaßen als Regulator für den Fall, daß die Locherei mehr liefert, als die übrigen Werkstätten verarbeiten können.

Bei dem L-förmigen Grundriß unterscheidet sich der Gang der Fabrikation oft nur dadurch von dem geradlinigen, daß an der entsprechenden Stelle des Grundrisses eine rechtwinklige Schwenkung eintritt. Das läßt sich bei dem Werk der Gisholt Machine Co., Fig. 219 (S. 80), verfolgen. Manchmal aber kann man die Gestalt des L-förmigen Grundrisses für den Gang der Fabrikation vorteilhaft ausnutzen. Ein Beispiel bietet das Werk der Pressed Steel Car Works, McKeesport, Pa., Fig. 230, das eiserne Güterwagen baut. Die Fabrikation besteht in der Hauptsache darin, daß die Bleche zurechtge-

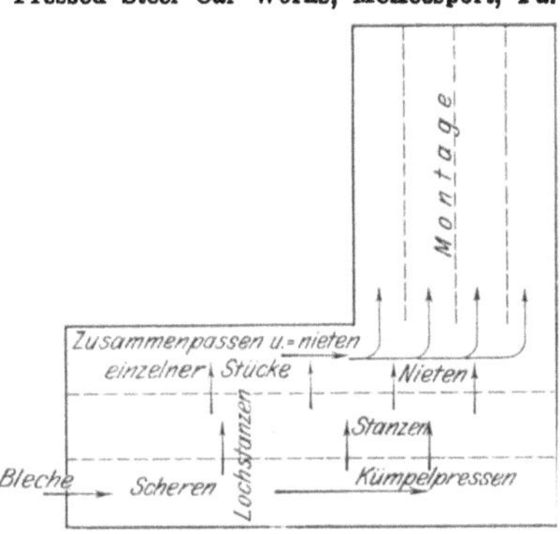

Fig. 230.

Pressed Steel Car Works, McKeesport, Pa.

schnitten, gelocht und gebogen, die Einzelteile vernietet und schließlich zu Wagenoberteilen zusammengebaut werden. Der erste Teil der Fabrikation bis zur Fertigstellung der Einzelteile spielt sich nun in dem einen Gebäudeflügel ab, der drei Schiffe enthält, und zwar wandert das Material sowohl in der Längsachse wie quer dazu. Es tritt durch die Türen des äußeren Seitenschiffes in die Werkstatt ein und kommt zunächst zu den Scheren. Dann teilt sich der Strom des Materials; ein Teil, diejenigen Stücke nämlich, die eben bleiben, wandert in das Mittelschiff und wird dort gelocht, dann in das innere Seitenschiff, wo die Teile zusammengepaßt und vernietet werden. Schließlich langen diese Teile dort an, wo die beiden Gebäudeflügel zusammenstoßen, und bleiben solange liegen, bis sie zum Montieren fortgeholt werden. Diejenigen Bleche aber, die gekümpelt werden, bleiben zunächst im äußeren Seitenschiff und gehen von den Scheren zu den Biegepressen. Dann erst treten sie in das Mittelschiff ein, wo die Stanzmaschinen stehen, und endlich in das innere Seitenschiff, wo Einzelteile zusammengenietet werden. Nunmehr sind auch diese Teile an derselben Stelle angelangt, wo die andern vor dem Montieren lagern. Der andere vierschiffige Gebäudeflügel ist vollständig für die Montage der Wagenkasten bestimmt.

Bei der ⊔-förmigen Anordnung, wie sie die Fabrik der B. F. Sturtevant Co., Hyde Park, Mass., Fig. 220 (S. 80), aufweist, ergibt sich der Arbeitsplan aus der bereits zuvor angegebenen Verteilung der Gebäude.

flügeln zwar voneinander verschieden sind, aber doch Zwischenprodukte derselben Art benutzen. Die Dampfkesselfabrik der Babcock & Wilcox Co., Bayonne, N. J., Fig. 231, bietet ein Beispiel für einen derartigen Gang der Fabrikation, obwohl sie — streng genommen — nicht zu den Anlagen mit ⊔-förmigem Grundriß gehört; denn der Zusammenhang zwischen dem Mittelbau und dem einen Seitenflügel ist unterbrochen, weil das nach dem Lokomotivschuppen führende Gleis dort durchgelegt ist. Wenn man sich aber den Seitenflügel an das Mittelgebäude herangerückt denkt — und auf den Gang der Fabrikation hat das keinen Einfluß —, so entsteht ein Grundriß von vollkommner ⊔-Form.

Die Fabrikation gliedert sich hier in zwei Teile: die Herstellung der Rohrbündel mit ihren Wasserkammern in der Maschinenwerkstatt und den Bau der Oberkessel in der Kesselschmiede; für jede dieser Abteilungen ist einer der beiden Seitenflügel bestimmt. Die im Mittelbau gelegene Grobschmiede aber liefert Stücke für beide Abteilungen, für die erstere hauptsächlich die Wasserkammern aus Schmiedeisen, für die letztere Bleche mit Mannlochausschnitten, Kesselböden und Stutzen. Die Rohre gelangen von Osten her aus einem offenen Lagerschuppen in die Maschinenwerkstatt; der Weg der Rohrbündel innerhalb der Werkstatt geht von Norden nach Süden, und durch das südliche Tor verlassen sie das Gebäude, um auf den Lagerplatz zu kommen. Die Bleche treten in die Seitenschiffe der Kesselschmiede von Süden her ein, werden am nördlichen Ende des Gebäudes mit den

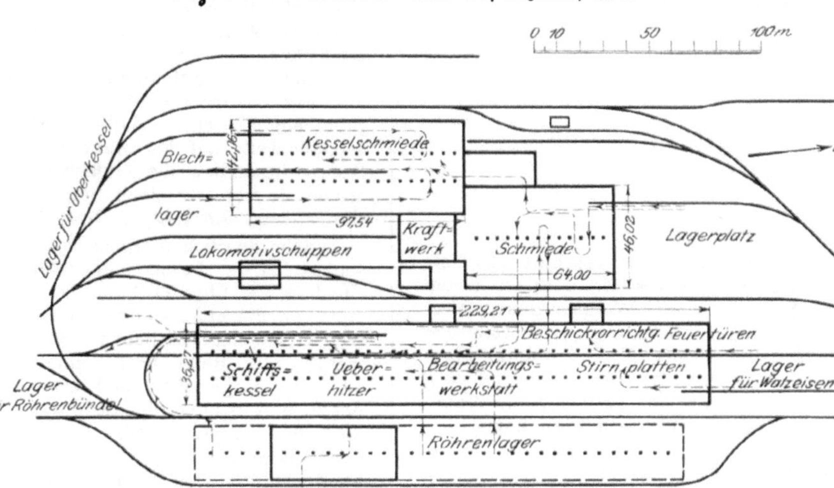

Fig. 231. Babcock & Wilcox Co., Bayonne, N. J.

Die einzelnen Erzeugnisse strömen im Untergeschoß des Mittelbaues zusammen, die Dampfmaschinen und Ventilatoren von den Seiten, die Elektromotoren von oben. Dort werden die Maschinen probiert, gelagert und versandfertig gemacht. Auf einem Gleise, das in diesen Raum hineinreicht, werden die Maschinen aus der Werkstatt geschafft.

Während hier der Mittelbau den Endpunkt des Arbeitsganges bildet, kann man ihn unter Umständen auch zum Ausgangspunkt für die Arbeitsvorgänge in den Seitenflügeln machen, wenn nämlich die Fabrikationszweige in den Seiten-

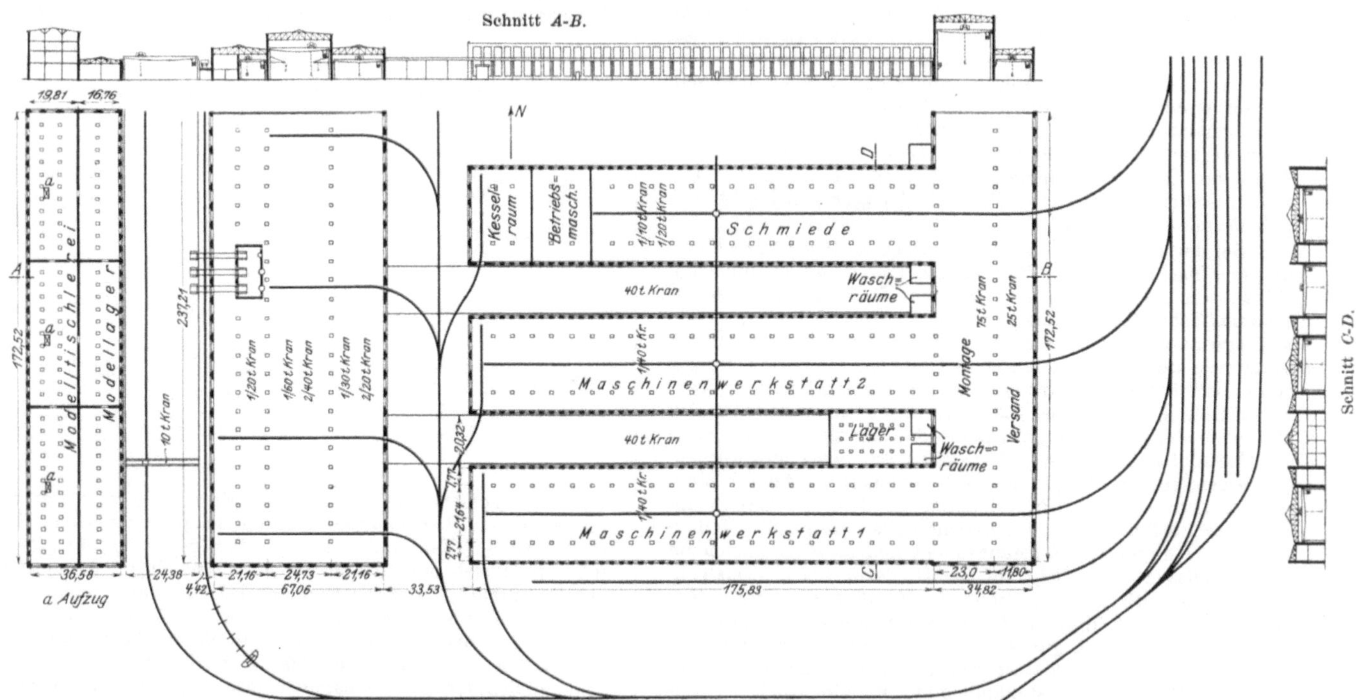

Fig. 232. Allis-Chalmers Co., West-Allis, Wis.

Schmiedestücken vereinigt und setzen ihren Weg in umgekehrter Richtung im Mittelschiff fort; vor dem südlichen Tor der Kesselschmiede liegt der Lagerplatz für die Oberkessel.

Bei der Anlage der Allis-Chalmers Co., Fig. 232, ist der Arbeitsplan sehr klar vorgezeichnet. Die Gießerei erhält ihre Modelle von der gegenüberliegenden Schreinerei. Die Gußstücke durchwandern die Bearbeitungswerkstätten ihrer Längsrichtung nach, und Guß- und Schmiedestücke strömen im Montierraum zusammen.

Derselbe Gang der Fabrikation wie bei dem gabelförmigen Grundriß läßt sich für kleinere Anlagen durch Sägedachbauten erzielen; denn auch bei der American Turret Lathe Mfg. Co., Warren, Pa., Fig. 213 (S. 78), strömen die Einzelteile der Montageabteilung in einer Richtung senkrecht zu deren Längsachse. Das ist dadurch erreicht, daß die Kranbahnen der Bearbeitungsräume senkrecht zu denen in der Montageabteilung angelegt sind.

Bei der Mesta Machine Co., West Homestead, Pa., Fig. 207 (S. 75), bewegen sich die Materialien nach 2 Richtungen. Quer zur Längsachse des Gebäudes wandern die rohen Gußstücke, und zwar tritt das Roheisen vom Lagerhof auf der Längsseite des Gebäudes in eine der Gießereiabteilungen, von denen die eine für Walzen, die zweite für Maschinenteile und die dritte für Stahlguß bestimmt ist; alsdann gelangen die Stücke durch die Gußputzerei hindurch in die Bearbeitungswerkstätten, von denen die Walzendreherei der Walzengießerei gegenüberliegt. Die übrigen Stücke wandern im letzten Schiff in Richtung der Gebäudeachse; zuerst kommen sie zu den Maschinen mit hin- und hergehender Bewegung, den Hobel-, Stoß- und Feilmaschinen, dann zu den Drehbänken und Bohrmaschinen; schließlich langen sie am Ende der Halle im Montierraum an. Die Schmiede ist im Zwischenschiff nahe den Drehbänken eingebaut.

Verhältnismäßig ungünstig verhält sich die Anlage der Wellman-Seaver-Morgan Engineering Co., Cleveland, O., Fig. 216 (S. 79), hinsichtlich des Fabrikationsganges, da die Eisenkonstruktionswerkstatt zwischen Gießerei und Bearbeitungswerkstatt gelegt ist, vergl. Fig. 217 (S. 79). Auch die Schmiede ist von den Werkzeugmaschinen durch das Kessel- und Maschinenhaus getrennt. Zu vermuten ist allerdings, daß das Einschieben der Eisenwerkstatt zwischen Gießerei und Metallbearbeitung durch Rücksicht auf die Feuersgefahr veranlaßt ist; denn die Eisenwerkstatt ist eigentlich nichts weiter als ein überdachter Hof. Vorteilhafter für den Arbeitsplan wäre es freilich, wenn sich an die Metallbearbeitung auf der einen Seite die Eisenwerkstatt, auf der andern die Gießerei lehnte.

Auch bei der Reparaturwerkstatt der Lake Shore and Michigan Southern-Eisenbahn, Collinwood, O., Fig. 212 (S. 78), möchte man meinen, daß es für den Arbeitsplan besser wäre, wenn die Montageabteilung zwischen Kesselschmiede und Metallbearbeitung läge; dadurch ließe sich vermeiden, daß die auszubessernden Kessel jedesmal durch die Bearbeitungswerkstatt transportiert werden müssen.

Bei der Brown Hoisting Machinery Co., Cleveland, O., Fig. 214 (S. 78), stößt an die Montierwerkstatt auf der einen Seite die Metallbearbeitung, auf der andern die Eisenkonstruktionsabteilung, an welche sich die Schmiede und die Blechbearbeitung lehnen. Wenn jetzt ein Transport von einer Halle zur andern unmittelbar stattfinden könnte, so wäre der Gang der Fabrik fortlaufend; das aber ist nur in Ausnahmefällen vorgesehen, wovon später die Rede sein soll. Der gewöhnliche Verlauf ist vielmehr so, daß ein Stück, das in eine andere Halle übertreten soll, mittels des Laufkranes an das nördliche Ende gebracht, dort auf einem Gleis zu der andern Halle geschoben und wieder von einem Laufkran an seinen neuen Platz geschafft wird. Diese Einrichtung erscheint an sich umständlich, aber der Nachteil wird durch außerordentlich flinke Krane gemildert, in deren Ausbildung die Brown Hoisting Machinery Co. Meisterschaft errungen hat.

Wie sich der Gang der Fabrikation bei Anlagen mit Einzelgebäuden in vorteilhafter Weise regeln läßt, zeigt die Lokomotivfabrik der Pennsylvania-Eisenbahn in Juniata bei Altoona, Pa., Fig. 222 (S. 80). Hier liegt die Kesselschmiede in derselben Flucht wie die Montierwerkstatt und an diese schließt sich das Blechlager, so daß die Kessel stets in gerader Richtung fortschreiten. Parallel zur Montierhalle liegt die Bear-

beitungswerkstatt, welche die Schmiedestücke aus der mit ihr gleichachsig gelegenen Grobschmiede bezieht; Gußstücke werden von der in Altoona gelegenen Gießerei geliefert. Die größeren Stücke können allerdings nicht unmittelbar von der Bearbeitungswerkstatt in die Montierhalle hinübertreten, sondern müssen mit einem Laufkran bis an das Ende des Maschinengebäudes geschafft, dort auf Wagen gesetzt und über eine Weiche in die Montierhalle gefahren werden, wo sie wiederum ein Laufkran an Ort und Stelle bringt.

Eine hinsichtlich der Transportverhältnisse mustergültige Anordnung von Einzelbauten zeigt Fig. 233, die den Entwurf für eine elektrotechnische Fabrik darstellt[1]). Der Plan ist nicht ausgeführt, aber der ihm zugrunde liegende Gedanke verdient Beachtung, da er sich auch für Fabriken anderer Art anwenden läßt. Bedingung ist, daß ausreichender Platz zur Verfügung steht. Die einzelnen Gebäude sind fächerförmig um einen Mittelpunkt angeordnet, in welchem das Verwaltungs- und Bureaugebäude liegt, das ja auch im übertragenen Sinne der Mittelpunkt der Fabrik ist. Zwei Gleisringe, ein innerer und ein äußerer, sorgen für eine gute Verbindung der Werkstätten untereinander, und der äußere Ring steht mit dem Anschlußgleis in Verbindung. Die Höfe können zur Unterbringung des Kraftwerkes, von Lagerhäusern usw. dienen.

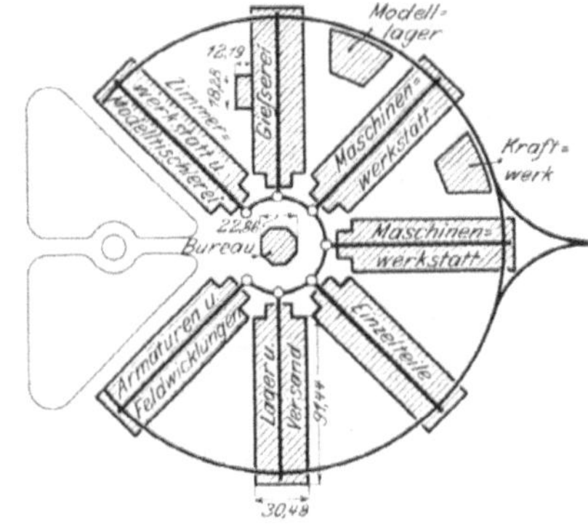

Fig. 233.

Entwurf zu einer elektrotechnischen Fabrik.

Die vorstehenden Betrachtungen zeigen, daß sich hinsichtlich des Ganges der Fabrikation bei allen Gebäudearten günstige Verhältnisse erzielen lassen, daß die Entscheidung also von andern Umständen abhängig gemacht werden darf.

Die Anordnung der Werkzeugmaschinen.

Bisher war der Gang der Fabrikation nur insoweit betrachtet worden, als er durch die Anordnung der Gebäude beeinflußt wird. Es bleibt noch übrig, auf den Verlauf der Fabrikation im Innern der Werkstatträume einzugehen, und das läuft im wesentlichen auf die Frage hinaus: Wie sollen die Werkzeugmaschinen und sonstigen Gerätschaften angeordnet werden?

In größeren Fabriken, d. h. in solchen, wo zur Ueberwachung der Arbeiter mehrere Beamte erforderlich sind, werden Werkzeugmaschinen einer und derselben Gattung zu einer Abteilung zusammengefaßt, damit ein Fachmann für die Arbeiten an den betreffenden Maschinen als Meister eingesetzt werden kann. Es wird also eine Fräserei, eine Hoblerei, eine Dreherei usw. unter je einem besonderen Meister errichtet. Von dieser jetzt wohl allerorten anerkannten Regel sind Ausnahmen dann zu empfehlen, wenn ein oft wiederkehrendes Arbeitstück zu seiner Fertigstellung nicht alle Abteilungen zu durchlaufen braucht, wenn also für einen bestimmten Gegenstand eine Art Massenfabrikation eingerichtet werden kann. Deshalb hat die Brown & Sharpe Mfg. Co., Providence, R. J., eine eigene Abteilung für Deckenvorgelege eingerichtet, die alle zur Herstellung der Vorgelege er-

---

[1]) The Iron Age 24. Dezember 1903 S. 15.

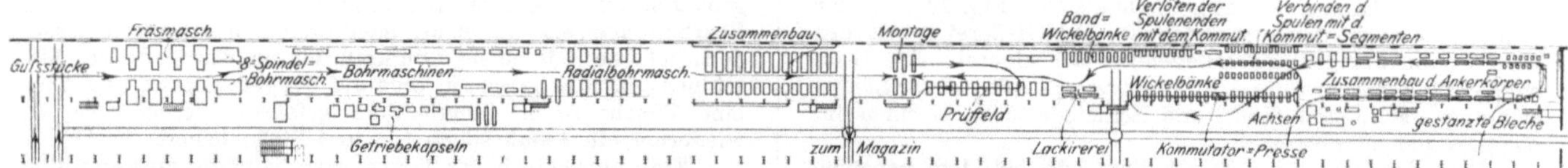

Fig. 234.

Werkstatt für Bahnmotoren der Westinghouse Electric & Mfg. Co., East Pittsburg, Pa.

forderlichen Maschinen enthält Dasselbe hat die Westinghouse Electric & Mfg. Co., East Pittsburg, Pa., bei der Fabrikation der Bahnmotoren, Fig. 234, getan. Die eine Seite der Werkstatt dient für die Bearbeitung der gußeisernen Gehäuse und enthält zunächst eine Gruppe von Fräsmaschinen und des weiteren die verschiedenen Arten von Bohrmaschinen. Die andere Hälfte der Werkstatt ist für den elektrischen Teil der Motoren bestimmt; hier stehen die verschiedenen Werkbänke, die Wickelvorrichtungen, die Löteinrichtungen und dergl. Alle Einrichtungen sind gruppenweise aufgestellt, aber doch so, daß der Weg der Stücke von einer Einrichtung zur andern möglichst kurz ist. Es ist also auch innerhalb solcher Sonderabteilungen gebräuchlich, Maschinen der gleichen Gattung zusammenzustellen.

Die früher in England anzutreffende Anordnung, daß Gruppen verschiedener Werkzeugmaschinen so gebildet werden, daß ein Stück ohne weiteren Transport die zu seiner Herstellung erforderlichen Bearbeitungsmaschinen durchlaufen kann, also etwa von der Hobelmaschine auf die Bohrmaschine herübergesetzt wird, darf wohl als veraltet gelten; sie setzt eine Regelmäßigkeit voraus, wie sie in einem Zufälligkeiten unterworfenen Fabrikbetriebe nicht vorhanden ist. Ueberdies hat die Bildung von Gruppen aus Maschinen gleicher Art den Vorzug, daß ein Arbeiter unter Umständen mehrere Maschinen bedienen kann, und daß Lehrlinge von einem älteren Arbeiter angelernt werden können. Beispiele für die Aufstellung der Werkzeugmaschinen in Gruppen bieten die Harrisburg Foundry & Machine Co., Harrisburg, Pa., (Dampfmaschinen mittlerer Größe), Fig. 215 (S. 78), die Hooven, Owens & Rentschler Engine Works, Hamilton, O., (große Dampfmaschinen), Fig. 235 [1]), die Mesta Machine Co., West Homestead, Pa., (Hüttenwerksmaschinen), Fig. 207 (S. 75), und die Bullock Electric Manufacturing Co., East Norwood, O.,

Fig. 235. Hooven, Owens & Rentschler Engine Works, Hamilton, O.

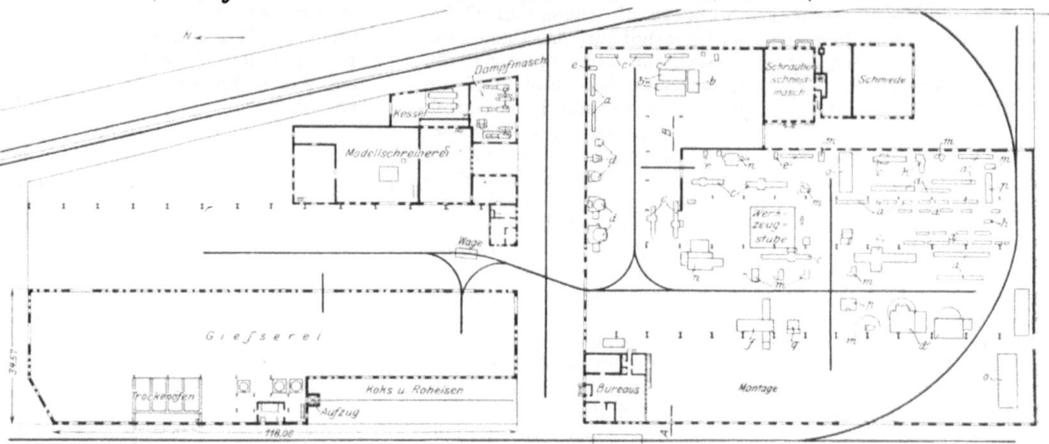

a Leitspindelbank		*m* Radialbohrmaschine	
b Revolverbank		*n* Zylinderbohrmaschine	
c Hobelmaschine		*o* Plandrehbank	
d Bohrwerk		*p* Horizontalbohrmaschine	
e Bohrmaschine			
f Fräsmaschine		*q* Nutenhobelmaschine	
h Stoßmaschine			

Schnitt *A-B* zu Fig. 235.

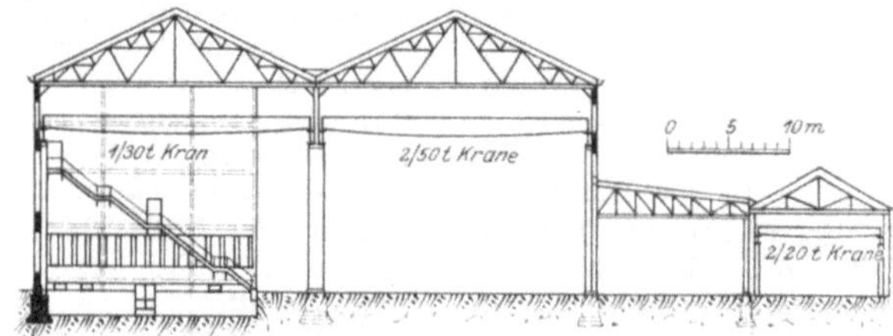

(elektrische Maschinen), Fig. 236. Die zuletzt angeführte Anlage zeigt gleichzeitig, wie für besondere Fabrikationszweige einzelne Abteilungen gebildet sind, z. B. für Kommutatoren

[1]) Vergl. Machinery Januar 1904 S. 285.

Fig. 236. Bullock Electric Mfg. Co., East Norwood, O.

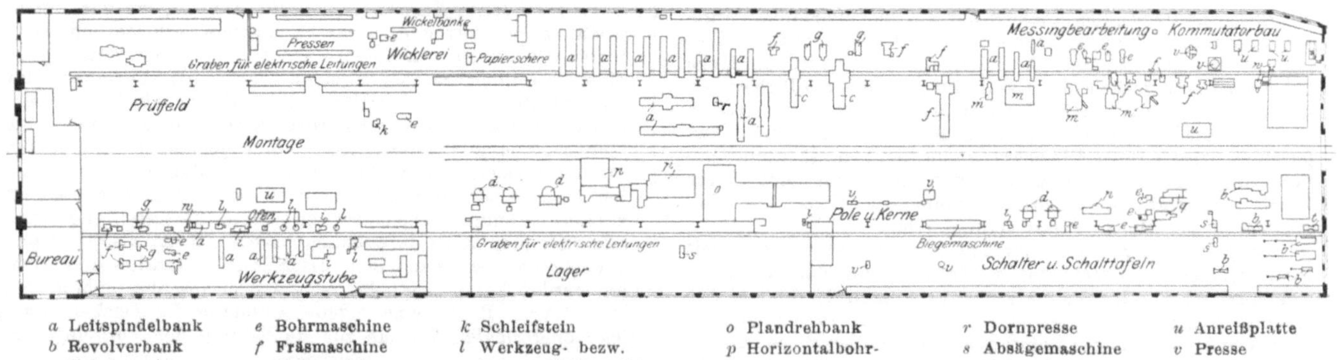

a Leitspindelbank	*e* Bohrmaschine	*k* Schleifstein	*o* Plandrehbank	*r* Dornpresse
b Revolverbank	*f* Fräsmaschine	*l* Werkzeug- bezw. Fräserschleifmaschine	*p* Horizontalbohrmaschine	*s* Absägemaschine
c Hobelmaschine	*g* Feilmaschine			*t* Bolzendrehbank
d Bohrwerk	*i* Schleifbank	*m* Radialbohrmaschine	*q* Nutenhobelmaschine	*u* Anreißplatte
				v Presse
				w Metallsäge

oder Schaltvorrichtungen, wie aber doch innerhalb dieser Gruppen die einzelnen Werkzeugmaschinen gleicher Art zusammenstehen.

In sehr großen Fabriken werden Hauptabteilungen für die verschiedenen Erzeugnisse gebildet, und diese zerfallen in Unterabteilungen, in denen die einzelnen Werkzeugmaschinen einer Gattung zusammenstehen. Das ist z. B. bei der Brown & Sharpe Mfg. Co., Providence, R. J., (Werkzeugmaschinen) durchgeführt, allerdings mit Ausnahmen, denn die Hoblerei ist für alle Gattungen von Fabrikaten gemeinsam. Die Unterteilung ist hier angesichts des großen Umfanges der Fabrik, die rd. 2000 Arbeiter beschäftigt, angebracht. Wenn aber auch die American Tool Works Co., Cincinnati, O., mit rd. 500 Arbeitern je eine Abteilung für die Herstellung von Drehbänken, Hobelmaschinen usw. unter einem besonderen Meister gebildet hat, in welchen Abteilungen jede Maschine von Anfang bis zu Ende ausgeführt werden soll, so erscheint das weniger berechtigt. Man erklärt es damit, daß infolge dieser Einrichtung für jede gelieferte Maschine nur ein Betriebsbeamter verantwortlich ist. Wenn aber eine Abteilung mehr als die andere zu tun hat, so muß sie Arbeit an diese abgeben, und der genannte Vorteil geht verloren. Ferner entsteht dann leicht eine Verwirrung im Gange des Betriebes und unnützer Hin- und Hertransport.

drehende Teile in größeren Werkstätten gewöhnlich an verschiedenen Stellen der Dreherei mitten unter den Bänken aufgestellt. Auch von Schleifsteinen gilt dasselbe dort, wo man die Werkzeuge nicht in der Werkzeugmacherei von besonderen Arbeitern anschleifen läßt.

Die Werkzeugausgaben sollen ebenfalls nach Möglichkeit inmitten der von ihnen versorgten Abteilungen liegen, wie das z. B. bei den Hooven, Owens-Rentschler Engine Works, Hamilton, O., Fig. 235, der Fall ist, wo man die Werkzeugmacherei in die Mitte des rechteckigen Werkstattraumes hineingebaut hat, oder bei der Mesta Machine Co., Fig. 207 (S. 75), wo die Bearbeitungswerkstätten durch den Einbau der zweistöckigen Werkzeugmacherei in zwei Teile geschieden sind.

Die Anordnung von Kesselschmieden.

Bei der Anlage von Kesselschmieden ergibt sich die Aufstellung der Maschinen und sonstigen Einrichtungen aus dem Arbeitsplan, der im ganzen und großen unveränderlich bleibt. In der Kesselschmiede der Babcock & Wilcox Co., Bayonne, N. J., Fig. 231 (S. 84), treten die Bleche von Süden her in die Seitenschiffe ein, werden gelocht, geschnitten, an den Kanten gehobelt, gebogen und an den Längsnähten vernietet. Am Ende des Gebäudes liegt der Turm mit den Druckwassernietmaschinen, und hier treten die Schüsse in das Mittelschiff über und werden zusammengenietet. Die Kessel wer-

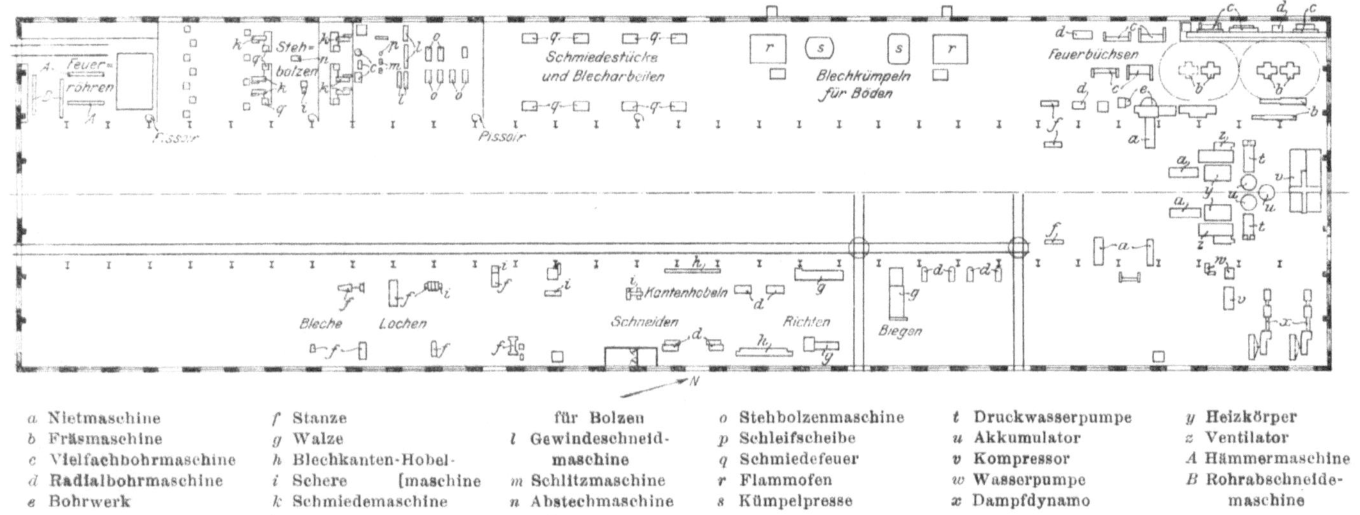

Fig. 237. Kesselschmiede der American Locomotive Co., Schenectady, N. Y.

a Nietmaschine	*f* Stanze	für Bolzen	*o* Stehbolzenmaschine	*t* Druckwasserpumpe	*y* Heizkörper
b Fräsmaschine	*g* Walze	*l* Gewindeschneidmaschine	*p* Schleifscheibe	*u* Akkumulator	*z* Ventilator
c Vielfachbohrmaschine	*h* Blechkanten-Hobelmaschine		*q* Schmiedefeuer	*v* Kompressor	*A* Hämmermaschine
d Radialbohrmaschine	*i* Schere	*m* Schlitzmaschine	*r* Flammofen	*w* Wasserpumpe	*B* Rohrabschneidemaschine
e Bohrwerk	*k* Schmiedemaschine	*n* Abstechmaschine	*s* Kümpelpresse	*x* Dampfdynamo	

In bezug auf die Montagewerkstatt sind die einzelnen Werkzeugmaschinenabteilungen so zu verteilen, daß die schwersten Maschinen dem Montageraum am nächsten sind. Deshalb stehen z. B. bei Hallenbauten die großen Hobelmaschinen, Plandrehbänke, Bohrwerke u. dergl. im Hauptschiff; vergl. Fig. 217 (S. 79). Ein weiterer Grundsatz ist, daß die Stücke zuerst zu denjenigen Maschinen gelangen sollen, auf denen ebene Flächen hergestellt werden, also zu den Fräs-, Hobel-, Feil- und Stoßmaschinen, dann erst zu denjenigen Werkzeugmaschinen, welche das Vorhandensein einer bearbeiteten Fläche voraussetzen, besonders den Bohrmaschinen; s. Fig. 215 (S. 78). Schmiedestücke werden in der Mehrzahl auf Drehbänken bearbeitet; es empfiehlt sich also, die Drehbänke nahe der Schmiede aufzustellen; s. Fig. 215 (S. 78). Selbsttätige Drehbänke sind auf das Stablager angewiesen. Deshalb hat man sie z. B. bei der Gisholt Machine Tool Co., Madison, Wis., in unmittelbare Nähe dieses Lagers gebracht; vergl. Fig. 219 (S. 80).

Was aber über die Gruppenaufstellung der Werkzeugmaschinen gesagt ist, darf keineswegs auch für Hülfseinrichtungen gelten, die von allen Arbeitern einer Abteilung gelegentlich benutzt werden. Hier gilt der Grundsatz, daß der Arbeiter sich nicht zu weit von der ihm anvertrauten Maschine entfernen soll. Deshalb sind z. B. Pressen zum Eintreiben von Aufspanndornen in ausgebohrte und abzu-

den alsdann, nach dem südlichen Mittelgang zu wandernd, verstemmt, geprüft, nachgestemmt und angestrichen und schließlich auf den Lagerplatz gebracht, wo sie bis zur Versendung bleiben; mit Ausnahme der Schiffskessel werden nämlich Oberkessel und Rohrbündel getrennt versendet. Diesem Plan entsprechend trifft man im östlichen Seitenschiff, von Süden nach Norden fortschreitend, die Anreißplatten, die Lochstanzen, die Scheren, die Blechkanten-Hobelmaschinen, die Biegewalzen und schließlich eine Reihe kleinerer Nietmaschinen. Am nördlichen Ende des Mittelschiffes befinden sich 4 große Nietmaschinen. Das westliche Seitenschiff, das zur Zeit meines Besuches (November 1902) noch nicht vollständig im Betrieb war, sollte ähnlich wie das östliche ausgestattet werden. Da es aber ganz besonders für Schiffskessel bestimmt ist, deren Löcher gebohrt werden, so waren unter anderm mehrere vielspindlige Bohrmaschinen aufgestellt.

In der Lokomotivkesselschmiede der American Locomotive Co., Schenectady, N. Y., Fig. 237, durchwandern die Bleche das östliche Seitenschiff in der Richtung von Süden nach Norden. Dementsprechend sind dort Lochstanzen, Scheren, Bohrmaschinen, Blechkanten-Hobelmaschinen und schließlich ein Teil der Nietmaschinen untergebracht. Die großen Nietmaschinen stehen im Mittelschiff, welches die Kessel von Norden nach Süden durchwandern, wobei den

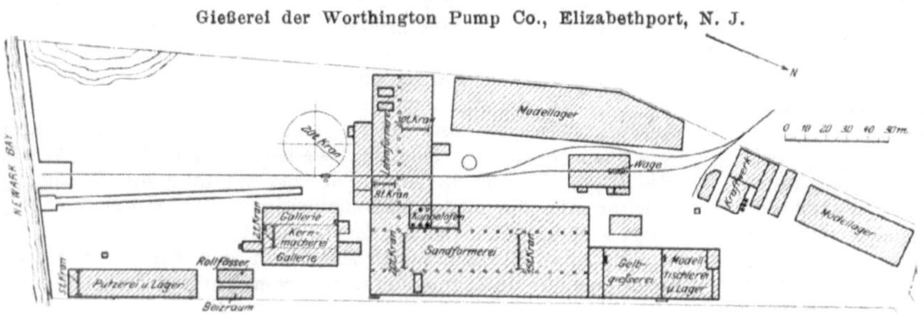

Fig. 238.

Gießerei der Worthington Pump Co., Elizabethport, N. J.

Fig. 239. Gießerei der Brown & Sharpe Mfg. Co., Providence, R. J.

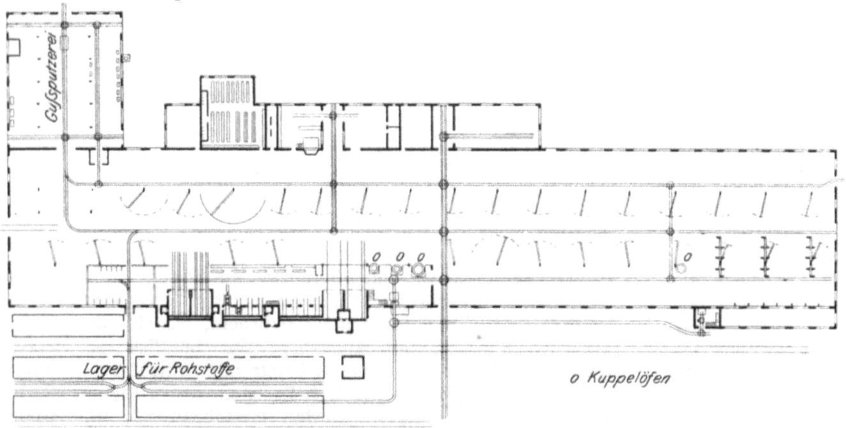

Fig. 240. Gießerei der General Electric Co., Schenectady, N. J.

Fig. 241. Gießerei der American Locomotive Co., Schenectady, N. Y.

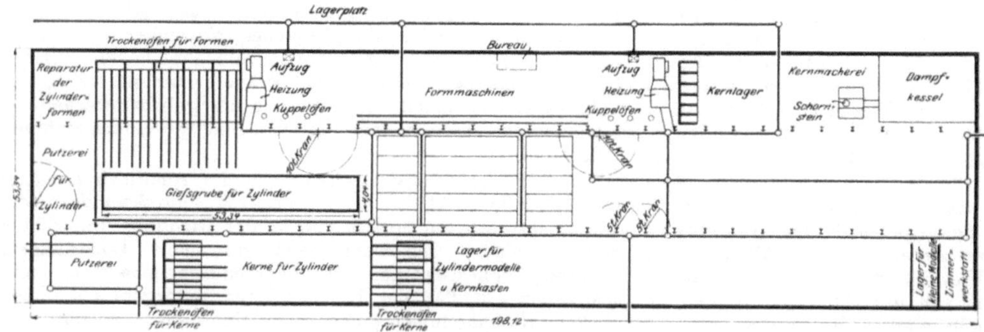

Kesselmänteln aus dem westlichen Seitenschiff die einzelnen Teile zugeführt werden; deshalb finden sich im letzteren, wenn man von Norden nach Süden geht, die Einrichtungen und Maschinen für die Böden und Feuerkisten, dann die Schmiedefeuer für einzelne Schmiedestücke, die Stehbolzenfabrikation und die Zurichtung der Heizröhren.

Die Anordnung von Gießereien.

Bei der Einrichtung von Gießereien ist vor allem darauf zu sehen, daß die Wege möglichst klein ausfallen, und das um so mehr, je schwerer die zu transportierenden Massen sind. Deshalb legt man nach Möglichkeit die Kuppelöfen in die Mitte der Gießerei, und wenn z. B. bei der Laidlaw - Dunn - Gordon Co. der Kuppelofen an der einen Schmalwand des Gebäudes steht, so liegt das daran, daß diese Wand nur eine vorläufige ist, und daß die Halle an dieser Seite verlängert werden soll. Wo die Gießerei in 2 Teile zerfällt, legt man die Kuppelöfen gern zwischen sie. Die Gießerei der Worthington Pump Co., Elizabethport, N. J., Fig. 238, enthält eine Sand- und eine Lehmformerei, deren Gebäude rechtwinklig aneinander stoßen; die Oefen liegen in der Ecke. Bei der Brown & Sharpe Mfg. Co., Providence, R. J., sind die Gießhallen für leichte und für schwere Stücke parallel zueinander angeordnet, Fig. 239[1]), und in dem Querbau zwischen beiden Gebäuden stehen die Kuppelöfen.

Langgestreckte Gießereien erhalten aus dem angegebenen Grunde mehrere Kuppelöfenanlagen. So hat die General Electric Co., als sie ihre Gießerei, Fig. 240, verlängerte und dadurch für eine Leistung von 550 t pro Woche einrichtete, in dem neuen Gebäudeteil einen besonderen Kuppelofen für eine Leistungsfähigkeit von 12 t stündlich aufgestellt, während die drei älteren Oefen in der Stunde 17 und 11 und 7 t liefern können. Die Gießerei der American Locomotive Co., Schenectady, N. Y., Fig. 241, hat von vornherein für ihre rd. 198 m lange Gießerei zwei Gruppen von je 3 Kuppelöfen aufgestellt, deren Gichtbühnen durch eine Laufbrücke verbunden sind. Davon ist die eine Ofengruppe zur Versorgung der Zylindergießerei bestimmt.

Eine zweite Forderung ist, daß die Kuppelöfen sich nahe den Lagerplätzen für

---

[1]) Vergl. The Iron Age 9. Juli 1903 S. 21.

Rohstoffe befinden sollen, also meist an einer der Längswände ihren Platz finden müssen. Auch dieser Forderung wird bei den vorgeführten Beispielen genüge geleistet; vergl. Fig. 240 und 241.

Für die Einteilung des Gießraumes ist ebenfalls die Rücksicht auf den Transport und auf die Größe der Stücke maßgebend. Deshalb werden bei mehrschiffigen Hallen die schweren Stücke im Mittelschiff eingeformt, die Formmaschinen dagegen in den Seitenschiffen aufgestellt; vergl. Fig. 241. Auch die Kernmacherei wird in den Seitenschiffen untergebracht, wenn man es nicht vorzieht, sie auf Galerien einzurichten. In der Gießerei der Worthington Co., Fig. 238, ist der Kernmacherei ein besonderes mit Galerien versehenes Gebäude zugewiesen. Auch die Putzerei hat hier ihre eigenen Gebäude, je eines für Rollfässer, für das Beizen und für das Meißeln. Gebräuchlich ist es aber, die Putzerei in einen Anbau, Fig. 240, oder in einen Abschlag der Gießhalle zu verlegen, Fig. 241.

Der Arbeitsverlauf: Formen, Gießen, Ausleeren, kann im allgemeinen bei der Anlage der üblichen Gießereien nicht in ähnlicher Weise berücksichtigt werden, wie es in der Kesselschmiede geschieht, etwa so, daß der Formkasten von der Formerei zu einer Gießstelle, von dort zu einer Ausleerstelle, die mit der Sandaufbereitung verbunden ist, und schließlich wieder zur Formerei wandert. Aber auch diese Aufgabe hat in Amerika für Massenfabrikation ihre Lösung gefunden, indem man die Formkasten auf einen Rolltisch setzt; selbstverständlich ist das nur bei leichten Gußstükken möglich. Ein Rolltisch besteht aus einer Kette ohne Ende, die über 2 Trommeln mit stehender Achse geführt wird, und an deren Gliedern Tischplatten und Rollen befestigt sind, die auf Schienen laufen. Die Westinghouse Air Brake Co., Wilmerding, Pa., hat in ihrer Gießerei drei derartige Rolltische, die parallel zueinander liegen, Fig. 242. Zwischen zweien von ihnen befinden sich in einer Reihe 4 Kuppelöfen, und diese stehen mit den Rolltischen durch Hängebahnen in Verbindung, auf denen die Gießpfannen transportiert werden.

Der Verlauf ist folgender: Die Former setzen ihre Kasten von der Formmaschine auf den Tisch, der sie zu den Leuten bringt, die mit der Gießpfanne warten. Die vollen Kasten wandern jetzt eine ziemliche Strecke bis zu den Arbeitern, die sie entleeren, wobei der Sand durch einen Rost in das Kellergeschoß fällt. Die leeren Kasten werden auf den Wandertisch zurückgestellt, die Gußstücke in zweirädrigen Karren zur Putzerei gefahren, während der Sand im Keller mit Wasser gekühlt, aufbereitet und durch ein Becherwerk einer unter dem Dach der Gießhalle angeordneten Förderrinne zugeführt wird, um dann von den Arbeitern an den Formmaschinen aus senkrechten Absturzrinnen nach Bedarf wieder entnommen zu werden. Das ganze Verfahren ist auf den ersten Blick sehr verlockend, weil die Arbeitskräfte, die, an ihrem Platze stehend, immer dieselbe Tätigkeit ausüben, sehr gut ausgenutzt erscheinen.

Dem ist aber nicht so; z. B. sind die beiden Arbeiter, welche die Kasten ausleeren, nicht voll beschäftigt; wenn sie einige Kasten umgestürzt haben, machen sie eine Pause, während frische Kasten an ihnen vorbeiziehen; dann laufen sie dem Tische nach und stürzen die vorausgeeilten Kasten, und so fort. Ferner ist der Betrieb nicht ununterbrochen; während des Gießens wird der Tisch festgestellt und dann wieder in Betrieb gesetzt, wobei ein Bursche von einem erhöhten Sitz aus die Kupplungen bedient. Jedesmal muß also die nicht unbeträchtliche Masse des Rolltisches wieder beschleunigt werden. Ueber die Häufigkeit der dadurch veranlaßten Reparaturen habe ich nichts erfahren können.

Neuere amerikanische Gießereien haben aber den Beweis geliefert, daß man auch ohne verwickelte mechanische Hülfsmittel einen ununterbrochenen Gießereibetrieb erreichen kann. In der Rotgußgießerei der Westinghouse Electric & Mfg. Co., East Pittsburg, Pa., sind im Boden mit einem Rost überdeckte lange Gruben angelegt, die nach einem unteren Geschoß führen, wo sich wie bei der Westinghouse Air Brake Co. die Sandaufbereitung befindet. Die Former stehen an der einen Seite der Gruben und setzen ihre Kasten auf dem Rost ab. Alsdann kommen auf der andern Seite die Gießer mit der Pfanne heran, und ihnen folgen die Arbeiter, welche die Kasten stürzen. Gießer und Stürzer legen einen geschlossenen Weg zurück, indem zwei parallele Grubenreihen vorhanden sind.

In ähnlicher Weise, nur für weit größere Stücke, wird der Betrieb in der neuen Gießerei der Deering Harvester Co., Chicago, Ill., die allerdings zur Zeit meines Besuches noch nicht vollständig eingerichtet war, durchgeführt. Etwa die Hälfte der langgestreckten Halle diente zum Gießen von Rädern für Mähmaschinen, die rd. 1 m Dmr. haben und am Kranz der Felge mit Buckeln, an der Nabe mit einer Sperrradverzahnung versehen sind. Die Formkasten sind dementsprechend rund, und es wird mit zwei einfachen Handformmaschinen mit Hebelbewegung geformt. Die Former, vier an Zahl mit einem oder zwei Helfern, beginnen am Morgen in der Nähe des Kuppelofens ihr Werk und setzen die Kasten in quer zur Längsachse der Halle gerichteten Reihen so, daß zwischen je zweien ein Gang bleibt. Beim Weitergehen nehmen sie immer ihre Formmaschinen mit Hülfe eines Druckluft-Hebezylinders mit sich, und so schreiten sie in der Längsachse des Gebäudes vor, bis sie abends am Ende angelangt sind. Im notwendigen Abstand folgt ihnen die Gießerkolonne und dieser wieder die Stürzer. Der ganze Vorgang erscheint einem beinahe selbsttätig.

Bureauräume und Krafthaus.

Beim Gang der Fabrikation muß auch die Lage der Bureaus in Betracht gezogen werden, da in ihnen, insbesondere in den Konstruktionsbureaus, die Tätigkeit der Werkstätten ihren Ausgangspunkt hat. Deshalb sollen sie den wichtigsten Werkstätten möglichst nahe liegen. Anderseits müssen

Fig. 242.

Gießerei der Westinghouse Air Brake Co., Wilmerding, Pa.

sie an der Straße liegen, weil sie den Verkehr mit Außenstehenden vermitteln, die keinen Zutritt zu den Werkstätten haben. In kleinen Fabriken sind diese Forderungen leicht zu erfüllen, und so sieht man z. B. bei den Harrisburg Foundry and Machine Works, Fig. 215 (S. 78), die Bureaus in demselben Gebäude wie die Werkstätten untergebracht. Bei der American Turret Lathe Mfg. Co., Fig. 213 (S. 78), hat man die Bureaus auf Galerien in der Werkstatt selbst eingerichtet, so daß nur wenige Schritte in die Werkstätten führen. Die Forderung, daß die Bureaus den wichtigsten Werkstätten nahe liegen sollen, läßt sich jedoch bei ausgedehnten Fabrikanlagen im allgemeinen schwer erfüllen, obwohl der in Fig. 233 (S. 85) skizzierte Entwurf eine vollkommene Lösung zeigt. Verhältnismäßig gut sind die Schwierigkeiten bei der Westinghouse Electric & Mfg. Co. überwunden, wo das Bureaugebäude dicht vor der großen Maschinenhalle gelagert ist, und wo man von den Bureaus auf eine Galerie treten kann, die einen Ueberblick über die Werkstätten gewährt. Aber bei andern zuvor dargestellten großen Anlagen, die meist ein eigenes Verwaltungsgebäude haben, ist die Entfernung der Bureaus von den Werkstätten recht erheblich, wie sich aus den Grundrissen der Werke der E. B. Sturtevant Co., Fig. 220 (S. 80), der Allis-Chalmers Co., Fig. 232 (S. 84), oder gar der General Electric Co., Fig. 210 (S. 77), ergibt. Bei der Brown Hoisting Machinery Co., Fig. 214 (S. 78), sind die Hauptbureaus von dem Werkstattgebäude durch eine öffentliche Straße getrennt, und an der Vorderseite des letzteren sind die Betriebsbureaus eingerichtet. Der Verkehr wird durch eine Brücke über und durch einen Tunnel unter der Straße vermittelt. Die durch die weiten Entfernungen sich ergebenden Nachteile werden gewöhnlich durch ein weit verzweigtes Fernsprechnetz gemildert.

Die Lage des mechanischen Mittelpunktes einer Fabrik, des Kraftwerkes, hat früher eine wesentlich größere Rolle gespielt als jetzt. Denn als man die Kraft noch durch Riemen oder Seile übertrug, mußte man darauf bedacht sein, Kessel und Antriebmaschinen in den Mittelpunkt des von ihnen zu versorgenden Gebietes zu stellen. Die elektrische Kraftübertragung hat hierin Wandel geschaffen, da einige Meter Leitung mehr keinen erheblichen Unterschied machen. So sieht man denn bei vielen Neuanlagen das Kraftwerk abgesondert von den Werkstätten. Notwendig ist nur, daß die Kohlenzufuhr keine Umstände verursacht, daß also ein Gleis am Kesselhaus vorübergeführt werden kann. Die Werke der Wellman-Seaver-Morgan Engineering Co., Fig. 216 (S. 79), der E. B. Sturtevant Co., Fig. 220 (S. 80), und der Brown Hoisting Machinery Co., Fig. 214 (S. 78), können das veranschaulichen.

Fußböden und Decken.

Während die meisten baulichen Einzelheiten in den Bereich des Bauingenieurs oder Architekten gehören, muß dem Maschineningenieur bei Auswahl der Fußböden und Decken eine entscheidende Stimme eingeräumt werden; denn sie beeinflussen die Aufstellung der Maschinen, die Transportverhältnisse und schließlich auch das Wohlbefinden der Arbeiter.

Die verschiedenen Arten von Fußböden lassen sich in zwei Gruppen teilen, je nachdem sie unelastisch und gut wärmeleitend oder elastisch und schlecht leitend sind. Zu der ersten Art gehören die Zementfußböden, deren Mangel darin besteht, daß sie im Winter kalt sind, und daß ein zu Boden fallendes Werkstück leicht zerbricht. Dagegen haben sie den Vorzug, feuersicher zu sein. Ich habe Zementfußböden in amerikanischen Werkstätten nicht allzu oft gefunden. Die Nordberg Mfg. Co., Milwaukee, Wis., ist damit versehen, sogar in der Schmiede. Bei der Brown Hoisting Machinery Co. hat man zur Herstellung des Zementfußbodens zuerst auf den lehmhaltigen Boden eine 203 mm dicke Schicht Schlacken aufgewalzt, darüber liegt eine 165 mm dicke Lage von Beton, bestehend aus 1 Teil Zement, 4 Teilen Sand und 5 Teilen Kalksteinschlag, und das Ganze ist mit einer 38 mm dicken Schicht aus einer Mischung von 1 Teil Zement und 2 Teilen Sand abgeglichen.

Holz darf, weil es elastisch und zugleich ein schlechter Wärmeleiter ist, als vorzüglicher Fußboden für Werkstätten gelten, und das hat ihm wohl auch die außerordentlich weite

Verbreitung in den Vereinigten Staaten verschafft, wozu der Holzreichtum des Landes noch beigetragen haben mag. Ein Holzfußboden im Erdgeschoß wird gewöhnlich auf einer Unterlage von Beton verlegt, die häufig noch mit Teer bestrichen wird. Die Werkstatt der Lake Shore and Michigan Southern-Eisenbahn, Fig. 243, hat eine Betonschüttung von 508 bis 610 mm Dicke auf den Erdboden gebracht. Darüber liegen Balken von 100×150 mm Querschnitt in Entfernungen von etwa 450 mm, deren Zwischenräume mit Beton ausgefüllt sind. Dann folgen 76 mm dicke Bohlen und schließlich gefugte Ahornbretter von 32 mm Dicke. In ähnlicher Weise sind in den Hooven, Owens & Rentschler Engine Works, Hamilton, O., Fig. 244, Balken verlegt und die Zwischenräume mit Zement ausgefüllt worden. Auf den Balken liegen hier Bretter, deren Oberfläche einen Teeranstrich trägt, und darüber schräg zur Achse der Bretter Dielen. Bei der Yale & Town Mfg. Co., Stamford, Conn., Fig. 245[1]), hat man die Balken in Beton eingebettet, indem man sie an Pfählen befestigt hat, die in den Boden getrieben waren, und den Beton um die Balken herum festgestampft hat. Die Bohlen, die aus Tannenholz

Fig. 243.

Fußboden; Lake Shore & Michigan Southern-Eisenbahn, Collinwood, O.

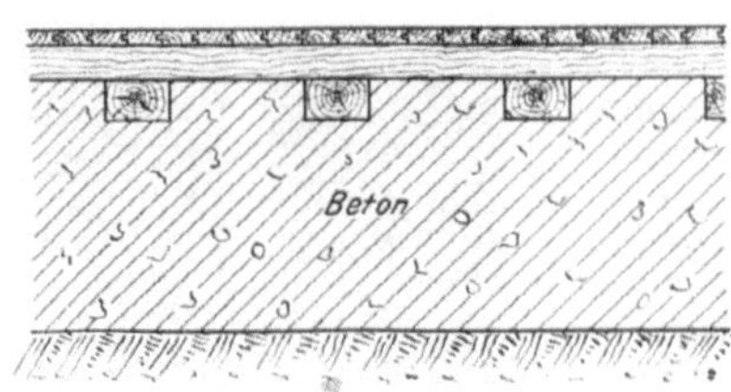

Fig. 244.

Fußboden Hooven Owens & Rentschler Engine Works, Hamilton, O.

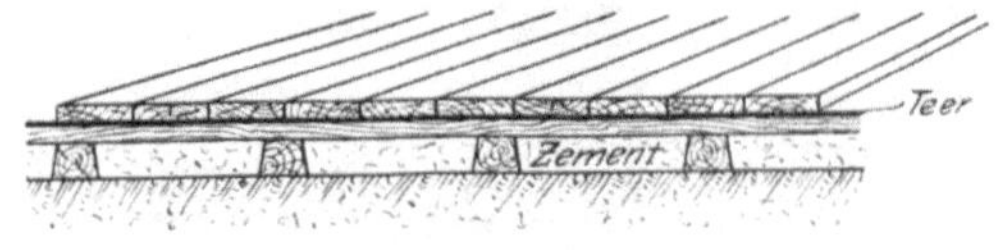

Fig. 245.

Fußboden; Yale & Town Mfg. Co., Stamford, Conn.

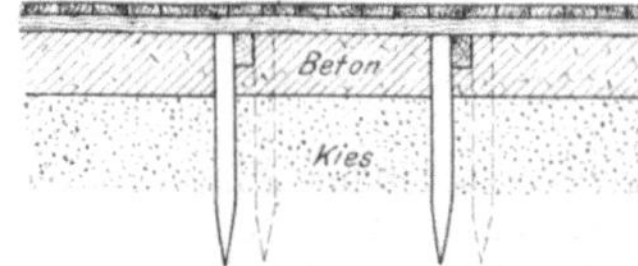

bestehen, sind hier 51 mm dick und gefugt; die Dielen aus Fichtenholz haben 32 mm Dicke, sind aber nicht gefugt. Gefugte Dielen haben den Vorzug, fester zusammenzuhängen und sich weniger zu verziehen, während bei ungefugten Dielen Ausbesserungen bequemer vorgenommen werden können.

Ein Boden ohne Betonunterlage, wie er sich in der Kesselschmiede der American Locomotive Co., Schenectady, N. Y., findet, ist in Fig. 246 wiedergegeben. Auf fest gestampftem Untergrund ist eine 38 mm dicke Schicht von Sand und Teer aufgetragen; darüber sind 76 mm dicke Balken und als Decke 32 mm dicke ungefugte Dielen verlegt. Sehr einfach ist der Fußboden in einer neu errichteten Maschinenhalle der Acme Machinery Co., Cleveland, O., hergestellt. Zunächst ist der Boden auf etwa 300 mm Tiefe ausgehoben und eine entsprechende Schicht Asche und Schlacke aufgestampft worden. Darüber sind Balken von 75×150 mm verlegt und mit 51 mm dicken Dielen gedeckt. Ebenfalls ohne Betonunterlage ist der Fußboden in dem neuen Werk

---

[1]) Cassiers Magazine, November 1902 S. 242.

der Cincinnati Shaper Co., Cincinnati, O., Fig. 247. Dort sind in den geebneten und festgewalzten Boden Pfähle von 102×102 mm in Abständen von 610 mm so tief wie möglich eingetrieben und oben abgeschnitten worden. Die Köpfe der Pfähle sind reihenweise durch aufgenagelte Bohlen von 51×203 mm verbunden; darauf liegen 51 mm starke Bretter und auf diesen 25 mm starke Ahorndielen.

Holzklotzpflaster findet sich in Amerika weniger häufig. Bei der Wellman-Seaver-Morgan Engineering Co., Cleveland, O., sind die Holzklötze auf einer Unterlage von gewalzter Schlacke verlegt und die Fugen mit Zement ausgegossen.

Eine Betonunterlage hat den Vorzug, daß man Werkzeugmaschinen meist ohne Fundament auf den Boden stellen kann, wie das häufig geschieht. Die Arbeitsmaschinen werden oft ohne jede Befestigung auf die Dielen gesetzt, und bei der Aufstellung lassen sich mit Vorteil Keile von der in Fig. 248 skizzierten Art verwenden, um die Maschinen nach der Wasserwage auszurichten (z. B. bei der Gisholt Machine Tool Co., Madison, Wis.).

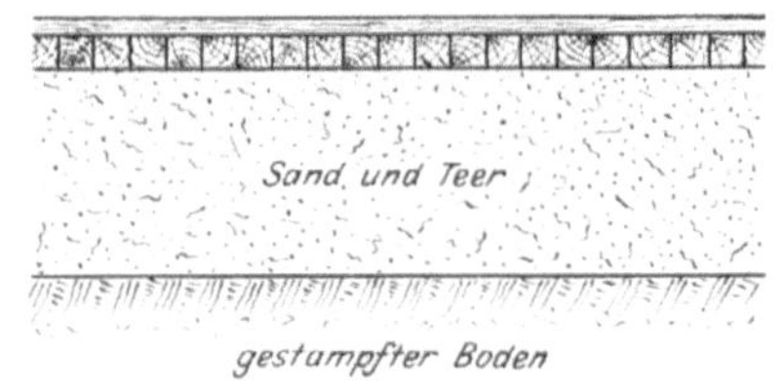

Fig. 246.

Fußboden; American Locomotive Co., Schenectady, N. Y.

Fig. 247.

Fußboden; Cincinnati Shaper Co., Cincinnati, O.

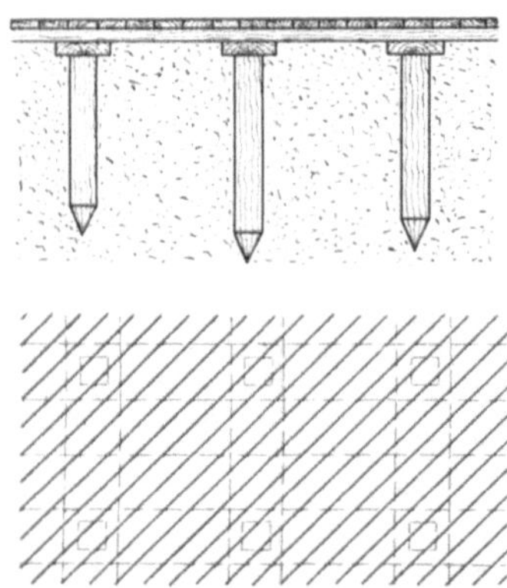

In Abteilungen, wo viel Schmieröl gebraucht wird, z. B. bei selbsttätigen Drehbänken, bilden Holzdielen eine große Feuergefahr, da sie mit Oel durchtränkt werden. Um diese Gefahr zu vermeiden und gleichzeitig das auf den Boden gelangende Oel leicht entfernen zu können, benagelt man die Dielen mit Weißblech (Lodge & Shipley Co., Cincinnati, O.); dabei muß man aber den Uebelstand in den Kauf nehmen, daß der Fuß auf dem schlüpfrigen Blech leicht ausgleitet.

Schließlich gehören zu dem Kapitel von den Fußböden auch die Aufspannplatten, auf denen man große Stücke festlegt, um sie mit versetzbaren Werkzeugmaschinen zu bearbeiten. Die Platten müssen genau eben sein und auch bleiben, was angesichts der großen Abmessungen, die man ihnen nicht selten gibt, die Forderung in sich schließt, daß sie aus mehreren Stücken bestehen müssen, die jedes für sich unter der Einwirkung der Wärme sich ausdehnen können. Als ein Beispiel sei die neueste und vielleicht umfangreichste Aufspannplatte, welche die Allis-Chalmers Co. für ihr neues Werk in West-Allis gebaut hat, in Fig. 249 und 250 vorgeführt.

Die Platte ist 7,315 breit und 62,33 m lang und besteht aus Stücken von rd. 30 t Gewicht, deren eine Längsseite mit dem anstoßenden Stück verschraubt ist, während die andere stumpf an die benachbarte stößt, mit einem Zwischenraum, der eine Ausdehnung zuläßt, Fig. 250. Als Unterlage für die Platte dient eine 762 mm dicke Betonschicht.

Fig. 248. Aufstellkeil.

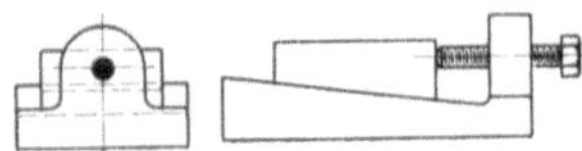

Bei mehrstöckigen Fabrikgebäuden kommen neben gewölbten und betonierten Böden ebenfalls die Holzfußböden in Betracht. Bei der Acme Machinery Co., Cleveland, O., wird der Boden von ⊥-Trägern getragen, auf denen Bohlen aus Kiefernholz von 50×150 mm ruhen; auf diese ist zunächst

Fig. 249.

Aufspannplatte; Allis-Chalmers Co., West Allis, Wis.

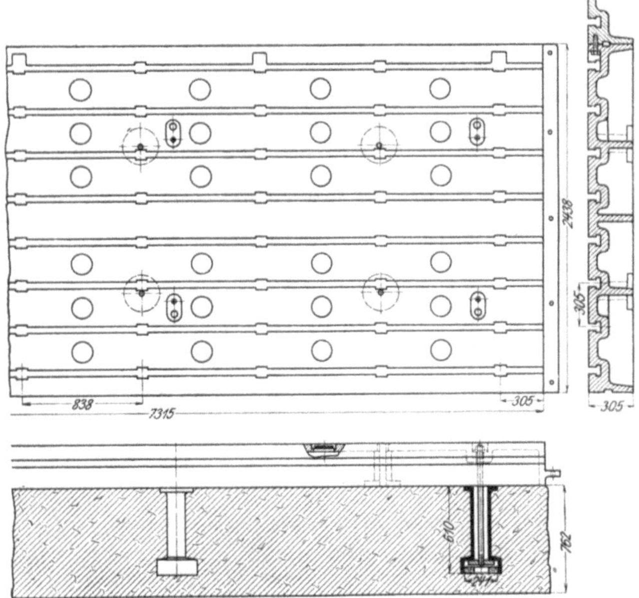

Fig. 250.

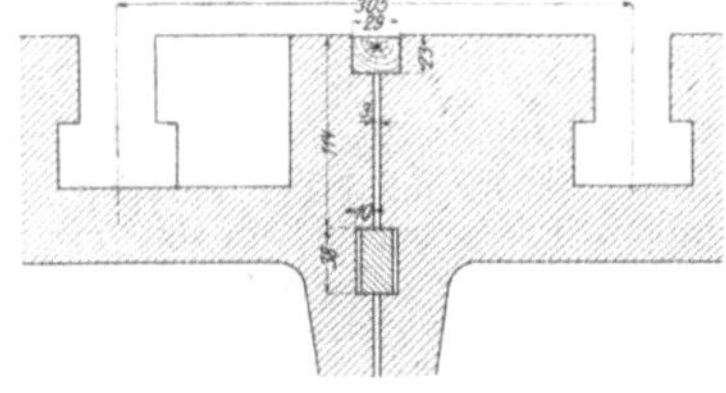

Asbestpappe verlegt und darüber 25 mm-Dielen. Noch eigenartiger kommt die Vorliebe der Amerikaner für Holzböden bei der Lunkenheimer Co., Cincinnati, O., zum Ausdruck, deren neuer Fabrikraum, wie bereits erwähnt, in Eisenskelettbau ausgeführt ist. Man hat hier an die Pfeiler Konsolen aus zwei aneinander stoßenden ⌐-Eisen genietet, und auf diesen ruhen die Balken, welche die Dielung tragen.

Eine ganz eigenartige Decken- und Bodenkonstruktion ist von Alex E. Brown ersonnen und zum erstenmal beim Neubau der Brown Hoisting Machinery Co., Cleveland, O., angewendet worden. Das tragende Element besteht aus einer Art Wellblech von dem in Fig. 251 dargestellten Profil. Die Höhe der Rinnen beträgt 13 mm; die Rinnen verlaufen aber nicht in gleichmäßiger Breite über das Blech, sondern sind an dem einen Ende 25 mm breit und verjüngen sich bis auf 19 mm. Das hat den Zweck, zwei Bleche mit ihren Enden ineinander schieben zu können, so daß sie sich überdecken. Auf dieses Blech wird zur Bildung des Fußbodens eine Schicht Beton aufgebracht. Darunter wird als Decke Kalkmörtel oder Stuck gestrichen, der in den schwalbenschwanzförmigen Nuten des Bleches vorzüglich haftet. Mit Hülfe des letzteren Verfahrens werden übrigens auch Zwischenwände hergestellt[1]).

Bei den Konstruktionen der Zwischenböden muß unter Umständen auf die Anbringung von Deckenvorgelegen und Transmissionswellen Rücksicht genommen werden. Sehr zweckmäßig ist die Befestigung der Lager bei der Acme Machinery Co., Fig. 252. Die I-Träger, welche die Zwischendecke tragen, sind mit einander durch I-Träger von schwächerem Profil verbunden, die an die Hauptträger angeklemmt sind, und an welche die Lager angehängt werden.

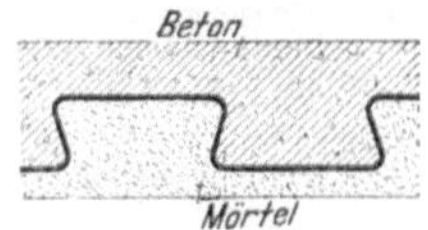

Fig. 251.

Fußboden-Wellblech; Brown Hoisting Machinery Co., Cleveland, O.

Das Verfahren, die Tragteile für die Lager an die Träger anzuklemmen, eignet sich auch für Dachkonstruktionen. Fig. 253 zeigt eine Ausführung der American Turret Lathe Mfg. Co., Warren, Pa.[2]), wo Balken zum Anschrauben der Lager an den Unterzügen des Daches befestigt sind. Diese Beispiele mögen genügen; denn die Anbringung der Lager hat für amerikanische Fabriken nicht mehr die große Bedeutung wie früher, nachdem man bei den meisten neuen Anlagen zum elektrischen Einzelantrieb übergegangen ist.

Die Transporteinrichtungen.

Wenn eine Fabrik aus Einzelgebäuden besteht und bedeutende Lager unterhält, oder wenn sie Erzeugnisse herstellt, die sich selbst auf Schienen bewegen, wie Lokomotiven oder Eisenbahnwagen, so erhält oft das Gleisnetz im Innern

Fig. 252. Decke; Acme Machinery Co., Cleveland, O.

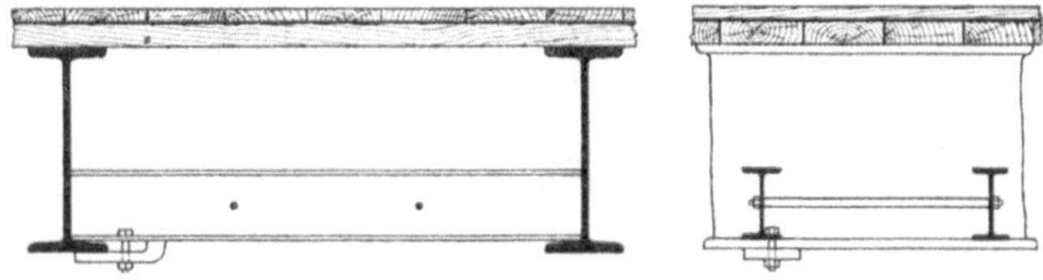

des Werkes eine erhebliche Ausdehnung; Fig. 254 und 255, welche Grundrisse von Eisenbahnwagenfabriken mit umfangreichen Holzstapeln darstellen, führen das vor Augen.

Zum Verschiebedienst sind gewöhnlich Lokomotiven vorhanden; manchmal werden auch Winden benutzt, deren Seile an den zu bewegenden Wagen befestigt werden. In der Fabrik der American Locomotive Co., Paterson, N. J., ist eine solche elektrische Winde auf einer Schiebebühne aufgestellt und wird dazu verwendet, die Lokomotiven aus der Montagewerkstatt auf die Bühne zu ziehen. Im Innern der Gebäude läßt sich der Laufkran zum Verschieben von Eisenbahnwagen benutzen, indem man einen Rollenblock am Boden befestigt und ein Seil vom Wagen über die Rolle nach oben zum Kranhaken führt. Diese Einrichtung findet

---

[1]) Es dürfte von Interesse sein, auch etwas über die Herstellung dieses eigenartigen Wellbleches zu erfahren. Zunächst wird das nebenstehende Zickzackprofil aus dem Blech gepreßt, und wenn man dieses zusammendrückt, 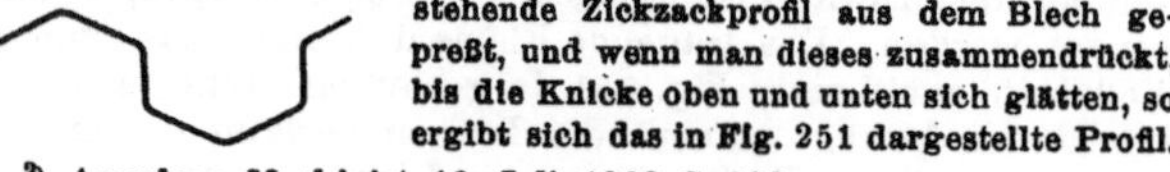 bis die Knicke oben und unten sich glätten, so ergibt sich das in **Fig. 251** dargestellte Profil.

[2]) **American Machinist** 18. Juli 1903 S. 933.

sich auch oft in Gießereien, um die Kernwagen aus den Trockenkammern herauszuschaffen. In der Montagehalle der Wellman-Seaver-Morgan Engineering Co. ist der Block in einer Vertiefung im Boden untergebracht, die überdeckt bleibt, solange der Block nicht benutzt wird.

Bei großen Anlagen, wo der Platz es gestattet, richtet man es gern so ein, daß die Gleise geschlossene Ringe bilden, so daß die Wagen sich stets in derselben Richtung bewegen können. Bei der Reparaturwerkstatt der Canadian Pacific-Eisenbahn, Montreal, Ca., ist die Schleifenform deutlich ausgeprägt, Fig. 256; auch bei der Anlage der Babcock & Wilcox Co., Fig. 231 (S. 84), ist ein Teil der Gleise ringartig angelegt. Dasselbe Ziel läßt sich erreichen, wenn man die Gebäude um eine Längsachse gruppiert und die Gleise an dem einen Ende hinein- und am andern Ende herausführt, wie bei einem Durchgangsbahnhof. Das geschieht gewöhnlich bei Eisenbahnwerkstätten, wo der Eisenbahnanschluß mit Leichtigkeit so vorteilhaft wie möglich gestaltet werden kann. Die neue Werkstatt der Lake Shore and Michigan Southern-Eisenbahn, Collinwood, O., Fig. 212 (S. 78), und die Lokomotivfabrik der Pennsylvania-Eisenbahn bei Altona, Pa., Fig. 222 (S. 80), bieten Beispiele dafür.

Für die Anlage der Gleise ist auch die Rücksicht auf die Gleiswage mitbestimmend, welche möglichst so zu legen ist, daß sämtliche Eisenbahnwagen beim Ein- und beim Austritt aus dem Werkstattgelände darüber fahren müssen. Das ist in dem Werke der Allis-Chalmers Co., Fig. 206 (S. 74),

Fig. 253.

Anordnung der Hängelager; American Turret Lathe Co., Warren, Pa.

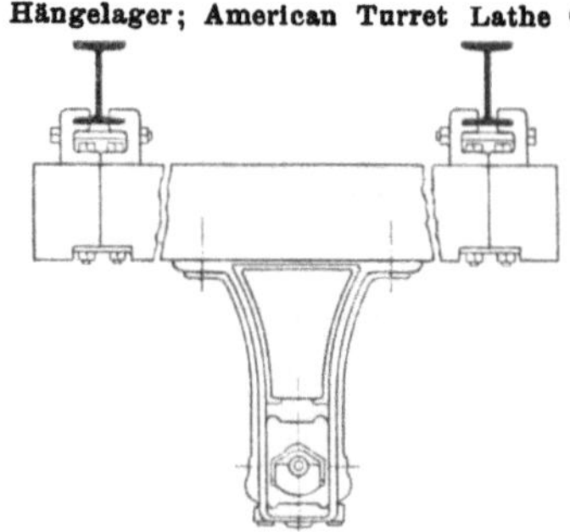

vortrefflich durchgeführt, wo alle Eisenbahnwagen, die in den Bereich der Werkstätten gelangen wollen, das Gleis *a*, das über die Wage führt, benutzen müssen, gleichgültig ob sie von der Chicago, Milwaukee & St. Paul-Eisenbahn oder von der Chicago & Northwestern-Bahn kommen.

Im Innern der Werkstätten führt man zuweilen ein Gleis von einem Ende zum andern durch — es handelt sich hier um Normalspurgleise —, wie Fig. 231 (S. 84) in einem Beispiel zeigt. Meist ist diese Anordnung jedoch nicht angebracht, weil der Platz für einen Durchgangsverkehr doch nicht vorhanden ist; dann läßt man die Gleise soweit in die Werkstatt eintreten, daß die Wagen vom Krane be- oder entladen werden können. Bemerkenswert ist die Gleisanlage bei der Laidlaw-Dunn-Gordon Co., Cincinnati, O. Ein Gleis liegt in der Längsachse des Maschinengebäudes, und zwar tritt es durch ein Tor an der Schmalseite unterhalb der Bureauräume in das Innere ein. Es sollte aber noch ein zweiter Strang von der Seite her in das Gebäude hineingeführt werden, und da half man sich so, daß man einen Gleisbogen abzweigte und auf diese Weise eine Drehscheibe vermied. Dasselbe ist bei der Mesta Machine Co., Fig. 207 (S. 75), an drei Stellen ausgeführt worden. Auch die neue Fabrik der Allis-Chalmers Co., Fig. 232 (S. 84), bietet ein Beispiel, wie sich beim Hineinführen der Gleise in die Gebäude durch geschickte Anordnung von Krümmungen Drehscheiben vermeiden lassen. Besonders bemerkenswert sind die Z-förmigen Gleise, die es ermöglichen, von dem längs der Gießerei liegenden Strang ohne weiteres in die Bearbeitungswerkstatt hineinzukommen.

Eine Drehscheibe wird nämlich vielfach als lästiges Verkehrshindernis und als Quelle von Störungen angesehen. Man hat sie sogar im Innern der Maschinenwerkstatt der Staatswerft in Brooklyn vermieden, wo zwei Gebäudeflügel rechtwinklig aneinander stoßen, und wo in den Mittelachsen der Flügel Gleise liegen, die sich ohne Drehscheibe kreuzen. Man zieht es vor, nötigenfalls die Stücke lieber mit Hülfe der Laufkrane zu heben, zu drehen und auf das andere Gleis zu setzen, als daß man durch eine Drehscheibe ein Hindernis für den übrigen Verkehr schaffte.

Etwas Aehnliches wie von Drehscheiben gilt von Schiebebühnen. In Fig. 254 und 255 sind die Grundrisse von zwei Eisenbahnwagenfabriken einander gegenübergestellt, von denen die eine durch Verschiebegleise unter erheblichem Aufwand an Raum eine Schiebebühne vermieden hat, während bei der andern durch Anlegen einer Schiebebühne eine geschlossene Anordnung der Gleise erzielt und bedeutend an Platz gespart ist. Gegen Schiebebühnen läßt sich ja in noch höherem Maße einwenden, was schon gegen Drehscheiben geltend gemacht wurde, daß sie nämlich ein lästiges Verkehrshindernis bilden und Störungen unterworfen sind. Dazu kommt, daß sie, wenn sie, wie meistens, im Freien liegen, eine große Anzahl von Toren im Gebäude notwendig machen und im Winter durch Schneefälle betriebsunfähig werden können. Man hat deshalb in Lokomotivfabriken die Schiebebühne und die Anordnung der Lokomotivstände senkrecht zur Längsachse des Gebäudes aufgegeben und in der Längsrichtung drei Gleise verlegt, von denen das mittlere hauptsächlich zum Transport, die seitlichen zur Montage dienen, wie es in den Juniata-Werken der Pennsylvania-Eisenbahn, Fig. 222 (S. 80), der Fall ist. Zum Herübersetzen der Lokomotiven auf die Seitengleise dienen zwei Laufkrane, die zusammen eine Lokomotive zu tragen vermögen, während jeder einzeln einen Kessel heben kann. In neuerer Zeit ist man zwar wieder zu den Quergleisen zurückgekehrt, aber ohne daß man gleichzeitig auf die Schiebebühne zurückgegriffen hätte. Man verwendet vielmehr schwere Laufkrane zum Versetzen der Lokomotiven. Hierauf soll beim Besprechen der Krane näher eingegangen werden.

Außer von Normalspurgleisen sind viele Fabriken von einem Schmalspurnetz durchzogen, das oft zwischen den Gleisen der Normalspur verlegt wird. Das ist z. B. bei der Westinghouse Electric & Mfg. Co., Fig. 211 (S. 77), der Fall; dort und ebenso bei der C. W. Hunt Co., Staten Island, wird die Schmalspurbahn mit Akkumulator-Lokomotiven betrieben, während der Handbetrieb im allgemeinen die Regel bildet. Ein Beispiel für die Anordnung eines Schmalspurnetzes zeigt die Gießerei der American Locomotive Co., Schenectady, N. Y., Fig. 241 (S. 88). Hier ist zu beachten, daß in den Seitenschiffen die Gleise nicht etwa in der Mitte liegen, sondern dicht an den Pfeilern, weil dieser Platz für eine anderweitige Verwertung am wenigsten in Frage kommt.

Von den Drehscheiben für Schmalspurgleise hat das, was über diejenigen für Normalspur gesagt worden ist, wegen ihrer geringen Ausdehnung kaum noch Gültigkeit. Deshalb trägt man auch in Amerika keine Bedenken gegen Schmalspur-Drehscheiben. Daß man sie aber auch vermeiden kann, zeigt die Anlage der Westinghouse Electric & Mfg. Co., Fig. 211 (S. 77).

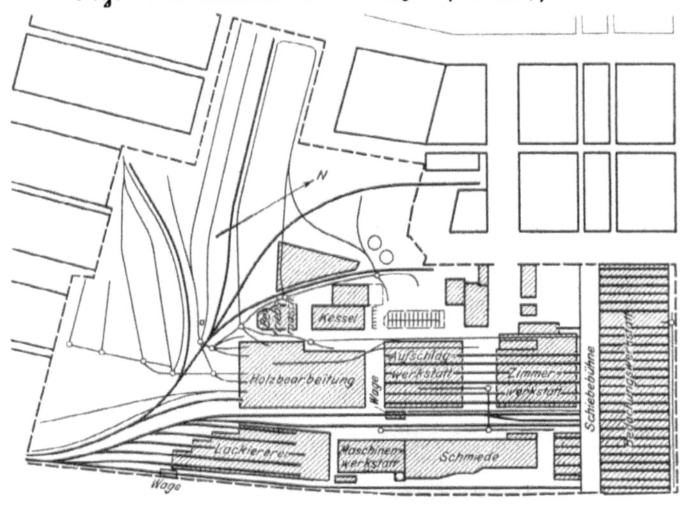

Fig. 254. American Car & Foundry Co., St. Louis, Mo.

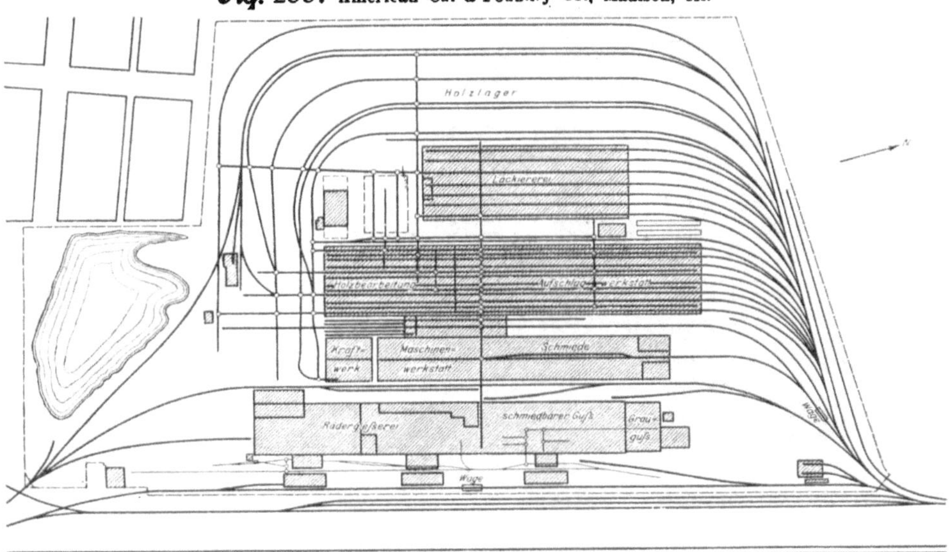

Fig. 255. American Car & Foundry Co., Madison, Ill.

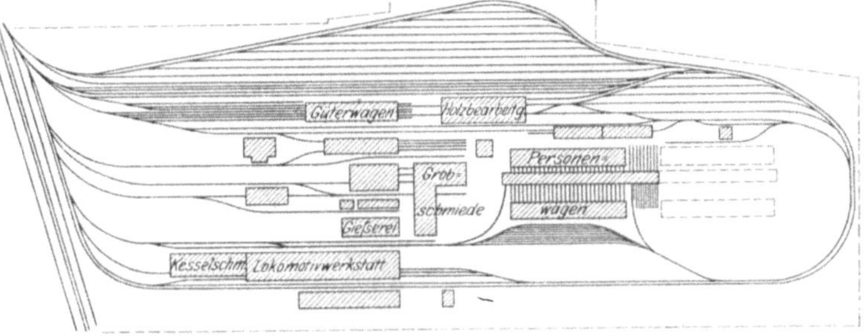

Fig. 256. Werkstatt der Canadian Pacific-Eisenbahn, Montreal, Ca.

Um die Konstruktion der Schmalspurgleise hat sich die C. W. Hunt Co., West New Brighton, Staten Island, N. Y., verdient gemacht. Sie hat als Spurweite 546 mm (21½″) gewählt und liefert die Schienen auf Schwellen befestigt in Stücken von 610 bis 2100 mm Länge oder gußeiserne geriefelte Platten von 686 mm (27″) Breite, in denen das Schienenprofil eingegossen ist. Die Wagenräder haben die Flansche außen, damit in Krümmungen die Achse sich schief stellen kann, indem der eine Flansch auf die Schiene aufläuft; vergl. Fig. 257.

Im allgemeinen haben die Gleise in der Werkstatt zwei Zwecken zu dienen: sie sollen erstlich das Hineinschaffen der Stücke ermöglichen, ferner aber sollen sie die Laufkrane

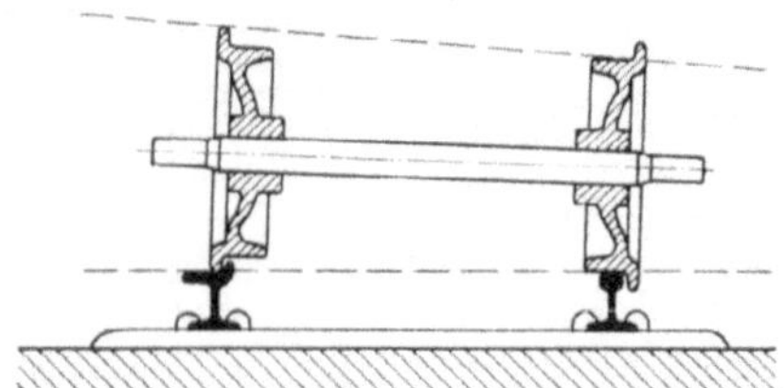

Fig. 257.

Schmalspurbahn der C. W. Hunt Co., Staten Island, N. Y.

Fig. 258.

Fahrbarer Kran der Franklin Portable Crane & Hoist Co., Franklin, Pa.

Fig. 259.

Transportkarren der J. T. Towsley Mfg. Co., Cincinnati, O.

ergänzen. Bei einfachen Hallen tritt die letztere Eigenschaft weniger hervor; aber bei Gebäuden, die aus mehreren parallel aneinander stoßenden Hallen bestehen, wird der Transport in der Längsrichtung der Hallen durch Laufkrane, quer

dazu durch Gleise vermittelt, derart, daß das Gleis etwas Unvollständiges ist, wenn ihm der Kran zum Be- und Entladen fehlt, und umgekehrt. Das Werk der Brown Hoisting Machinery Co., Fig. 241 (S. 78), liefert ein vortreffliches Beispiel; die einzelnen Hallen werden nämlich von Laufkranen bedient; am Ende des Gebäudes aber befinden sich Gleise, auf denen die Stücke von einer Halle zur andern befördert werden können. Aehnlich sind bei der Mesta Machine Co., Fig. 207 (S. 75), wo die Stücke erst quer zur Gebäudeachse und dann parallel dazu wandern, drei Gleise für den Quertransport von Halle zu Halle angelegt.

In der Gießerei der General Electric Co., Schenectady, N. Y., Fig. 240 (S. 88), werden die Laufkrane im Hauptschiff und in den beiden Seitenschiffen durch zwei Gleisnetze von 546 und 914 mm Spurweite ergänzt, von denen das erstere auch zu den Vorratslagern von Koks, Sand und Roheisen führt. Wenn z. B. in einem Seitenschiff ge-

Fig. 260.

Aufhängung einer Hängebahnschiene.

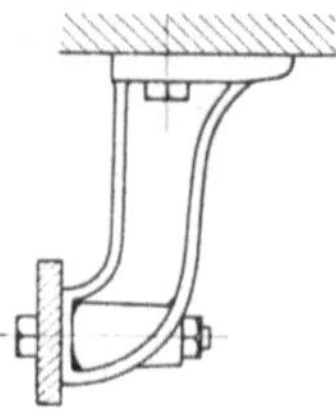

Fig. 261.

Befestigung einer Hängebahnschiene; Brown Hoisting Machinery Co., Cleveland, O.

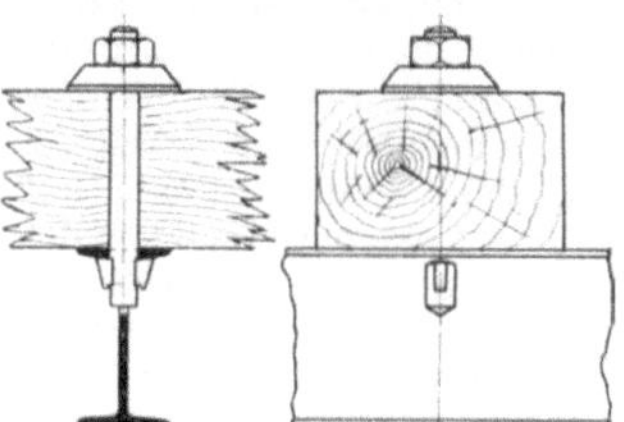

Fig. 262.

Aufhängung einer Hängebahnschiene; Automatic Machine Co., Cleveland, O.

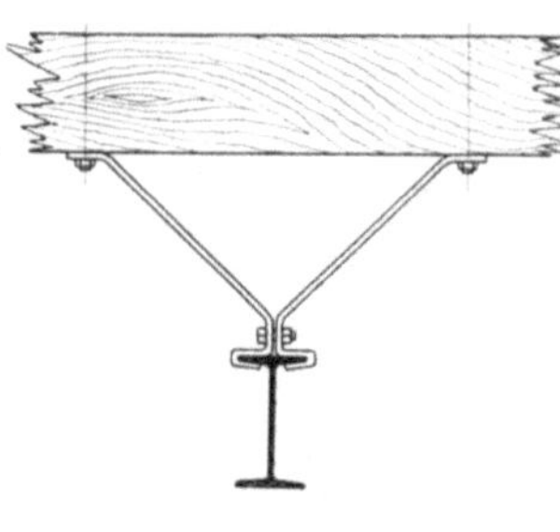

Fig. 263.

Aufhängung von Hängebahnschienen; Lunkenheimer Co., Cincinnati, O.

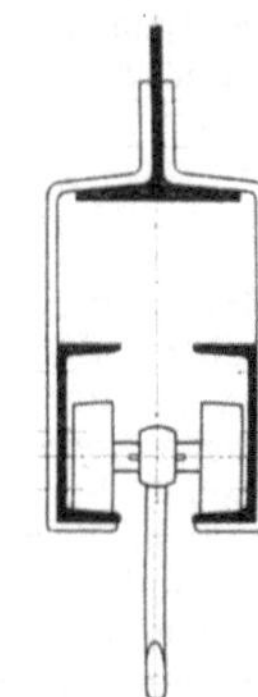

gossen werden soll, so wird die Pfanne vom Kuppelofen durch einen Laufkran im Mittelschiff bis zu einer Stelle gebracht, wo das Gebäude von einem 914 mm-Gleis durchquert wird, auf einen Wagen gesetzt und in das Seitenschiff gefahren; dort wird sie wieder von einem Laufkran übernommen. Für leichtere Gießpfannen wird in dem einen Seitenschiff eine Hängebahn benutzt, wovon später die Rede sein soll.

Für wagerechten Transport ohne Gleise ist der fahrbare Kran der Franklin Portable Crane & Hoist Co., Franklin, Pa., Fig. 258, sehr beliebt. Kennzeichnend für ihn ist, daß durch Aufwärtsbewegen der Zugstange die Achse der vorderen Räder gehoben und infolgedessen durch zwei feste Auflagerpunkte entlastet wird, so daß der Kran unverschieblich stehen bleibt. Diese Krane werden für Lasten von 1,5 bis 3 t gebaut und wiegen 270 bis 520 kg.

Ferner sind noch die Karren zu nennen, Fig. 259,

die zum Transport einer größeren Anzahl kleiner Teile häufig benutzt werden. Bemerkenswert ist, daß man bei ihnen gern zwei um senkrechte Achsen drehbare Lenkräder verwendet, um zu vermeiden, daß der auf ein Rad entfallende Druck so groß wird, daß der Fußboden dadurch leidet; auch sind die Achsen auf Rollen gelagert. Besonders häufig findet man solche Karren beim Heranschaffen der einzelnen Teile vom Magazin zur Montage. Mit ihrer Herstellung beschäftigen sich in den Vereinigten Staaten mehrere Spezialfabriken.

Für den wagerechten Transport leichter Lasten treten mit den Gleisen die Hängebahnen in scharfen Wettbewerb; sie sind in den Vereinigten Staaten außerordentlich verbreitet, da sie weniger Raum als andere Transportmittel in Anspruch nehmen. Oft sind daher die Werkstatträume von einem weit verzweigten Netz von Hängebahnschienen durchzogen, die an der Decke befestigt sind. Es empfiehlt sich, wie es unter anderm bei der Cleveland Automatic Machine Co., Cleveland, O., der Fall ist, bei mehrstöckigen Bauten einen Zweig der Hängebahn an einem Aufzug enden zu lassen, so daß der senkrechte Transport sich unmittelbar an den wagerechten schließen kann. Etwas Aehnliches bezweckt eine Anordnung, die ich bei der Westinghouse Electric & Mfg. Co. gesehen habe. Die Hängebahn der Galerie endet über

bahn aus dem Innern des Gebäudes heraustreten, so daß man Wagen, die vor der Fabrik vorgefahren sind, mit Hülfe der Hängebahn in einfachster Weise beladen kann.

Als Hängebahnschienen dienen für leichte Lasten hochkant gestellte Flacheisen, für schwere Lasten meist I-Träger. Die Aufhängung der Flachschienen mit Hülfe herabhängender Tragstützen läßt Fig. 260 erkennen. Bei der Acme Machinery Co., Cleveland, O., hat man ohne weiteres die unteren Flansche der zur Deckenkonstruktion gehörenden I-Träger benutzt. Die Brown Hoisting Machinery Co., Cleveland, O., befestigt bei hölzernen Decken die I-Träger unmittelbar an den Balken, wie es Fig. 261 zeigt. Diese Anordnung ist aber nicht immer möglich, besonders dann nicht, wenn die Hängebahnen unterhalb von Transmissionen, also verhältnismäßig tief, angeordnet sein müssen. Fig. 262 und 263 zeigen Aufhängungsarten für diesen Fall; die erstere Konstruktion ist bei der Cleveland Automatic Machine Co., Cleveland, O., die letztere bei der Lunkenheimer Co., Cincinnati, O., zur Anwendung gekommen. Im letzteren Falle hat man übrigens an Stelle eines I-Trägers zwei ⊐-Eisen verwendet, was insofern einen Vorteil bietet, als die Laufkatze etwas leichter und einfacher wird. Ebenso ist es bei Anwendung von zwei Flacheisen, wie in Fig. 264 zu erkennen ist.

Fig. 264.

Brückenbauwerkstatt der American Bridge Co., Pencoyd, Pa.

Fig. 266.

Gießerei der American Car & Foundry Co., Madison, Ill.

einer Ladebühne, die in das Mittelschiff hineinragt und dem Haken des Laufkranes zugänglich ist. Die Bühne selbst kann für den Fall, daß sie dem Kran einmal im Wege ist, hochgeklappt werden. Oft läßt man auch eine Schiene der Hänge-

Während nämlich in diesem Falle das Gehänge schmal ist und zwei durchlaufende Achsen trägt, erhält das Gehänge bei I-Trägern eine breitere Gestalt und vier einzelne Achsen. Am einfachsten wird die Konstruktion des Gehänges, wenn man eine

Flachschiene anwendet, auf der zwei Flanschräder laufen.
Die letztere Art wird für Lasten bis etwa 4 t verwendet,
während man bei I-Trägern bis zu 10 t geht. Für große
Lasten wird das Gehänge aus Stahlguß hergestellt, oder es
besteht aus zwei Flußeisenplatten, Fig. 265, die durch ein Quer-
stück zusammengehalten werden. Bei der vorgeführten Konstruktion sind auch die Radachsen zweifach gelagert, indem
an die innere Seite der Platten Klötze geschraubt sind,
welche die Räder zum Teil umfassen und das zweite Lager
tragen. Die Achsen erhalten Dauerschmierung; manchmal

Fig. 265.

Hängebahn der Brown Hoisting Machinery Co., Cleveland, O.

haben sie auch Rollenlager zur Verminderung der Reibungs-
widerstände. Die Laufkatzen werden nämlich gewöhnlich
von Hand geschoben; nur bei sehr schweren Lasten wendet
man ein Kettenrad mit einer Zahnradübersetzung an. Die
Last wird von einem Flaschenzuge getragen, der an der
Katze hängt.

Eine außerordentlich weit verzweigte Hängebahn ist in
Fig. 266 und 267 dargestellt; sie befindet sich in einer Gießerei
für Eisenbahnwagenräder der American Car & Foundry Co.,
Madison, Ill., und dient dazu, die Gießpfannen vom Kuppelofen zu den Formen und zurück zu befördern. Die Formen
stehen in Kreisen an-

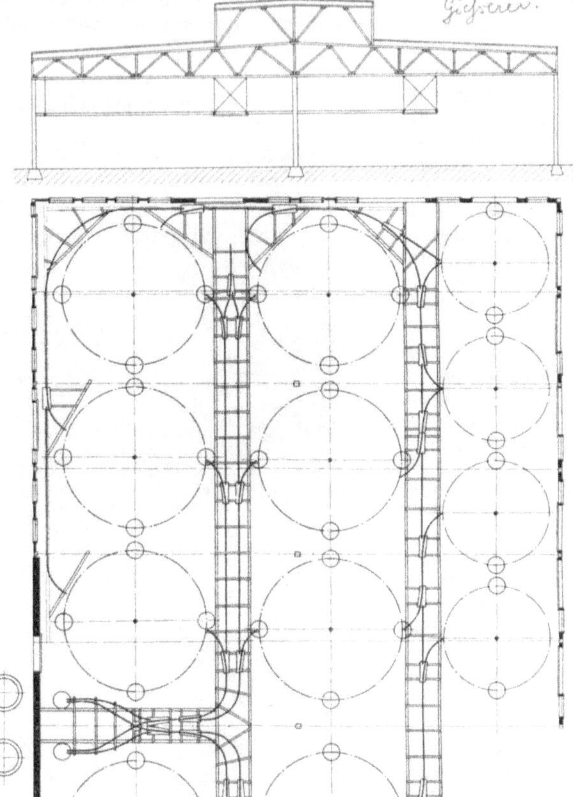

Fig. 267.

Hängebahn; American Car & Foundry Co., Madison, Ill.

geordnet, und zwar
sind 12 Kreise von je
24 Formen vorhan-
den. Im Mittelpunkt
jedes Kreises befindet
sich ein Drehkran,
der mit Druckluft be-
trieben wird; er ist
bereits früher bespro-
chen worden[1]). Die
Gießpfannen werden
von einem Arbeiter
auf der Hängebahn
bis an den Kran ge-
schoben, von der
Laufkatze abgehoben
und vom Kran über-
nommen. Zwei Ar-
beiter gießen, wäh-
rend ein Junge die
Schlacke zurückhält.
Der Arbeiter, der
die gefüllte Pfanne
herangeschafft hat,
schiebt die leere wie-
der zum Ofen zurück,
und alles greift so
vorzüglich ineinan-
der, daß, sobald die
Pfanne geleert und
vom Kranhaken ab-
genommen ist, wieder
eine volle auf der

Fig. 268. Hängebahn mit elektrischem Antrieb; Pawling & Harnischfeger, Milwaukee, Wis.

Hängebahn zur Ver-
fügung steht. Die
Hängebahn ist an den
erforderlichen Stellen
mit Weichen und
Drehscheiben ausge-
rüstet, die mittels ei-
nes Kettenzuges von
unten her bedient
werden und so einge-
richtet sind, daß die
offene Strecke der
Bahn verriegelt
bleibt, damit eine et-
wa darauf befindliche
Laufkatze nicht her-
unterstürzen kann.

Eine andere eben-
falls sehr ausgedehn-
te Hängebahnanlage
besitzt die Brücken-
bauanstalt der Ame-
rican Bridge Co.,
Pencoyd, Pa., Fig. 264
(S. 95). Dort sind
an der Dachkonstruk-
tion zwei Systeme
von Hängebahnen
angebracht, die ein-
ander winkelrecht
schneiden, wobei die
in einer Richtung
laufenden Schienen
unterhalb der andern
durchgeführt sind.

[1]) S. 72.

Die Einfachheit und geringe Raumbeanspruchung der Hängebahnen im Vergleich zu den zweigleisigen Bahnen der Laufkrane legt den Gedanken nahe, die Katze der Hängebahn mit motorischem Antrieb auszustatten und an Stelle von Laufkranen für kleinere Lasten zu benutzen. Das ist in der Tat geschehen, und die Firma Pawling & Harnischfeger, Milwaukee, Wis., hat sich um die Ausbildung dieser Hängekrane sehr verdient gemacht. Fig. 268 zeigt eine Ausführung mit einem Fahr- und einem Hubmotor, die von unten her durch Zugketten gesteuert werden.

Die Laufkatze wird von vier Rädern getragen und mit zwei der Radachsen sind Stromabnehmer bezw. Rückleiter verbunden, die sich gegen die am I-Träger befestigten Drähte legen.

Bei dieser Anordnung läßt sich der motorische Antrieb deshalb nicht voll ausnutzen, weil die Fahrgeschwindigkeit nicht größer sein darf, als sich der untenstehende Kranwärter zu Fuß vorwärts bewegen kann. Man ist deshalb noch einen Schritt weiter gegangen und hat einen Führersitz mit dem Hängekran verbunden, Fig. 269, wobei man Fahrgeschwindigkeiten von 76 bis 91 m/min erreichen kann.

Wenn der Kran eine gekrümmte Strecke durchfahren soll, so werden die Räderpaare um senkrechte Achsen drehbar angeordnet, s. Fig. 269. Ausführungen solcher Hängekrane finden sich häufiger in amerikanischen Maschinenfabriken. Die Werke der Allis-Chalmers Co., Milwaukee, Wis., enthalten eine Reihe davon. In Fig. 270 ist z. B. ein Kran im Magazin des neuen Werkes in West Allis dargestellt. Ein I-Träger als Bahn zieht sich durch das ganze Gebäude in einer Länge von rd. 172 m hin und hat eine 195 m lange Abzweigung nach dem Modellager; die Hubhöhe beträgt rd. 4 m, die größte Last 3 t, die Hubgeschwin-

digkeit bei voller Last 6 m/min, ohne Last 15 m/min, die Fahrgeschwindigkeit 45 m/min unter Last und 62 m/min leer.

Eine bemerkenswerte Verbindung von Laufkran und Hängekran befindet sich in dem alten Werk der Allis-Chalmers Co., Milwaukee, Wis., Fig. 271. Die Laufkatze hängt an einem I-Träger, der, als Laufkran ausgebildet, auf zwei Trägern läuft und mittels eines Elektromotors gefahren wird. An verschiedenen Stellen sind in der Werkstatt an der Decke I-Träger befestigt, die, wenn der Laufkran bei ihnen still gestellt wird, eine Verlängerung des Laufkranträgers bilden und mit ihm vom Sitz des Kranführers aus verriegelt werden können. Darauf kann der Kranführer — immer von seinem Sitze aus — mittels Fernsteuerung die Laufkatze vom Kranträger auf den Hängebahnträger übergehen lassen, an beliebiger Stelle anhalten und die Last heben oder senken. Auch dieser Kran ist für 3 t bestimmt; die Hubgeschwindigkeiten sind ebenso wie die im vorigen Beispiel; die Fahrgeschwindigkeit der Laufkatze beträgt unter Last 30 m/min, leer 45 m/min, die des Laufkranes 61 bezw. 76 m/min.

Weitere bemerkenswerte Beispiele von Hängebahnen mit motorischem Antrieb sind in Fig. 272 und 273 abgebildet. Das erste Bild zeigt, wie der Hängebahnwagen als Verladevorrichtung Verwendung finden kann. Die Tragfähigkeit der Vorrichtung beträgt 3 t, und es sind 2 Motoren angeordnet. Fig. 273 stellt die Benutzung einer Hängebahn bei der Milwaukee Electric Railway & Light Co., Milwaukee, Wis., zum Füllen der Kohlenbehälter dar. Die Kohle wird auf Wagen angefahren, deren Kasten abhebbar und mit drehbarem Boden versehen sind. Die Laufkatze, Fig. 269, hat 4 Haken; an die beiden von den Winden getragenen wird zunächst das mit dem Boden des Wagen-

Fig. 269.

Hängebahn mit elektrischem Antrieb; Pawling & Harnischfeger, Milwaukee, Wis.

Fig. 270.

Hängebahn der Allis-Chalmers Co., West Allis, Wis.

kastens verbundene Gehänge befestigt, worauf der Kasten gehoben und über den Behälter gefahren wird. Alsdann bewegt der Kranführer mittels eines Hebels die beiden andern Haken, Fig. 269, so, daß sie in das andre Gehänge greifen, das an den Seitenwangen des Kastens sitzt. Wenn er jetzt die beiden zuerst genannten Haken senkt, so kippt der Boden des Kastens und dieser entleert sich. Die Tragfähigkeit des Kranes beläuft sich auf 5 t, die Hubhöhe auf 15,24 m; die Hebegeschwindigkeit beträgt 15 m/min, die Fahrgeschwindigkeit 45,7 m/min bei voller Last, 53,8 m/min bei leerem Kasten.

Wenn man den Abstand zwischen den gleichachsigen Rädern der Laufkatze einer Hängebahn vergrößert, so erhält man die in Fig. 274 dargestellte Form, die sich in dem Werke der American Bridge Co. zu Pencoyd bei Philadelphia, Pa., findet und für Lasten bis zu 10 t eingerichtet ist. Die Anbringung der Fahrbahn für diese Laufkatzen und zugleich ihre Verteilung sowie die der Laufkrane ist in Fig. 275[1]) dargestellt. Man hat derartige Krane auch mit einem drehbaren Ausleger versehen und verwendet sie wie Laufkrane zur Bedienung der Werkzeugmaschinen, wie die Darstellung der Metallbearbeitungswerkstatt in den Pencoyd-Werken, Fig. 276[2]), erkennen läßt. Diese Krane sind für eine Höchstlast von 2 t gebaut und haben je einen Elektromotor zum Heben und zum Verschieben; die Ausleger werden von Hand geschwenkt. In Deutschland sind ähnliche Krane auf der Germania-Werft in Kiel im Gebrauch.

Bei der Spannweite von Laufkranen in Werkstätten geht man in amerikanischen Werkstätten oft recht weit; es kommen bis zu 26 m vor; als normale Spannweite werden 18 m = 60′ betrachtet. Bei Laufkranen wird in amerikanischen Werkstätten auf hohe Geschwindigkeit Wert gelegt, wenngleich es scheint, als ob man von Uebertreibungen in dieser Hinsicht zurückgekommen ist. Die augenblicklich dort übliche Praxis ist in der Zahlentafel auf S. 99 enthalten, deren Werte mir in den Niles Crane Works, Philadelphia, Pa., angegeben wurden.

Die in der letzten Spalte enthaltenen Werte gelten für die Hülfswinde, mit denen Krane von großer Tragkraft fast ausnahmslos versehen sind. Pawling & Harnischfeger, Milwaukee, Wis., geben in ihrem Kataloge (1901) die Geschwindigkeiten für Längsfahren bei Lasten von 20 bis 60 t zu 76,2 m/min an, für 75 und 100 t zu 61 m/min, für 125 und 150 t zu 45,7 m/min, die Geschwindigkeiten für Querfahren für alle Belastungen zu 30,5 m/min und die Hubgeschwindigkeiten des Hakens bei 20 t zu 3,66 unter Last, zu 9,14 m/min leer, bei 150 t zu 1,83 bezw. 4,57 m/min an. Beide Angaben weichen also nicht erheblich voneinander ab, ebenso wenig wie andere Auskünfte, die mir in verschiedenen Werken gegeben wurden; sie zeigen aber, daß hinsichtlich der Schnelligkeit neuere deutsche Krane[1]) keineswegs hinter den in Amerika üblichen zurückstehen.

An einer Stelle, bei der Brown Hoisting Machinery Co., Cleveland, O., habe ich allerdings eine Ausnahme von diesen

Fig. 271.
Hängebahn und Laufkran der Allis-Chalmers Co., Milwaukee, Wis.

Fig. 272.
Hängebahn mit elektrischem Antrieb; Pawling & Harnischfeger, Milwaukee, Wis.

<hr>

[1]) Engineering Record 19. Dezember 1903 S. 774.
[2]) American Machinist 11. Juli 1903 S. 900.

[1]) Vergl. Ad. Ernst: Die Hebezeuge auf der Industrie- und Gewerbe-Ausstellung in Düsseldorf 1902, Zeitschr. des Vereines deutscher Ingenieure 1902 S. 748.

Fig. 273.

Hängebahn der Milwaukee Electric Railway & Light Co., Milwaukee, Wis.

Geschwindigkeiten der Krane; Niles Crane Works, Philadelphia, Pa.

Trag-fähigkeit der Lauf-katze	Längs-fahren	Laufkatze	Haken		Hülfswinde	
			mit Last	leer	Trag-fähigkeit	Ge-schwin-digkeit
t	m/min	m/min	m/min	m/min	t	m/min
2 × 75	45,7	18,3	1,83	3,66	15	6,1 bis 12,2
2 × 60	45,7	21,3	2,44	4,88	10	9,1 » 18,3
2 × 50	45,7	24,4	3,05	6,1	10	9,1 » 18,3
50	45,7	24,4	3,05	6,1	10	9,1 » 18,3
40	61	24,4	3,05	6,1	5	9,1 » 18,3
30	76,2	24,4	3,05	6,1	5	9,1 » 18,3
25	91,4	27,4	3,66	7,32	5	9,1 » 18,3
20	91,4	30,5	4,57	9,14	5	9,1 » 18,3

Fig. 275.

Hängebahn der American Bridge Co., Pencoyd, Pa.

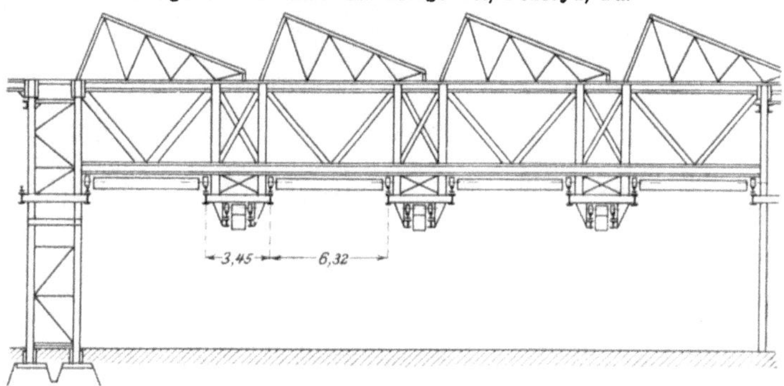

Fig. 274.

Hängebahn der American Bridge Co , Pencoyd, Pa.

Fig. 276.

Hängende Drehkrane der American Bridge Co., Pencoyd, Pa.

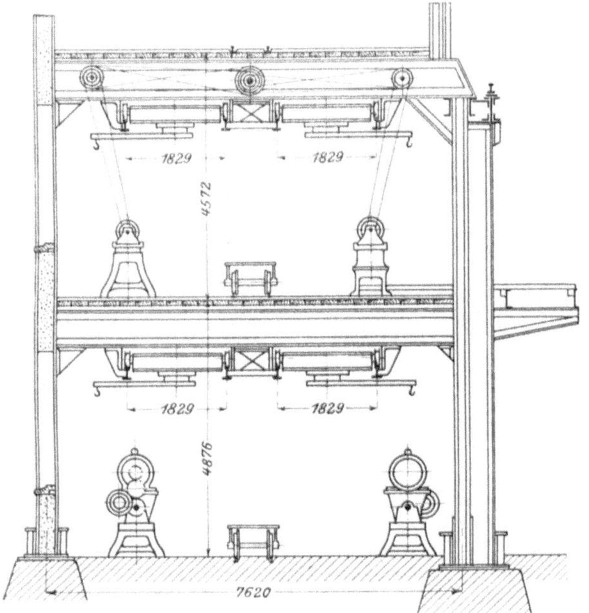

Zahlenwerten angetroffen, die hervorgehoben werden muß. Dort befinden sich Laufkrane von 40 t, die eine Hebegeschwindigkeit von 3,66 m/min für die volle Last und 15,24 m/min für die Hülfswinde von 5 t Tragkraft haben; die Laufkatze fährt mit 30,48 m/min und der ganze Kran soll mit 182,88 m/min fahren; die Länge der Werkstatt beträgt rd. 150 m. Ferner sind in den Seitenschiffen des Hauptgebäudes Laufkrane von 20 t vorhanden, die je zwei Laufkatzen für je 10 t haben. Die Geschwindigkeiten sollen für das Heben 6,4 m/min bei 10 t Last, 12,8 m/min bei 5 t, 30,48 m/min für die Laufkatze und 213 m/min (700'/min) für das Längsfahren sein. Die Geschwindigkeit für das Längsfahren ist so groß, daß man mit Fug und Recht von einer Uebertreibung sprechen darf, und ich habe diese Zahlen hier nicht eher wiedergegeben, als bis sie mir von der Firma in einem Schreiben nochmals bestätigt waren. Die Wahl so hoher Geschwindigkeiten ist übrigens durch den Gang der Fabrikation begründet, worüber bereits zuvor (S. 85) gesprochen ist.

Die Tragfähigkeit und Anzahl der Krane ist derart von den jeweils vorliegenden Verhältnissen abhängig, daß sich bestimmte Regeln nicht geben lassen. Einzelne Beispiele sind schon im vorstehenden enthalten; einige andre, die Vergleiche zulassen, sollen noch angeführt werden. Die General Electric Co., Schenectady, N.Y., hat im Mittelschiff ihrer Hauptwerkstatt, in der größere Dynamos und Motoren gebaut werden, bei einer Gebäudelänge von rd. 250 m zwei Krane von je 40 t und einen von 50 t Tragkraft zum Transport der Arbeitstücke und zum Versetzen der beweglichen Werkzeugmaschinen angeordnet. In dem einen Seitenschiffe, das die Armaturenmontage, Metallbearbeitungsmaschinen und den Versuchstand enthält, befinden sich zwei Krane von je 10 t und einer von 40 t Tragfähigkeit; das andere Seitenschiff mit dem Kommutatorenbau hat eine Galerie, und beide Geschosse sind mit einer Anzahl von unten gesteuerter elektrischer Laufkrane ausgestaltet. Die Bullock Electric Mfg. Co., East Norwood, O., begnügt sich im Mittelschiff ihrer rd. 140 m langen Hauptwerkstatt mit einem 50 t-Kran und in den Seitenschiffen mit je einem 30 t-Kran.

Bei Lokomotivfabriken fragt es sich, wie bereits ausgeführt, ob sie mit oder ohne Schiebebühne arbeiten. Im ersteren Falle können die Krane verhältnismäßig leicht sein: so haben die American Locomotive Works, Paterson, N. J., zwei Krane mit je zwei Laufkatzen, von denen jede imstande ist, 30 t zu heben, so daß jeder Kran einen Kessel tragen kann. Sobald aber, wie es notwendig wird, wenn keine Schiebebühne vorhanden ist, die ganze Lokomotive gehoben werden muß, so muß auch die Tragfähigkeit der Krane erheblich vermehrt werden. Mit verhältnismäßig leichten Kranen, zwei von je 65 t, hat man sich in den Juniata-Werken der Pennsylvania-Eisenbahn, Fig. 222 (S. 80), behelfen können, indem man die Dreigleise-Anordnung durchgeführt hat; dabei können zwei Krane miteinander gekuppelt werden, wenn eine Lokomotive von dem Mittelgleis auf ein Seitengleis zu setzen ist. Zum Transport von Werkstücken sind noch zwei weitere Krane von je 35 t Tragkraft vorhanden.

Soweit meine Kenntnis reicht, hat der amerikanische Lokomotivbau bereits Leergewichte von 118 t erreicht; aber in keiner Lokomotivwerkstatt habe ich einen Kran von dieser Tragfähigkeit angetroffen. In den Baldwin Locomotive Works, Philadelphia, Pa., deren Montagehalle mit Gruben quer zur Längsachse des Gebäudes

Fig. 277.

Reparaturwerkstatt der Lake Shore and Michigan Southern-Eisenbahn, Collinwood, O.

Fig. 278.

Montirwerkstatt; Westinghouse Machine Co., East Pittsburg, Pa.

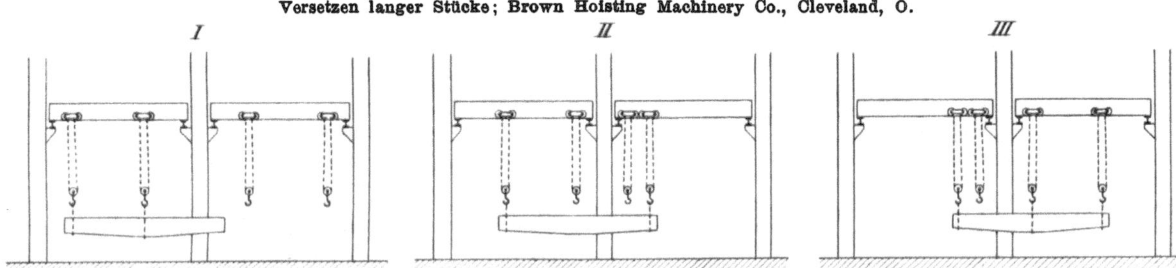

Fig. 279.

Versetzen langer Stücke; Brown Hoisting Machinery Co., Cleveland, O.

versehen ist, werden deshalb die schwersten Maschinen auf einem an einer Türe gelegenen Gleise montiert, damit sie von dort unmittelbar ins Freie geschoben werden können. In den Baldwin-Werken zerfällt die Montagehalle in zwei Schiffe, von denen jedes 10 Gruben für die Aufstellung von je zwei Lokomotiven enthält. Jedes Schiff hat einen Kran von 100 und einen von 50 t Tragkraft. In Rogers Locomotive Works, Paterson, N. J., enthält die Montagehalle 15 Gruben für je eine Maschine und zwei Krane von 100 und von 25 t. Die Reparaturwerkstatt der Lake Shore and Michigan Southern-Bahn, Collinwood, O., eine der neuesten Schöpfungen, hat für 24 Lokomotivstände einen Hauptkran von 100 t und einen Hülfskran von 10 t angeschafft.

Die Abbildung dieser Werkstatt, Fig. 277, zeigt zwei Kranbahnen, von denen die obere für den 100 t-Kran bestimmt ist. Diese Anordnung, die sich bei uns[1] selten

---

[1] Die Maschinenbaugesellschaft Nürnberg (Zeitschr. d. Vereines deutscher Ingenieure 1905 S. 1253) und die Breslauer Aktiengesellschaft für Eisenbahnwagenbau haben solche Anlagen

Fig. 280.

Hofkran; Allis-Chalmers Co., West-Allis, Wis.

Fig. 281.

Hofkran Allis-Chalmers Co., West-Allis, Wis.

findet, ist kennzeichnend für amerikanische Werkstätten. Man bezweckt damit, sich von der Stellung des einen Kranes unabhängig zu machen, wenn man mit dem andern arbeiten will. Bei der Anordnung, Fig. 277, ist das nur bis zu einer gewissen Grenze der Fall; denn während eine Lokomotive mittels des in Fig. 277 sichtbaren Gehänges an dem einen und mittels der Kette an dem andern Kranhaken befestigt wird, kann der untere Kran nur das durch die Stellung der zu hebenden Lokomotive begrenzte Feld versorgen, und ich habe selbst beobachtet, wie inzwischen ein Werkstück, das für eine andere außerhalb der freien Kranbahn befindliche Lokomotive erforderlich war, auf einen zweirädrigen Karren geladen und von zwei Arbeitern an den betreffenden Stand geschleppt wurde. Der obere Kran liegt hier auch nicht hoch genug, als daß bei angehängter Last von einigem Umfang der andere Kran unter ihm wegfahren könnte. Wenn man aber den Höhenunterschied der beiden Kranbahnen groß genug wählt, so können die beiden

Krane tatsächlich einander kreuzen, wie es in der Dampfmaschinenfabrik der Westinghouse Machine Co., East Pittsburg, Pa., Fig. 278, der Fall ist. Der Vorzug dieser Anordnung wird allerdings mit den Mehrkosten erkauft, die durch die vermehrte Gebäudehöhe entstehen.

Die Kranbahnen müssen so liegen, daß dort, wo sie aufhören, andere Transportmittel beginnen. Auf das Zusammenwirken von Gleisen und Laufkranen ist bereits hingewiesen worden; es sollen jedoch noch einige andere Beispiele angeführt werden, in denen verschiedene Laufkrane sich aneinander schließen. In der Gießerei der Snow Steam Pump Works liegen in einem Seitenschiffe Bahnen für kleine Laufkrane quer zur Gebäudeachse und senkrecht zu der in üblicher Weise angelegten Krabahn des Mittelschiffes. Die Bahnen des Seitenschiffes ragen nun in das Hauptschiff hinein, so daß die Stücke vom großen Kran übernommen werden können. Etwas Aehnliches liegt bei der Fabrik der American Turret Lathe Mfg. Co., Fig. 213 (S. 78), vor, wo die Kranbahnen der Bearbeitungswerkstätten senkrecht zu der im Montageraum stehen und in diesen hineinragen, und in der

sind deshalb die Drehbänke mit ihrer Achse senkrecht zur Kranbahn gestellt worden, welche Anordnung übrigens nur durch elektrischen Einzelantrieb ermöglicht ist.

Der Vollständigkeit halber sei erwähnt, daß Laufkrane auch außerhalb der Gebäude in Lagerhöfen oft Verwendung finden. Das neue Werk der Allis-Chalmers Co. ist besonders reich damit ausgestattet. Der rd. 29 m breite Raum zwischen der Modelltischlerei und der Gießerei, vergl. den Lageplan, Fig. 232 (S. 84), wird dort zum Aufstapeln von Rohstoffen verwendet und wird von einem Laufkran von 10 t, Fig. 280, bedient, der gleichzeitig zum Zerschlagen von Gußausschuß mittels eines Fallgewichtes und, wenn man an den Haken eine Wage hängt, zum Abwiegen der Rohstoffe dient. In die beiden Höfe, die zwischen den drei Querflügeln liegen, sind ebenfalls Laufkrane, Fig. 281, eingebaut, deren Spannweite rd. 20 m beträgt, und deren Bahnen sich bis an das Gießereigebäude erstrecken.

Ein Laufkran von 10 t, der sich auf gekrümmter Bahn fortbewegt, befindet sich über einem Lagerplatz der Carnegie-Werke, Homestead, Pa. Daselbst ist auch eine Laufkranan

Fig. 282.

Hofkran; Brown Hoisting Machinery Co , Cleveland, O.

Gießerei der Brown & Sharpe Mfg. Co., Providence, R. J., Fig. 239 (S. 88), wo ebenfalls die Seitenschiffe senkrecht in das Hauptschiff einmünden.

Ein eigentümlicher Vorgang war in dem Werke der Brown Hoisting Machinery Co. in Aussicht genommen, wo der übliche Gang derart ist, daß die Teile, um in ein Nachbarschiff zu gelangen, erst an das Ende der Halle mittels des Kranes gebracht und auf einem Gleis nach dem neuen Schiff hingefahren werden. Lange Stücke sollten aber mittels der Laufkrankatzen unmittelbar von einem Schiff in das andere gebracht werden, in einer Weise, die in Fig. 279 skizziert ist, indem der Kran des einen Schiffes allmählich seine Last an den des Nachbarschiffes abgibt, wobei die Laufkatzen der Reihe nach die in I, II und III angedeuteten Stellungen einnehmen.

Die Anordnung der Laufkrane kann unter Umständen auch die Aufstellung der Werkzeugmaschinen beeinflussen, wenn man Wert darauf legt, daß die Stücke, die vom Kran herangeschafft werden, vor dem Aufspannen nicht gedreht zu werden brauchen. Bei der Brown Hoisting Machinery Co.

lage mit 7 nebeneinander liegenden Bahnen zum Handhaben von Trägern u. dergl. Zu ähnlichem Zweck hat die Brown Hoisting Machinery Co. auf ihrem Lagerhof, vergl. Fig. 214 (S. 78) einen Auslegerkran, Fig. 282, aufgestellt, der ein Gebiet von rd. 100 m Breite beherrscht und dessen Trägerunterkante 17,7 m über dem Boden liegt. Der Kran soll sich mit einer Geschwindigkeit von 76,2 m/min, die Katze mit 305 m/min verschieben; die Hubgeschwindigkeit unter der vollen Last von 5 t beträgt 30,5 m/min. Das ist die einzige Anwendung von Auslegerkranen für Fabrikhöfe, die ich gesehen habe, und man geht wohl kaum fehl, wenn man annimmt, daß auch dieser Kran ursprünglich für andere Zwecke gebaut war.

Aus demselben Wunsche, der die übereinander liegenden Laufkrane hat entstehen lassen, dürfte eine andere eigenartige Kranart erwachsen sein, die man als Wandlaufkrane bezeichnen kann. Es sind freitragende Kranarme, die sich parallel zu den Laufkranen der Werkstatt und unter ihnen bewegen, und deren Bahn an den seitlichen Pfeilern des Gebäudes angebracht ist. Ihr Vorzug gegenüber einem zweiten Laufkran besteht darin, daß sie nicht wie diese eine erheb liche Erhöhung des Raumes erfordern, und daß sie in der Mitte der Werkstatt einen Streifen freilassen, durch den eine am Laufkran hängende Last jederzeit freien Durchgang hat. Allerdings beherrscht ein Wandlaufkran auch nur einen seitlichen Streifen der Werkstatt. Fig. 283 stellt das Mittelschiff der Gießerei der Allis-Chalmers-Werke, West-Allis, Wis., dar. Das Gebäude ist rd. 172 m lang und enthält einen Laufkran von 60 t sowie zwei von je 40 t Tragkraft; die Spannweite von Schiene zu Schiene beträgt 23,8 m. Es befinden sich außerdem an der einen Seite zwei, auf der andern Seite ein Wandlaufkran von 5 bzw. 2,5 t Tragfähigkeit. Die äußersten Stellungen des Hakens liegen in 6,1 und 0,84 m Entfernung von den Pfeilern. Diese Krane laufen oben und unten auf Schienen mit Rädern mit senkrechter Achse, in der Mitte werden sie durch Räder mit liegender Achse gegen senkrechte Verschiebungen gestützt. Ein Führerstand ist auf dem Kran angebracht. Aehnliche Krane sind auch in andern Gießereien (Westinghouse Machine Co., East Pittsburg, Pa.; American Bridge Co., Pencoyd, Pa.) vorhanden.

In der Brückenbauanstalt der Pennsylvania Steel Co., Steelton, Pa., s. Fig. 221 (S. 80), ist man mit der Anordnung von Wandlaufkranen noch weiter gegangen. Die 244 m lange Halle verfügt über 4 Laufkrane von je 25 t und 25,9 m Spannweite, Fig. 284, und unter diesen bewegen sich auf beiden Seiten insgesamt 11 Wandlaufkrane von je 5 t, wozu sich auf der nördlichen Seite noch 20 ähnlich gebaute 10 t-Krane gesellen. All diese Krane beherrschen einen Streifen von 9,6 m Breite von den Pfeilern gerechnet und lassen unter sich einen Raum von rd. 6 m Höhe über dem Fußboden frei. Sie werden von Führerständen aus gesteuert und dienen zum Halten der zu nietenden Teile und zum Niedersetzen der Stücke auf die Tische der Werkzeugmaschinen. Diese Wandkrane laufen ebenfalls auf 3 Schienen wie die in den Allis-Chalmers-Werken; die Konstruktion der 5 t-Drehkrane ist in Fig. 285 dargestellt. Unter ihnen befindet sich eine weitere Kranbahn an den Pfeilern, auf der sich Schwenkkrane, Fig. 286, bewegen, und es sind insgesamt 15 Stück von je 3 t Tragfähigkeit vorhanden, die hauptsächlich beim Aneinanderpassen der einzelnen Stücke und zum Tragen der Druckluftnietmaschinen benutzt werden. Sie werden von unten gesteuert und mit Hülfe eines Zahnstangengetriebes fortbewegt. Ihr Ausleger ist 7,6 m lang und liegt mit der Unterkante 5,18 m über dem Fußboden. Man hat also hier das eigenartige Schauspiel, daß die Transporte in 4 verschiedenen Ebenen vor sich gehen: auf den Schienen in der Mitte der Werkstatt, mittels der zuletzt beschriebenen Schwenkkrane, mittels der Wandlaufkrane von 5 und 10 t und schließlich mittels der großen Laufkrane.

Auch in der Gießerei der Pencoyd Iron Works bei Philadelphia, Pa.[1]), sind mehrere Transportvorrichtungen übereinander. Im Mittelschiff sind oberhalb des großen 25 t-Laufkranes zwei Kranbahnen angebracht, durch welche die Breite des Raumes in zwei Teile geteilt wird, Fig. 287. Diese Bahnen dienen zur Aufnahme von zwei parallel zueinander laufenden 10 t-Kranen. An den Pfeilern können fahrbare Schwenkkrane von 5 t Tragfähigkeit ähnlich den in den Steelton-Werken verschoben werden. Fahrbare Schwenkkrane finden sich auch in andern neueren Gießereien, z. B. in der Westinghouse Electric and Mfg. Co., Trafford City, Pa.[2]).

Fig. 283.
Gießerei der Allis-Chalmers Co., West-Allis, Wis.

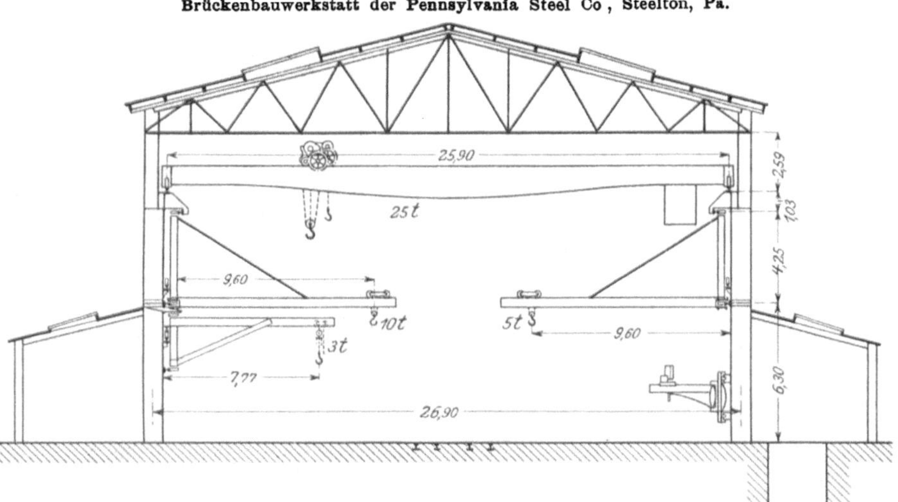

Fig. 284.
Brückenbauwerkstatt der Pennsylvania Steel Co., Steelton, Pa.

[1]) American Machinist 25. Juli 1903 S. 980.
[2]) Engineering Record 31. Oktober 1903 S. 516.

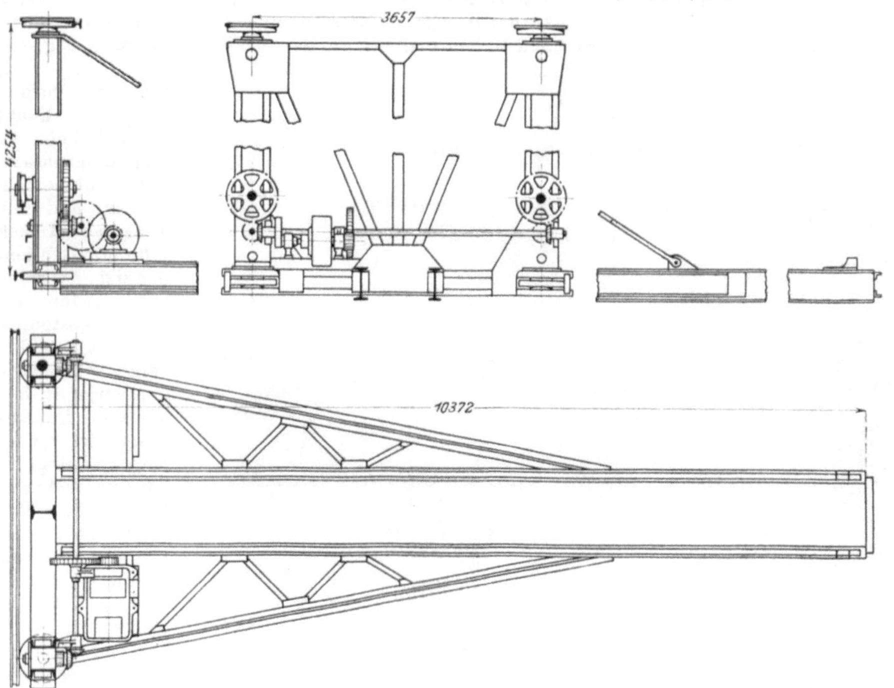

Fig. 285.

Wandlaufkran von 5 t; Pennsylvania Steel Co., Stelton, Pa.

Fig. 286.

Wandschwenkkran von 8 t; Pennsylvania Steel Co., Steelton, Pa.

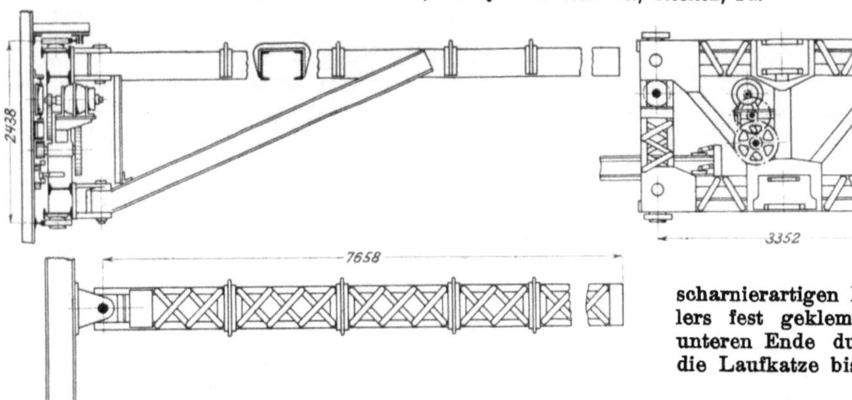

Fig. 287. Gießerei der Pencoyd Iron Works, Pencoyd, Pa.

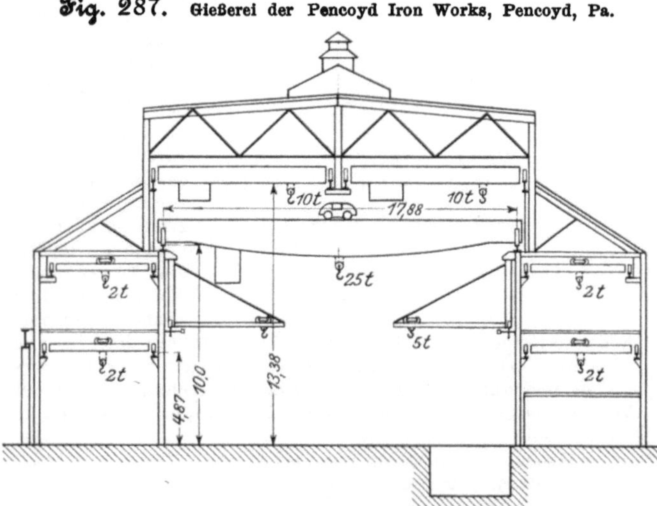

Die zuletzt geschilderten Wandkrane sind als Ersatz für die versetzbaren Drehkrane gedacht, die man manchmal in amerikanischen Gießereien findet. Fig. 288 gewährt einen Einblick in die Gießerei der General Electric Co., Schenectady, N. Y. Dort werden im Hauptschiff als Hülfshebevorrichtungen neben den Laufkranen elektrische Drehkrane von 5 t Tragkraft und 6,76 oder 9,1 m Armlänge benutzt; aber nicht an jedem Pfeiler befindet sich ein Drehkran, sondern es sind an ihnen nur Drehzapfen befestigt, in welche ein Kran nach Bedarf mit Hülfe eines der Laufkrane eingesetzt wird. Das Bild zeigt, wie der vordere Laufkran gerade einen der Drehkrane an einer Oese gefaßt hält, welche am oberen wagerechten Träger des Drehkranes befestigt ist. Das Wechseln soll nur 5 bis 7 min dauern, einschließlich der Herstellung der elektrischen Verbindungen.

Als Hauptkran für Gießereien ist in neuen Anlagen drüben wie bei uns der Drehkran durch den Laufkran fast vollkommen verdrängt worden; der Drehkran dient nur noch als Hülfshebevorrichtung für leichtere Stücke. Auch in Bearbeitungswerkstätten findet man Drehkrane als Hülfshebevorrichtungen an den Wänden oder Pfeilern untergebracht, meist zur Bedienung von Werkzeugmaschinen beim Abnehmen und Aufspannen der Stücke. Solche Schwenkkrane können so angebracht werden, daß sie sich leicht entfernen und an einer andern Stelle wieder befestigen lassen. Fig. 289 zeigt eine derartige einfache Ausführung, die sich in der Werkstätte der Acme Machinery Co., Cleveland, O., befindet. Die scharnierartigen Lager werden an den Flanschen des Pfeilers fest geklemmt. Zu beachten ist, daß die Strebe am unteren Ende durch zwei Stangen ersetzt wird, damit man die Laufkatze bis ans Ende des Auslegers schieben kann.

Für den Transport zwischen mehreren Stockwerken dienen Aufzüge, die in ausreichender Menge vorhanden sein müssen, und zwar für Lasten und für Personen. Die Garvin Machine Tool Co., New York City, besitzt z. B. zwei Lasten- und einen Personenaufzug für ein Personal von etwa 500 Arbeitern, die in einem Kellergeschoß und sieben darüber liegenden Stockwerken tätig sind. Der amerikanische Arbeiter benutzt tatsächlich, um von einem Geschoß ins andere zu kommen, den Fahrstuhl, und da er möglichst wenig Zeit verlieren darf, so ergibt sich, daß die Fahrstühle sehr schnell laufen müssen. Auch bei Hallenbauten müssen Aufzüge für den Gütertransport zwischen Erdgeschoß und Galerie in hinreichender Anzahl vorhanden sein. Z. B. hat die Wellman-Seaver-Morgan Engineering Co. in ihrer rd. 90 m langen Maschinenhalle, Fig. 216 (S. 79), zwei Aufzüge für die Galerie vorgesehen. In den langgestreckten Werkstätten der Westinghouse Electric & Mfg. Co., East Pittsburg, Pa., Fig. 211 (S. 77), findet sich rd. alle 43 bis 63 m ein Aufzug. An Stelle eines Aufzuges kann auch ein Laufkran zum Transport der Stücke zwischen Galerie und Erdgeschoß herangezogen werden. Dann erhält die Galerie eine in das Hauptschiff hineinragende Ladebühne, wie Fig. 290 es in der Maschinenwerkstatt von Wm. Cramp & Sons, Philadelphia, Pa.[1]), zeigt.

[1]) The Engineering Record 9. März 1901 S. 229.

In Gießereien fahren gewöhnlich Aufzüge nach der Gichtbühne. Es werden aber auch schiefe Ebenen an Stelle von Gichtaufzügen verwendet, wo es der Raum zuläßt. Im neuen Werk der Allis-Chalmers Co. führt zu jedem der drei Kuppelöfen eine schiefe Ebene empor, und die Wagen werden mittels eines Seiles heraufgezogen, das von einem Druckwasserzylinder bewegt wird. Oben angelangt, wird der Wagen selbsttätig gekippt und entleert mit Hülfe einer Einrichtung, die den Beschickeinrichtungen für Hochöfen nachgebildet ist. Die Gießerei der B. F. Sturtevant Co., Hyde Park, Mass., verwendet eine schiefe Ebene zum Ablaufen der geleerten Wagen von der Gichtbühne nach unten, nachdem sie mittels eines Aufzuges gehoben sind.

Neben den Aufzügen kann für den senkrechten Transport noch das Paternosterwerk in betracht kommen: bei der Garvin Machine Tool Co. liegt der Werkzeugraum im dritten Stock und ist mit den übrigen Geschossen durch eine beständig umlaufende Förderkette mit angehängten Schalen verbunden. Der Arbeiter, der ein Werkzeug verlangt, legt einen Zettel in eine Schale, und im Werkzeugraum stehen zwei Burschen zur Bedienung, welche die Zettel herausnehmen, das Werkzeug holen und es wieder in eine Schale legen. Eine ähnliche Einrichtung findet sich in der Gießerei der Deering Harvester Co., Chicago, Ill., zum Herunterschaffen der Kerne aus der in einem Obergeschoß liegenden Kernmacherei. An einem über zwei Rollen laufenden Kettengetriebe, das beständig bewegt wird, sind Eisenstäbe so befestigt, daß sie wie die Zinken einer

Fig. 288.

Gießerei der General Electric Co., Schenectady, N. Y.

Die Heizung.

Für die Heizung von Fabrikanlagen, wo ja ohnedies Dampf erzeugt wird, kommen ausschließlich Niederdruckdampfheizungen in betracht, die gewöhnlich mit Abdampf, nötigenfalls mit Frischdampf von verminderter Spannung gemischt, gespeist werden. Es lassen sich zwei Arten von Heizanlagen unterscheiden, solche, in denen der Dampf seine Wärme unmittelbar an die Luft im Werkstattraum abgibt, und solche, bei denen er mittelbar wirkt, indem er einen Luftstrom erwärmt, der in die Werkstatt geleitet wird. Das mittelbare Verfahren ist insofern verwickelter als das unmittelbare, als es zur Bewegung des Luftstromes eines Ventilators bedarf; anderseits fallen dabei die zahlreichen Verschraubungen einer weit verzweigten Dampfleitung fort; die Strahlungsverluste der Gebäudewände nach außen werden vermindert; die Temperatur ist durch Aendern der Umlaufzahl des Ventilators leicht zu regeln, und die erforderliche Heizfläche braucht nur rd. $^1/_3$ von der bei unmittelbar wirkenden Heizkörpern zu betragen. Die mittelbaren Heizanlagen erfreuen sich deshalb einer außerordentlichen Beliebtheit in den Vereinigten Staaten; in zahlreichen älteren Werkstätten sind sie eingebaut worden, und viele Neubauten sind von vornherein damit ausgestattet.

Man hat auch unmittelbare Niederdruckdampfheizungen regelbar gemacht. Eine derartige Anordnung von Webster habe ich in einigen Werkstätten angetroffen (Acme Machine Co., Cleveland, O.; Yale & Towne Mfg. Co., Stamford, Conn.;

Fig. 289.

Schwenkkran der Acme Machinery Co., Cleveland, O.

Fig. 290. Maschinenwerkstatt von Wm. Cramp & Sons, Philadelphia, Pa.

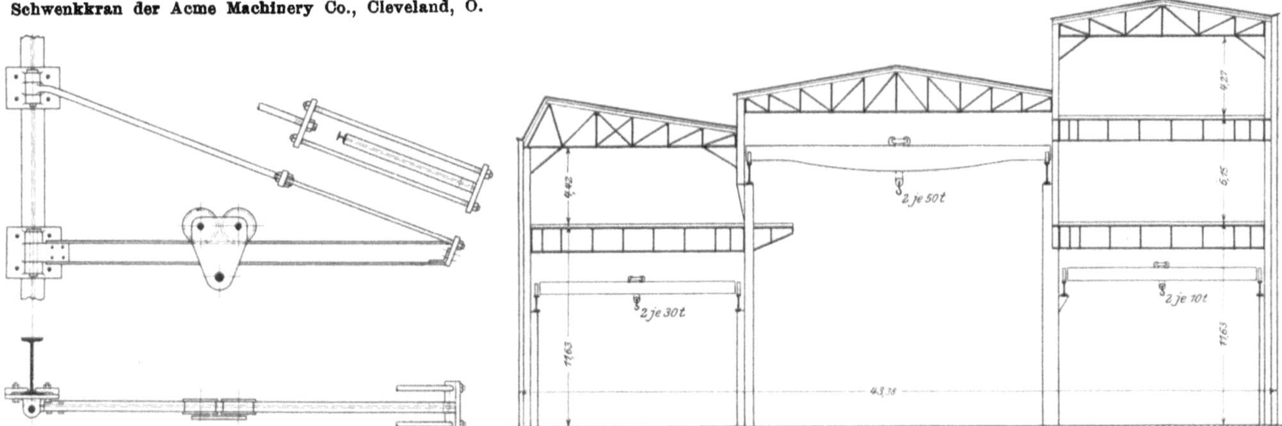

Gabel abstehen. Auf diese wird ein Blech mit den Kernen gelegt. Unten befindet sich eine feststehende Gabel, deren wagerechte Zinken so gestellt sind, daß die an der Kette sitzenden Stäbe durch die Zwischenräume hindurchgehen, während das Blech auf den feststehenden Zinken abgesetzt wird.

Norton Emery Wheel Co., Worcester, Mass.; G. A. Gray Co., Cincinnati, O.). Das Wesen dieser Anordnung besteht darin, daß das Kondenswasser durch eine besondere Pumpe in den Kessel zurückgeführt wird, und daß die Pumpe zugleich ein Vakuum erzeugt, durch das ein Gegendruck auf die Dampfmaschine verhindert wird. Durch Aendern des Vakuums kann man die Temperatur des Dampfes regeln. Die Einrichtungen für diese Heizanlagen, die von Warren, Webster & Co., Ltd., Camden, N. Y., geliefert werden, bestehen aus selbsttätigen Entwässerungsventilen an den Heizkörpern, aus einer Pumpe, die das Kondensat absaugt und in einen Behälter fördert, wo Luft und Wasser voneinander geschieden werden, und wo zugleich das Wasser durch Dampf wieder erwärmt wird, und schließlich aus einer Verbindung dieses Gefäßes mit der Kesselspeisung.

Die Heizkörper für Niederdruckdampfleitungen werden in den Pfeilern der Gebäude oder unter den Fenstern angebracht; das gebräuchlichste in amerikanischen Werkstätten ist aber, die Heizröhren hoch an den Wänden oder gar unter dem Dach anzuordnen. In der über 22 m hohen Montagehalle der neuen Werkstatt der Allis-Chalmers Co., vergl. Fig. 232 (S. 84), sind die Heizschlangen unter der Brüstung

bestehen aus einem Ventilator, in dessen Saugleitung Heizschlangen eingebaut sind, und der von einer Dampfmaschine oder einem Elektromotor angetrieben wird, und aus einem Verteilungsnetz mit Auslässen innerhalb der Werkstatt. Gesundheitlich am vorteilhaftesten wäre es, wenn man mit dieser Heizung eine Lüftung in der Weise verbände, daß man die zu erwärmende Luft aus dem Freien ansaugen ließe. Das geschieht in einzelnen Gießereien (American Locomotive Co., Schenectady, N. Y.; General Electric Co., Schenectady, N. Y.), wo die Erwärmung ohnehin nicht sehr weit zu gehen braucht. Für Werkstatträume jedoch scheint man dieses Verfahren für zu kostspielig zu halten, und nur in einzelnen Werkstätten mischt man wenigstens etwas frische Luft der verbrauchten bei. Wie dies bei der Brown Hoisting Machinery Co. geschieht, zeigt Fig. 291 und 292. Der Ventilator mit seinen Heizschlangen steht in einer Grube von kreisförmigem Querschnitt und fördert die erwärmte Luft in einen unter-

Fig. 291.

Fig. 292.

Heizungsanlage der Brown Hoisting Machinery Co., Cleveland, O.

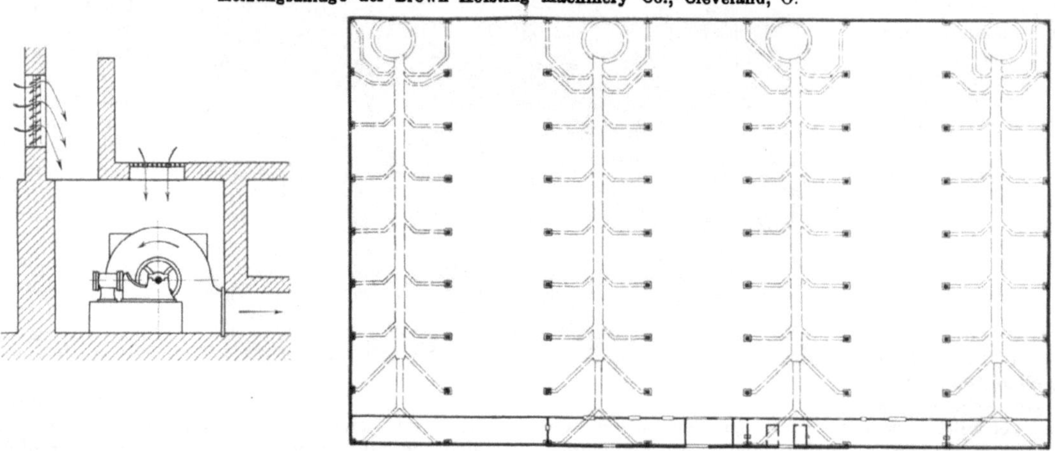

der oberen Fenster verlegt; in der großen Maschinenwerkstatt der General Electric Co., Schenectady, N. Y., ziehen sich die Dampfröhren hoch an den Stirnwänden hinauf. In der ebenfalls neu errichteten Fabrik der Nordberg Mfg. Co., Milwaukee, Wis., sind die Heizröhren zum Teil auch an den Wänden in Windungen emporgeführt; vier lang gestreckte Rohrbündel aber sind in wagerechter Lage an den Unterzügen der Dachkonstruktion aufgehängt. Dies Vorgehen ist insofern berechtigt, als dadurch diejenigen Stellen erwärmt werden, die der Abkühlung durch die Außentemperatur am meisten unterworfen sind; es wird dadurch vermieden, daß kalte Luftströmungen von oben nach unten eintreten, welche den Aufenthalt in der Werkstatt unangenehm machen können. Anderseits wird ein erheblicher Teil der Wärme von den erwärmten Flächen nach außen gestrahlt, abgesehen davon, daß ein Teil der eben erwärmten Luft durch Undichtheiten nutzlos ins Freie entweicht. Sparsam ist also das Verfahren nicht; aber in den Vereinigten Staaten spielt ja die Rücksicht auf den Kohlenverbrauch keine große Rolle.

irdischen Kanal. Die Luft aus der Werkstatt hat von oben her Zutritt in die Grube, während die Außenluft durch ein Fenster mit Jalousieklappen hineinströmt, die nach Bedarf verstellt werden können.

Im allgemeinen verzichtet man aber überhaupt auf die Zufuhr frischer Luft zum Ventilator und hält die Lüftung durch Undichtheiten in Wandungen und Fenstern für ausreichend. Dann aber sollte man es nicht so machen, daß man den Ventilator unmittelbar neben die inmitten der Werkstatt liegenden Abtritte stellt und die dort abgesaugte Luft in die Werkstatt bläst, wie es in der Werkstatt der Lake Shore and Michigan Southern-Eisenbahn, Collinwood, O., Fig. 293, geschieht.

Bei größeren Räumen, wo mehrere Ventilatoren notwendig sind, werden diese in der Werkstatt verteilt. So sind bei der Brown Hoisting Machinery Co., Fig. 292, vier Gruben mit Ventilatoren an der einen Längswand angeordnet; in der Werkstatt zu Collinwood, Fig. 293, stehen 2 Ventilatoren im Mittelschiff. In allen diesen Fällen versorgt jeder Ventilator ein unabhängiges Verteilungsnetz.

Zur Verteilung der warmen Luft dienen entweder Rohrleitungen aus Weißblech oder gemauerte Kanäle. Bei letzterer Ausführung ist man der Schwierigkeit überhoben,

Fig. 293.

Heizungsanlage der Lake Shore and Michigan Southern-Eisenbahn, Collinwood, O

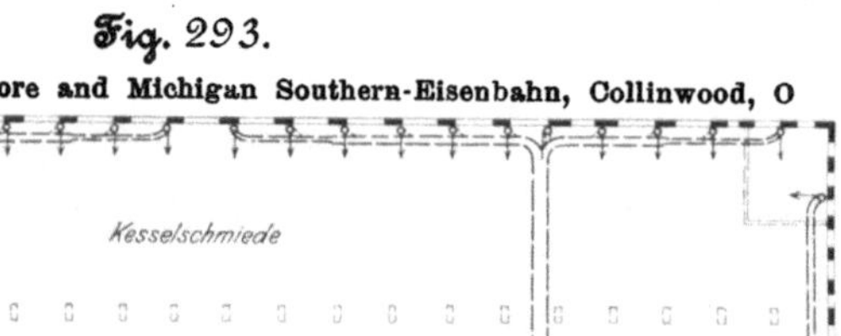

Die mittelbaren Dampfheizungen werden in Amerika hauptsächlich von der B. F. Sturtevant Co., Hydepark, Mass., und der Buffalo Forge Co., Buffalo, N. Y., ausgeführt. Sie

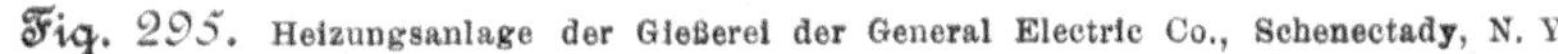

Fig. 295. Heizungsanlage der Gießerei der General Electric Co., Schenectady, N. Y.

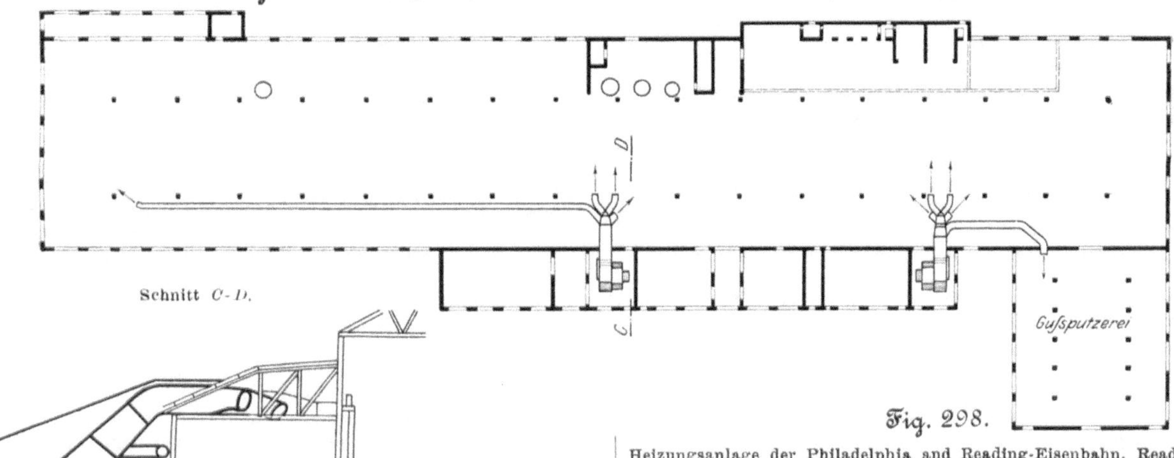

Schnitt *C-D*.

Gußputzerei

Fig. 298.

Heizungsanlage der Philadelphia and Reading-Eisenbahn, Reading, Pa.
Schnitt *A-B*.

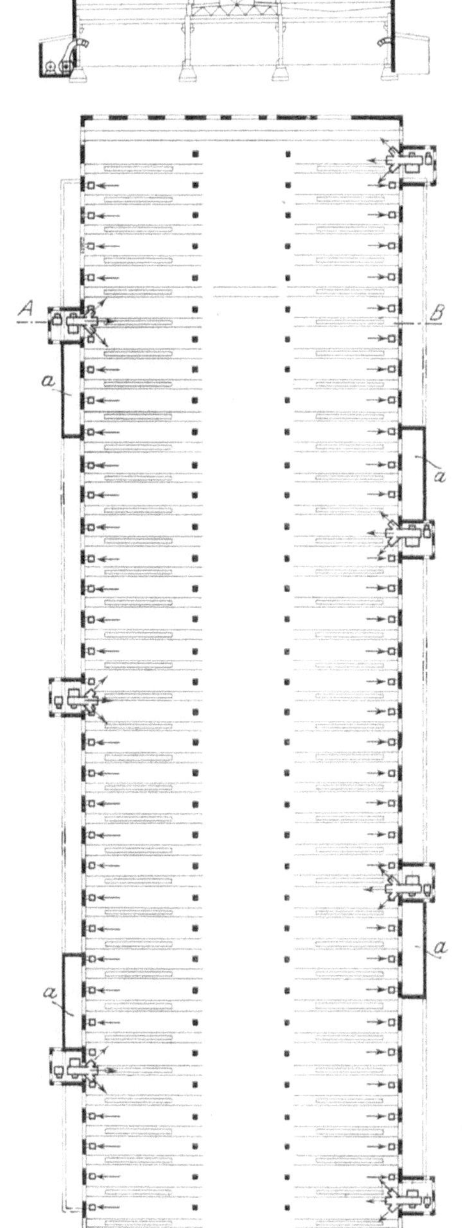

a Abtritte und Waschräume.

darauf zu achten, daß durch die Leitungen kein Licht versperrt, oder daß die Bewegung der Laufkrane behindert wird. Blechleitungen erhalten kreisförmigen oder auch rechteckigen Querschnitt und werden an der Dach- oder Deckenkonstruktion befestigt. Bei dem mehrstöckigen Gebäude der Lunkenheimer Co., Cincinnati, O., wird das Innere der Pfeiler, das den in Fig. 294 skizzierten Querschnitt hat, als Leitung benutzt. Ob es aber empfehlenswert ist, Eisenteile, die

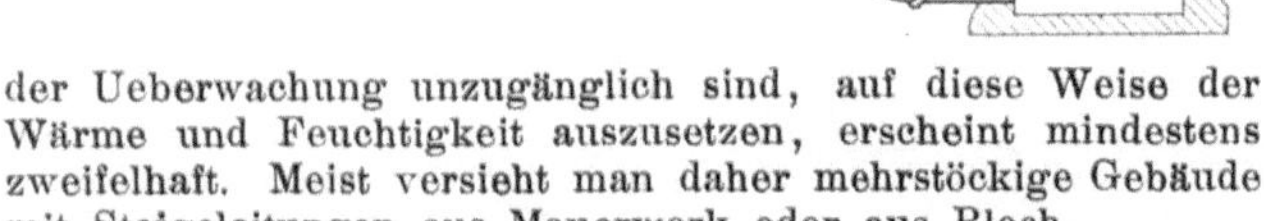

Fig. 294.

Querschnitt der Pfeiler; Lunkenheimer Co., Cincinnati, O.

Fig. 297.

Auslaßhaube;
Lake Shore and Michigan
Southern-Eisenbahn, Collinwood, O.

der Ueberwachung unzugänglich sind, auf diese Weise der Wärme und Feuchtigkeit auszusetzen, erscheint mindestens zweifelhaft. Meist versieht man daher mehrstöckige Gebäude mit Steigeleitungen aus Mauerwerk oder aus Blech.

Die Auslaßstellen sind gewöhnlich über die ganze Werkstatt hin verteilt. Aber es kommen hiervon Ausnahmen vor in solchen Fällen, wo kein Platz vorhanden ist, Leitungen einzubauen. Die Gießerei der General Electric Co., Schenectady, N. Y., Fig. 295, stellt ein Beispiel dafür dar. Hier sind in besonderen Kammern zwei Ventilatoren, die von Elektromotoren mit veränderlicher Umlaufzahl angetrieben werden, aufgestellt. Beide Ventilatoren haben 4,27 m Dmr.; die Breite beträgt bei dem einen 1,85, bei dem andern 2,13 m. Sie pressen die Luft in kurze Rohrstücke, die sich im Innern der Gießerei in 4 offene Aeste gabeln, abgesehen von einigen Abzweigungen, welche die Gußputzerei und einige andere Räume versorgen. Nachträglich ist noch innerhalb der Gießhalle ein längeres Rohr von dem einen Gabelrohr abgezweigt worden, als das ursprüngliche Gebäude rund um die Hälfte seiner anfänglichen Ausdehnung verlängert wurde Diese wenigen und nur an einer Seite des Raumes befind-

Fig. 296.

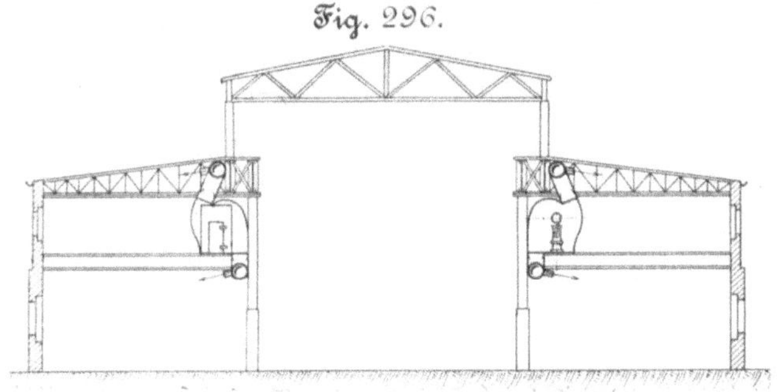

lichen Auslässe genügen vollständig, um den Raum zu durch-
wärmen; bei — 18° C Außentemperatur soll die Wärme im
Innern niemals unter 10° C gefallen sein[1]). Im Sommer
dienen die Ventilatoren zum Lüften während des Gießens
und während des Aushebens der Gußstücke, indem man sie
langsam laufen läßt und die Fenster der Dachreiter öffnet.

Wenn die Auslässe in der Werkstatt zerstreut liegen, so
muß der Querschnitt der Leitung hinter jeder größeren
Abzweigung kleiner werden. Für die Auslässe kommen verschiedenartige Anordnungen vor; man legt nämlich entweder die Auslässe oberhalb der Köpfe der Arbeiter und
richtet den Luftstrom schräg nach abwärts vom Innern des
Gebäudes nach den Fenstern zu, wie in Fig. 296, oder
aber man verlegt die Auslässe etwa in Brusthöhe an die
Fensterwände, so daß die warme Luft über dem Boden hin-
streicht, ehe sie aufwärts steigt. Hierfür bieten die Werkstätten der Brown Hoisting Machinery Co., Fig. 291, und der
Lake Shore and Michigan Southern-Eisenbahn, Fig. 293, Beispiele. Die letztere Anordnung erscheint insofern richtiger, als
die höchste Temperatur an den Stellen herrscht, wo die größte
Abkühlung durch die Außentemperatur stattfindet. Aber der
Aufenthalt in unmittelbarer Nähe der Auslaßhauben, Fig. 297,
denen die warme Luft entströmt, ist keineswegs angenehm.
In der Werkstatt der Lake Shore and Michigan Southern-Eisenbahn hat man deshalb die Auslässe, die aus einer Ga-
belung von Weiß-blech bestehen, drehbar und durch Drosselklappen verschließbar eingerichtet. Auch bei der Brown Hoisting Machine-ry Co., wo die Auslässe im Fuße der eisernen Pfeiler liegen, kann der Luftaustritt durch
Klappen geregelt werden. Es kommt auch vor (Loko-motivwerkstätte
der New Jersey Central-Eisen-bahn, Elizabeth-port, N. J.), daß
man die Auslässe an den Fenster-wänden in ziemlicher Höhe — 2,44 m — anbringt und den
Luftstrom schräg nach unten richtet[2]).

Schließlich ist eine Anlage bemerkenswert, bei der
keine Verteilungsleitung vorhanden ist, und bei der der
Umlauf der Luft durch Absaugeöffnungen erzielt wird. An
das Maschinen- und Montagegebäude der Hauptwerkstatt
der Philadelphia and Reading-Eisenbahn, Reading, Pa.,
Fig. 298, sind, zum Teil neben den Waschräumen, 7 Kammern angebaut, in denen Ventilatoren mit Heizschlangen
stehen[3]). Die Luft wird ohne weiteres durch ein kurzes
Rohrstück mit drei Oeffnungen in 2,4 bis 3 m Höhe über
dem Boden mit verhältnismäßig großer Geschwindigkeit
in das Gebäude gedrückt. Unter jedem Fenster befinden
sich Abzugsöffnungen im Boden, die in unterirdische Kanäle einmünden, in denen zugleich die Dampf-, Wasser-
und elektrischen Leitungen untergebracht sind. An diese
Kanäle schließt sich die Saugleitung der Ventilatoren, in

die auch, wenn es gewünscht wird, frische Luft eingeführt
werden kann.

Wascheinrichtungen, Kleiderablagen und Abtritte.

Wascheinrichtungen und Kleiderablagen sind im allgemeinen recht gut in amerikanischen Fabriken eingerichtet.
Hähne mit warmem und kaltem Wasser, langgestreckte Tröge
zum Auffangen und Fortleiten des gebrauchten Wassers, nicht
aber als Waschbecken dienend, verschließbare Kleiderschränke
für jeden Arbeiter, beides in heizbaren Räumen untergebracht
— das ist die Regel. Als ein Beispiel ist in Fig. 299 der
Wasch- und Kleiderraum in der Gießerei der General Electric
Co., Schenectady, N. Y., wiedergegeben. Man erkennt darauf,
daß die Wandungen der Schränke aus einem Gitterwerk bestehen, und zwar hat man das sogenannte Streckmetall verwendet. Derartige Schränke aus Streckmetall findet man in
neueren amerikanischen Fabriken sehr oft; sie haben den
schätzbaren Vorzug, daß sie leicht rein zu halten sind, und
daß die Luft unbehinderten Zutritt zu den Kleidern hat, während bei hölzernen Schränken die Lüftung durch Oeffnungen
in der Tür nur unvollkommen ist.

Die Wascheinrichtungen werden in besonderen Räumen,
die auch wohl als Eingang zur Werkstatt dienen,
oder auch inmitten der Werkstatt untergebracht.
Bei der Westing-house Electric & Mfg. Co., East
Pittsburg, Pa., liegen sie in den Seitenschiffen der
großen Maschinen-halle in einem Zwischenstock,
der zwischen dem Erdgeschoß und der Galerie eingebaut ist. In der Werkstätte der Lake Shore
and Michigan Southern-Eisen-bahn, Collinwood,
O., stehen inner-halb der Werk-statt Holzbuden,
zu deren Dach eine Treppe führt, und auf diesem

Wascheinrichtungen und Kleiderablage; General Electric Co., Schenectady, N. Y.

hat man Schränke aus Streckmetall aufgestellt. Im Innern
der Holzbuden sind die Wascheinrichtungen und die Abtritte untergebracht. Daß die letzteren sich innerhalb der
Werkstätte befinden, trägt, obwohl die Abtritte meist Wasser-
spülung haben, keineswegs zur Verbesserung der Luft
bei; aber es ist eine in Amerika ganz allgemein verbreitete
Einrichtung. Die Ursache dafür dürfte darin zu suchen sein,
daß man den Arbeiter verhindern will, weite Wege zu
machen, und daß man die Zeit zu kontrollieren wünscht, die
er auf dem Abtritt verbringt, denn die Zeit des Arbeiters
ist ja kostbar. Bei der Gisholt Machine Co., Madison, Wis.,
wo übrigens ein besonderer Anbau für die Abtritte vorhanden ist, geht man in letzterer Hinsicht so weit, daß
jeder Arbeiter sich den Schlüssel von einem besonderen
Wärter geben lassen muß, und daß dieser den Namen des
Arbeiters aufzuschreiben hat[1]); diese Fabrik beschäftigt rd.
200 Arbeiter.

In ganz eigenartiger Weise war zur Zeit meines Besuches
(Januar 1903) bei der Brown Hoisting Machinery Co. die
Anlage der Abtritte geplant und dürfte inzwischen ausge-

---

[1]) Vergl. Cassiers Magazine Februar 1902 S. 295.
[2]) Journal of the American Foundrymens Association Juni 1903
S. 123.
[3]) Ebenda S. 127.

[1]) Vergl. American Machinist 12. April 1901 S. 341.

führt sein. Die Abtritte sollten an der hinteren Längswand der Werkstätte, vergl. Fig. 214 (S. 78), liegen und sollten halbkreisförmig gebogene Drehtüren, Fig. 300, erhalten, die so eingerichtet sind, daß sich jemand im Innern der Zelle nur dann aufhalten kann, wenn die konvexe Seite der Türe nach außen steht, und daß, wenn die Türe die umgekehrte Stellung hat, die Zelle leer sein muß. Hierdurch wird erstens erreicht, daß man von außen erkennen kann, ob ein Abtritt besetzt ist, und ferner ist es unmöglich, daß jemand die Türe halb offen hält, um sich besser mit dem Mann in der benachbarten Zelle unterhalten zu können, wie es sonst gern geschieht.

Fig. 300.

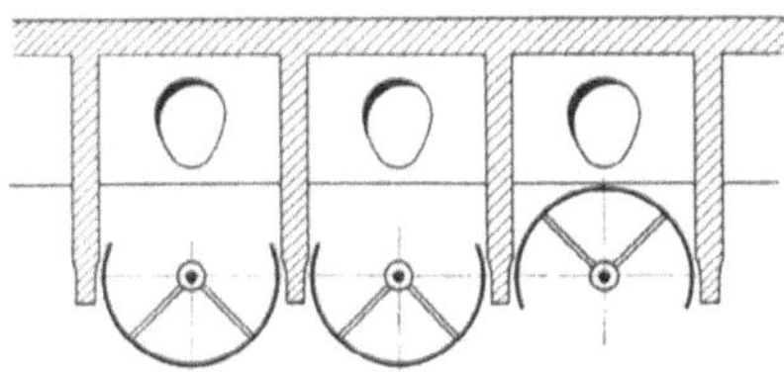

Abtritte der Brown Hoisting Machinery Co., Cleveland, O.

XIII. Die Organisation von Maschinenfabriken.

Wie angelegentlich sich die amerikanischen Ingenieure mit Fragen der Fabrikorganisation beschäftigen, kann man schon erkennen, wenn man ihre Fachliteratur [1]) verfolgt, in der diese Gegenstände regelmäfsig und ausführlich behandelt werden, und zwar meist von Männern der Praxis, die ihre eigenen Erfahrungen mitteilen. Durch alle derartigen Abhandlungen zieht sich wie ein roter Faden der Gedanke, dafs eine straffe Organisation zur Verminderung der Erzeugungskosten und vor allem zur Vermehrung der Leistungsfähigkeit einer Fabrik wesentlich beiträgt. Der letztere Punkt ist von besonderer Wichtigkeit zu einer Zeit des wirtschaftlichen Aufschwunges, wie er augenblicklich in den Vereinigten Staaten herrscht. Um ein Beispiel anzuführen, sei darauf hingewiesen, dafs die kurzen Lieferfristen es mehr als je notwendig machen, den Gang der Fabrikation so zu regeln, dafs die Einzelteile einer Maschine sämtlich rechtzeitig für die Montage fertig werden, damit keine Verzögerungen entstehen. Ein anderes Beispiel bietet die angesichts der hohen Löhne zwingende Notwendigkeit, die Lohnkosten für bestimmte Stücke ständig zu überwachen und etwaigen Steigerungen dieser Kosten sofort nachzugehen und ihre Ursachen abzustellen. Hier hat die Fabrikorganisation wichtige Aufgaben zu erfüllen, und sie hat auch in Amerika Hervorragendes geleistet.

Es ist schwer, wenn nicht unmöglich, ein allgemeines Bild von den Eigenarten der Fabrikorganisation zu geben, weil die Grundbedingungen und infolge davon die Einrichtungen jedes einzelnen Werkes zu verschieden sind. Es lassen sich daher nur einzelne Gebiete herausgreifen, wie die Regelung des Fabrikationsganges, die Ueberwachung der Arbeiter oder die Berechnung der Selbstkosten, weil hier dieselben Grundbestandteile stets wiederkehren. Deshalb bestehen auch keine grundsätzlichen Unterschiede in den Zielen, welche diese Zweige der Organisation in Deutschland und in Amerika verfolgen. Wohl aber weichen die Mittel, deren man sich in den Vereinigten Staaten bedient, manchmal von den unsrigen ab, und da mir deutsche Fabriken bekannt sind, welche z. B. die Berechnung der Selbstkosten nach amerikanischem Muster durchgeführt haben, so werden manchen andern Fabriken einige Beispiele, die im folgenden vorgeführt werden sollen, willkommen sein.

Mechanische Hülfsmittel.

Der oberste Grundsatz bei der Organisation einer Fabrik in den Vereinigten Staaten ist der, sich von bestimmten Personen unabhängig zu machen, vielmehr alles so zu regeln, dafs der Verkehr sich, man möchte sagen, mechanisch abwickelt. Deshalb werden nach Möglichkeit keine mündlichen Anordnungen erteilt, sondern alles wird auf schriftlichem Wege erledigt. Geht man doch manchmal so weit, dem Arbeiter schriftlich vorzuschreiben, in welcher Reihenfolge, mit welcher Arbeitsgeschwindigkeit und mit welchen Werkzeugen ein Stück zu bearbeiten ist. Oft enthalten die Vordrucke auch Anweisungen, wie sie auszufüllen und weiter zu behandeln sind. Man vermeidet dadurch, dafs ein Beamter vermöge seiner Erfahrungen und seines Gedächtnisses »unentbehrlich« wird. Der Beamte wird gewissermafsen zu einem austauschbaren Gliede des Betriebes. In ähnlicher Weise überhebt man die leitenden Männer der Mühe, durch persönliche Nachfrage sich um Einzelheiten zu kümmern; zu diesem Zwecke hat man Kontrollberichte ausgebildet, die dem Betriebsleiter jederzeit einen raschen Einblick in das gewähren, was in seiner Werkstatt vorgeht. Jedenfalls hält auch der als praktisch bekannte Amerikaner die bei uns so oft gelästerte Schreiberei für keineswegs entbehrlich. Allerdings weifs man in den Vereinigten Staaten überflüssige Schreibarbeit durch Kopien zu vermeiden, die auf Kohlenpapier durchgeschrieben werden.

Das schriftliche Verfahren erfordert eine grofse Menge von Formularen und macht häufig ein zahlreiches Bureaupersonal notwendig. Diese Belastung wird jedoch gering erachtet gegenüber der erzielten Ordnung und Uebersichtlichkeit. Dabei ist aber wohl zu beachten, dafs man die Schreibarbeit nicht den Meistern — die gehören in die Werkstatt — überträgt, sondern dafs man dafür eigene Beamte anstellt. Oft findet man, dafs dem Meister ein Schreiber beigegeben ist, der seinen Platz neben dem Tische des Meisters findet. Bemerkenswert ist auch, dafs der Meister seinen Platz gewöhnlich inmitten der Arbeiter hat, nicht etwa in einer besonderen Meisterstube.

Zum Kopieren müssen Zettel, Bogen und Karten benutzt werden, und man gibt diesen in Amerika gegenüber Büchern auch dort den Vorzug, wo wir Bücher zu verwenden pflegen. Als Vorzug der Zettel wird geltend gemacht, dafs sie handlicher und sozusagen vielseitiger sind als Bücher, weil jeder Zettel einzeln sich gerade dort befinden kann, wo seine Angaben gebraucht werden, während ein Buch immer nur an verschiedenen Stellen nacheinander eingesehen werden kann. Den Einwurf, dafs ein Zettel leicht verloren gehen könne, widerlegt der Amerikaner mit seiner gegenteiligen Erfahrung und damit, dafs die Angaben eines Zettels rasch aus andern zu ergänzen seien. Jedenfalls wöge der Verlust eines Buches schwerer als der einer ganzen Anzahl von Zetteln. Oft dienen die Zettel auch nur dazu, eine Angabe von einer Stelle der Fabrik einer andern zur weiteren Verwertung, Eintragung in Listen und dergl. zu übermitteln, und sie werden, nachdem sie diese Aufgabe erfüllt haben, fortgeworfen. Einzelne Bogen, die dauernd aufbewahrt werden sollen, werden am Rande gelocht und auf Stifte gereiht wie bei den bekannten Shannon-Einrichtungen. Man findet auch, dafs über die aufgereihten Bogen ein Metallstab geschoben und mittels eines Schlosses befestigt wird, dessen Schlüssel der betreffende Beamte behält (De la Vergne Refrigerating Machine Co., New York City). Auf diese Weise

---

[1]) American Machinist, The Engineering Magazine, Cassiers Magazine.

verbindet man die Vorzüge eines Buches mit denen der einzelnen Bogen. All diese Dinge erscheinen vielleicht zunächst unwichtig; aber wenn es gilt, jeden, auch den kleinsten Vorteil wahrzunehmen, so verdienen sie Beachtung und finden sie in den Vereinigten Staaten.

Zettel und Karten haben vor allem den Vorzug, daſs sie sich in einfacher Weise übersichtlich ordnen lassen, weit besser als es in Büchern mit alphabetischem Register möglich ist. Neue Karten können eingereiht, alte ausgemerzt werden, ohne daſs die Ordnung gestört wird, und dadurch, daſs man den Karten verschiedene Farben gibt, läſst sich die Uebersicht noch erhöhen. Es scheinen hier die Zettelkataloge von Büchereien vorbildlich gewesen zu sein: man trifft in den Vereinigten Staaten in den Fabrikbureaus dieselben Kartenverzeichnisse wie in öffentlichen Bibliotheken. In Schränken, die sich durch Anfügen einer neuen Abteilung leicht vergröſsern lassen, oder in einzelnen Kasten zusammen gestellt, dienen die Karten als Verzeichnisse für Zeichnungen, Modelle, Werkzeuge, Rohstoffe oder fertige Einzelteile; sie werden benutzt, um die Kosten der Maschinenteile oder der ganzen Maschine, die Akkordsätze oder die Lohnsätze der Arbeiter fortlaufend zu verzeichnen, Listen der Kunden und der Bestellungen werden mittels Kartenverzeichnisses geführt usw. Die Gruppen des Verzeichnisses werden durch Einstecken von Registerkarten gebildet, bei denen auf einem Teil der Breite ein Stück hervorsteht, Fig. 301, auf das die Bezeichnung der Gruppe geschrieben oder gedruckt wird. Die einzelnen Karten erhalten einen solchen Vordruck, daſs die Bezeichnung des Gegenstandes sofort deutlich hervorgehoben ist und man beim Ueberblicken der Karten leicht die gewünschten herausfindet. Vielfach ist die Einrichtung derart, daſs die Karten verriegelt werden, sodaſs man den Kasten umkehren kann, ohne daſs eine Karte herausfällt. Zu diesem Zwecke haben die Karten unten oder an den Seiten Einkerbungen, durch die ein Metallstab gesteckt wird[1]).

Ein wertvolles mechanisches Hülfsmittel bei der Fabrikorganisation sind die Kontrolluhren, von denen in den Vereinigten Staaten mehrere Ausführungen im Gebrauch sind. Die wichtigsten Fabriken, die sich mit der Herstellung von Kontrolluhren beschäftigen, sind jedoch zu einer Firma unter dem Namen International Time Recording Co. (Internationale Zeit-Kontrolluhren-Gesellschaft) verschmolzen. Bei uns scheinen sich diese Kontrolluhren allmählich auch einzubürgern, und in manchen deutschen Fabriken ist man mit ihnen recht zufrieden. An andern Stellen ist allerdings über die Schwierigkeiten geklagt wor-

den, die durch Reparaturen entstehen, während ich in Amerika keine Klage darüber gehört habe.

Der Grund scheint darin zu liegen, daſs die International Time Recording Co. ihren Kundenkreis in den Vereinigten Staaten in eine Anzahl von Bezirken geteilt und für jeden einen Revisionsbeamten angestellt hat. Dieser geht von einem Werk zum andern und untersucht jede Kontrolluhr in regelmäſsigen Zwischenräumen. Auf diese Weise können etwa auftretende Fehler beseitigt werden, ehe sie eine Betriebstörung zur Folge haben. Eine weitere Ursache für den Erfolg der Kontrolluhren in Amerika scheint mir darin zu liegen, daſs die genannte Gesellschaft nicht allein die Uhren verkauft, sondern ihren Abnehmern zugleich gut durchgearbeitete Systeme zur Berechnung der Selbstkosten liefert.

Die Kontrolluhren der International Time Recording Co. bestehen im wesentlichen aus einem Uhrwerk, durch welches Typenräder mit Ziffern, welche die Stunden und Minuten darstellen, verstellt und gleichzeitig das Zeigerwerk einer gewöhnlichen Uhr betrieben wird. Ueber den Typenrädern befindet sich ein Farbband, mittels dessen durch einen vom Arbeiter ausgeübten Druck die Zeit auf ein Papierblatt abgedruckt wird. Die einfachste Einrichtung enthält auf einem Kreis eine Reihe von numerierten Löchern, in die ein Stift gesteckt werden kann, der am Ende eines im Kreise drehbaren Armes sitzt, Fig. 302. Durch Drehen des Armes wird der Papierstreifen, Fig. 303, senkrecht verschoben, sodaſs der Aufdruck in die richtige wagerechte Zeile kommt. Durch Verschieben eines zweiten Armes wird der Streifen in wagerechter Richtung verschoben, sodaſs der Aufdruck auf die richtige Spalte (vormittags, nachmittags, Ein-, Ausgang usw.) trifft. Durch Einpressen des Stiftes, wobei ein Glockenzeichen ertönt, werden die Typen auf das Papier gedruckt.

Eine derartige Kontrolluhr erfordert ein Blatt Papier für jeden Tag. Sie hat ferner den Uebelstand, daſs die Anzahl der Arbeiter beschränkt ist, und vor allem, daſs ein Irrtum wegen der dicht beieinander liegenden Löcher auch ohne böswillige Absicht leicht möglich ist. Man hat diese Fehler dadurch zu vermeiden gewuſst, daſs man Kontrolluhren gebaut hat, bei denen der Arbeiter selbst seine Nummer neben die von der Uhr eingestellte Zeit druckt. Jeder Arbeiter hat dazu einen Schlüssel, den er in ein Loch der Uhr steckt und herumdreht; der Bart des Schlüssels ist für jede Nummer verschieden. Die Schlüssel hängen morgens, wenn der Arbeiter die Fabrik betritt, an einem Brett mit numeriertem Haken vor der Uhr und werden vom Arbeiter, nachdem er die Kontrolluhr benutzt hat, in einen hinter der Uhr befindlichen Kasten gehängt. Mittags geschieht das gleiche in umgekehrtem Sinne und so fort. Ein Papierstreifen einer derartigen Uhr ist in Fig. 304 dargestellt. [Man erkennt, daſs auf dem Papierstreifen eine Ueber-

Fig. 301. Kartenverzeichnis.

Fig. 302.
Kontrolluhr; International Time Recording Co.

---

[1]) Näheres s. Zeitschrift des Vereines deutscher Ingenieure 1900 S. 1732. Uebrigens werden derartige Kartenverzeichnisse auch von deutschen Firmen angefertigt und in den Handel gebracht.

sicht schwer möglich ist, weil im Gegensatz zu Fig. 303 die Arbeiternummern durcheinander gewürfelt erscheinen. Dagegen bieten die Schlüsselkasten dieselbe Kontrolle wie die bekannten Kasten mit Metallmarken.

Am vorteilhaftesten erscheint eine Anordnung, bei der jeder Arbeiter eine besondere Karte hat, und zwar aus demselben Grunde, der das Karten- und Zettelwesen empfehlenswert erscheinen läfst: leichtere Beweglichkeit und gröfsere Uebersichtlichkeit. Eine derartige Einrichtung, Fig. 305, umfafst aufser der Uhr ebenfalls zwei Kasten; aus dem einen entnehmen die Arbeiter ihre Karten, lassen sie stempeln und stecken sie in den andern Kasten. Die Kontrolluhr hat einen Trichter, in den die Karten gesteckt werden und der in wagerechter Richtung durch einen links in Fig. 305 sichtbaren Hebel verstellt wird. Die Tiefe, bis zu der die Karten in den Trichter geschoben werden, ist durch einen Anschlag begrenzt, und da jede wagerechte Zeile auf der Karte einen Wochentag darstellt, so mufs der Anschlag jeden Tag um eine Zeile in senkrechter Richtung verstellt werden. Das geschieht durch ein besonderes Uhrwerk, das neben dem zum Verstellen der Typenräder dienenden Werk im Gehäuse vorhanden ist. Das Anpressen der Karten an das Typenrad wird durch einen Hebel veranlafst, der vom Arbeiter nach unten zu drücken ist, wobei ein Glockenzeichen ertönt.

Bei Benutzung dieser Kontrolluhren empfiehlt es sich, dem neu eingestellten Arbeiter eine Karte einzuhändigen, worauf seine Nummer deutlich verzeichnet ist. Die Ingersoll-Sergeant Drill Co., Easton, Pa., verwendet dazu steife Karten von 78 × 123 mm mit folgendem Text:

»Ihre Kontrollnummer ist . . . . .

Eine fremde Karte abzustempeln, ist bei Strafe sofortiger Entlassung verboten.

Wenn der aufgedruckte Stempel falsch ist, so mufs das sofort dem Stundenschreiber gemeldet werden.

Die Karte ist zu stempeln vor Beginn und am Ende der Arbeit.

Für Zuspätkommen wird mindestens $^1/_2$ st abgezogen.

Name des Arbeiters: . . . . . .«

Bei einer Kontrolluhr, die sich weniger für Arbeiter eignet, sondern hauptsächlich für Bureaubeamte verwendet wird, schiebt sich ein Papierstreifen vor einer Oeffnung um ein bestimmtes Stück vorbei, wenn auf einen Hebel gedrückt wird; gleichzeitig wird die Zeitangabe auf das Papier gedruckt. Der Beamte mufs, nachdem er den Papierstreifen weiter geschaltet hat, seinen Namen auf die in der Oeffnung freiliegende Stelle des Papieres schreiben.

Verwandt mit den Kontrolluhren ist der ebenfalls von der International Time Recording Co. hergestellte Zeitstempel Fig. 306, der auch als Kontrolleinrichtung im Fabrikbetriebe Verwendung findet, indem man nach Stunden und Minuten die Zeit aufdruckt, wann ein Bestellzettel oder dergl. ein-

9	6 45
3	6 49
7	6 55
5	7 01
11	7 04
5 *	12 00
11 *	12 02
7 *	12 03
3 *	12 04
9 *	12 07
7	12 50
5	12 52
3	12 55
9	12 56
11	1 03
3 *	6 02
9 *	6 03

Wirkliche Breite: 33 mm.

Date January 19, 1900

	A. M.		P. M.		EXTRA		
	IN	OUT	IN	OUT	IN	OUT	
1	6 44	12 01	12 54	6 01			
2	6 43	12 04	12 50	6 00	6 58	10 01	13
3	6 48	12 07	12 46	6 04			
4	6 52	12 12	12 58	6 02			
5	6 55	12 06	12 54	6 00			
6							0
7	6 42	12 04	1 01	6 05			
8	7 57	12 03	12 51	6 01			
9	6 57	12 21	12 35	6 11			
10	6 58	12 05	12 56	6 03			
11	6	12 03	1 00	6			

Wirkliche Breite: 100 mm.

gegangen ist, wann ein Werkstück begonnen und beendet worden ist usw. Die Einrichtung der durch ein Uhrwerk verstellbaren Typenräder ist dieselbe wie bei den Kontrolluhren.

Neben den Erzeugnissen der International Time Recording Co. habe ich noch andere Kontrolluhren im Betriebe gefunden (Ingersoll-Sergeant Drill Co., Easton, Pa., Pratt & Whitney Co., Hartford, Conn.), die von der Simplex Time Recorder Co., Gardner, Mass., hergestellt waren. Bei den Simplex-Kontrolluhren wird eine Trommel mit stehender Achse, auf welche ein Papierblatt gespannt ist, von einem Uhrwerk gedreht. Das Papierblatt, Fig. 307, hat eine senkrechte Zeiteinteilung, wobei der Zwischenraum zwischen zwei Teilstrichen je 5 min bedeutet, und eine wagerechte Teilung für die verschiedenen Arbeiternummern. Aus dem Gehäuse der Uhr ragen ebensoviel numerierte Druckknöpfe hervor, wie wagerechte Teilstriche vorhanden sind; durch diese Knöpfe werden Hebel in ähnlicher Weise wie bei Schreibmaschinen in Bewegung gesetzt, nur befindet sich am Ende des Hebels statt der Letter eine Nadel, die in das Papierblatt ein Loch sticht. (Um die Nadel eindringen zu lassen, ist die Papiertrommel wellenförmig abgedreht.) Das Papierblatt gewährt eine gute Uebersicht, und die Uhr macht es möglich, dafs mehrere Personen zu gleicher Zeit ihren Kontrollvermerk aufdrücken. Dagegen liegt es in der Kon-

Fig. 305. Kontrolluhr mit Karten; International Time Recording Co.

struktion begründet, daſs die Anzahl der Personen begrenzt ist; die Uhr wird in Ausführungen bis zu 100 Knöpfen geliefert.

Daſs Schreibmaschinen ein unentbehrliches Werkzeug im Betriebe amerikanischer Fabriken sind, bedarf kaum einer Erwähnung. Zuweilen gehört auch eine Additionsmaschine zur Ausrüstung eines Fabrikbureaus; so sah ich bei der Bullard Machine Tool Co., Bridgeport, Conn., eine Ausführung der Mechanical Accountant Co., Providence, R. J.

Ein nützliches Werkzeug zur Kontrolle ist die Lochzange: Jeder Meister oder sonstige Werkstattbeamte locht die Karten oder Zettel, die er mit seinem Kontrollvermerk zu versehen hat; die Form des Loches ist bei jeder Zange verschieden, sodaſs Zweifel nicht eintreten können, und gegenüber einer Unterschrift mit Bleistift bietet das Lochen den Vorzug, deutlich zu sein und Fälschungen vorzubeugen, da kein Beamter seine Zange aus der Hand geben darf.

Sehr häufig werden die Arbeiter selbst herangezogen, um Arbeitszettel oder dergl. auszufüllen, und da die Arbeiter gemeinhin keine groſsen Schreibkünstler sind, so hat man zu dem Mittel gegriffen, alle überhaupt möglichen Angaben über Tätigkeit und Zeitverbrauch in der Weise auf die Zettel zu drucken, daſs der Arbeiter mit Bleistift das anzukreuzen oder durchzustreichen hat, was für ihn in Betracht kommt. Auch den Meistern kann man auf diese Weise ihre Schreibarbeit erleichtern. Ein Beispiel ist in Fig. 308 dargestellt; weitere sollen in einem späteren Abschnitt folgen. Fig. 308, ein Arbeitszettel der Bullard Machine Tool Co., die vorzugsweise Bohrwerke mit senkrechter Achse baut, enthält links die Zeit des Beginnes, rechts die der Beendigung der Arbeit. Dazwischen sind auf dem oberen Drittel der Name des

Fig. 306.

Zeitstempel; International Time Recording Co

passen, und er hat diese Arbeit an demselben Tage nachmittags 2 Uhr 15 Min. vollendet.

Die Regelung des Fabrikationsganges.

Um den Gang der Bearbeitung eines Stückes zu regeln, sind zunächst zwei Dinge nötig: der Meister muſs über die in seiner Abteilung auszuführenden Arbeiten unterrichtet und dem Werkstück muſs sein Gang vorgeschrieben werden. Das erstere geschieht durch Auftragzettel (production order), das letztere durch Laufzettel (routing tag); manchmal sind beide Zettel zu einem vereinigt. Der Auftragzettel wird vom Leiter der Werkstatt für eine ihm vom Hauptbureau übermittelte Bestellung oder für das Lager fertiger Teile ausgeschrieben. Wenn eine Abteilung der Werkstatt bei einer andern etwas bestellt, so geschieht dies mittels eines Teilauftrages (sub-production order).

Ein Auftrag bezieht sich entweder auf eine einzelne Maschine, oder aber auf die Herstellung von Maschinenteilen, was besonders bei Massenfabrikation üblich ist, wo die Einzelteile in Sätzen von 6, 12 und mehr Stücken hergestellt werden und in ein Zwischenmagazin wandern, bevor sie montiert werden. Im ersten Falle muſs der Auftrag — oft von einem besonderen Betriebsbureau (order department), manchmal vom Konstruktionsbureau (Allis-Chalmers Co., Chicago, Ill.) — in seine Bestandteile aufgelöst werden, damit er in dieser Form den in Betracht kommenden Abteilungen der Fabrik zugänglich gemacht werden kann. Die einzelnen Bestandteile, in welche der Auftrag zerfällt, werden in Form einer Stückliste den Meistern zur Kenntnis gebracht. Die Stücklisten werden in der Regel gedruckt oder als Blaupausen vorrätig gehalten, sodaſs sie nur gelegentlicher Aenderungen bedürfen. Sie enthalten auſser der Be-

Fig. 307.

Papierblatt einer Kontrolluhr der
Simplex Time Recorder Co , Gardner, Mass.

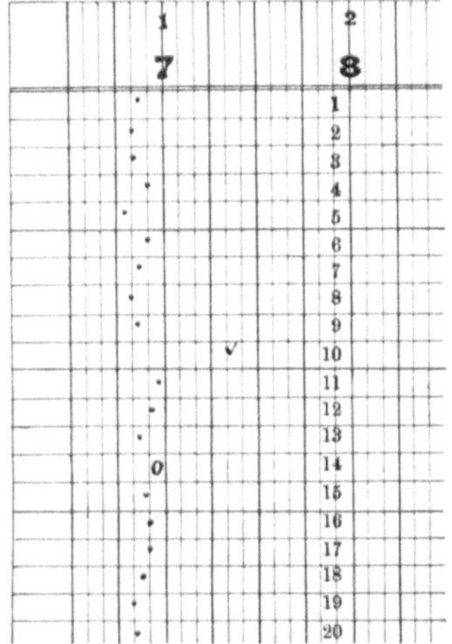

Fig. 308.

Arbeitszettel; Bullard Machine Tool Co., Brigdeport, Conn.

2–11 Com.	Name	John Smith		No. 243		2–11 Fm.
A. M.	Job No. 675	No. Pcs. 5		No. M'c'h, 2		A. M.
7 15 30 45	Name of Piece	back shafts				7 15 30 45
8	Details of Operation	to grind, cut thread,				8
9		fit eccentric				9
10						10
11	Carriage	Tail Stock	Change Gear	Apron	Lead Screw	Taper Attach	11
P. M.	Head Stock	Feeds	Erecting	Counter	Beds	Side Head	P. M.
1	Cross Rail & Saddle	Table & Spindle	Top Rail	Drilling Head	Turrets	Side Drive	1
2	Turning	Drilling	Boring	Assemble	Planing	Screw Machine	2
3	Scraping	Gear Shaper	Vise Work	Milling	Grinding	Harden'g	3
4	Broaching	Gear Cutting	Slotting	Chucking	Polishing	Babbit'ng	4
5	Painting	Gear Planing	Cutting Off	Tapping	Cleaning	Reaming	5
6							6
7							7
8							8
9							9

Wirkliche Gröſse: 145 mm breit, 81 mm lang.

Arbeiters, die Bezeichnung des Stückes und die Angabe der auszuführenden Arbeit einzutragen. Auf dem mittleren Drittel sind die Teile der Maschine aufgedruckt und unten die Benennung der Arbeitsvorgänge. So wie der Zettel aussieht, besagt er: der Arbeiter Nr. 243 namens John Smith hat am 2. November um 7 Uhr morgens begonnen, 5 hintere Vorgelegewellen eines Spindelstockes, gehörend zur Maschine Nr. 2, auf Grund des Werkstattauftrages Nr. 675 fertig zum Schleifen abzudrehen[1]), Gewinde zu schneiden und das Exzenter aufzu-

[1]) abgekürzt bezeichnet durch to grind.

zeichnung des Stückes und der nötigen Anzahl die Nummern der Zeichnung und des Modelles und die Angabe des Materials; oft sind Fächer zum Eintragen des Rohgewichtes gelassen. Bemerkenswert ist eine Liste der Becker-Brainard Milling Machine Co., Hyde Park, Mass., deren Kopf in Fig. 309 wiedergegeben ist; darin sind neben den Bestandteilen der Maschine die dazugehörigen kleinen Maschinenteile, die von andern Firmen bezogen werden: Bolzen, Schrauben, Muttern, Unterlagscheiben, Keile, Stifte usw. nach Zahl und Gröſse anzugeben. Aus den Stücklisten

Fig. 309.

Stückliste; Becker-Brainard Milling Machine Co., Hyde Park, Mass.

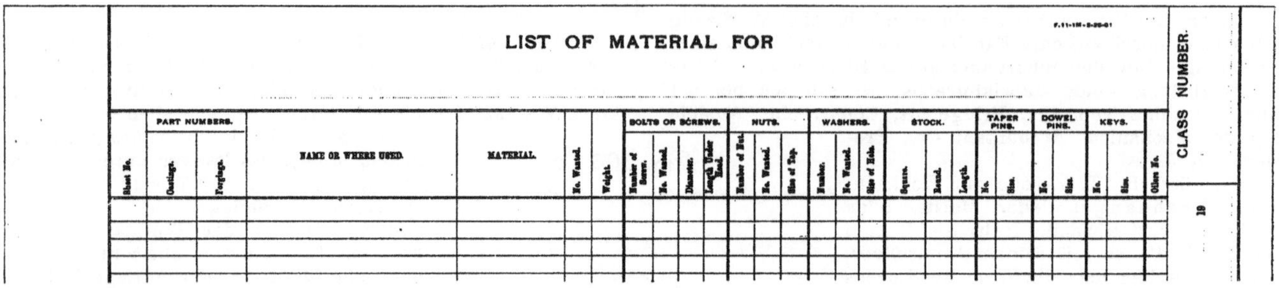

Wirkliche Gröfse: 456 mm breit, 350 mm lang.

Fig. 310.

Stückliste; Deane Steam Pump Co., Holyoke, Mass.

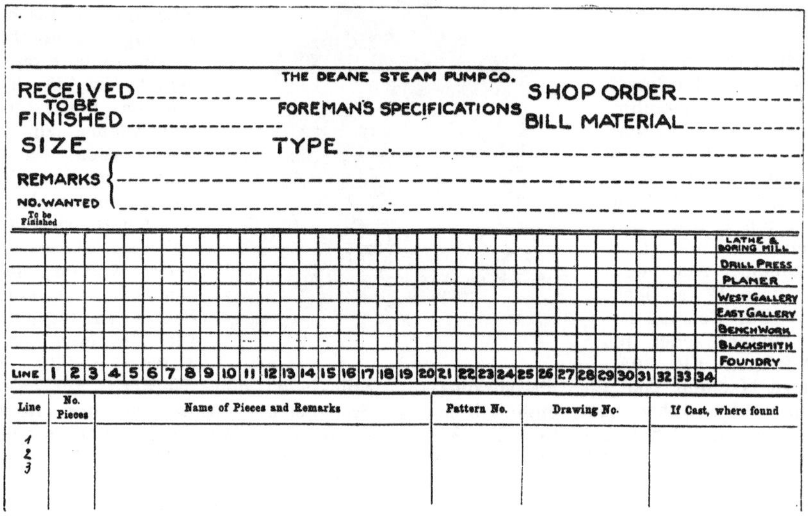

Wirkliche Gröfse: 280 mm breit, 365 mm lang.

werden häufig noch besondere Listen für Giefserei und Schmiede ausgezogen. Manchmal wird auch schon der ursprüngliche Auftragzettel mit einem Verzeichnis der Hauptbestandteile einer Anlage oder einer Maschine versehen (Lidgerwood Mfg. Co., Brooklyn, N. Y.; De La Vergne Refrigerating Machine Co., New York City).

Die Stücklisten gehen vor allen Dingen zum Lagerverwalter, der zu untersuchen hat, was von dem erforderlichen Material oder von den fertigen Einzelteilen im Lager vorhanden ist, und was neu bestellt werden mufs. Manchmal wird dann aus dieser Stückliste ein Auszug für die Werkstatt gemacht, der nur diejenigen Stücke enthält, die neu herzustellen sind. Die Deane Steam Pump Co., Holyoke, Mass., hat mit einem derartigen Auszug, Fig. 310, eine Einrichtung verbunden, die gestattet, den Gang der Teile durch die Werkstatt zu überwachen. Die einzelnen Stücke werden in numerierten Zeilen aufgeführt, und die Nummern finden sich in einer wagerechten Reihe einer am Kopf des Blattes befindlichen Schachbrettteilung wieder. Es sind nun 8 wagerechte Feldreihen vorhanden, für je eine Werkstattabteilung bestimmt, sodafs jedes Feld sich auf ein bestimmtes Stück in einer bestimmten Abteilung bezieht. Wenn ein Stück in einer Abteilung fertig ist, so hat der betreffende Meister das durch ein Bleistifthäkchen in der Liste zu kennzeichnen, welche im Betriebsbureau aufbewahrt wird.

Eine ähnliche Kontrolle wird bei der Lidgerwood Mfg. Co., Brooklyn, N. Y., dadurch erzielt, dafs man von dem Auftragzettel, der eine Stückliste enthält, 2 Durchschreibkopien anfertigt. Das Original, Fig. 311a, von weifser Farbe bleibt im Bureau des Werkstattleiters, eine Kopie auf gelbem Papier, Fig. 311b, geht in die Modellschreinerei und eine auf grauweifsem, Fig. 311c, in die Giefserei. Die beiden letzten werden, nachdem die Modelle hergestellt und an die Giefserei abgeliefert sind, bezw. nachdem die Gufsstücke fertig sind, dem Werkstattleiter mit entsprechenden Bemerkungen wieder zugestellt. Dieser hat in seinem Bureau eine Uebersichtstafel mit den folgenden Rubriken: Maschine, Auftragnummer, Liefertermin, Modelle fertig, Gufs fertig usw., und macht darin seine Eintragungen, sobald er die Modell- bezw. die Giefsereikopie des Auftragzettels erhält; diese Kopieen selbst werden, nachdem sie ihre Schuldigkeit getan haben, vernichtet. Gegenüber der Einrichtung bei der Deane Steam Pump Co., vergl.

Fig. 310, bietet dies Verfahren der schriftlichen Rückmeldung den Vorteil, dafs die Meister nicht nach dem Betriebsbureau zu gehen haben, um die Fertigstellung eines Stückes zur Kenntnis zu bringen.

Ein ähnliches System der Rückmeldungen ist bei der De la Vergne Refrigerating Machine Co., New York City, im Gebrauch. Die Aufträge werden in einer Abteilung des Konstruktionsbureaus (engineering department) in einem Buch ausgeschrieben, das für jeden Auftrag einen Originalzettel und drei Durchschreibkopieen von verschiedener Farbe enthält. Das Original bleibt im Buche, während die drei Ko-

Fig. 311.

Auftragzettel; Lidgerwood Mfg. Co., Brooklyn, N. Y.

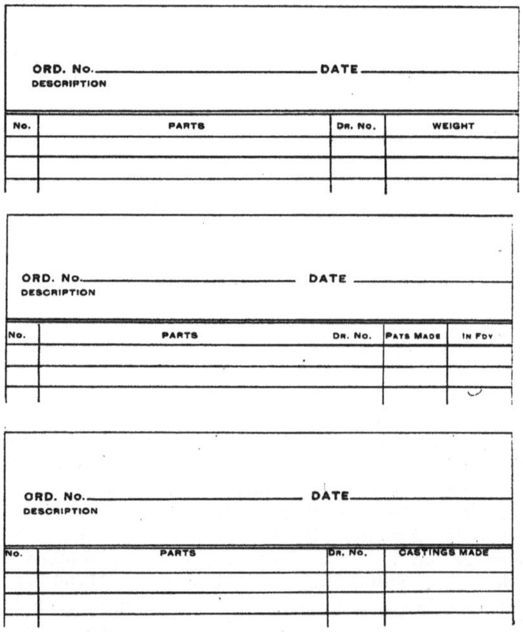

Wirkliche Gröfse: 152 m breit, 242 mm lang.

Fig. 312.

Auftragzettel; De La Vergne Refrigerating Machine Co., New York City.

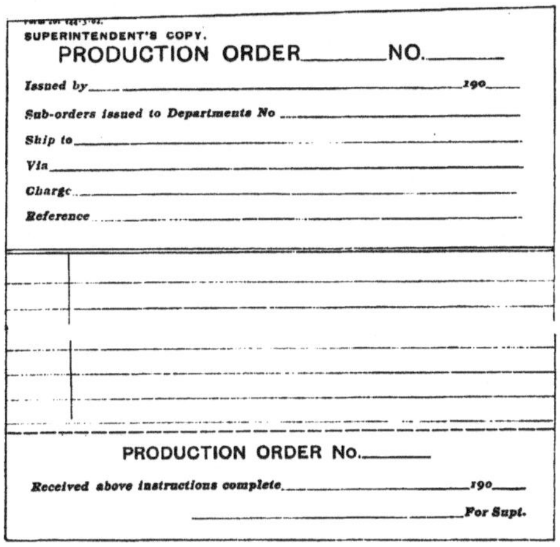

SUPERINTENDENT'S COPY.
PRODUCTION ORDER_______NO._______
Issued by_______________________________190____
Sub-orders issued to Departments No____________
Ship to____
Via____
Charge____
Reference______________________________________

PRODUCTION ORDER No._______
Received above instructions complete.__________190___
____________________________For Supt.

Wirkliche Gröfse: 133 mm breit, 218 mm lang.

Fig. 313.

Teilauftrag; De La Vergne Refrigerating Machine Co., New York City.

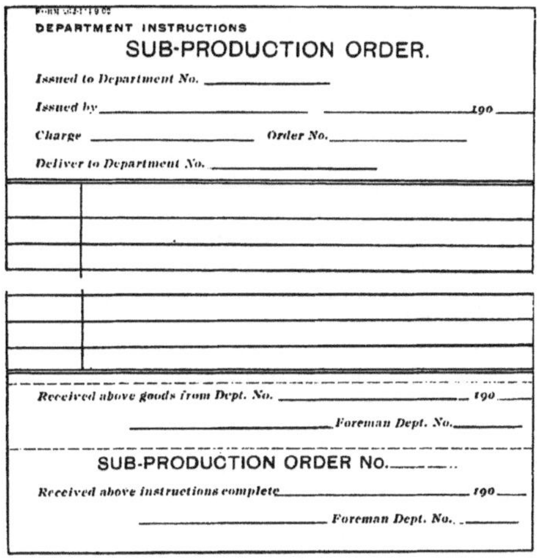

DEPARTMENT INSTRUCTIONS
SUB-PRODUCTION ORDER.
Issued to Department No. _______________
Issued by _______________________________190___
Charge _________________ Order No.___________
Deliver to Department No. _______________

Received above goods from Dept. No. ________________190___
___________________Foreman Dept. No.________

SUB-PRODUCTION ORDER No._______.
Received above instructions complete______________190___
____________ Foreman Dept. No._____

Wirkliche Gröfse: 133 mm breit, 218 mm lang.

Fig. 314.

Auftragkarte; Cincinnati Milling Machine Co., Cincinnati, O.

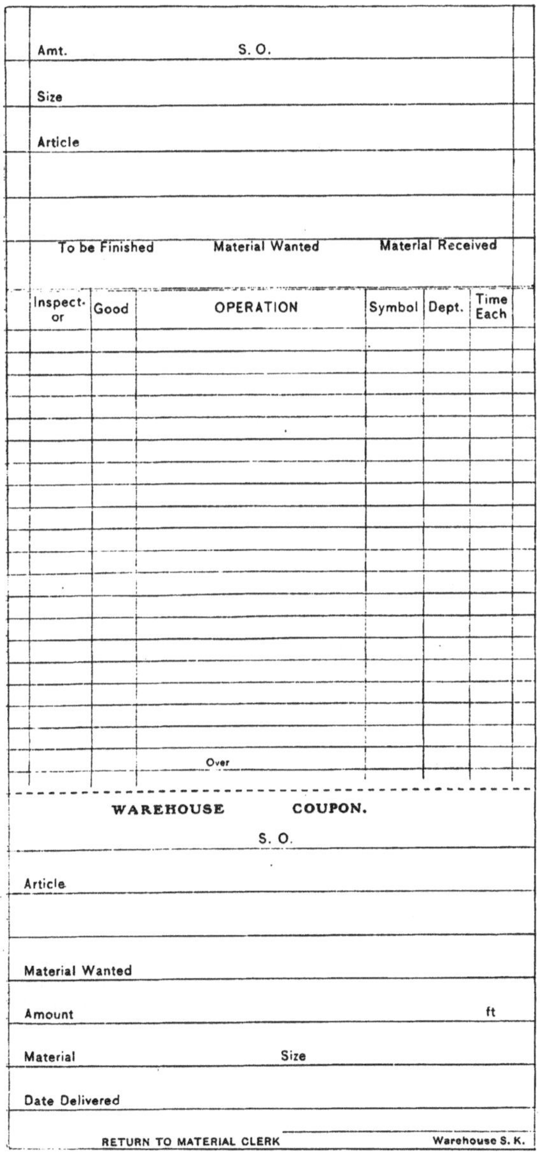

Amt.		S. O.			
Size					
Article					
To be Finished	Material Wanted		Material Received		
Inspector	Good	OPERATION	Symbol	Dept.	Time Each

Over

WAREHOUSE COUPON.
S. O.

Article

Material Wanted

Amount   ft

Material   Size

Date Delivered

RETURN TO MATERIAL CLERK   Warehouse S. K.

Wirkliche Gröfse: 101 mm breit, 222 mm lang.

Fig. 315.

Kopie der Auftragkarte Fig. 14.

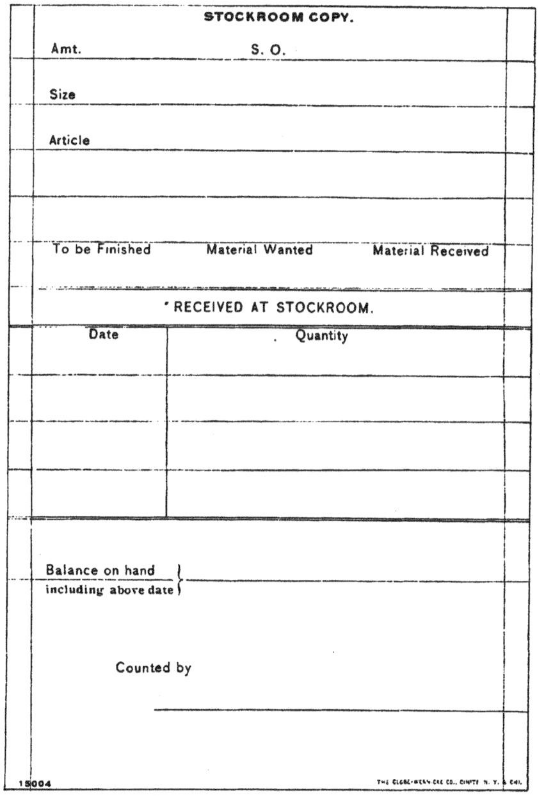

STOCKROOM COPY.

Amt.		S. O.	
Size			
Article			
To be Finished	Material Wanted	Material Received	

RECEIVED AT STOCKROOM.

Date	Quantity

Balance on hand
including above date

Counted by

15004   THE GLOBE-WERNICKE CO., CINPTE N. Y. & CHI.

Wirkliche Gröfse: 101 mm breit, 152 mm lang.

pien herausgerissen werden, und zwar geht eine, Fig. 312
zum Betriebsleiter, eine zum Kalkulationsbureau und die
dritte zum Expedienten. Diese drei Zettel haben unten einen
Abreifszettel, auf dem aufser der Auftragnummer bei den
ersten beiden der Text: »Die obigen Aufträge empfangen zu
haben, bescheinigt ......«, vorgedruckt ist. Die Abreifszettel werden von dem Empfänger, mit Datum und Unterschrift versehen, nach dem Konstruktionsbureau zurückgesandt
und dort auf die im Buche befindliche Kopie geklebt. Der
Abreifszettel der nach der Expedition gesandten Kopie enthält die Worte: »Vollständig versandt ......«. Er wird vom
Expedienten, mit Datum und Unterschrift versehen, an das
Kalkulationsbureau geschickt und auf die dort befindliche
Kopie des Auftragzettels geklebt, sodafs das Kalkulations-

bureau stets von der Vollendung eines Auftrages unterrichtet wird.

Bei der De La Vergne Refrigerating Machine Co. werden auch für die Bearbeitung der Einzelteile Teilaufträge mit Rückmeldezetteln für die einzelnen Werkstattabteilungen ausgestellt. Welche Teilaufträge und an wen sie gesandt sind, wird auf dem Hauptauftragzettel, vergl. Fig. 312, vermerkt. Die Teilaufträge enthalten unter anderm eine Verfügung darüber, an welche Abteilung das betreffende Stück, nachdem es bearbeitet ist, weitergegeben werden soll. Von den Teilaufträgen werden zwei Kopien hergestellt, die, wie oben geschildert, herausgerissen werden, während das Original im Buche verbleibt. Die erste Kopie, Fig. 313, geht an den betreffenden Meister, die zweite an den Lagerverwalter. Die erste, hat zwei Abreifszettel, von denen der unterste eine Quittung über den Empfang des Teilauftrages ist und an das Konstruktionsbureau zum Aufkleben auf den Original-Teilauftrag zurückgeht, während der andere Abreifszettel eine Quittung über den Empfang des betreffenden Teiles von der vorangehenden Werkstattabteilung darstellt. Diese Quittung geht an den Betriebsleiter und wird auf den in seinem Bureau aufbewahrten Haupt-Auftragzettel geklebt. Die zweite Kopie des Teilauftrages, die, wie erwähnt, an den Lagerverwalter gesandt wird, enthält zunächst ebenfalls eine abzureifsende Quittung über den Empfang des Zettels, die wie zuvor behandelt wird, und aufserdem eine Quittung des Expedienten über den Empfang des verzeichneten Stückes, welche als Beleg beim Lagerverwalter bleibt.

Bei der Cincinnati Milling Machine Co., Cincinnati, O., enthält der Werkstattauftrag, eine Karte aus Kartonpapier, Fig. 314, einen abtrennbaren Abschnitt, der als Quittung für das erhaltene Rohmaterial an den Verwalter des Rohstofflagers geht. Der Verwalter des Lagers für fertige Teile — es werden nämlich hier alle Einzelteile an ein Lager abgeliefert und von dort zur Montage herausgegeben — erhält einen blauen Zettel, Fig. 315, auf dessen oberem Teil der Kopf der Auftragkarte, Fig. 314, mittels Durchschreibens kopiert ist. Auf diesem Kopf ist angegeben: die Anzahl der Stücke, die Auftragnummer und die Bezeichnung des Stückes, ferner die Tage, an denen der Auftrag erledigt, das Material bestellt und empfangen sein mufs. Hierunter hat der Verwalter des Lagers fertiger Teile auf seinem Zettel einzutragen, wann bezw. wieviel fertige Stücke er empfangen hat, sowie den einschliefslich des neuen Eingangs vorhandenen Vorrat, und hat den Zettel an die Buchhaltung weiterzugeben, wo ein Beamter die Angaben der Zettel in einem Kartenverzeichnis bucht.

Auf der ursprünglichen Auftragkarte, Fig. 314, werden nun im Betriebsbureau unterhalb des Kopfes die einzelnen Arbeitsvorgänge aufgeschrieben, die an dem Stück auszuführen sind, und die Werkstattabteilung, wo dies geschehen soll. Von dieser Auftragkarte erhalten die Meister Durchschreibkopien auf gelbem Papier. Auf der Karte sind ferner Fächer gelassen, in denen die Dauer jeder Bearbeitung verzeichnet wird, und andere, in denen der Abnahmebeamte nach jeder Bearbeitung seinen Vermerk über die Anzahl der brauchbar befundenen Stücke nebst seinem Namen eintragen soll. Die Karte wird, nachdem der Abschnitt für den Rohstofflagerverwalter abgetrennt ist, in den Falz einer Blechtafel geschoben und wandert mit dem Stück durch die Werkstatt; sie dient also gleichzeitig als Begleitzettel.

Fig. 316.

Begleitkarte; Bullard Machine Tool Co., Bridgeport, Conn.

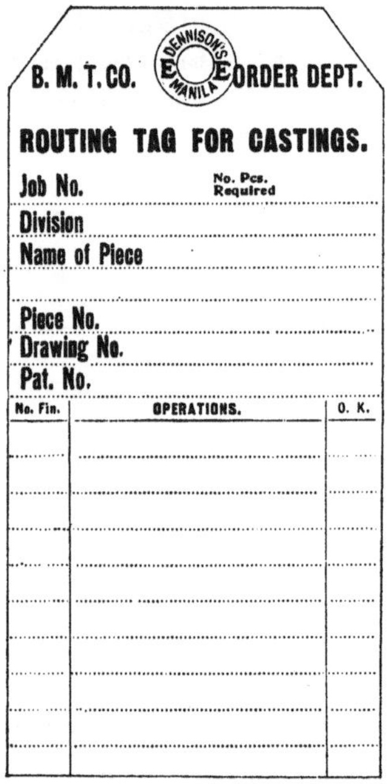
B. M. T. CO. DENNISON'S E E MANILA ORDER DEPT.

ROUTING TAG FOR CASTINGS.

Job No. No. Pcs. Required

Division

Name of Piece

Piece No.

Drawing No.

Pat. No.

No. Fin.	OPERATIONS.	O. K.

Wirkliche Gröfse: 66 mm breit, 136 mm lang.

Fig. 317.

Begleitkarte; C. W. Hunt Co., Staten Island, N. Y.

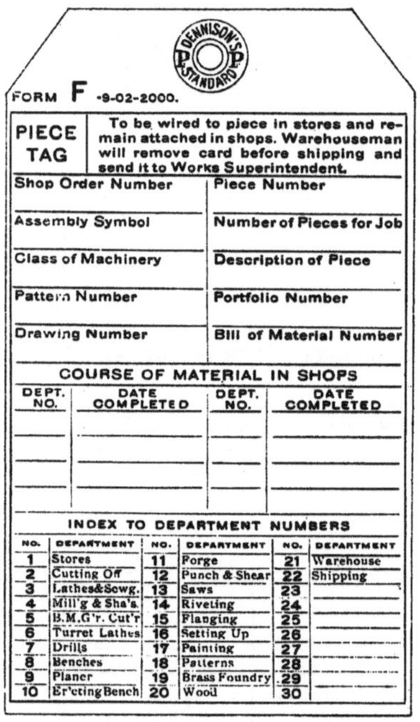
DENNISON'S P P STANDARD

FORM F -9-02-2000.

PIECE TAG — To be wired to piece in stores and remain attached in shops. Warehouseman will remove card before shipping and send it to Works Superintendent.

Shop Order Number	Piece Number
Assembly Symbol	Number of Pieces for Job
Class of Machinery	Description of Piece
Pattern Number	Portfolio Number
Drawing Number	Bill of Material Number

COURSE OF MATERIAL IN SHOPS

DEPT. NO.	DATE COMPLETED	DEPT. NO.	DATE COMPLETED

INDEX TO DEPARTMENT NUMBERS

NO.	DEPARTMENT	NO.	DEPARTMENT	NO.	DEPARTMENT
1	Stores	11	Forge	21	Warehouse
2	Cutting Off	12	Punch & Shear	22	Shipping
3	Lathes&Scwg.	13	Saws	23	
4	Mill'g & Sha's.	14	Riveting	24	
5	B.M.G'r. Cut'r	15	Flanging	25	
6	Turret Lathes	16	Setting Up	26	
7	Drills	17	Painting	27	
8	Benches	18	Patterns	28	
9	Planer	19	Brass Foundry	29	
10	Er'ctingBench	20	Wood	30	

Wirkliche Gröfse: 78 mm breit, 137 mm lang.

In vielen Fällen wird jedoch ein besonderer Begleitzettel oder eine Karte ausgestellt, die mit dem Werkstück wandert, während der Auftragzettel bei den Meistern bleibt. Als Beispiel ist in Fig. 316 eine Begleitkarte der Bullard Machine Tool Co., Bridgeport, Conn., wiedergegeben, worin aufser der Bezeichnung des Auftrages, des Stückes, der Stückzahl, der Zeichnungen und des Modelles die nacheinander auszuführenden Arbeitsvorgänge, die Anzahl der brauchbaren Stücke und die Unterschrift des verantwortlichen Beamten einzutragen sind, also etwa dieselben Bemerkungen wie auf der in Fig. 314 abgebildeten Auftragkarte der Cincinnati Milling Machine Co. Uebrigens werden bei der Bullard Machine Tool Co. verschiedenfarbige Karten für gewöhnliche und schnell auszuführende Arbeiten verwendet und die Bezeichnung der einzelnen Arbeitsvorgänge: Drehen, Bohren, Hobeln usw., mit Hülfe von Stempeln aufgedruckt.

Eine Laufkarte der C. W. Hunt Co., Staten Island, N. Y., Fig. 317, zeichnet sich dadurch aus, dafs zunächst die folgende Bemerkung aufgedruckt ist: »Diese Karte ist im Lager mit Draht am Stück zu befestigen und bleibt in den Werkstätten daran. Der Lagerverwalter hat die Karte abzunehmen, bevor das Stück versandt wird und dem Betriebsleiter zu schicken.« Dann folgen ähnliche Bezeichnungen wie auf der Karte Fig. 316. Darunter sind unter der Ueberschrift »Gang des Stückes in den Werkstätten« die Fabrikabteilungen, die das Werkstück durchwandern soll, der Reihe nach durch Ziffern anzudeuten, und daneben ist jedesmal ein Fach zum Einschreiben des Datums der Fertigstellung in der betreffenden Abteilung gelassen. Schliefslich ist auf der Karte ein Schlüssel für die Bezifferung der verschiedenen Werkstattabteilungen aufgedruckt, sodafs auch der Neuling im Betriebe jederzeit weifs, welche Abteilung mit jeder Ziffer gemeint ist, wie denn überhaupt alle Vorschriften über die Verwendung der Karte auf ihr selbst enthalten sind. Wo es sich um eine Anzahl kleiner Stücke handelt, ist es allgemein üblich, die Begleitkarten an hölzernen Kasten zu befestigen, die die Stücke in sich fassen.

Man legt in den Vereinigten Staaten viel Gewicht auf diese Ordnung im Gange der Fabrikation und hat manchmal für die Ueberwachung eigene Beamte angestellt. Die Laidlaw-Dunn-Gordon Co., Cincinnati, O., welche etwa 550 Arbeiter beschäftigt, hat z. B. eine besondere Abteilung (routing department) für diese Tätigkeit eingerichtet, die ihren Sitz inmitten des Fabrikraumes hat. Diese Abteilung erhält von dem Hauptbureau die Auftragzettel und Stücklisten und stellt anhand dieser Unterlagen einen Laufzettel für jedes Stück aus, der das Stück durch die einzelnen Werkstattabteilungen begleitet, und auf dem die Arbeitsvorgänge verzeichnet sind. Jeder Meister hat den Zettel zu unterschreiben, wenn das

Stück seine Abteilung verläfst, und wenn zuletzt die Montageabteilung ihre Arbeit vollendet hat, so geht der Zettel an
die Laufzettelabteilung zurück, wird dort mit der Unterschrift
des verantwortlichen Beamten versehen und dem Kalkulationsbureau zugesandt.

Damit sich der Gang der Fabrikation ohne Störung ab-
spielt, bleibt noch die Abgabe der Rohstoffe oder sonstiger
vom Lager zu entnehmender Teile an die einzelnen Werkstattabteilungen zu regeln. Ein Beispiel, wie das geschieht, ist
bereits in Fig. 314 dargestellt. Dort hat derjenige Meister,
der den Auftragzettel für ein Stück zuerst erhält, das Rohmaterial dazu vom Lagerverwalter einzufordern. Zu diesem
Zwecke reifst er die am Auftragzettel befindliche Materialkarte
ab und nimmt dagegen das Material im Lager
in Empfang. Der Lagerverwalter macht seine
Bemerkungen auf der Karte sowie seine Eintragungen ins Lagerbuch und gibt dann die
Karte an das Kalkulationsbureau weiter. In
andern Fabriken dienen zum Einfordern der
Rohstoffe besondere Zettel, die später im Zusammenhang mit der Berechnung der Selbstkosten behandelt werden sollen.

Der Lagerverwalter führt entweder ein
eingebundenesBuch über Ein- und Abgang oder
er macht seine Eintragungen auf lose Blätter,
die dann zusammengeheftet werden. Im Lagerbuch (storekeepers ledger) werden gewöhnlich
auch die Kosten der Gegenstände angegeben.
Manchmal wird darin gleichzeitig eine Berech-

Fig. 318.
Briefumschlag für die Arbeiterkontrolle;
Bullard Machine Tool Co., Brigdeport, Conn.

Wirkliche Größe: 140 mm breit, 78 mm lang.

nung der Kosten der betreffenden Gegenstände
ausgeführt (De La Vergne Refrigerating Machine Co.). Der Lagerverwalter hat aufgrund
seines Buches und der ihm übersandten Stücklisten dafür Sorge zu tragen, dafs seine Vorräte
rechtzeitig erneuert werden. Angebote von
Rohstoffen einzuholen, Bestellungen aufzugeben
und ihre Erledigung zu überwachen, gehört in
das Bereich der kaufmännischen Tätigkeit und
soll deshalb an dieser Stelle unbesprochen
bleiben.

Kontrolle und Löhnung der Arbeiter.

Die Kontrolle der Arbeiter soll hier nur
unter dem Gesichtspunkt der Lohnzahlung behandelt werden, d. h. nur insoweit, als sie das
Endziel hat, die Lohnliste aufzustellen. Die
weitere Aufgabe, der sie ebenfalls dient, nämlich die Berechnung der Selbstkosten, soll, um ein übersicht-
liches Bild zu gewinnen, vorläufig übergangen und erst im
folgenden Abschnitt gesondert besprochen werden.

Unter dieser Einschränkung betrachtet, hat die Kontrolle
der Arbeiter den Zweck, Angaben über ihre Beschäftigung
in der Weise zu ermitteln, dafs sich der zu zahlende Lohn
feststellen läfst. Damit aber die Richtigkeit dieser Angaben
überwacht und Streitigkeiten ausgeschlossen werden, gesellt
sich gewöhnlich noch die Aufgabe hinzu, die Anwesenheit
der Arbeiter festzustellen, also gewissermafsen eine Probe
auf das Exempel zu machen. Daraus folgt sogleich, dafs die

Feststellung der Anwesenheit einer andern Stelle übertragen
werden mufs als die Ueberwachung der Beschäftigung. Während daher die Angaben über die Beschäftigung meist von den
produktiv tätigen Personen des Fabrikbetriebes, den Arbeitern
und den Meistern, herrühren, wird die Zeit des Kommens
und Gehens gewöhnlich vom Pförtner oder von einer mechanischen Vorrichtung, seltener von einem besonderen Beamten aufgezeichnet.

Als Kontrolle beim Pförtner dienen in den Vereinigten
Staaten oft, wie bei uns, Kasten mit Haken und numerierten Blechmarken, welche jeder Arbeiter beim Hineingehen
abnimmt und beim Herausgehen wieder anhängt. Da aber
auf diese Weise zunächst nur bewiesen werden kann, dafs
der Arbeiter durch den Eingang der Fa-
brik geschritten ist, nicht aber, dafs er
sich unmittelbar zu seiner Arbeitstelle begeben hat, so gebraucht man, wie es auch
in deutschen Fabriken zuweilen geschieht,
die Vorsicht, in den einzelnen Werkstattabteilungen ebenfalls Hakenkasten anzubringen, in welche der Arbeiter die beim Pförtner entnommene Marke zu hängen hat, sodafs der Meister sich leicht überzeugen
kann, dafs seine Leute rechtzeitig an ihrem
Platze gewesen sind.

Ein eigenartiges Ueberwachungsverfah-
ren ist bei der Bullard Machine Tool Co.,
Bridgeport, Conn., in Gebrauch. Am Morgen
erhält jeder Arbeiter beim Eintritt von einem

Fig. 319.
Kontrollkarte; Providence Engineering Works,
Providence, R. J.

Wirkliche Größe: 125 mm breit, 75 mm lang.

Stundenschreiber einen Briefumschlag, Fig.
318, auf dem links oben der Tagesstempel
gedruckt ist und Name und Nummer des
Arbeiters aufgeschrieben sind. Wenn der
Arbeiter mittags wiederkommt, so hält er
seinen Umschlag dem Stundenschreiber hin,
der rechts oben einen zweiten Zeitstempel
aufdrückt. Abends sind die Umschläge beim
Meister abzugeben, der die Richtigkeit der
Angaben rechts unten hinter den Buchstaben O. K.[1]) mittels einer Lochzange bescheinigt. Wenn ein Arbeiter die Werkstatt
innerhalb der Arbeitzeit verläfst oder zu spät
kommt, so wird die Zeit mit Blaustift auf
den Briefumschlag geschrieben. Die Summe
der Stunden wird schliefslich vom Stundenschreiber aufgezeichnet. Ein Briefumschlag
ist gewählt, um die einzelnen Arbeitskarten
— für jede Arbeit eine Karte, sodafs an einem Tage oft mehrere
Karten zusammenkommen — bequem zu sammeln. Auf diese
Karten wird noch nicht zurückkommen. Die Umschläge dienen
später zum Anlegen der Lohnliste. Das Verfahren hat den
Uebelstand, daß die Abfertigung der Arbeiter beim Hineingehen
etwas langsam ist, sodaß es für grofse Werke — die Bullard
Machine Tool Co. beschäftigt allerdings nur rd. 350 Arbei-

Fig. 320.
Kontrollkarte; International Time
Recording Co

DAY	IN	LUNCH.		OUT
		OUT	IN	
MONDAY				
TUESDAY				
WEDNES'Y				
THURSDAY				
FRIDAY				
SATURDAY				
SUNDAY				
MONDAY				
TUESDAY				
WEDNES'Y				
THURSDAY				
FRIDAY				
SATURDAY				
SUNDAY				
REGULAR TIME..........HRS......				
OVER TIME..........HRS......				
TOTAL..........HRS......				

Wirkliche Größe: 68 mm breit,
231 mm lang.

---

[1]) Die Buchstaben O. K. bedeuten in den amerikanischen Werkstätten soviel wie »alles in Ordnung«. Es wird vermutet, dafs eine
Verdrehung des Ausdruckes »all correct« vorliegt.

ter — ungeeignet erscheint. Aufserdem liegt ein Teil der Ueberwachung dem Meister ob, was nach dem oben Gesagten ebenfalls als Nachteil angesehen werden darf.

Sehr verwandt mit diesem Verfahren, wenn auch ein wenig einfacher, ist das der Providence Engineering Works, Providence, R. J., einer Fabrik mit rd. 300 Arbeitern. Den Arbeitern wird morgens, wenn sie rechtzeitig kommen, von einem Stundenschreiber eine Karte, Fig. 319, übergeben, die rechts oben einen Tagesstempel trägt. Wenn der Arbeiter nach der Mittagspause die Fabrik wieder betritt, so wird seine Karte in der Mitte unten vom Stundenschreiber mit einer Lochzange gezeichnet. Wenn der Arbeiter morgens oder mittags zu spät kommt, so wird die Zeit, zu welcher er die Arbeit aufnimmt, ebenfalls vom Stundenschreiber eingetragen und durch Lochen gekennzeichnet. Wenn er vor der Mittagspause oder vor Feierabend fortgeht, so hat er sich beim Werkmeister zu melden; dieser trägt die Zeit ein und locht die Karte. Auf die Karte mufs der Arbeiter seinen Namen und seine Nummer schreiben sowie die Summe der Arbeitstunden eintragen. Abends hat er die Karte in einen Kasten zu werfen, dem sie der Stundenschreiber entnimmt, um sie im Abrechnungsbureau abzuliefern. Von früher her haben die Karten noch Fächer für Stundenlohn (D) und für Stücklohn (P), welche jedoch nicht mehr benutzt werden.

Fig. 321. Lohnliste der Allis-Chalmers Co., Chicago, Ill.

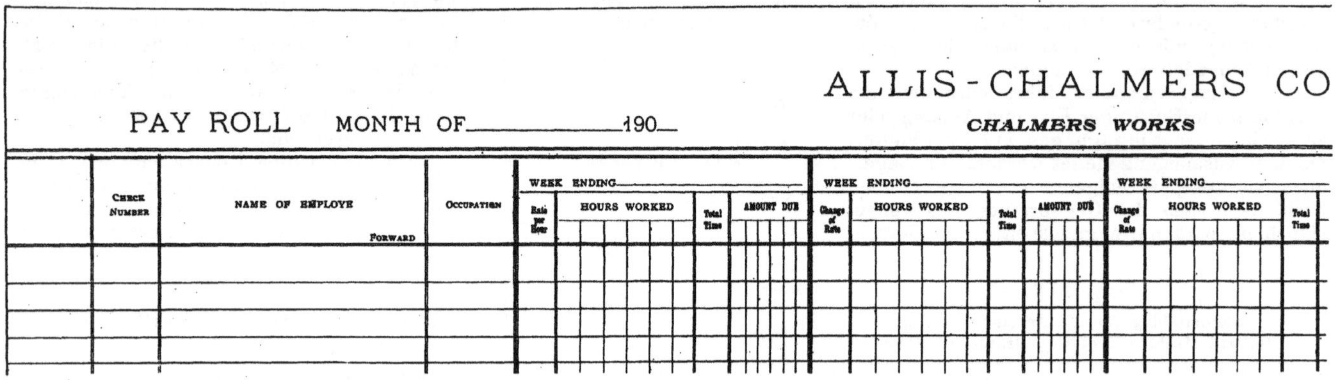
ALLIS-CHALMERS CO

PAY ROLL MONTH OF ________ 190__ CHALMERS WORKS

Check Number	Name of Employe (Forward)	Occupation	Week ending: Rate per Hour	Hours worked	Total Time	Amount due	Week ending: Change of Rate	Hours worked	Total Time	Amount due	Week ending: Change of Rate	Hours worked	Total Time

Wirkliche Größe: 610 mm breit, 450 mm lang.

Fig. 322. Arbeitzettel der De La Vergne Refrigerating Machine Co., New York City.

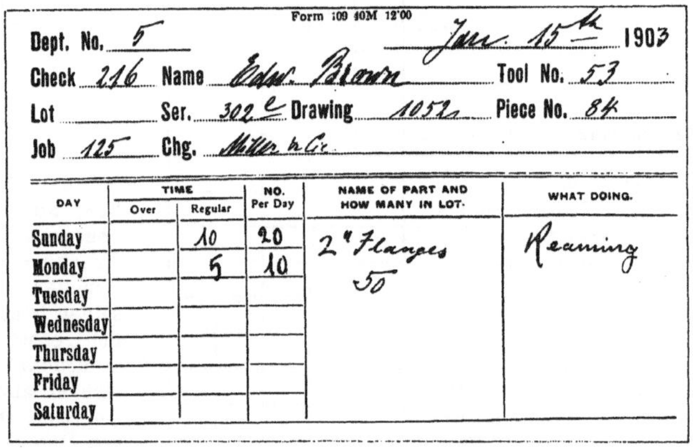
Form 109 40M 12'00

Dept. No. 5 — Jan. 15th 1903

Check 216 Name Edw. Brown Tool No. 53

Lot Ser. 302 C Drawing 1052 Piece No. 84

Job 125 Chg. Miller & Co.

Day	Time: Over	Time: Regular	No. Per Day	Name of part and how many in lot	What doing
Sunday		10	20	2" Flanges 50	Reaming
Monday		5	10		
Tuesday					
Wednesday					
Thursday					
Friday					
Saturday					

Wirkliche Größe: 183 mm breit, 86 mm lang.

Am zuverlässigsten wird die Anwesenheit durch Kontrolluhren festgestellt, und es scheint, als ob diese in Amerika immer mehr Verbreitung gewinnen. Von der Konstruktion der Kontrolluhren ist schon zuvor die Rede gewesen; an dieser Stelle soll nur auf die Vielseitigkeit der Anwendung hingewiesen werden, deren die Kontrolluhr fähig ist. Man kann nämlich mit der blofsen Angabe der Stunden mancherlei andere Dinge verbinden. Wie die Karte einer Kontrolluhr zugleich als Scheck für die Lohnzahlung benutzt wird, ist bereits früher gezeigt worden[1]). Eine andere eigenartige Form zeigt Fig. 320. Diese Kontrollkarte, die für eine 14tägige Lohnperiode eingerichtet ist, enthält oben eine Abreifskarte, auf die, ebenso wie auf die Zeitkarte selbst, Name und Nummer des Arbeiters im Bureau geschrieben werden. Wenn am Beginn der Lohnperiode der Arbeiter seine Kontollkarte erhält, so hat er die Abreifskarte abzutrennen und als Ausweis über seine Person bei sich zu behalten; am Ende der Lohnperiode quittiert er auf diesem Kärtchen mit seiner Unterschrift und empfängt dagegen den Lohn. Andere Firmen drucken eine derartige Quittung auf die Rückseite der Karte, auch wohl zugleich einen Vordruck für den Fall, dafs der Arbeiter den Lohn durch einen Stellvertreter abholen läfst.

Bei Stundenlohn, der sich in den Vereinigten Staaten häufig findet, läfst sich durch diese Kontrollkarten eine grofse Vereinfachung erzielen. Die Anzahl der Stunden ist aus der Karte zu entnehmen; eine einfache Multiplikation mit dem Stundensatz setzt auch den Arbeiter in den Stand, die Richtigkeit der Löhnung rasch zu prüfen, und aufser der Kontrollkarte bedarf es nur einer Lohnliste zur Feststellung des Lohnes, während es überflüssig ist, die Zahlen der Karte mit andern Angaben zu vergleichen.

Hier liegt ein Fall vor, wo es zur Feststellung des Lohnes nicht erforderlich ist, die Beschäftigung des Arbeiters während der Arbeitstunden zu ermitteln, weil die Kontrolluhr als durchaus zuverlässig gelten darf. Wenn dagegen zur Kontrolle der Anwesenheit Blechmarken benutzt werden, so ist der Bericht des Pförtners jedenfalls noch anhand der Arbeitzettel zu prüfen, und etwaige Unstimmigkeiten sind zu beseitigen. Aber auch in diesem Falle bietet das Stundenlohnsystem die gröfste Einfachheit für die Feststellung des Lohnes: die Lohnliste selbst dient zur Berechnung, alle etwaigen Zwischenglieder fallen weg. Als Beispiel ist in Fig. 321 eine Lohnliste für Zeitlohn der Allis-Chalmers Co., Chicago, Ill., wiedergegeben. Das Blatt reicht für 5 Wochen und für 40 Arbeiter; die senkrechten Spalten enthalten die Nummer, den Namen und die Beschäftigung des Arbeiters; dann folgen fünfmal hintereinander für je eine Woche der Stundensatz, die Anzahl der Stunden an den einzelnen Wochentagen, die gesamte Zeit und der Lohnbetrag; die nächste Woche beginnt mit einer Spalte, in die eine etwaige Aenderung des Stundensatzes einzutragen ist.

Sobald sich die Bezahlung nach der Leistung richtet, also bei Stücklohn und Prämiensystem, ist für die Berechnung des Lohnes eine solche Vereinfachung wie beim Stundenlohn nicht mehr möglich; vielmehr mufs hier, bevor die Lohnliste ausgeschrieben wird, eine Abrechnung für jeden einzelnen Arbeiter angestellt werden. Einige Beispiele sollen dies näher kennzeichnen, zunächst als Beispiel für Stücklohn die Einrichtungen der De La Vergne Refrigerating Machine Co., New York City. Die Arbeiter erhalten mit jeder ihnen aufge-

[1]) S. 10 und Fig. 23.

Fig. 323. Lohnzettel der De La Vergne Refrigerating Machine Co., New York City.

Contract No.	Number and Name of Pieces	Operation	Tool No.	Job Stock Personal or Account	Order No.	Serial No.	Time								Finished Contracts			Previously Paid on Account	Carried For'd to Next Pay	This Pay
							Brought Forward	M	T	W	T	F	S	Total	Pieces	Price	Amount			

DEPARTMENT No.

NAME ——— PIECE WORK FOR WEEK ENDING ——— 190— PAY No.

Form 508—25M.—4—'03.

Wirkliche Größe: 387 mm breit, 280 mm lang.

tragenen Arbeit einen Zettel, Fig. 322, an dessen Kopf die Benennung der Werkstattabteilung, Nummer und Name des Arbeiters, Bezeichnung der Werkzeugmaschine und Angaben über das Werkstück von einem dem Meister beigegebenen Schreiber eingetragen werden. Das übrige wid vom Arbeiter ausgefüllt, nämlich die Anzahl und Bezeichnung der Stücke, die Arbeitsvorgänge, der Zeitverbrauch und die an jedem Tage fertig gestellten Stücke. Diese Zettel werden mit dem fertigen Stück dem Meister eingeliefert und mit seiner oder seines Schreibers Unterschrift versehen in das Bureau geschickt. Dort vergleicht man die Zeitangaben mit denen des Kontrollbuches, das der Pförtner aufgrund der Markenkontrolle führt, und überträgt, wenn alles richtig befunden ist, die Angaben aller auf einen Arbeiter bezüglichen Zettel in eine Wochenliste, Fig. 323, die für den betreffenden Arbeiter angelegt wird. In dieser Liste kehren zunächst die Angaben der Arbeitzettel, Fig. 322, in wagerechten Reihen wieder; hinzu kommen: der Akkordsatz, der Lohnbetrag, etwaige Vorschüsse, Ueberträge für die nächste Zahlung und die zu zahlenden Beträge. Die Summe wird schließlich in die Lohnliste eingetragen, die für jede Werkstattabteilung angelegt wird.

Ein Beispiel für das Prämiensystem bieten die Providence Engineering Works, deren Anwesenheitskontrolle bereits zuvor dargestellt ist, vergl. Fig. 319. Jeder Arbeiter erhält mit dem Arbeitstück zugleich einen Zettel, Fig. 324, der am Kopfe die üblichen Bezeichnungen des Arbeiters und des Stückes, vom Meister geschrieben, trägt. Darunter sind Anfang und Ende der Arbeitzeit entweder vom Meister oder vom Arbeiter aufzuschreiben. Unten auf dem Zettel hat der Meister für jeden Tag die auf das Stück verwandten Stunden anzugeben, wobei er die Tageskarte, Fig. 319, zu Rate ziehen soll. Dann hat in der Mitte des Zettels rechts der Inspektor seinen Vermerk über die Güte der Arbeit und vorkommendenfalls über die in Abzug zu bringenden Stücke einzutragen, und so gelangt schließlich der Zettel in das Abrechnungsbureau, wo die Listen über die für jede Arbeit festgesetzten Grundzeiten vorliegen. Dort werden

Fig. 324.

Arbeitzettel der Providence Engineering Works, Providence, R. J.

MAN'S NO.	DATE	190
NAME		
PLEASE		
NAME OF PIECE		
NO. PIECES	DRAWING	
ORDER	OP.	
DATE BEGUN	DATE FINISHED	
	A. M.	A. M.
	P. M.	P. M.

	TIME	HOURS	RATE	AMOUNT	MACHINE
LIMIT					ONE
ACTUAL					TWO
PREMIUM					NO.
COST EACH			TOTAL		NO.
DEDUCT	PIECES AT				PASS
					REJECT

FOREMAN ONLY ENTER TIME HERE.

DATE	HOURS	DATE	HOURS	DATE	HOURS

Wirkliche Größe: 118 mm breit, 200 mm lang.

Fig. 325.

Arbeitzettel der Cincinnati Milling Machine Co., Cincinnati, O.

ORIGINAL.

THE CINCINNATI MILLING MACHINE CO.

Name _Mohr_   No. _289_

No. _35_   S.O. _2570_   Amt. _25_

Name _Head in Cone 2 Pl_

Oper. _Mill Slot_

No. Started	No. Finished	Time Begun	Time Finished	Total Time	Premium Allowance	Gain	REMARKS
25	25	12 15 / 2 —	12 15 / 5 —	3	$4\frac{1}{2}$	$1\frac{1}{2}$	

Wirkliche Größe: 152 mm breit, 86 mm lang.

die Grundzeit, die wirklich verbrauchte Zeit und der Ueberschuß aufgeschrieben, ferner die Lohn- und Prämiensätze und die entsprechenden Beträge. Die Zettel Fig. 324 dienen dann zum Anlegen der Lohnlisten ähnlich wie bei der De La Vergne Refrigerating Machine Co.

Bei der Cincinnati Milling Machine Co., Cincinnati, O., die ebenfalls das Prämiensystem eingeführt hat, werden Arbeitzettel, Fig. 325, von besonderen Stundenschreibern (time keeper), drei an der Zahl für rd. 300 Arbeiter, geschrieben, welche durch die Werkstatt von einem Arbeiter zum andern gehen. Man hat unter der Annahme, daß ein Arbeiter zum Ausfüllen der Arbeitzettel täglich 10 Minuten brauchen würde, ausgerechnet, daß die durch die Stundenschreiber ersparte Lohnsumme mehr beträgt als ihr Gehalt. Der Zettel, Fig. 325, enthält die üblichen Angaben über den Arbeiter und das Stück. Unten wird die Zahl der begonnenen und fertig gestellten Stücke eingeschrieben, ferner Beginn und Ende der Arbeitzeit (oben das Datum, unten die Stunden und Minuten), die verbrauchte Zeit und die Grundzeit sowie der Ueberschuß. Von diesen Zetteln wird eine Durchschreibkopie hergestellt, die der Arbeiter später bei der Abrechnung erhält, während das Original im Bureau zurückbehalten wird. Der Arbeitzettel wird im Bureau zum Aufstellen des Lohnzettels, Fig. 326, verwendet. Dieser ist für einen Zeitraum von 4 Wochen bestimmt und zeichnet sich dadurch aus, daß darauf nicht nur diejenige Zeit angegeben wird, die an der Grundzeit etwa erspart ist (gain), sondern auch ein etwaiger Mehrbetrag an Arbeitzeit (loss). Am Fuße des Blattes werden die gewöhnlichen Arbeitstunden und die Ueberstunden, für die um 50 vH höherer Lohn bezahlt wird, zusammengezählt und darunter der Stundenlohnbetrag für jede Woche dazugesetzt. Die unterste Zeile des Blattes enthält für diejenigen 4 Wochen, auf die sich der Zettel bezieht, die gesamte Zeitersparnis oder den gesamten Zeitverlust, den Betrag der Prämien, wobei zu bemerken ist, daß der Lohn wöchentlich, die Prämien aber monatlich bezahlt werden, und zuletzt die

Gesamtbeträge an Lohn und Prämien. Um übrigens den Arbeitern die Uebersicht zu erleichtern und ihnen den Vorteil des Prämiensystemes recht deutlich vor Augen zu führen, gibt man ihnen bei den vierwöchigen Abrechnungen aufser den Kopien der Arbeitzettel, Fig. 325, noch einen Prämien-

werden, wo also die genaue Feststellung der auf die einzelnen Aufträge verwendeten Zeiten besonders wichtig ist. Die Vorderseite der Kontrollkarte ist in Fig. 327 wiedergegeben; sie enthält aufser den Bezeichnungen des Auftrages und des Arbeitstückes die einzelnen Arbeitsvorgänge vorge-

Fig. 326. Lohnzettel der Cincinnati Milling Machine Co., Cincinnati, O.

Name										Rate			Check No.																	
	WEEK ENDING										WEEK ENDING										WEEK ENDING										WEEK ENDING
	Job No	M	T	W	T	F	S	Total	Gain	Loss	Job No	M	T	W	T	F	S	Total	Gain	Loss	Job No	M	T	W	T	F	S	Total	Gain	Loss
Reg. Time / Over Time											Reg. Time / Over Time										Reg. Time / Over Time										Reg. Time / Over Time
Total Wage Hours, @ $……											Total Wage Hours, @ $……										Total Wage Hours, @ $……										Total Wage Hours, @ $……
GAIN 4 WEEKS……										LOSS 4 WEEKS……										PREMIUM 4 WEEKS……									HOURS, @ $……	

Wirkliche Größe: 304 mm breit, 241 mm lang.

zettel, auf dem die Summe der auf den einzelnen Arbeitzetteln angegebenen Prämien verzeichnet ist.

Das wichtigste Glied bei der Abrechnung des den Arbeitern zu zahlenden Lohnes und ebenso bei der später zu behandelnden Ermittlung der Lohnkosten eines Stückes ist der Arbeitzettel, vergl. Fig. 322 und 325, der sehr häufig vom Arbeiter, manchmal von einem besonderen Stundenschreiber ausgefüllt wird. Es ist von Wichtigkeit, besonders in ersterem Falle, dafs für jedes Stück und für jeden Werkstattauftrag ein besonderer Zettel benutzt und dafs dieser zugleich mit dem fertigen Werkstück an den Meister abgegeben wird. Geschieht das nicht, so steht Irrtümern, unbeabsichtigten oder gewollten, Tür und Tor offen. Um nur einen kennzeichnenden Fall hervorzuheben, sei auf das in deutschen Werkstätten oft geübte »Schieben der Akkorde« hingewiesen: der Arbeiter, der auf einem Blatt oder einer Schiefertafel seine Beschäftigung nach Dauer und Art für eine volle Woche, aber jedesmal nach Beendigung der einzelnen Arbeit, aufschreiben soll, wartet damit bis zum Ende der Woche und verteilt dann die Stunden so, wie es ihm für die vorhandenen Akkordsätze angemessen erscheint. Dem Werkstattleiter geht dadurch der Ueberblick darüber verloren, ob die Stücklöhne richtig angesetzt sind. Durch die in Amerika allgemein eingeführten Einzelzettel wird dieser Uebelstand in einfachster Weise vermieden.

Man hat auch Kontrolluhren herangezogen, um die Zeiten auf den Arbeitzetteln auszufüllen, indem der Arbeiter bei Beginn und Beendigung des Auftrages eine Karte von einer in seiner Werkstattabteilung aufgestellten Kontrolluhr stempeln läfst. Das geschieht z. B. bei der Wellman-Seaver-Morgan Engineering Co., Cleveland, O. (Stundenlohn), und zumteil bei Henry R. Worthington, Brooklyn, N. Y. [1]) In der zuletzt genannten Fabrik verwendet man die Kontrolluhr für diejenigen Arbeiter, die nach dem Prämiensystem gelohnt

---

[1]) Auch in Deutschland ist mir ein Versuch dazu bekannt geworden; er ist aber am Widerstand der Arbeiter gescheitert.

Fig. 327.

Arbeitskarte von Henry R. Worthington, Brooklyn, N. Y.

J T. Form 112.
ORDER NO …………………………………………
…………………………………NO. OE PCS.
PIECE……………………………………………
…………………………………………………

DATE		STARTED	STOPPED	RE-STARTED	FINISHED	TOTAL TIME
BUSH BORE FACE	T	A.M.				
		P.M.				
TURN THREAD DRILL	F	A.M.				
		P.M.				
TAP REAM C. BORE	S	A.M.				
		P.M.				
SEAT MILL PLANE	S	A.M.				
		P.M.				
SLOT ERECT FIT UP	M	A.M.				
		P.M.				
TEST	T	A.M.				
		P.M.				
	W	A.M.				
		P.M.				

TIME ALLOWED…………
TIME SPENT…………

Wirkliche Größe: 68 mm breit, 180 mm lang.

druckt, sodafs durch Anstreichen der in Betracht kommende kenntlich gemacht werden kann; unten wird die Grundzeit und die verbrauchte Zeit aufgeschrieben. Die Rückseite der Karte trägt die Nummer und den Namen des Arbeiters, sowie die Nummern der Zeichnung und des Modelles; aufserdem hat der Meister seine Unterschrif darauf zu leisten.

Die Berechnung der Selbstkosten.

Die Berechnung der Selbstkosten zerfällt in drei Teile: die Ermittlung der Lohnkosten, der Materialkosten und der Zuschläge, und der Gang ist so, daß diese drei Bestandteile dem Kalkulationsbureau von den verschiedenen Seiten her zufließen und dort zusammengestellt werden. Im folgenden soll zunächst der Verlauf der Berechnung an Beispielen erläutert werden, wobei, um die Uebersicht zu erleichtern, unwesentliche Dinge fortgelassen sind; darauf sollen einige Einzelheiten noch für sich des näheren ausgeführt werden. Die Beispiele sind so gewählt, daß möglichst verschiedenartige Fälle vorkommen.

Als erstes Beispiel ist die Allis-Chalmers Co., Chicago, Ill., herausgegriffen, deren Lohnberechnung bereits zuvor besprochen ist. Die Firma baut hauptsächlich Dampfmaschinen, Bergwerksmaschinen und Aufbereitungsanlagen. Die Arbeiterzahl beträgt rd. 1500, und die Arbeiter erhalten ausnahmslos Stundenlohn, die Folge eines siegreichen Kampfes der Gewerkschaften.

Als Ausweis über seine Tätigkeit hat der Arbeiter einen Arbeitzettel, Fig. 328, auszufüllen, und zwar ist für jeden Werkstattauftrag ein neuer Zettel zu nehmen. Der Werkmeister bestätigt, nachdem die Arbeit vollendet und der Zettel ihm gleichzeitig mit dem Arbeitstück übergeben ist, die Angaben des Arbeiters durch seine Unterschrift und sendet den Zettel an das Abrechnungsbureau, wo die Stunden zusammengezählt werden und der entfallende Lohnbetrag darauf geschrieben wird. Jede Fabrikabteilung — auch das Konstruktionsbureau wird dazu gerechnet — hat eine entsprechende Ueberschrift auf dem Lohnzettel, und die Zettel sind für Arbeiter weiß, für Lehrlinge rot gefärbt.

Wenn man auf diese Weise die Kosten für jeden Arbeitsvorgang erhalten hat, so gilt es, die Lohnkosten für jedes einzelne Stück zusammenzustellen. Dazu dient die Rückseite der Auftragkarte, Fig. 329, die in zwei Ausfertigungen vom Konstruktionsbureau ausgestellt wird. Dabei ist für jedes Material eine anders gefärbte Karte vorhanden, z. B. für Gußeisen eine weiße, für Bronze oder Messing eine gelbe, für Schmiedestücke eine blaue usw. Die eine Ausfertigung geht sofort in das Abrechnungsbureau, die zweite kommt als Laufzettel in die Werkstatt und wird, wenn das Stück vollendet ist, ebenfalls an das Abrechnungsbureau geschickt. Dieses hat inzwischen auch alle einzelnen Arbeitzettel, Fig. 328, erhalten und trägt nach ihren Angaben die Summe der Stunden und der Löhne auf der Rückseite einer der Bestellkarten, Fig. 329, auf. Nachdem dies geschehen, werden alle zu einem Stücke gehörigen Arbeitzettel zu einem Päckchen zusammengelegt. Oben und unten wird je eine der Ausfertigungen der Bestellkarte aufgelegt und das Ganze mit einer Gummischnur zusammengehalten. Ein solches Päckchen enthält also zugleich die Einzelheiten und die Zusammenfassung der Arbeitszeiten und der Löhne für das betreffende Stück.

Die Kosten des Materials werden auf folgende Weise ermittelt. Das Material wird vom Lagerverwalter gegen einen vom Meister ausgestellten Bestellzettel, Fig. 330, herausgegeben, dessen Rückseite mit Kohle geschwärzt ist, sodaß der Werkmeister eine Durchreibkopie zurückbehalten kann, und zwar auf gelbem Papier, während der ursprüngliche Zettel weiß ist. Die eingegangenen Bestellzettel werden, nachdem die Bestellungen gebucht und die Gewichte auf den Bestellzetteln bemerkt sind, täglich in das Abrechnungsbureau geschickt. Dort werden die Gewichte vom Bestellzettel auf die Vorderseite eines der Auftragzettel übertragen, sodaß nunmehr das erwähnte Zettelpäckchen auch die Angaben über das Material enthält.

Die Gesamtkosten (ohne die Zuschläge) werden auf einem Blatt, Fig. 331, für jeden Maschinenteil zusammengestellt, und zwar zunächst die Materialkosten, dann die in den einzelnen Werkstätten einschließlich des Konstruktionsbureaus entstandenen Kosten, wobei zu bemerken ist, daß die Gießereikosten in Form-, Kern- und Putzkosten zerlegt werden. Die Unterlagen für diese Zusammenstellung liefern die Karten Fig. 329, die eben besprochen sind. In die vorletzte Spalte des Blattes Fig. 331 werden die etwaigen Kosten von Ersatzstücken und Reparaturen während der Garantiezeit eingetragen, in die letzte die Mehrkosten etwaiger Ueberstunden. Die Summe der Gewichte und Kosten wird schließlich am Kopf des Blattes eingeschrieben. Als Fortsetzung des Blattes dienen gleiche Vordrucke, aber ohne Kopf, und sämtliche Blätter werden an der Breitseite oben in einen Umschlag aus Kartonpapier geheftet.

Ein Auszug aus der Zusammenstellung Fig. 331 wird auf dem Blatt Fig. 332 angefertigt, aber ohne die Zerlegung nach einzelnen Werkstattabteilungen; vielmehr werden nur die Kosten des Materials, die gesamten Arbeitskosten und die Summe beider angegeben; dann folgen der entsprechende Betrag des Voranschlages und die Kosten an Zeichnungen und Modellen, weil diese ja bei einer Nachbestellung nicht mehr in Betracht kommen. Am Kopf werden der Verkaufspreis und der Verlust oder Gewinn aufgeschrieben; bei einem Verlust wird auch noch dessen Ursache hinzugefügt.

Fig. 328. Arbeitzettel der Allis-Chalmers Co., Chicago, Ill.

Form 30	MACHINE SHOP TIME SLIP.	
Date		
Order No.	Drawing No.	Symbol

NO. HOURS.	DESCRIPTION OF WORK.	MACHINE.

Workman No. .... Foreman.

Enter only one kind of work on this slip and make all memoranda on the back.

Wirkliche Größe: 125 mm breit, 69 mm lang.

Fig. 329. Auftragkarte der Allis-Chalmers Co., Chicago, Ill.

Vorderseite

Sbl. — Drawing No. — Order No. — Description. — DATE RECEIVED — Total Wt. — Material — Pattern Shop Make and Deliver Correct Patterns — Foundry Department Make..... — Machine Shop Finish .... — Remarks. — MAKE ALL MEMORANDA ON BACK — DATE COMPLETE

Rückseite

OCCUPATION	HOURS			AMOUNT		
Moulders........						
Core Makers						
Cleaners						
Pattern Shop....						
Blacksmith Shop						
Millwright.......						
Boiler Shop						
Machine Shop...						
Drawing Room .						
General						
Overtime........						
''						
Total,						

Wirkliche Größe: 130 ✕ 76 mm.

Fig. 330. Materialzettel der Allis-Chalmers Co., Chicago, Ill.

FRASER & CHALMERS WORKS.					Form 238 F.
Requisition on Storekeeper for Material.					

№ 1500 L

Date 190

Order No. .... Drawing No. .... Symbol ....

Storekeeper deliver to bearer or .... Dept.

Quantity	DESCRIPTION.	Kind of Material.	Size.	Weight.	Do Not Use.

Foreman : ....

185 The General Manifold Co., Franklin, Pa. Pat'd Jan. 8, 1901.

Wirkliche Größe: 154 mm breit, 102 mm lang.

Zur Uebersicht ist auch eine ähnliche Zusammenstellung der Kosten, getrennt nach einzelnen Werkstattabteilungen, vorgesehen. Sie ist aber unwichtig und wird in letzter Zeit vernachlässigt, um nicht die Bureauarbeiten unnötigerweise zu vermehren.

Um die Zuschläge feststellen zu können, hat man für jede Fabrikabteilung ein Buch angelegt, in dem alle Ausgaben eingetragen werden, welche sich nicht auf eine Bestel-

den muß. Die Zuschläge werden von Jahr zu Jahr festgelegt, aber jeden Monat nachgeprüft.

Die Becker-Brainard Milling Machine Co., Hyde Park, Mass., baut hauptsächlich Fräsmaschinen. Sie beschäftigt rd. 350 Arbeiter, die zum größten Teile Stücklohn erhalten. Da es sich hier um eine Massenfabrikation handelt, bei der die Einzelteile auf Lager gearbeitet werden, so be-

Fig. 331. Zusammenstellung der Kosten bei der Allis-Chalmers Co., Chicago, Ill.

No. Pap.	NAME OF PART.	No. of Drawing.	Pattern Symbol.	Material.	VALUE OF MATERIAL.			MOULDER'S TIME.		CORE MAKING.		CLEANING.		PATTERN SHOP.		BLACKSMITH SHOP.		MILLWRIGHT.		BOILER SHOP.		MACHINE SHOP.		DRAWING ROOM.		TOTAL AMOUNT.	ERRORS.		OVERTIME.	
					Weight.	Rate.	Amount.	Time.	Amount.	Time.	Amount.	Time.	Amount.	Time.	Amount.	Time.	Amount.	Time.	Amount.	Time.	Amount.	Time.	Amount.	Time.	Amount.		Dept.	Amount.	Dept.	Amount.

Order No. _______ File No. _______ Built for _______ Date of Order _______ Date of Shipment _______ Date Shipped _______

Description _______

Recapitulation. Total Rough Weight _______ Total Cost _______ Total Time _______ Total Finished Weight _______ Cost Price per lb. including Patterns and Drawings _______ Cost Price per lb. without Patterns and Drawings _______

Wirkliche Größe: 704 mm breit, 316 mm lang.

Fig. 332. Auszug der Kostenberechnung bei der Allis-Chalmers Co., Chicago, Ill.

Form 13 F.

RECAPITULATION.

Order No. _______
Name _______
Description _______
____
Sold for _______
Profit _______
Loss _______

Date Ordered _______
Cost _______
Weight, Rough _______
Loss is due to _______

DESCRIPTION.	MATERIAL.		TIME.		TOTAL COST.	ESTIMATED AMOUNT.	COST OF PATTERNS AND DRAWINGS.
	WEIGHT	AMOUNT.	NO. HOURS.	AMOUNT.			

Wirkliche Größe: 237 mm breit, 269 mm lang.

lung buchen lassen; das sind Löhne für Reinigung, Reparaturen und andere sogenannte unproduktive Arbeiten, Gehälter für Meister, Zinsen und Abschreibungen für Maschinen, Kosten von Schmier- und Putzstoffen u. dergl. In dasselbe Buch werden auch die Gesamtarbeitsstunden eingetragen, und es wird die Zeit der unproduktiven Arbeit davon abgezogen, so daß nur die für produktive Arbeit verbrauchten Stunden übrig bleiben. Man dividiert jetzt die Summe der Unkosten in der betreffenden Abteilung durch die Summe ihrer produktiven Arbeitsstunden und erhält so einen Geldwert, der den Zuschlag der Abteilung darstellt. Entsprechend verfährt man mit den allgemeinen Unkosten, die sich nicht den einzelnen Abteilungen überweisen lassen: Miete, Versicherung, Abschreibungen für Gebäude, Kosten der Kraft u. dergl., und gewinnt einen zweiten Zuschlagwert. Die Summe der beiden Zuschläge stellt denjenigen Wert dar, der zu dem Lohn für jede produktive Arbeitstunde addiert wer-

Fig. 333.

Arbeitskarte der Becker-Brainard Milling Machine Co., Hyde Park, Mass.

F 14-50M-8-6-02

Piece Work ☐   Day Work ☐

No. _______
Work by _______
For _______

NO. OF HOURS	OPERATION	PRODUCTION ORDER	SHOP ORDER

BECKER-BRAINARD MILLING MACHINE CO.

Wirkliche Größe: 87 mm breit, 94 mm lang.

zieht sich die Berechnung der Selbstkosten auf die Einzelteile sowohl wie auf die zusammengesetzte Maschine.

Den Ausweis über die Tätigkeit der Arbeiter bilden die Karten Fig. 333, die vom Arbeiter ausgefüllt und vom Meister gegengezeichnet werden. Auf diesen Karten wird unter anderm durch ein Bleistiftkreuz gekennzeichnet, ob die Arbeit im Zeit- oder Stücklohn ausgeführt wird. Täglich werden die Karten dem Bureau übersandt, das daraus die Zeitangaben für die Kosten der Arbeit entnimmt.

Der Stücklohn wird hier in zwei Teile zerlegt, in den Stundenlohn, den der Arbeiter erhalten würde, und in den Ueberschuß (profit), der ihm aus den Akkordsätzen erwächst. Zum Zweck dieser Berechnung wird für jede Akkordarbeit ein auf zwei Seiten bedruckter Zettel, Fig. 334, im Bureau angelegt, der in der Mitte umgeknifft ist in der Weise, daß vier Seiten entstehen. Die erste Seite enthält die Angaben für den betreffenden Arbeiter über die Stückzahl, den Akkordsatz, die Bestellnummer und, wenn nötig, eine Beschreibung der vorliegenden Arbeit. Auf der dritten Seite werden Anfang und Ende der Arbeitzeit und die Stundenzahl von einem Stundenschreiber täglich auf Grund der mit den Aufzeichnungen der Kontrolluhr verglichenen Angaben der Zettel Fig. 333 eingetragen. Wenn der Auftrag vollendet ist, einem Stück gesammelt, enthalten dann die Arbeitskosten für dieses einzelne Stück.

Die Kosten des Materials werden vom Lagerverwalter auf dem Bestellzettel, Fig. 335, angegeben, der dem Bureau zuzusenden ist, sobald die nötigen Eintragungen in das Lagerbuch gemacht sind.

Fig. 334. Akkordzettel der Becker-Brainard Milling Machine Co., Hyde Park, Mass.

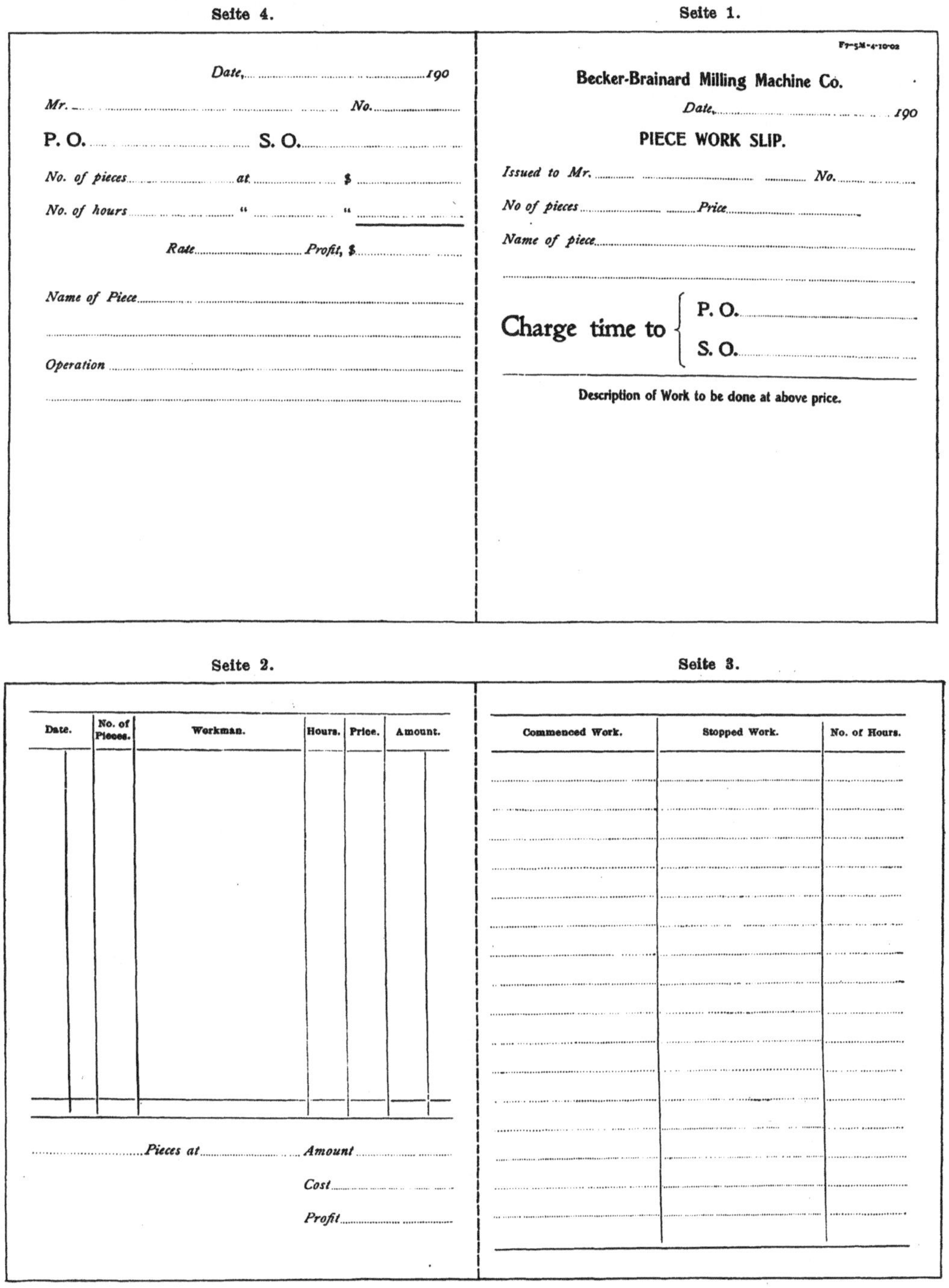

Seite 4.

Date, ...190
Mr. .... No. ....
P. O. .... S. O. ....
No. of pieces .... at .... $ ....
No. of hours .... " .... " ....
Rate .... Profit, $ ....
Name of Piece ....
Operation ....

Seite 1.

F7-5M-4-10-02

Becker-Brainard Milling Machine Co.

Date, ...190

PIECE WORK SLIP.

Issued to Mr. .... No. ....
No of pieces .... Price ....
Name of piece ....

Charge time to { P. O. .... / S. O. .... }

Description of Work to be done at above price.

Seite 2.

Date.	No. of Pieces.	Workman.	Hours.	Price.	Amount.

Pieces at .... Amount ....
Cost ....
Profit ....

Seite 3.

Commenced Work.	Stopped Work.	No. of Hours.

Wirkliche Größe: 108 mm breit (jede Seite), 139 mm lang.

so werden auf Seite 2 der Stundenlohn und der Ueberschuß aufgeschrieben, und Seite 4 wird entsprechend auf Grund der übrigen Angaben ausgefüllt. Die eine Hälfte des Zettels (Seite 1 und 2) wird alsdann dem Arbeiter übergeben, die andere (Seite 3 und 4) wird im Bureau aufbewahrt. Diese Hälften der Zettel, für alle einzelnen Arbeitsvorgänge an

Die Zuschläge werden jährlich als Prozentsatz (augenblicklich 75 vH) des für produktive Arbeit gezahlten Lohnes festgesetzt.

Die Gesamtkosten werden aus den erwähnten Blättern in dem in Fig. 336 wiedergegebenen Blatt zusammengestellt. Auf die Vorderseite werden die von den einzelnen Arbeitern täglich für den in Frage stehenden Auftrag verbrauchten Zeiten fortlaufend nach der Karte Fig. 333 gebucht, zum Schluß wird die Summe der Stunden verzeichnet und mit dem ebenfalls anzugebenden Stundensatz multipliziert.

Auf der andern Seite des Blattes Fig. 336 wird das Material nach Gewicht und Preis auf Grund der Zettel Fig. 335

Karte Fig. 338 unten die Zeit durch Bleistiftkreuze bezeichnet. Die Karte enthält ferner Vordrucke für die verschiedenen Arbeitstätigkeiten: Montieren, Schmieden, Hobeln usw., daneben eine Anzahl Buchstaben *A, B, C* usw., von denen jeder einen Dampfmaschinenteil bezeichnet, z. B. Rahmen, Lager, Zylinder. Wenn z. B. das bearbeitete Stück als Deckel

Fig. 335.

Materialzettel der Becker-Brainard Milling Machine Co., Hyde Park, Mass.

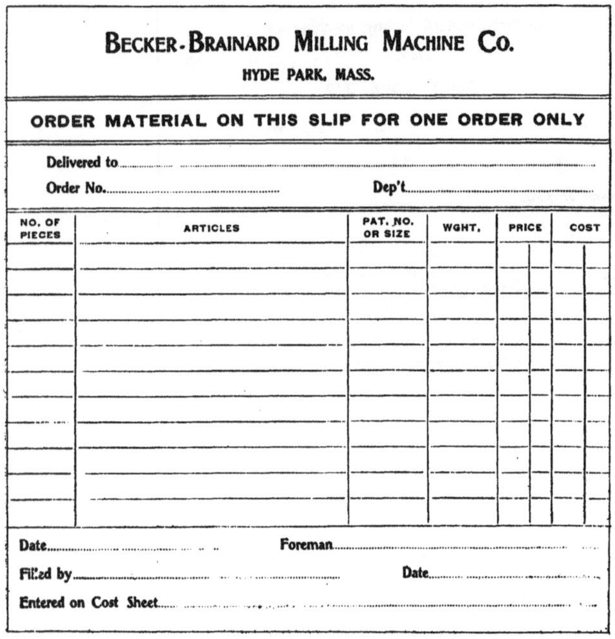

BECKER-BRAINARD MILLING MACHINE CO.

HYDE PARK, MASS.

ORDER MATERIAL ON THIS SLIP FOR ONE ORDER ONLY

Delivered to ....

Order No. ....   Dep't ....

NO. OF PIECES	ARTICLES	PAT. NO. OR SIZE	WGHT.	PRICE	COST

Date ....   Foreman ....

Filled by ....   Date ....

Entered on Cost Sheet ....

Wirkliche Größe: 133 mm breit, 139 mm lang.

Fig. 336.

Zusammenstellung der Kosten bei der Becker-Brainard Milling Machine Co., Hyde Park, Mass.

Vorderseite — Rückseite

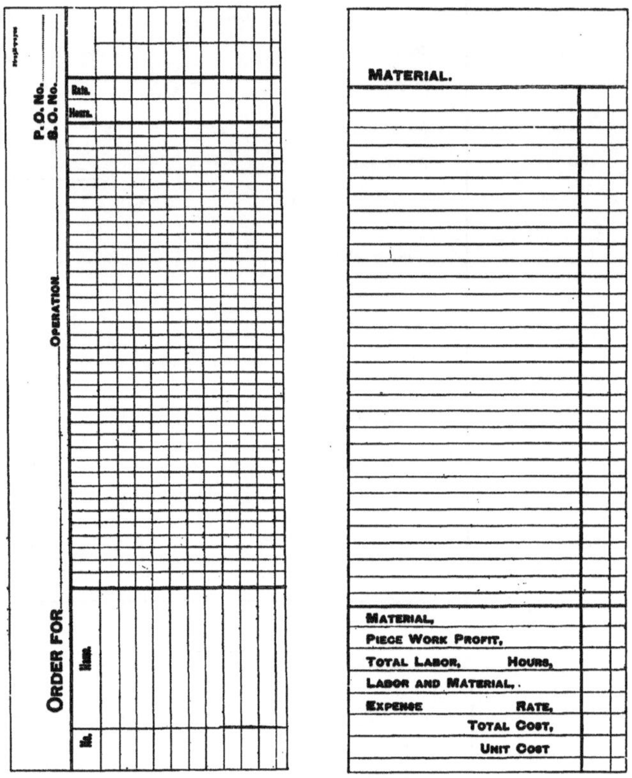

MATERIAL.

MATERIAL,
PIECE WORK PROFIT,
TOTAL LABOR, HOURS,
LABOR AND MATERIAL,
EXPENSE RATE,
TOTAL COST,
UNIT COST

Wirkliche Größe: 280 × 100 mm.

Fig. 337.

Auszug der Kostenberechnung bei der Becker-Brainard Milling Machine Co., Hyde Park, Mass.

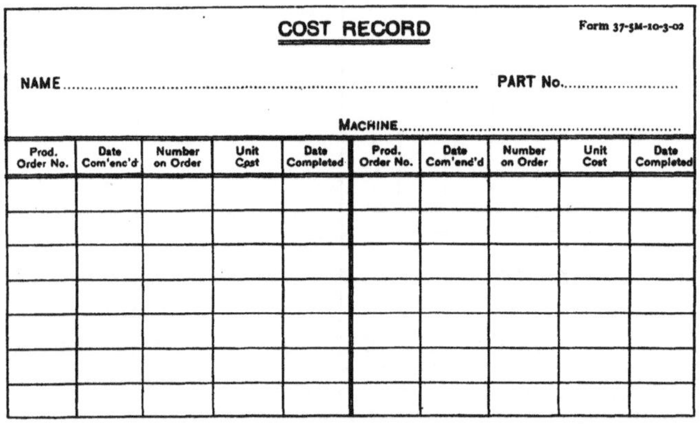

COST RECORD   Form 37-5M-10-3-02

NAME ....   PART No. ....

MACHINE ....

Prod. Order No.	Date Com'enc'd	Number on Order	Unit Cost	Date Completed	Prod. Order No.	Date Com'enc'd	Number on Order	Unit Cost	Date Completed

Wirkliche Größe: 125 mm breit, 75 mm lang.

vermerkt. An das Ende dieser Seite kommt unter die Summe der Materialkosten zunächst der Ueberschuß des Stücklohnes, der aus den Zetteln Fig. 334 entnommen wird. Dann werden die Kosten von Arbeit und Material zusammengeschrieben, ferner die Zuschläge, die Gesamtkosten und schließlich die Kosten eines Stückes.

Ein Auszug der Kosten eines einzelnen Stückes oder einer fertigen Maschine wird fortlaufend auf den Karten Fig. 337 geführt, die in verschließbaren Kasten untergebracht werden, und die zugleich für jede Bestellnummer die Anzahl der Stücke sowie Beginn und Ende der Arbeit enthalten.

Die Providence Engineering Works, Providence, R. J., bauen Dampfmaschinen, meist von feststehender Form. Sie beschäftigen etwa 300 Arbeiter und haben das Prämiensystem eingeführt. Die Kontrolle der Anwesenheit und die Berechnung des Lohnes sind bereits zuvor, S. 117 und 119 mit Fig. 319 und 324, erörtert worden.

Als Ausweis über die Tätigkeit der Arbeiter dient die Karte Fig. 338, an deren Kopf sich Angaben über das Stück, den Arbeiter und seine Werkzeugmaschine befinden. Der Arbeiter macht seine Angaben in der Weise, daß er zu Beginn und zu Ende der Arbeit an einem Stück auf der

(cover) bezeichnet ist, so wird durch Ankreuzen des Wortes drilling und des Buchstabens *C* angegeben, daß der Arbeiter, der die Karte ausfüllt, mit dem Bohren der Löcher im Zylinderdeckel beschäftigt war. Der Meister hat diese Karte zu prüfen und durch seine Unterschrift zu beglaubigen. Dann kommt sie in das Abrechnungsbureau, wo die Gesamtzahl der Stunden und der gesamte gezahlte Lohnbetrag einschließlich der Prämie rechts unten verzeichnet werden, wobei die erforderlichen Angaben dem früher erwähnten Zettel Fig. 324 zu entnehmen sind. Wenn man jetzt alle Karten, bei denen derselbe Buchstabe durchgekreuzt ist, zusammenlegt, also z. B. alle auf den Rahmen bezüglichen, so hat man ohne weiteres die Lohnkosten des betreffenden Stückes bei einander. Tatsächlich werden die Karten Fig. 338 derartig aufbewahrt, wobei sie mit Hülfe eines Loches auf einem Stab aufgereiht werden.

Zur Ermittlung der Lohnkosten für eine einzelne

Maschine wird ein Blatt Fig. 339 angelegt, das für den Zeitraum von 4 Wochen ausreicht und für jeden Arbeitstag eine Zeile hat. In die senkrechten Spalten werden die Zeit und der Lohnbetrag nach den Zetteln Fig. 338 eingeschrieben, und zwar zuerst für die Anfertigung der Zeichnung, dann für die Einzelteile, die in der Ueberschrift der Spalten wie zuvor mit *A, B, C* usw. bezeichnet werden. Auf der Vorderseite des Blattes sind 18 Spalten angelegt, auf der Rückseite 9, und das Blatt kann so gefaltet werden, daß die Rückseite eine Fortsetzung der Vorderseite bildet.

Rohstoffe und fertige Stücke vom Lager werden durch die Karte Fig. 340 bezogen, welche die gleiche Form wie die Karte Fig. 338 hat und wie sie am rechten Rande Buchstaben trägt, die die einzelnen Stücke bedeuten und mit Bleistift angekreuzt werden. Die Materialkarten, Fig. 340, werden zugleich mit den

kreuzen einer der römischen Ziffern I bis IV die Gußeisensorte bezeichnet. Bei Gegenständen, die vom Lager genommen werden, trägt der Lagerverwalter den Preis ein. Die Karte Fig. 341 wird entsprechend benutzt, wenn überflüssiges Material wieder zum Lager zurückgeschickt wird.

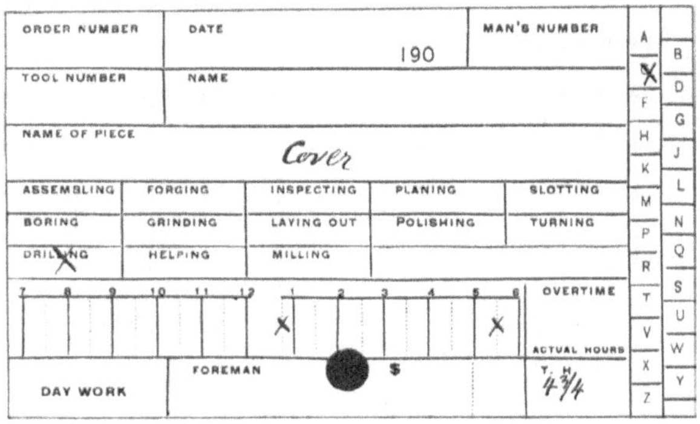

Die Kosten des Materials für einzelne Bestellnummern. Der Materialverbrauch wird auf einem Blatt zusammengetragen, das dem Blatte Fig. 339 gleicht, mit dem Unterschied, daß statt der beiden Rubriken für Zeit und Lohn nur eine für den Geldbetrag vorhanden ist.

Die Feststellung der Zuschläge. Die allgemeinen Unkosten werden in zwei Teile zerlegt:

1) Löhne für unproduktive Arbeit, Verbrauch an Brenn-, Schmier- und Putzstoffen usw., sowie sonstige im Laufe des Jahres schwankende Angaben;

Fig. 338.

Arbeitskarte der Providence Engineering Co., Providence, R. J.

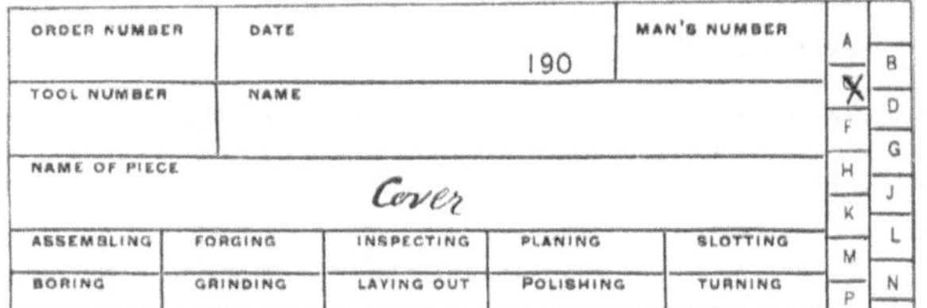

Wirkliche Größe: 125 mm breit, 75 mm lang.

Fig. 339. Ermittlung der Lohnkosten bei der Providence Engineering Co., Providence, R. J.

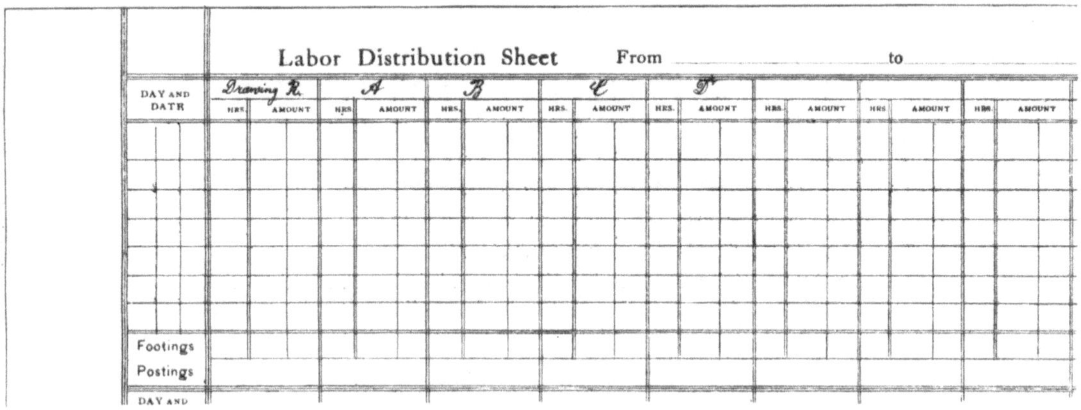

Wirkliche Größe: 474 mm breit, 350 mm lang.

Fig. 340.

Materialzettel der Providence Engineering Works, Providence, R. J.

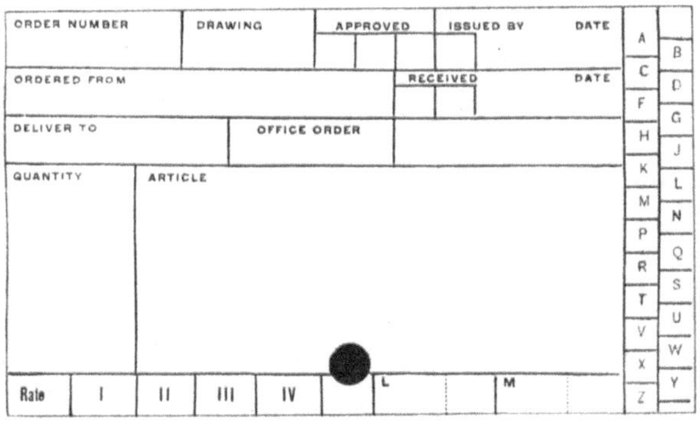

Wirkliche Größe: 125 mm breit, 75 mm lang.

Fig. 341.

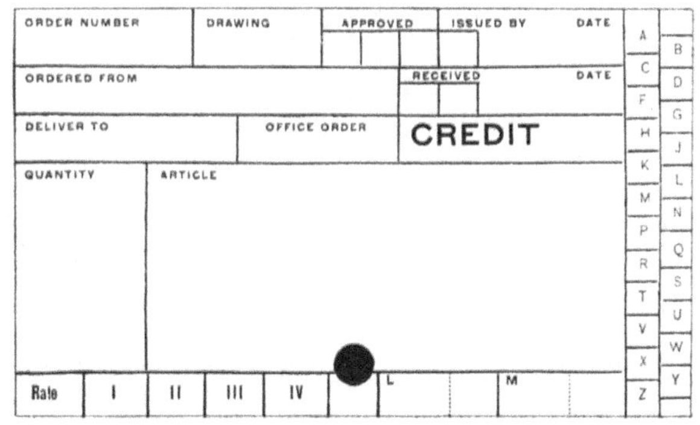

Zettel für zurückgeliefertes Material; Providence Engineering Works, Providence, R. J.

Wirkliche Größe: 125 mm breit, 75 mm lang.

Karten Fig. 38, nach den einzelnen Stücken geordnet, aufgehoben. Sie sind von einem Meister oder vom Vorstand des Konstruktionsbureaus auszustellen und dem Lagerverwalter zu übergeben. Dieser trägt seinen Vermerk ein und sendet die Karte dem Rechnungsbeamten, der rechts unten den Preis einschreibt und bei Gußstücken durch An-

2) Versicherung, Mieten und Abschreibungen.

Die ersteren Unkosten werden für je 4 Wochen berechnet, die letzteren werden aus dem jährlichen Betrage durch Dividieren mit 13 für den gleichen Zeitraum festgestellt. Die Summe der Zuschläge wird durch die Summe aller produktiven Arbeitsstunden in dem vierwöchigen Zeitraum dividiert; auf diese Weise erhält man einen Satz, der mit der Summe der auf eine Bestellnummer entfallenden Arbeitstunden multipliziert den Zuschlag für den betreffenden Fall ergibt. Das Blatt Fig. 342 zeigt einen Vordruck für die Berechnung der Zuschläge und enthält die Bestellnummer, die Gesamtzahl der Arbeitstunden, die aus dem Blatt Fig. 339 zu entnehmen ist, den Satz für den Zuschlag und schließlich diesen selbst.

Die Gesamtkosten für die einzelnen Bestellnummern werden in dem Blatte Fig. 343 zusammengetragen. Darunter daneben die veranschlagten eingeschrieben, und zwar zuerst für das Material, dann für den Lohn und zuletzt für das Schwungrad, das getrennt behandelt wird. Darauf folgen Zeichnungen und Modelle, Asbestschutzmasse, Mantel und Heizrohre für Aufnehmer, Lohn und sonstige Auslagen für Monteure, Fracht, Lastwagen und Gerüste bei der Montage, Oelfänger, und nun werden außer den vorgedruckten auch noch andere Einzelteile schriftlich eingetragen, wie Schmierpumpen, Einlaßventile und andere Teile, die von außen her bezogen werden. Auf der rech-

Fig. 342.

Berechnung der Zuschläge; Providence Engineering Co., Providence, R. J.

Manufacturing Expense Distribution.

Period Ending ....

ORDER NO.	TOTAL HOURS	RATE	AMOUNT	ORDER NO.	TOTAL HOURS	RATE	AMOUNT	

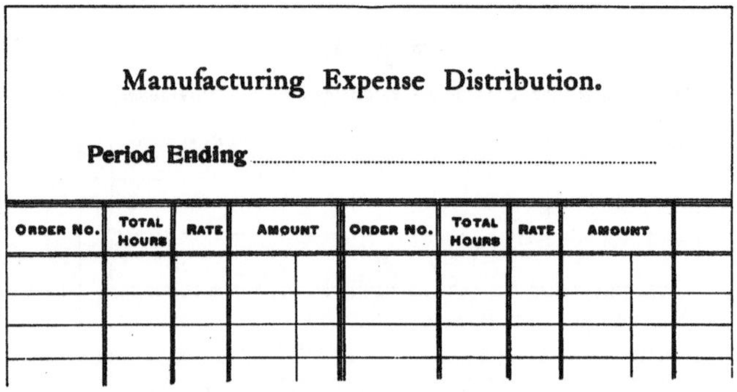

Wirkliche Größe: 138 mm breit, 388 mm lang.

Fig. 343.

Berechnung der Kosten; Providence Engineering Co., Providence, R. J.

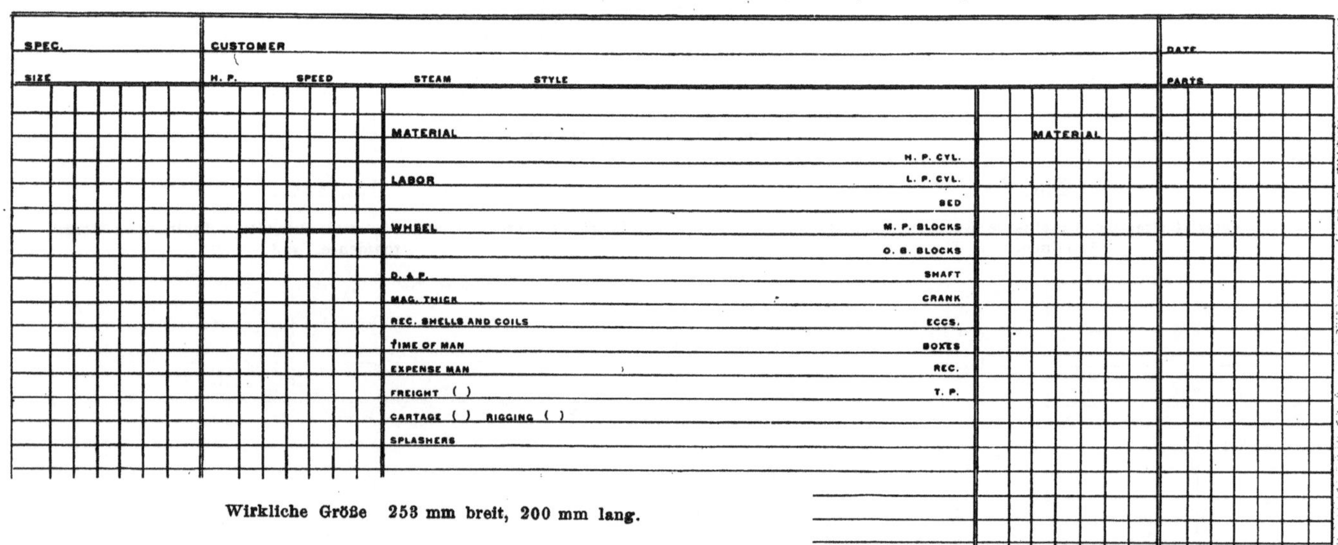

Date	Item	From	Material	Labor	Factory Expenses	Special Costs	Outside Labor	Total Dr.	Date	Item	From	Transfer	Total Cr.

Order No.

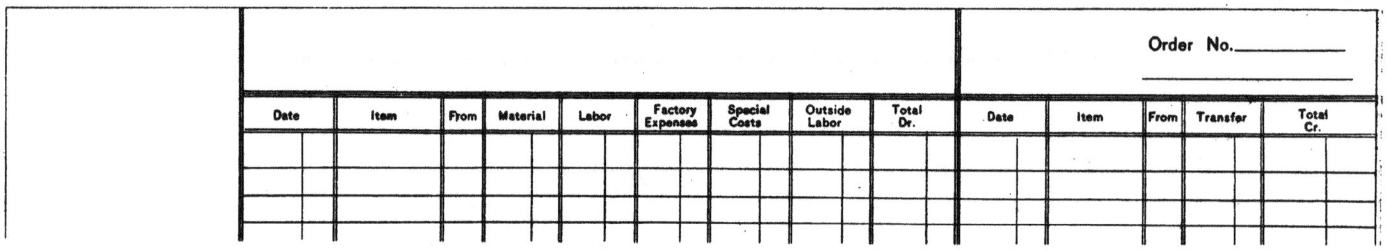

Wirkliche Größe: 302 mm breit, 240 mm lang.

Fig. 344.

Zusammenstellung der Kosten; Providence Engineering Works, Providence, R. J.

Wirkliche Größe 253 mm breit, 200 mm lang.

finden sich außer den Kosten des Materials, der Arbeit und der Zuschläge unter »besondere Kosten« (special costs) die Beträge für Fracht u. dergl., unter »Arbeit außerhalb der Fabrik« (outside labor) die Kosten für Montage. Auf der rechten Seite des Vordruckes werden die in Abzug zu bringenden Beträge, besonders für zurückgeliefertes Material, angesetzt. Unter den Rubriken »from« werden die Nummern der Belege eingetragen.

Eine kurze Zusammenstellung aller Kosten zugleich mit denen des Voranschlages gibt die Karte Fig. 344. Links werden auf dieser Karte zunächst die wirklichen Kosten,

ten Seite der Karte werden die Gewichte der einzelnen Stücke eingeschrieben, und zwar das wirkliche neben dem vorher geschätzten. Schließlich werden die Arbeitzeiten der einzelnen Stücke, wiederum die wirklichen und die veranschlagten, unter den bereits vorher erwähnten Buchstaben A, J, L usw. rechts unten eingeschrieben.

Wenn man die Berechnung der Lohnkosten bei der Providence Engineering Co. betrachtet und bedenkt, daß dazu die beiden Zettel Fig. 324 (S. 119) und 338 (125) verwendet werden, so erkennt man leicht, daß das Verfahren dieser Firma ursprünglich nur auf Stundenlohn zugeschnitten war, und daß das Prämiensystem erst nachträglich eingeführt und mit der Berechnung der Selbstkosten noch nicht organisch verbunden ist.

Dieser Uebelstand ist bei der Cincinnati Milling Machine Co., Cincinnati, O., die ebenfalls nach dem Prä-

Fig. 345.

Berechnung der Lohnkosten für das einzelne Stück
bei der Cincinnati Milling Machine Co., Cincinnati, O.

6/20 S. O. 2455		40l	Amt 12		No 198	
Date	Operation	Wkm.	Hrs.	Rate	Labor	Remarks
8-9	P 1	47	88	25	22 00	Cr. 2 hrs.
	PREMIUM GAIN,		94 2		11 81	Bad Cast.
8-11	D 1	86	6 3	17	1 15	
	PREMIUM GAIN.					
8-14	M 18	125	18	18	3 24	
	PREMIUM GAIN,		5		45	
	Total Labor					
	Mfg. Ex.	112 3				
	Material					
26487-2	Total					

Wirkliche Größe: 102 mm breit, 152 mm lang.

miensystem arbeitet, dadurch vermieden, daß man nur die Arbeitzettel, die bereits in Fig. 325 (S. 119) dargestellt sind, zur Berechnung der Kosten für ein Stück benutzt. Diese Zettel werden, nachdem sie zum Anlegen der Lohnliste gedient haben, nach den einzelnen Arbeitstücken geordnet, und ihre Angaben werden in die Karten Fig. 345 übertragen, wobei die Prämie besonders aufgeführt ist und die Arbeitsvorgänge durch Buchstaben und Zahlen ($P1$, $D1$) angedeutet werden. Nachdem die Arbeitzettel in diese Karten übertragen sind, werden sie nach Arbeitsvorgängen geordnet und aufbewahrt, damit sie als Unterlagen für die Festsetzung der Grundzeiten bei ähnlichen Arbeiten dienen können.

Die Arbeitzettel werden also in diesem Falle für drei verschiedene Vorgänge nutzbar gemacht — wieder ein Beweis für die Vorzüge des Zettelwesens. Gewöhnlich dienen

sie wenigstens den beiden erstgenannten Zwecken, zuerst, nach Arbeiternummern geordnet, dem Anlegen der Lohnliste, alsdann, nach Arbeitstücken geordnet, der Berechnung der Lohnkosten. Aus diesem Grunde kann hinsichtlich der Arbeitzettel auf das verwiesen werden, was bereits zuvor (S. 117) gesagt ist.

Nur ein Beispiel soll noch mitgeteilt werden, wo die Lohnkosten der einzelnen Stücke ermittelt werden, ohne daß Arbeitzettel zur Verwendung kommen. Bei Pawling & Harnischfeger, Milwaukee, Wis., einer Firma, die hauptsächlich elektrische Krane baut und rd. 500 Arbeiter im Stundenlohn beschäftigt, sind 4 Stundenschreiber, einer für die Gießerei, die übrigen für bestimmte Werkstattabteilungen, angestellt, welche durch ihre Bezirke gehen und bei jedem Arbeiter die Zeit aufschreiben, die seit ihrem letzten Rundgang für die Bearbeitung eines und desselben Stückes verwendet worden ist. Zu diesem Zweck haben die Stundenschreiber Vordrucke, Fig. 346, die aus einer Stückliste (Blaupause) und einem liniierten weißen Bogen in der Weise zusammengeklebt sind, daß die wagerechten Linien der Stückliste und die senkrechten Linien des Bogens zusammenfallen. Der Stundenschreiber hat nun für jedes Stück die Nummer des daran beschäftigten Arbeiters, seinen Lohnsatz und die Anzahl der verbrauchten Stunden aufzuschreiben; oben auf dem Bogen ist ferner die Zeit für die Montage der Einzelteile anzugeben. Der Bogen ist für 4 Tage berechnet, was erfahrungsgemäß ausreicht. Aus diesen Listen, von denen entsprechend der Anzahl der Lohnschreiber drei angelegt werden, werden die Gesamtlohnkosten in Nachkalkulationsblätter übertragen, die ebenfalls durch Aufkleben der Stücklisten auf besondere Vordrucke hergestellt sind.

Ebenso wichtig wie die Feststellung der Lohnkosten ist die Berechnung der Zuschläge; werden diese doch manchmal höher als die Lohnkosten angesetzt. Man beschäftigt sich deshalb in Amerika auch angelegentlich mit der Art, wie diese Zuschläge am besten zu berechnen und zu verteilen sind, und deshalb soll dieses Gebiet hier, wenn auch ganz kurz, gestreift, im übrigen aber auf die Fachliteratur[1] verwiesen werden.

Die Zuschläge zerfallen in

1) Miete, Gehälter, Versicherungsprämien, Abgaben, Kosten der Brenn-, Schmier- und Putzstoffe, welche Werte aus den kaufmännischen Büchern und aus den Inventuraufnahmen entnommen werden,

2) Zinsen und Abschreibungen für Anlagen und Maschinen und

3) Kosten der sogenannten unproduktiven Arbeit, d. h. derjenigen Arbeitsvorgänge, die sich nicht einer Bestellung zuschreiben lassen.

Der letztere Teil ist es, den der Werkstätteningenieur zu ermitteln hat, und zwar geschieht dies in derselben Weise wie bei den Lohnkosten der einzelnen Stücke; oft werden diese unproduktiven Löhne sowie auch die übrigen Unkosten getrennt nach den einzelnen Werkstattabteilungen zusammengestellt, wie das bereits bei der Selbstkostenberechnung der Allis-Chalmers Co. beschrieben ist. Ein anderes Beispiel, der Fabrik von Pawling & Harnischfeger entnommen, zeigt Fig. 347. Hier werden von den umhergehenden Stundenschreibern die Stunden der unproduktiven Arbeiten getrennt nach den drei der Firma gehörigen benachbarten Werkstätten aufgeschrieben, ferner die für Reparaturen an Maschinen und Werkzeugen verwendete Zeit. Im übrigen ist das Blatt, auf dem dies geschieht, entsprechend dem in Fig. 346 dargestellten eingerichtet.

Bei der Verteilung der Zuschläge werden, soweit meine Kenntnis reicht, in den Vereinigten Staaten zwei Wege eingeschlagen: entweder werden die Gesamtkosten durch die Summe aller produktiven Löhne dividiert und ergeben einen Faktor, der mit den Lohnkosten eines Stückes multipliziert

[1] Engineering Magazine Februar 1899 S. 812, März 1899 S. 957, April 1899 S. 76; American Machinist 1. November 1900 S. 1039, 8. November 1900 S. 1064, 6. Juli 1901 S. 684, 18. Juli 1901 S. 705.

wird (Ingersoll-Sergeant Drill Co.; Henry R. Worthington), oder die Gesamtkosten werden durch die Gesamtzahl der produktiven Arbeitstunden dividiert und und ergeben einen Betrag, der für jede Arbeitstunde als Zuschlag zu rechnen ist (Allis-Chalmers Co., Chicago; Providence Engineering Works). Beide Verfahren führen unter Umständen zu ganz falschen Ergebnissen. Bei der Verteilung nach Löhnen würden sich z. B. die Zuschläge bei einer Arbeit, die einen Tag erfordert und das eine Mal von einem Arbeiter mit 2,50 Dollar Tagelohn, das andere Mal von einem Lehrling mit 1 Dollar Tagelohn ausgeführt wird, wie 2,5 : 1 verhalten, während die Unkosten in Wirklichkeit etwa gleich sind. Beide Verfahren haben den gemeinsamen Uebelstand, daß die verschieden hohen Anschaffungskosten der benutzten Werkzeugmaschinen keine Berücksichtigung finden.

In Erkenntnis dieser Mißstände hat die Firma William Sellers & Co., Philadelphia, Pa., ein eigenartiges Verfahren

Wenn mit der Fabrik eine Gießerei verbunden ist, so wird bei der Mehrzahl der von mir besuchten Werke die Kostenberechnung der Gießerei getrennt behandelt, und es werden gewöhnlich nur die Kosten der Gewichtseinheit der fertigen Gußstücke festgestellt. Eine Ausnahme bildet z. B. die Gießerei der Allis-Chalmers Works, Chicago, Ill., wo, wie bereits erwähnt, die Löhne für Kernmacher, Gießer und Putzer besonders zusammengestellt werden, ebenso wie für Dreher oder Hobler. Zur Feststellung der Löhne dienen auch hier die in Fig. 328 (S. 121) dargestellten Arbeitzettel; nur werden sie nicht von den Arbeitern ausgefüllt, sondern von einem besonderen Stundenschreiber, weil sie sonst zu schmutzig werden würden, eine Maßregel, die man auch in andern Gießereien antrifft.

Die Abrechnungen der Gießereien werden gewöhnlich monatlich angestellt. Fig. 348 gibt als Beispiel einen Vordruck der Becker-Brainard Milling Machine Co., Hyde Park, Mass.,

Fig. 346.

Berechnung der Lohnkosten bei Pawling & Harnischfeger, Milwaukee, Wis.

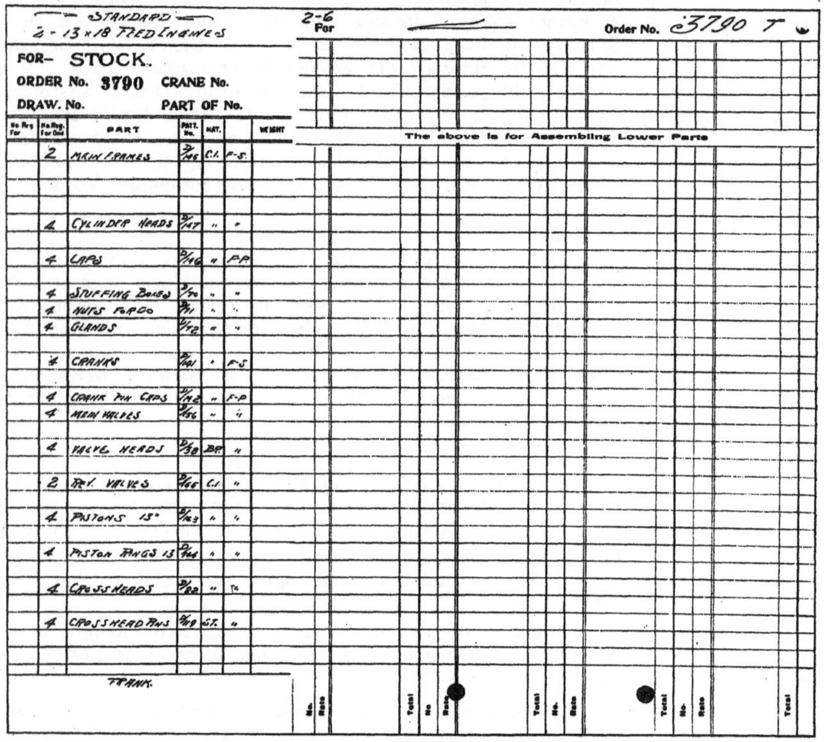

Wirkliche Größe: 298 mm breit, 270 mm lang.

Fig. 347.

Ermittlung der Kosten der unproduktiven Arbeit bei Pawling & Harnischfeger, Milwaukee, Wis.

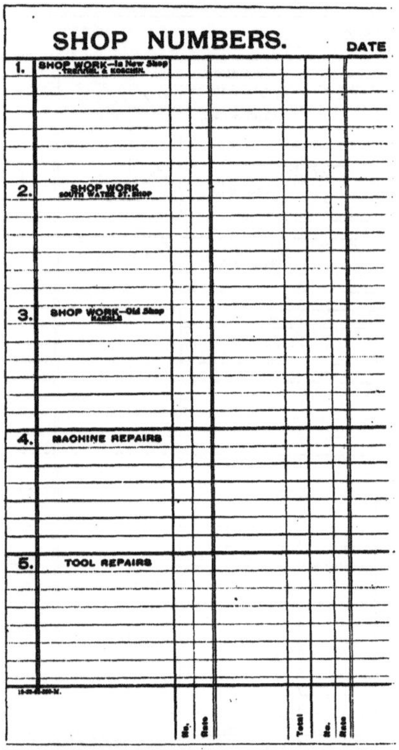

Wirkliche Größe: 298 mm breit, 265 mm lang.

eingeführt. Sie teilt die Unkosten in solche, die durch die Arbeiter veranlaßt werden, und in solche, die den Werkzeugmaschinen zur Last fallen. Die ersteren werden im Verhältnis der Löhne zugeschlagen, die letzteren jedoch werden zunächst durch die Anzahl der Stunden dividiert, während deren die Maschinen im Betriebe waren. Der erhaltene Faktor würde nun zu groß sein für die kleinen und zu klein für die großen Werkzeugmaschinen; deshalb wird er nochmals durch den Wert der in Betracht kommenden Werkzeugmaschinen dividiert, und dieser neu gewonnene Faktor ist zu multiplizieren mit dem Wert der in Frage stehenden Maschine und mit ihrer Arbeitzeit, wenn man den Zuschlag erhalten will. In Wirklichkeit stellt man die zweite Rechnung nicht für jede Maschine an, sondern für Gruppen gleichartiger Maschinen, sodaß jede Gruppe den gleicher Stundenzuschlag bekommt[1]). Das Verfahren zeitigt Ergebnisse, die der Wirklichkeit sehr nahe kommen.

---

[1]) Vergl. American Machinist 18. Juli 1901 S. 708.

wieder. Darin werden zuerst die Löhne auf Grund der Lohnliste eingetragen, dann die Kosten des Röheisens und der übrigen Materialien in alphabetischer Reihenfolge sowie die allgemeinen Unkosten. Von der Summe wird der Wert des übrig gebliebenen Röheisens, des Gießereiausschusses und der für Arbeiten außerhalb des Werkes etwa gezahlten Löhne abgezogen und auf diese Weise die wirklichen Ausgaben der Gießerei erhalten. Am Fuße des Blattes wird das Gewicht der gelieferten Gußstücke abzüglich der von der Maschinenwerkstatt als Ausschuß zurückgesandten Stücke festgestellt und die Kosten pro Pfund berechnet.

Kontrollberichte.

Wie bereits erwähnt, sucht man in amerikanischen Maschinenfabriken den Betriebsbeamten die Ueberwachung durch schriftliche Aufzeichnungen zu erleichtern. Diese Kontrollberichte beziehen sich zum Teil auf die Selbstkosten; sie stehen also in engem Zusammenhang mit dem im vorigen

Abschnitt behandelten Gegenstand, wo bereits kurze Auszüge der Selbstkostenberechnung, Fig. 337 S. 124 und Fig. 344 S. 126, wiedergegeben waren. Besonders bei der Massenfabrikation findet man häufig Kartenverzeichnisse, in denen die Kosten der Einzelteile fortlaufend eingetragen

Diese Einrichtungen sind wünschenswert bei Stunden- oder Prämienlohn, wo die Lohnkosten eines und desselben Stückes schwanken. Bei Akkordarbeit ist es wichtig, die Stücklöhne beständig zu verfolgen. In sehr weitgehendem Maße geschieht dies bei der Yale & Town Mfg.

Fig. 348.

Abrechnung der Gießerei bei der Becker-Brainard Milling Machine Co., Hyde Park, Mass.

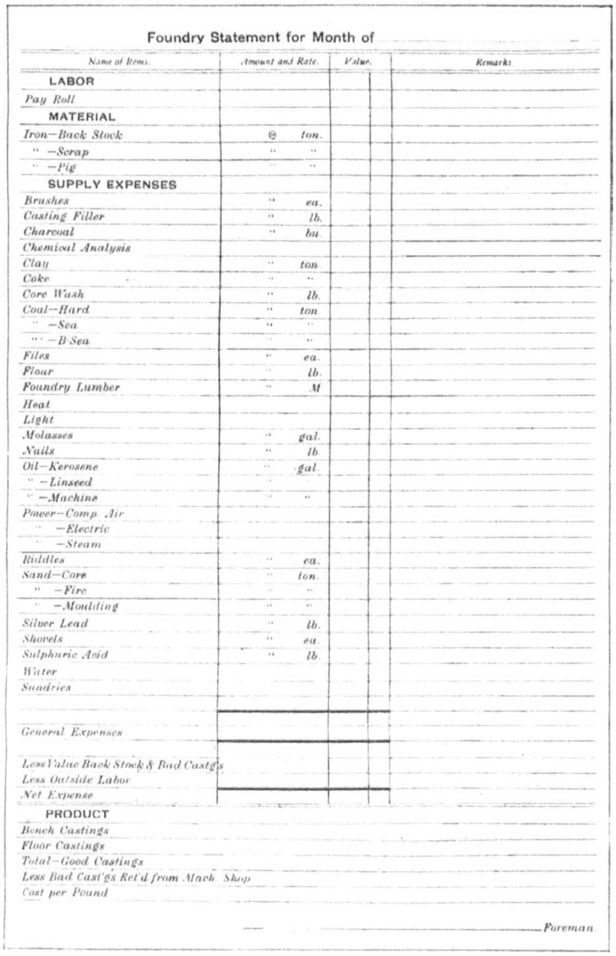

Name of Items.	Amount and Rate.	Value.	Remarks
LABOR			
Pay Roll			
MATERIAL			
Iron—Back Stock	⊖ ton.		
" —Scrap	" "		
" —Pig	" "		
SUPPLY EXPENSES			
Brushes	" ea.		
Casting Filler	" lb.		
Charcoal	" bu.		
Chemical Analysis			
Clay	" ton.		
Coke	" "		
Core Wash	" lb.		
Coal—Hard	" ton.		
" —Sea	" "		
" —B·Sea	" "		
Files	" ea.		
Flour	" lb.		
Foundry Lumber	" M		
Heat			
Light			
Molasses	" gal.		
Nails	" lb.		
Oil—Kerosene	" gal.		
" —Linseed	"		
" —Machine	" "		
Power—Comp. Air			
" —Electric			
" —Steam			
Riddles	" ea.		
Sand—Core	" ton.		
" —Fire	" "		
" —Moulding	" "		
Silver Lead	" lb.		
Shovels	" ea.		
Sulphuric Acid	" lb.		
Water			
Sundries			
General Expenses			
Less Value Back Stock & Bad Castg's			
Less Outside Labor			
Net Expense			
PRODUCT			
Bench Castings			
Floor Castings			
Total—Good Castings			
Less Bad Cast'g's Ret'd from Mach. Shop			
Cost per Pound			

Foundry Statement for Month of ______

______ Foreman.

Wirkliche Größe: 216 mm breit, 341 mm lang.

Fig. 349.

Uebersichtskarte über die Lohnkosten; Lidgerwood Mfg. Co., Brooklyn, N. Y.

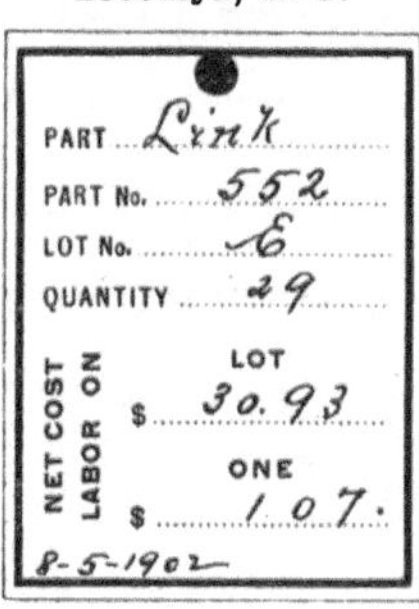

Wirkliche Größe: 41 mm breit, 56 mm lang.

Co., Stamford, Conn. (Schlösser und Flaschenzüge), wo diese Sätze alle 1 bis 2 Jahre nachgeprüft werden. Wenn ein Stück zum erstenmale angefertigt werden soll, so wird eine

Fig. 350.

Stücklohnkarte der Yale & Towne Mfg. Co., Stamford, Conn.

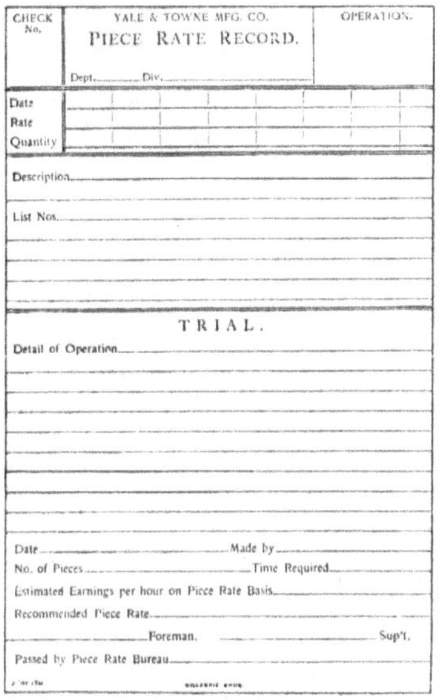

CHECK No.	YALE & TOWNE MFG. CO. PIECE RATE RECORD.				OPERATION.
	Dept. ___ Div. ___				
Date					
Rate					
Quantity					

Description ______

List Nos. ______

TRIAL.

Detail of Operation ______

Date ______ Made by ______

No. of Pieces ______ Time Required ______

Estimated Earnings per hour on Piece Rate Basis ______

Recommended Piece Rate ______

______ Foreman. ______ Sup't.

Passed by Piece Rate Bureau ______

Wirkliche Größe: 125 mm breit, 200 mm lang.

Karte, Fig. 350, angelegt, und zwar wird, abgesehen von der Bezeichnung des Stückes, die sich am Kopfe findet, zuerst der untere mit »Trial« überschriebene Teil ausgefüllt. Es wird nämlich ein besonders geübter Arbeiter mit der ersten Anfertigung des Stückes betraut, und die Einzelheiten der Arbeitsvorgänge sowie die Zeitdauer werden aufgeschrieben; ferner wird vom Meister hinzugesetzt, welchen Stundenverdienst er der nun folgenden Schätzung des Akkordes zugrunde gelegt hat. Die Karte wird dann, mit den Unterschriften des Meisters und des Betriebsleiters versehen, dem Stücklohnbureau übergeben und dort auf dem oberen Teil der nunmehr endgültig festgesetzte Akkordsatz eingetragen. Die Meister oder vielmehr ihre Buchhalter erhalten eine Karte, die im wesentlichen eine Abschrift des oberen Teiles der Karte, Fig. 350, darstellt, und die in der betreffenden Werkstattabteilung als Glied eines Kartenverzeichnisses aufbewahrt wird. Die Akkordsätze bleiben mindestens ein Jahr lang in Kraft; wenn sie vermindert werden sollen, so ist der Grund dafür auf der Rückseite der Hauptkarte Fig. 350 anzugeben. Ebenso wird darauf alle 6 Monate der Durchschnittsverdienst der mit der betreffenden Arbeit betrauten Arbeiter auf Grund der

werden, um dem Werkstattleiter Gelegenheit zum Eingreifen zu geben, wenn die Kosten eines Teiles plötzlich zu sehr anwachsen. Auch den Meistern werden manchmal ähnliche Kontrollmittel an die Hand gegeben. Bei der Lidgerwood Mfg. Co., Brooklyn, N. Y., welche Dampfwinden für Bauten herstellt, hat jeder Meister für jeden öfter wiederkehrenden Einzelteil

Fig. 351.

Verzeichnis der Grundzeiten beim Prämiensystem; Cincinnati Milling Machine Co., Cincinnati, O.

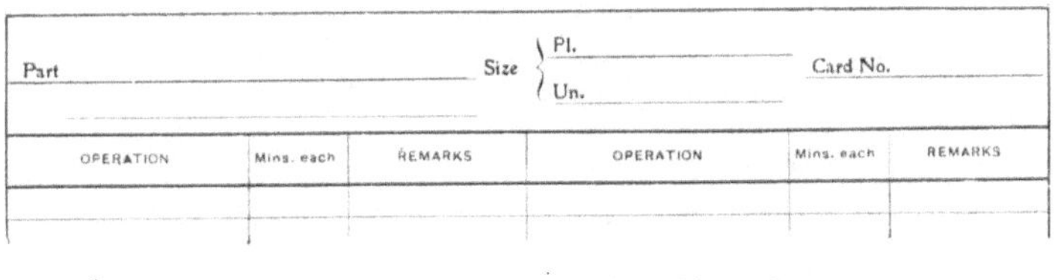

Part	Size { Pl. / Un.	Card No.

OPERATION	Mins. each	REMARKS	OPERATION	Mins. each	REMARKS

Wirkliche Größe: 152 mm breit, 102 mm lang.

an seinem Platz einen Haken, an dem Kärtchen, Fig. 349, aufgehängt werden können. Auf diesen Kärtchen sind außer den Bezeichnungen des Stückes und der Anzahl eines Satzes die Kosten der Arbeit für den ganzen Satz und für das Stück aufgeschrieben. Zu unterst hängt stets ein Kärtchen, das die Durchschnittskosten des letzten Jahres enthält.

Lohnliste verzeichnet. Wenn der Akkordsatz tatsächlich geändert wird, so wird dies auf der Karte Fig. 350 vermerkt; die früher an den Meister gesandte Karte wird dann eingezogen und gegen eine geänderte umgetauscht. Für diejenigen, denen diese Sorgfalt vielleicht übertrieben erscheint, sei bemerkt, daß die Yale & Town Mfg. Co. 2400

Arbeiter beschäftigt, und daß sich bei den vielen Tausenden gleicher Teile ein geringer Verlust oder Gewinn am einzelnen Stück sehr gewaltig vervielfacht.

Auch beim Prämiensystem legt man für die festgesetzten Grundzeiten Kartenverzeichnisse an, ähnlich wie vorstehend für Akkordsätze. Die Cincinnati Milling Machine Co. hat die Anzahl und die Kosten der fertiggestellten und an das Zwischenlager gelieferten Einzelteile auf Bogen, Fig. 354, aufgeschrieben, und über die innerhalb einer Woche montierten Maschinen und die dafür aufgewendete Zeit gibt ein ähnliches Blatt Auskunft. Daß hier für die Montage die Angabe des Zeitverbrauches allein genügt, rührt daher, daß man bei

Fig. 352. Uebersicht über die in Arbeit befindlichen Aufträge; Allis-Chalmers Co., Chicago, Ill.

INVENTORY OF CONTRACTS UNDERWAY.		MONTH OF ....190.....			ORDER No....................																										
		MOULDER		COREMAKER		CLEANER		PATTERN		CARPENTER		BLACKSMITH		BOILER		MACHINE		PERFORATING		DRAWING		PAINTER		Boxing & Cartage		Total		MATERIAL		
	Day	Hours	Amount	Hours	Amount	Hours	Amount	Hours	Amount	Hours	Amount	Hours	Amount	Hours	Amount	Hours	Amount	Hours	Amount	Hours	Amount	Hours	Amount	Hours	Amount	Labor	Weight Castings	Date Inv.	Amount
	1																												
	2																												

Wirkliche Größe: 360 mm breit, 244 mm lang.

dazu dienenden Karten, Fig. 351, nach Stücken geordnet; die Bearbeitung des Stückes ist, in einzelne Vorgänge zerlegt, darin eingetragen und ebenso die für jeden einzelnen Vorgang festgesetzte Grundzeit in Minuten; wo diese noch nicht festgesetzt ist, werden unter der Ueberschrift »Remarks« die Worte »not set« gesetzt.

Bei größeren Maschinen, die längere Zeit zu ihrer Fertigstellung brauchen, ist es für den Leiter des Betriebes von Wert, von Zeit zu Zeit zu erfahren, welche Ausgaben für die Maschine, während sie in Arbeit ist, bereits erwachsen sind. Bei der Allis-Chalmers Co., Chicago, Ill., wird deshalb für

Fig. 353.
Monatliche Zusammenstellung der Kosten in Ausführung befindlicher Aufträge; Allis-Chalmers Co., Chicago, Ill.

(Form No. 377 F.) **Summary of Expense** ON CONTRACTS UNDER WAY FOR Month of ___________ 19___					
ORDER NO.	MATERIAL.	LABOR.	BURDEN.	TOTAL.	REMARKS.

Wirkliche Größe: 160 mm breit, 301 mm lang.

Fig. 354.
Täglicher Bericht über fertige Teile; Cincinnati Milling Machine Co., Cincinnati, O.

Daily Report of Cost of Finished Parts. Date___________							
Shop Order	Name of Part	No. Pieces	Labor	Mfg. Exp.	Material.	Total	Remarks

Wirkliche Größe: 215 mm breit, 352 mm lang.

jeden Auftrag ein Blatt, Fig. 352, angelegt, worin für jeden Tag die Beträge an Zeit und Lohn, getrennt nach einzelnen Werkstattabteilungen, und schließlich das Material eingeschrieben werden. Als Unterlagen dazu dienen die früher besprochenen Arbeitzettel, Fig. 326 S. 120, und Materialzettel, Fig. 330 S. 121. Am Ende des Monats wird aus diesen Blättern für alle Aufträge eine Zusammenstellung der Material- und Arbeitskosten, wozu sich noch die Zuschläge gesellen, auf einem Bogen, Fig. 353, gemacht. Neuerdings hat man bei der genannten Firma Uebersichtskarten für jeden einzelnen Auftrag eingeführt, in denen allmonatlich auf der linken Seite die Kosten von Material und Löhnen sowie die Zuschläge aufgeführt, auf der rechten Seite die endgültigen Werte eingetragen werden, mit denen der Auftrag oder seine Teile zu Buche stehen.

Was hier monatlich geschieht, wird in Fabriken, wo kleinere Maschinen gebaut werden, die sich schneller herstellen lassen, in kürzeren Zwischenräumen vorgenommen. So werden bei der Cincinnati Milling Machine Co. täglich die

Fig. 355.
Uebersicht über die einzelnen Fabrikabteilungen; Henry R. Worthington, Brooklyn, N. Y.

LABOR MEMORANDUM—HYDRAULIC WORKS						
Week Ending 190						
SHOP	No. Men	Total Hours	Added	Dis.	Wages	Avg. per Hr.
Number 1						
" 2						
" 3						
" 4						
" 5						
" 6						
" 7						
" 8						
" 9						
" 10						
Bolt						
Packing						
Meter						
Blacksmith						
Polishing						
Repair						
Brass						
Tool						
Carpenter						
Store Room						
Boiler "						
Power and Light						
Laborers Section A						
" " B						
Shop Foremen						
Total Machine Shops						
Iron Foundry						
Brass "						
Pattern						
Total Foundry						
Stable						
Drawing Room						
Offices						
Erecting Dep't						
E'port L't'ge Co.						
TOTAL						

Wirkliche Größe: 148 mm breit, 278 mm lang.

der Cincinnati Milling Machine Co., wie gewöhnlich in Amerika, bei der Montage in Stundenlohn arbeiten läßt.

In ähnlicher Weise läßt sich der Betriebsleiter der Lidgerwood Mfg. Co., Brooklyn, N. Y., über die für die Montage verbrauchte Zeit berichten, um bei zu langer Dauer eingreifen zu können. Diese Zettel haben nur vorübergehenden Wert und werden, nachdem sie vom Betriebsleiter überflogen sind, fortgeworfen. Bei derselben Fabrik werden ähnliche Zettel für die Anfertigung der Modelle benutzt.

Einen Ueberblick über die Tätigkeit der einzelnen Fabrikabteilungen kann bis zu einer gewissen Grenze die Kenntnis der Arbeiterzahl, der gesamten Arbeitstunden in einer Woche, des Zuwachses oder der Verminderung dieser Größe gegen die vorhergehende und der gezahlten Löhne bieten. Bei Henry R. Worthington, Brooklyn, N. Y., wo etwa 2000 Arbeiter beschäftigt sind, wird eine derartige Zusammenstellung für den Fabrikleiter gemacht, deren Form in Fig. 355 dargestellt ist.

Eine Uebersicht über die Kontrollberichte würde sehr unvollständig sein, wenn man nicht noch die Gießereiberichte erwähnen wollte, von denen gewöhnlich zwei verschiedene täglich für die Betriebsleitung verfaßt werden: der eine über die Schmelzung, der andere über die gegossenen Stücke. Die Gießereiberichte der Laidlaw-Dunn-Gordon Co., Cincinnati, O., sind in Fig. 356 und 357 wiedergegeben. In der Schmelzliste, Fig. 356, wird vom Gießermeister zunächst die Zusammensetzung der einzelnen Beschickungen eingetragen, dann links unten die Angaben über Beginn und Ende des Betriebes, den Winddruck sowie das Verhältnis von Koks, Roheisen und Schrott zur Beschickung, rechts unten das Gewicht desjenigen gegossenen Eisens, das in der Gießerei bleibt, also des Ausschusses, der Eingüsse, der neu gegossenen Formkasten usw. Der Kopf der Gußliste, Fig. 357, enthält die Namen der Former, die

schickung ist eine Zeile bestimmt, in der die verschiedenen Eisensorten, die Koks und die Zuschläge ihrem Gewicht nach verzeichnet werden. Unten auf dem Blatte werden links die Betriebszeit und das Verhältnis von Eisen zur Koks, rechts die Ergebnisse der drei Festigkeitsversuche eingetragen, die täglich an Probestäben vorgenommen werden.

Bei der zuletzt genannten Firma wird auch täglich der Bestand an Roheisen, Koks usw. aufgenommen. Andere Firmen begnügen sich damit, derartige Aufstellungen jede Woche zu machen. Fig. 359 gibt einen derartigen Bericht der Lidgerwood Mfg. Co., der jeden Montag dem Betriebsleiter zu übergeben ist. Bei derselben Firma, die überhaupt in der Ausbildung der Kontrollberichte sehr weit gegangen ist, läßt sich der Betriebsleiter in ähnlicher Weise auf besonderen Vordrucken über den Bestand an Kesselkohlen jede Woche schriftlich berichten, und sogar die Nachtwächter haben sich über die etwaigen Vorkommnisse während der Nacht jeden Morgen auf einem Zettel, Fig. 360, schriftlich zu äußern. Auf diese Weise erfährt der Betriebsleiter, wenn er am Morgen an seinen Schreibtisch tritt, in kürzester Zeit alles Wissenswerte und ist nicht gezwungen, Erkundigungen einzuziehen.

Nicht nur auf Gegenstände, sondern auch auf Personen werden die Kontrollberichte im Fabrikgetriebe erstreckt. In einer Reihe von Maschinenfabriken in Amerika (z. B.

Fig. 356.

Schmelzliste der Laidlaw-Dunn-Gordon Co., Cincinnati, O.

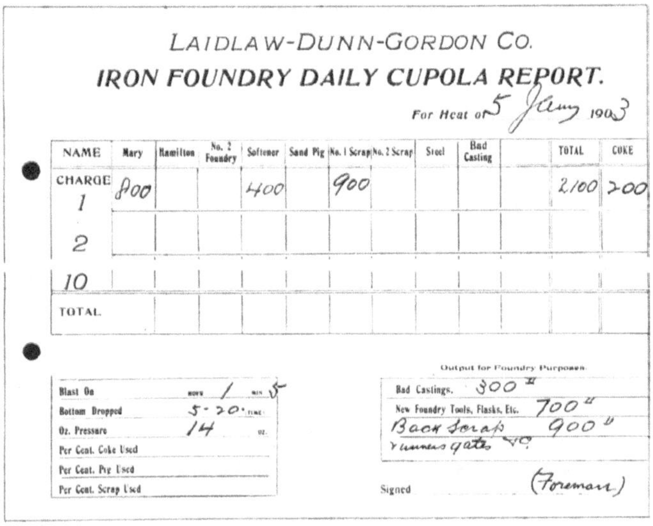

LAIDLAW-DUNN-GORDON CO.
IRON FOUNDRY DAILY CUPOLA REPORT.
For Heat of 5 Jany 1903

NAME	Mary	Hamilton	No. 2 Foundry	Softener	Sand Pig	No. 1 Scrap	No. 2 Scrap	Steel	Bad Casting		TOTAL	COKE
CHARGE 1	800			400	900						2100	200
2												
10												
TOTAL												

Blast On nov'r 1 min 5
Bottom Dropped 5-20 time
Oz. Pressure 14 oz.
Per Cent. Coke Used
Per Cent. Pig Used
Per Cent. Scrap Used

Output for Foundry Purposes.
Bad Castings. 300 ″
New Foundry Tools, Flasks, Etc. 700 ″
Back Scrap 900 ″
runners gates &c.
Signed (Foreman)

Wirkliche Größe: 243 mm breit, 298 mm lang.

Fig. 357.

Gußliste der Laidlaw-Dunn-Gordon Co., Cincinnati, O.

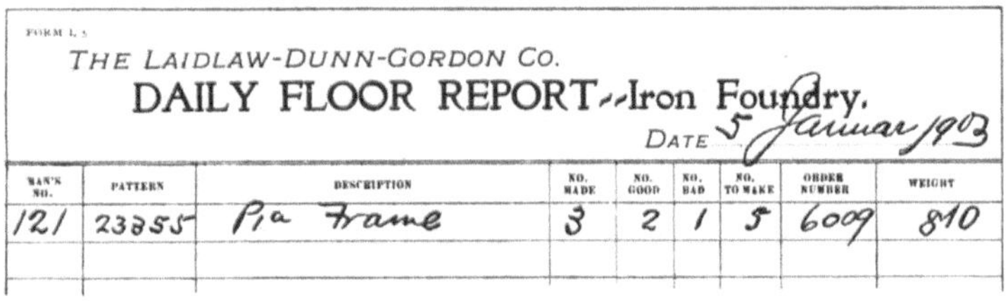

FORM L 5
THE LAIDLAW-DUNN-GORDON CO.
DAILY FLOOR REPORT--Iron Foundry.
DATE 5 Januar 1903

MAN'S NO.	PATTERN	DESCRIPTION	NO. MADE	NO. GOOD	NO. BAD	NO. TO MAKE	ORDER NUMBER	WEIGHT
121	23355	Pia Frame	3	2	1	5	6009	810

Wirkliche Größe: 206 mm breit, 305 mm lang.

Fig. 358. Schmelzliste der Allis-Chalmers Co., Chicago, Ill.

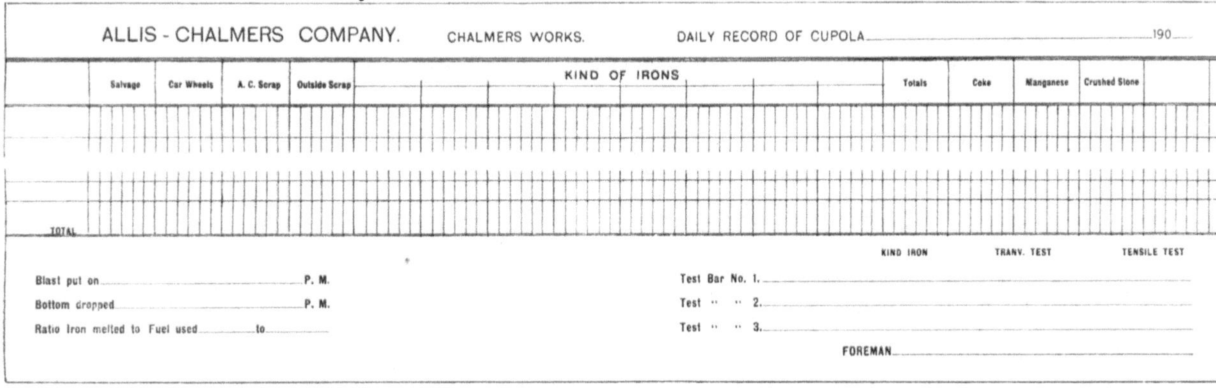

ALLIS - CHALMERS COMPANY.				CHALMERS WORKS.			DAILY RECORD OF CUPOLA		190				
Salvage	Car Wheels	A. C. Scrap	Outside Scrap	KIND OF IRONS					Totals	Coke	Manganese	Crushed Stone	
TOTAL													

Blast put on P. M.
Bottom dropped P. M.
Ratio Iron melted to Fuel used to

KIND IRON TRANV. TEST TENSILE TEST
Test Bar No. 1.
Test " " 2.
Test " " 3.
FOREMAN

Wirkliche Größe: 356 mm breit, 278 mm lang.

Nummer des Modells, die Bezeichnung des Stückes, die Anzahl der gelieferten Stücke, den Ausschuß, das Gewicht usw. Für die Bronzegießerei sind bei derselben Firma Schmelz- und Gußliste auf einem Blatt vereinigt.

Ein anderes Beispiel einer Schmelzliste, von der Allis-Chalmers Co. benutzt, findet sich in Fig. 358. Für jede Be-

Cincinnati Milling Machine Co., Cincinnati, O.; Ingersoll-Sergeant Co., Easton, Pa.; Brown Hoisting Co., Cleveland, O.) habe ich im Bureau des Betriebsleiters Kartenverzeichnisse gefunden, die über die Arbeiter Auskunft gaben, und zwar nicht allein über den Namen, die Wohnung, das Alter, die Beschäftigung und den Lohnsatz, sondern auch

Fig. 359.

Wochenbericht über die Gießereibestände; Lidgerwood Mfg. Co., Brooklyn, N. Y.

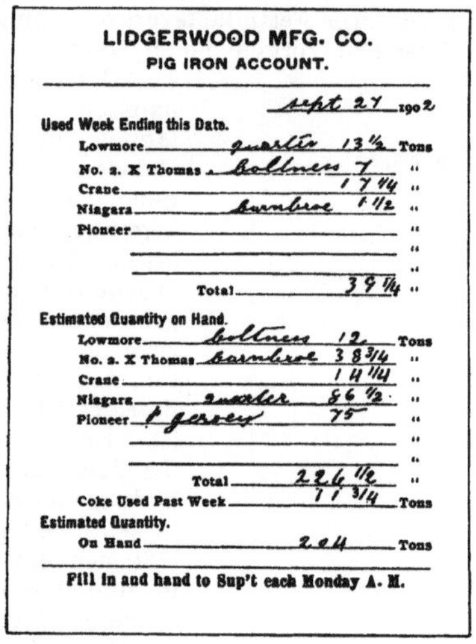

LIDGERWOOD MFG. CO.
PIG IRON ACCOUNT.

sept 27 1902

Used Week Ending this Date.

Lowmore	*quarter* 13 ½	Tons
No. 2. X Thomas	*boltner* 7	"
Crane	1 7 ¼	"
Niagara	*sunbroe* 1 ½	"
Pioneer		"
		"
		"
Total	3 9 ¼	"

Estimated Quantity on Hand.

Lowmore	*boltner* 12	Tons
No. 2. X Thomas	*barnbroe* 3 8 ¾	"
Crane	1 4 ¼	"
Niagara	*quarter* 86 ½	"
Pioneer	*& jersey* 75	"
		"
		"
Total	2 2 6 ½	"
Coke Used Past Week	1 1 ¾	Tons

Estimated Quantity.

On Hand	2 0 4	Tons

Fill in and hand to Sup't each Monday A. M.

Wirkliche Größe: 131 mm breit, 177 mm lang.

Fig. 360.

Bericht der Nachtwächter; Lidgerwood Mfg. Co., Brooklyn, N. Y.

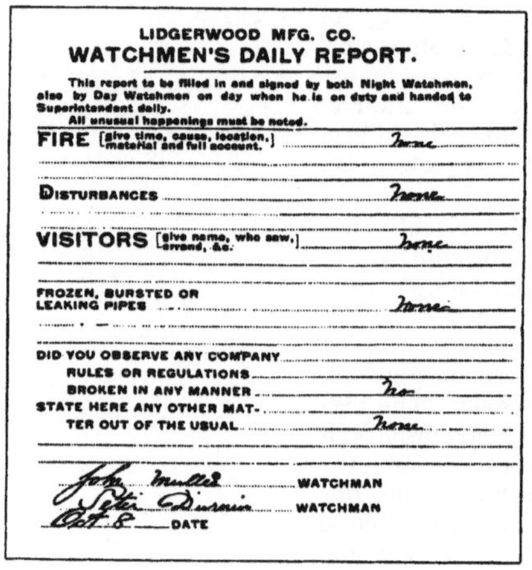

LIDGERWOOD MFG. CO.
WATCHMEN'S DAILY REPORT.

This report to be filled in and signed by both Night Watchmen, also by Day Watchmen on day when he is on duty and handed to Superintendent daily.
All unusual happenings must be noted.

FIRE [give time, cause, location, material and full account.] .... *none*

DISTURBANCES .... *none*

VISITORS [give name, who saw, errand, &c.] .... *none*

FROZEN, BURSTED OR LEAKING PIPES .... *none*

DID YOU OBSERVE ANY COMPANY RULES OR REGULATIONS BROKEN IN ANY MANNER .... *no*

STATE HERE ANY OTHER MATTER OUT OF THE USUAL .... *none*

John Muller .... WATCHMAN
Peter Dirnein .... WATCHMAN
Oct 8 .... DATE

Wirkliche Größe: 146 mm breit, 159 mm lang.

über seine Leistungen und seine Führung. Bei der Brown Hoisting Co. enthält eine derartige Karte auch Bemerkungen über etwaiges Fortbleiben von der Arbeit, Austritt aus der Fabrik und Gründe dafür, Wiedereintritt, die Art der vom Arbeiter gewünschten Arbeit, den beanspruchten Lohn, die Werkstätte, wo der Arbeiter früher tätig war, u. dergl. m. Bei der Ingersoll-Sergeant Co. wird mit Hülfe derartiger Karten das Betragen der Arbeiter überwacht; z. B. heißt es auf einer derselben: »Does not like piece work« (arbeitet nicht gern im Akkord).

Außerordentlich weit geht man in dieser Hinsicht bei der Cincinnati Milling Machine Co. Hier wird für jeden Arbeiter eine Karte angelegt, Fig. 361, die am Kopf Angaben über seine Person enthält, wozu auch Angaben über

Fig. 361.

Arbeiter-Führungskarte; Cincinnati Milling Machine Co., Cincinnati, O.

Name						Address									
Born						Age									
Married						Hired				Wages					
Served	Years Apprenticeship with														
Last Employed by										Wages					

Date of Rep't	Class	Rank	Character of Work	Quantity of Work	Quality of Work	Cleanliness at Work	Proficiency as Workman	Department	Punctuality			Working Days 6 Mo's	Prem. Gain $ C.	Advancement				Remarks
									Late	Abs. Sick	Abs. L've	Abs.			DATE	CLASS	RANK	WAGES	

Wirkliche Größe 152 mm breit, 102 mm lang.

Fig. 362.

Arbeiter-Führungskarte; Cincinnati Milling Machine Co., Cincinnati, O.

No.	Class		Department		Work								
	Rank												

Date of Report	NAME	Hired	Rate	DATE CHANGED	Dis.	Quit	Cause	Eff.	Late	Abs. 6 MOS	Transferred to			REMARKS
											DEPT.	CLASS	WORK	DATE	

Wirkliche Größe: 152 mm breit, 102 mm lang.

Heirat, Lehrzeit, vorhergehende Stellung und letzter Lohn gehören. Dann folgen Rubriken, die von Zeit zu Zeit, etwa alle 6 Monate, ausgefüllt werden sollen, und die eine vollständige Zensur des Arbeiters enthalten. Die Arbeiter sind ihren Leistungen nach in Klassen und Gruppen geteilt, und es folgen auf das Datum des betreffenden Berichtes die Angaben hierüber, dann über die Art der Beschäftigung, die Leistungen nach Menge, Beschaffenheit und Sauberkeit der Arbeit, die Fähigkeiten als Arbeiter, die Werkstattabteilung, wo er beschäftigt ist, die Pünktlichkeit, die Anzahl der Tage

im Laufe von 6 Monaten, an denen er gearbeitet hat, den Verdienst an Prämien und schließlich zutreffendenfalls die Versetzung des Arbeiters in eine Klasse mit höherem Lohnsatz. Die Angaben werden von den Meistern gemacht, und das Kartenverzeichnis wird im Bureau des Betriebsleiters aufbewahrt.

Man erkennt auch hier das Bestreben, sich von der Person eines Meisters, der allein seine Leute genauer kennt, unabhängig zu machen; denn sonst könnte man zweifeln, ob das umständliche Verfahren, derartige Angaben schriftlich niederzulegen, sich in einer Fabrik von rd. 300 Arbeitern lohnt. Dazu kommt, daß bei der Cincinnati Milling Machine Co. noch ein zweites Arbeiterverzeichnis geführt wird, dessen Karten in Fig. 362 abgebildet sind. Jede Karte bezieht sich auf eine Arbeiternummer, und es muß vorausgesetzt werden, daß dieselbe Nummer immer nur an gleichartige Arbeiter vergeben wird. Für jeden neuen Arbeiter wird eine Zeile genommen, und es wird außer dem Datum der Eintragung und dem Namen aufgeschrieben: der Zeitpunkt der Einstellung, der Lohnsatz, etwaige Aenderungen desselben, die Entlassung oder Kündigung seitens des Arbeiters, die Ursache davon, die Leistungen, die Pünktlichkeit, die Abwesenheit und eine etwaige Ueberweisung in eine andere Abteilung oder Klasse.

XIV. Löhne und Lohnsysteme.

Wie bereits früher[1]) hervorgehoben, hat die Höhe der Löhne in den Vereinigten Staaten einen gewaltigen Einfluſs auf die Richtung gehabt, in welcher sich die Industrie entwickelt hat. Deshalb ist es von Wert, sich in die Lohnstatistik zu vertiefen, zumal die bei uns darüber herrschenden Anschauungen nicht immer geklärt sind. Als Grundlagen dienen zwei Veröffentlichungen des Department of Labor in Washington[2]). Wenn man den Schwankungen der Löhne nachgehen will, so liefert die erste dieser Veröffentlichungen die Durchschnittlohnsätze für gelernte und ungelernte Arbeiter in 25 verschiedenen Gewerben und in 12 der gröſsten Städte in den Vereinigten Staaten; die Zahlen beziehen sich auf die Jahre 1870 bis 1898 einschlieſslich, und es sind insgesamt 255 Einzelangaben verwertet. Die zweite Zusammenstellung gilt für 26 verschiedene Gewerbe und 148 verschiedene Unternehmungen und enthält Angaben bis zum

Zahlentafel 1. Lohnstatistik von 1870 bis 1900.

| Jahr | Statistik vom Jahre 1898 | | Jahr | Statistik vom Jahre 1898 | | Statistik vom Jahre 1900 |
| | täglicher Durchschnittlohn | | | täglicher Durchschnittlohn | | |
	Dollar	vH		Dollar	vH	vH
1870	2,21	86,64	1886	2,47	97,15	—
1871	2,39	94,00	1887	2,49	97,93	—
1887	2,45	96,26	1888	2,51	98,52	—
1873	2,36	92,13	1889	2,52	98,82	—
1874	2,30	90,46	1890	2,53	99,31	—
1875	2,24	88,11	1891	2,55	100,00	100,00
1876	2,18	85,65	1892	2,56	100,59	100,30
1877	2,25	88,21	1893	2,54	99,94	99,32
1878	2,31	90,66	1894	2,49	97,98	98,06
1879	2,32	91,12	1895	2,47	97,19	97,88
1880	2,34	91,94	1896	2,46	96,60	97,93
1881	2,41	94,59	1897	2,45	96,11	98,96
1882	2,45	96,16	1898	2,43	95,62	98,79
1888	2,47	97,05	1899			101,54
1884	2,49	97,83	1900			103,43
1885	2,47	97,15				

Jahre 1900. Berechnet man aus diesen Zahlentafeln die Durchschnittwerte jedes Jahres für sämtliche Gewerbe und setzt den Wert vom Jahre 1891, wo beide Statistiken übereinstimmen, gleich 100, so lassen sich die übrigen als Prozente des letzteren ausdrücken. In Zahlentafel 1. ist das geschehen[1]), und es sind zugleich die Durchschnittlöhne, die sich aus der ersten Statistik ergeben, ihrem wirklichen Werte nach mitgeteilt.

In Fig. 363 ist diese Tafel zeichnerisch dargestellt; dabei zeigt sich, wie unsicher derartige Erhebungen in ihren Einzelheiten sind. Denn für die Jahre 1896 bis 1898 weichen die Linien der beiden Statistiken voneinander ab.

Fig. 363.

Schwankungen des Lohnes von 1870 bis 1900.

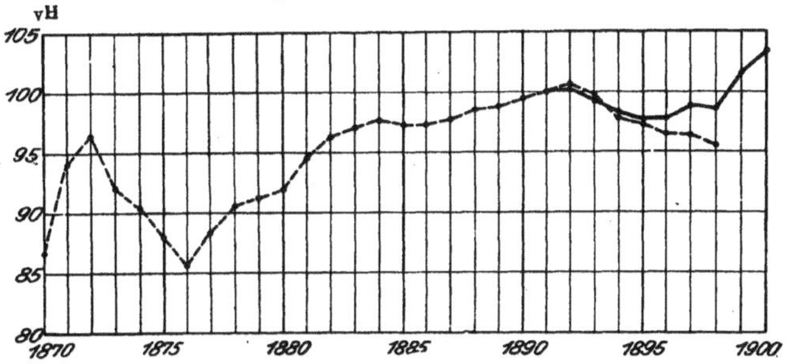

Immerhin dürfte das Gesamtbild, das man sich aus den Kurven von der Bewegung der Lohnsätze machen kann, einigermaſsen zutreffend sein. Es zeigt vor allem, daſs die Löhne seit den siebziger Jahren mit geringen Schwankungen gestiegen und daſs sie auch in den letzten Jahren im Aufsteigen begriffen sind; es kann also nicht davon die Rede sein, daſs sich die amerikanischen Lohnsätze den europäischen allmählich nähern, eine Anschauung, die bei uns ziemlich verbreitet ist.

Um einen Ueberblick über den augenblicklichen Stand der Löhne in der amerikanischen Industrie zu geben, sind in Zahlentafel 2. Lohnsätze aus dem Jahre 1900 zusammengestellt, die unter dem Titel: »Foundry and Machine Shop Products« in der zweiten erwähnten Statistik des Department of Labor angegeben sind.

Seit 1900, für welche Zeit Zahlentafel 2. gilt, scheinen die Löhne abermals gestiegen, die tägliche Arbeitszeit gesunken zu sein. Wenigstens geht das aus den Auskünften hervor, die der Verfasser im Herbst 1902 und in dem darauf folgenden Frühjahr erhalten hat. Von diesen Erkundigungen gibt Zahlentafel 3. einige Beispiele, und mit ihnen stimmt die mündliche Auskunft des Hrn. Ernest F. du Brul, Sekretärs der National Metal Trades Association, Cincinnati, O., gut überein, der am 2. Januar 1903 die folgenden Angaben über den damaligen Stand der Löhne machte:

---

[1]) S. 2.
[2]) Bulletin of the Department, September 1898, Juli und September 1900.

[1]) Vergl. Report of the Industrial Commission Bd. 15 S. 308.

Former	rd. 3 Dollar
Grobschmiede	3 bis 4 Dollar
Kesselschmiede	3 » 4 »
Maschinenarbeiter	2,33 bis 3 Dollar
Maschinen-Hülfsarbeiter	1,50 bis 2,25 Dollar
Modelltischler	3 bis 4 Dollar
tägliche Arbeitszeit	9 » 10 st

Zahlentafel 2.

Lohnsätze aus dem Jahre 1900.

Beschäftigung	Ort	Anzahl der Arbeitstunden in der Woche	Lohn für 1 Tag niedrigster Dollar	Lohn für 1 Tag höchster Dollar
Former	Atlanta, Ga.	60	1,50	3,00
»	Augusta, Ga.	59	1,55	2,75
»	Birmingham, Ala.	60	3,00	3,00
»	Buffalo, N. Y.	60	2,00	3,50
»	Cleveland, O.	60	2,75	3,00
»	Lynn, Mass.	59	2,75	3,50
Formerei-Hülfsarbeiter	Buffalo, N. Y.	60	1,50	1,70
»	Chicago, Ill.	60	1,76	2,50
»	Cleveland, O	60	1,30	1,50
Grobschmied	Atlanta, Ga.	60	3,00	3,50
»	Birmingham, Ala.	60	2,25	3,00
»	Buffalo, N. Y.	60	2,20	3,00
»	desgl.	54	1,80	2,03
»	Cleveland, O.	60	2,00	3,50
Grobschmied-Hülfsarbeiter	desgl.	60	1,65	1,65
Kernmacher	Lynn, Mass.	—	2,50	3,00
Kesselschmied	Augusta, Ga.	59	1,60	2,75
»	Buffalo, N. Y.	54	1,98	2,52
»	desgl.	54	2,52	2,70
»	Cleveland, O.	60	2,00	2,50
Kesselschmied-Hülfsarbeiter	Buffalo, N. Y.	54	1,17	1,62
»	Cleveland, O.	60	1,65	1,75
Maschinenarbeiter	Atlanta, Ga.	60	1,75	3,25
»	Augusta, Ga.	59	1,75	2,50
»	Birmingham, Ala.	60	3,00	3,00
»	desgl.	60	2 00	3,25
»	Buffalo, N. Y.	60	1,80	3,00
»	Chicago, Ill.	60	2,75	3,30
»	Cleveland, O.	60	1,75	3,00
»	Philadelphia, Pa.	48	2,00	3,00
Maschinen-Hülfsarbeiter	Buffalo, N. Y.	60	1,00	1,70
»	Chicago, Ill.	60	1,65	2,20
»	Cleveland, O.	60	1,25	1,75
Modelltischler	Atlanta, Ga.	60	2,50	3,00
»	Birmingham, Ala.	60	3,00	3,00
»	Buffalo, N. Y.	60	3,25	3,25
Zimmermann	Atlanta, Ga.	60	1,50	2,75
»	Augusta, Ga.	59	1,50	1,80
»	Birmingham, Ala.	60	1,50	2,75

Es wäre übrigens eine anziehende Aufgabe, der Höhe der Löhne die Kosten des Lebensunterhaltes gegenüberzustellen; wird doch von Einwandrern in den Vereinigten Staaten angegeben, daſs die Kaufkraft von 1,20 ℳ bis 1,40 ℳ in Europa der eines Dollars (rd. 4 ℳ) in Amerika gleich stände[1]). Derartige Untersuchungen würden jedoch an dieser Stelle, wo die Löhne mit Hinsicht auf die Herstellungskosten betrachtet werden sollen, zu weit führen. Ebenso darf die Frage der Beschäftigungslosigkeit, welche zwar das Jahreseinkommen des Arbeiters, nicht aber den für die Arbeitsleistung gezahlten Preis beeinfluſst hier auſser acht bleiben[2]).

Was die Arbeitszeit betrifft, so schwankt sie in den Fabriken, die der Verfasser besucht hat, zwischen 54 und 60 st in der Woche, sodaſs sich auch hierin eine gute Uebereinstimmung mit den Angaben des Hrn. du Brul zeigt. Von 27 mir vorliegenden Angaben zeigen 7 je 54 st, 5 je 55 st, 3 je 56 st, 2 je 57 st, 1 59 st und 9 je 60 st. Der 8-Stundentag ist in privaten Maschinenfabriken noch nicht eingeführt. Nur in staatlichen Unternehmungen wie auf der Staatswerft in Brooklyn ist die Arbeitszeit auf 48 st in der Woche vermindert.

Einige Firmen haben im Sommer eine kürzere Arbeitszeit als im Winter, z. B. Rogers Locomotive Works, Paterson, N. J., im Sommer 55, im Winter 58, Baldwins Locomotive Works, Philadelphia, Pa., 58 und 60 st. Die Mittagpause beträgt 30 min bis 1 st, und zwar hatten unter 25 Fabriken 10 je 30 min, 2 je 40 min, 4 je 45 min, 2 je 50 min und 7 je 60 min; andere Pausen während der Arbeitszeit werden nicht gemacht. Die Fabriken werden — wenn keine Ueberstunden gemacht werden — nicht später als 6 Uhr nachmittags geschlossen, viele schlieſsen schon um 5³⁰, einige um 5 Uhr; in Gieſsereien wird die Arbeit manchmal noch früher beendet. Der Sonnabend-Nachmittag ist häufig ganz frei, oder die Arbeitszeit ist am Sonnabend gekürzt.

Die neuesten Forderungen der Union der Maschinenbauer, der International Association of Machinists[3]), verlangen u. a. einen Normalarbeitstag von 9 st und als Mindestlohnsätze innerhalb der Fabrik für 1 st 30 Cents für Maschinenarbeiter, 35 Cents für Werkzeugmacher und 50 Cents für Montagearbeiter auſserhalb der Fabrik. Diese Lohnsätze bedeuten eine Erhöhung von 5 vH gegenüber den bisher gültigen Mindestsätzen der Union.

---

[1]) Vergl. Report of the Industrial Commission Bd. 19 S. 964. Es mag, abgesehen von der eben genannten Quelle, auf das Bulletin of the Department of Labor März 1902 und die vom Bureau of Statistics monatlich herausgegebene Uebersicht: Prices of leading articles, sowie auf das Heft: Movement of prices 1840 bis 1901, ebenfalls vom Bureau of Statistics herausgegeben, verwiesen werden.

[2]) Ueber die Beschäftigungslosigkeit hat, soweit meine Kenntnis reicht, nur der Staat New York statistische Erhebungen angestellt; s. 19. Annual Report of the Bureau of Labor Statistics, State of New York, 1901 und Report of the Industrial Commission Bd. 19 S. 754.

[3]) Vergl. Stahl u. Eisen 15. Juni 1903 S. 839.

Zahlentafel 3. Lohnsätze 1902/03.

Beschäftigung	Firma	Ort	Anzahl der wöchentlichen Arbeitstunden	täglicher Lohn niedrigster Dollar	täglicher Lohn höchster Dollar
Former	E. W. Bliss Co.	Brooklyn	54	3,00	3,50
»	Buckeye Foundry	Cincinnati, O.	—	3,00	4,50
»	Niles Tool Works	Hamilton, O.	—	2,85	3,25
» (Lehm-)	Allis-Chalmers Co.	Milwaukee, Wis.	—	3,00	3,90
» (Sand-)	desgl.	desgl.	—	3,25	3,60
Maschinenarbeiter	Mc Cormick Harvesting Mach. Co.	Chicago, Ill.	60	2,25	2,75
»	Laidlaw-Dunn-Gordon Co.	Cincinnati, O.	57	2,75	2,75
»	Gisholt Machine Co.	Madison, Wis.	60	2,50	3,00
»	Pawling & Harnishfeger	Milwaukee, Wis.	—	2,00	3,50
»	Gould & Eberhardt	Newark, N. J.	54	2,50	2,75
»	De La Vergne Refrigerating Machine Co.	New York City	60	2,00	3,50
»	Brown & Sharpe Mfg. Co.	Providence, R. I.	59	2,00	4,00
Maschinen-Hülfsarbeiter	Pawling & Harnishfeger	Milwaukee, Wis.	—	1,50	1,70
»	Gould & Eberhardt	Newark, N. J.	54	1,50	1,75
»	De La Vergne Refrigerating Machine Co.	New York City	60	1,50	1,75

Obwohl, wie die vorstehenden Ausführungen zeigen, die Lohnsätze in den Vereinigten Staaten ganz erheblich höher sind als in Europa, so ist man selbst in industriellen Kreisen Amerikas nicht immer geneigt, das als einen Hemmschuh für die Entwicklung der Industrie anzusehen. Man glaubt, daß durch hohe Löhne dem Arbeiter bessere Gelegenheit geboten wird, für Pflege des Geistes und Körpers zu sorgen, und daß die höheren geistigen Fähigkeiten und die größere Körperkraft am Ende wieder dem Arbeitgeber zugute kommen. Ferner wird geltend gemacht — und das ist ohne Frage richtig —, daß die hohen Löhne ein Ansporn für die Ausbildung zeitsparender Maschinen und zeitsparender organisatorischer Maßregeln sind. Andrew Carnegie hat in seiner Rektoratsrede an der St. Andrew University in Schottland am 22. Oktober 1902 ausgesprochen, daß »es nicht die schlechtest, sondern die höchst bezahlte Arbeit ist, die im Verein mit wissenschaftlicher Leitung und maschinellen Einrichtungen die billigsten Erzeugnisse liefert«, und er steht mit dieser Anschauung durchs nicht vereinzelt da [1]).

Zugegeben, daß in dem Ausspruch Carnegies viel Wahres steckt, so darf man doch die Richtigkeit des Satzes in seiner allgemeinen Fassung bezweifeln. Gewiß ist, daß sich in manchen Industriezweigen die Leistung der Arbeiter gehoben hat, nachdem die Löhne aufgebessert worden waren. Gewiß ist die Tatsache, daß es dem Amerikaner trotz seiner hohen Löhne gelungen ist, auf manchen Gebieten der Industrie, auf denen er früher von Europa abhängig war, billiger zu fabrizieren als seine ehemaligen Lieferanten. Aber man gehe z. B. in die Gießerei einer der großen Fabriken für landwirtschaftliche Maschinen in Chicago und beobachte die mit Formen beschäftigten Arbeiter, die, für eine bestimmte Arbeit gedrillt, etwa für das Formen der Laufräder von Mähmaschinen, tagein tagaus, ohne aufzublicken, ihrer Tätigkeit nachgehen. Diese Leute sind keine gelernten Former, sondern meist frisch eingewanderte Leute, zum größten Teile Polen, die überhaupt kein Handwerk gelernt haben, und die teils aus Mangel an Intelligenz, teils aus Unkenntnis der englischen Sprache sich veranlaßt sehen, im Stücklohn eine Arbeit zu verrichten, die ihnen 15 bis 22 Cents stündlich einbringt, während ein gelernter Former in den Vereinigten Staaten etwa das Doppelte verdient. Man sehe, in welcher Zahl in diesen Fabriken Knaben als Arbeiter verwendet werden, deren Lohn 1,25 bis 1,75 Dollar für den Tag beträgt, und man wird verstehen, warum die Fabriken landwirtschaftlicher Maschinen der Vereinigten Staaten zu so billigen Preisen verkaufen können.

Gewiß erzielen andere Industriezweige durch hohe Lohnsätze auch gute Erfolge, aber mit einer ganz andern Klasse von Arbeitern, die sich von den minderwertigen Leuten, wie sie eben geschildert waren, wie Tag und Nacht voneinander unterscheiden, dem gelernten Maschinenbauer im Gegensatz zu dem nur für eine bestimmte Arbeit eingedrillten Spezialisten. Bei der Pratt & Whitney Co. in Hartford, Conn., haben einzelne Arbeiter einen Tageslohn von 6 bis 7 Dollar. Das sind Vorarbeiter, denen die Ausbildung oder Verbesserung von Werkzeugmaschinen übertragen wird. Wenn es einem dieser Leute gelingt, durch seine Geschicklichkeit oder seine Erfindungsgabe die Fabrikation eines Stückes billiger zu gestalten, so erhält er von der Ersparnis 25 vH, und dadurch erhöht sich unter Umständen sein Einkommen um 50 vH und mehr. Das sind natürlich auserlesene und hervorragend begabte Arbeiter, und es ist nicht die körperliche Arbeitsleistung, sondern vielmehr die geistige Tätigkeit, die so hoch bezahlt wird.

Höhere Bezahlung für höhere Leistung! Und doch gibt es in den Vereinigten Staaten Arbeiter, die gegen eine derartige Unterscheidung Einspruch erheben: die Gewerkschaft der Maurer (Bricklayers Union) fordert für alle Arbeiter einen Einheitssatz und gestattet nicht, daß der schnellere Arbeiter mehr Lohn erhält. Allerdings behauptet diese Gewerkschaft, daß sie keinen Maurer aufnimmt, der die von der Union erwartete Tagesarbeit nicht zu leisten vermag [1]). Ist es aber nicht unlogisch und unwirtschaftlich, auch den gewandteren Arbeiter zu zwingen, für denselben Lohn zu arbeiten, der einem minder Flinken zukommt? denn in aller Welt besteht doch der Grundsatz, daß die bessere Ware einen höheren Preis verdient. und es liegt doch in der wirtschaflichen Stellung des Arbeiters, daß er seine Tätigkeit wie eine Ware verkauft.

Wenn man diese Anschauung auch auf die Lohnfrage überträgt, so muß man folgern, daß der Lohn nicht ein Entgelt für die durch die Tätigkeit des Arbeiters ausgefüllte Zeit ist, sondern eine Gegenleistung für eine bestimmte Arbeitsmenge; denn nicht die Zeit an sich, sondern die schaffende Tätigkeit stellt die Ware dar, und das Schaffen kann allgemein nicht mit einer Zeiteinheit gemessen werden, da die Leistung in der Zeiteinheit eine sehr veränderliche Größe darstellt.

Vom wirtschaftlichen Standpunkt aus würde demnach der Stücklohn den Vorzug vor dem Stundenlohn verdienen. Aber dem Stücklohn haftet der Uebelstand an, daß der Geldwert einer zu leistenden Arbeit nicht immer im voraus zu bestimmen ist, weil die Schwierigkeiten der betreffenden Arbeit nicht vorauszusehen sind. Um das zu begründen, braucht man nicht einmal auf einen äußersten Fall zurückzugreifen, wie ihn das angeführte Beispiel der Pratt & Whitney Co. darstellt. Es gibt auch manche fast rein mechanische Werkstatttätigkeiten, die in den Vereinigten Staaten schwerlich im Stücklohn vergeben werden, z. B. das Zusammenpassen von Maschinenteilen, besonders durch Schabarbeit, das Montieren, das Prüfen von Maschinen usw. gehören hierher. Der Stundenlohn ist also praktisch nicht zu entbehren; für den Arbeitgeber aber ist er nicht vorteilhaft, denn er enthält nichts, was den Arbeiter zu emsiger Arbeit anspornen könnte, es sei denn die Aussicht auf Erhöhung des Lohnsatzes.

Umsomehr muß man erstaunt sein, daß man in dem so praktisch und fortschrittlich handelnden Amerika nicht nur den Zeitlohn häufig antrifft, sondern daß es auch Maschinenfabriken gibt, welche dieses Lohnsystem als am vorteilhaftesten für ihre Betriebe preisen, weil die Arbeit langsam und darum mit besonderer Genauigkeit ausgeführt wird. Es gibt sogar Fabriken, die aus diesem Grunde vom Stücklohn zum Stundenlohn zurückgekehrt sind. »Wir haben nie untersucht, wie rasch wir arbeiten können«, sagte mir der Betriebsleiter einer Werkzeugmaschinenfabrik, in der im Stundenlohn gearbeitet wird, »aber wir wissen ganz genau, wie langsam wir arbeiten müssen, um sorgfältige Arbeit zu erzielen«. Das ist ein Standpunkt, der Anerkennung verdient, der sich aber im scharfen Konkurrenzkampf nur aufrecht erhalten läßt, wenn ein alter Stamm von gewissenhaften Arbeitern vorhanden ist, und wenn das Werk nicht so groß wird, daß eine sorgfältige Ueberwachung unmöglich erscheint. In der Tat hat der Verfasser unter mehr als 60 Maschinenfabriken das reine Stundenlohnsystem mit verschwindenden Ausnahmen nur in Betrieben mit weniger als 600 Arbeitern angetroffen, und bei den Ausnahmen hiervon lagen besondere Verhältnisse für das Beibehalten des Stundenlohnes vor.

In einigen Fällen, wo vonseiten der Fabrikleiter dem Stundenlohn das Wort geredet wurde, schien es, als ob man aus der Not eine Tugend gemacht hätte: Die Gewerkvereine, die Labor Unions, sind nämlich zumteil erbitterte Feinde des Stücklohnes, und zwar sind das die folgenden Gewerkvereine: Buchbinder, Maurer, Zimmerleute, Maler, Steinsetzer, Gas- und Wasserrohrleger, Steinmetze, Dachdecker, Glasarbeiter, Holzarbeiter, Holzbildhauer, Wagenbauer, Maschinenarbeiter, Maschinenwärter, Eisengießer, Modelltischler, Grobschmiede, Bäcker, Ziegeleiarbeiter, Graveure für Uhrgehäuse, Goldarbeiter, Arbeiter von Petroleum- und Gasquellen. Andere hingegen lassen das Stücklohnsystem zu, wie die Arbeiter in Schuhfabriken, die Hutmacher, Schneider, Spinner, Weber, Drucker, Arbeiter in Glasfabriken, Töpfer, Gruben-

---

[1]) Vergl. Report of the Industrial Commission Bd. XIII S. 518.

[1]) Industrial Conference of the National Civic Federation, New York 1903, S. 98.

.arbeiter, Küfer, Klavier- und Orgelarbeiter, Arbeiter in Eisenhütten, Walz- und Zinnwerken, Ofensetzer, Zigarrenarbeiter, Sattler und Polsterer, Arbeiter für Drahtgewebe, Werftarbeiter usw.

Aber zur ersten Reihe gehören gerade die für den Maschinenbau inbetracht kommenden Verbände. Diese machen gegen den Stücklohn vor allem geltend, dafs der Arbeitgeber den Akkordsätzen die Leistung des flinkesten Arbeiters zugrunde zu legen pflege, und dafs bei zu emsiger Tätigkeit ein Teil der Arbeiter überanstrengt, ein anderer brotlos würde. Der Leiter der International Association of Machinists behauptet, dafs 37 seinem Verband angehörige Zweigvereine innerhalb der letzten zwei Jahre die Einführung des Stücklohnes in Werkstätten mit insgesamt 4500 Arbeitern verhindert hätten. »Dieses Lohnsystem«, so sagt er, »würde nach angemessener Schätzung den Arbeiterstand um ein Viertel verringert haben. Es sind also die Stellen von 1125 Arbeitern erhalten geblieben, was einem Betrage von 2475 Dollar täglich oder 744675 Dollar im Jahr entspricht«[1]. Dafs aber durch Verbilligen der Industrieerzeugnisse auch die Nachfrage vermehrt wird, und dafs infolgedessen wieder neue Arbeitsgelegenheiten geschaffen werden, wenigstens in einem Riesenlande wie den Vereinigten Staaten, wo ohnehin die Bedürfnisse noch beständig wachsen — das hat er dabei völlig aufser acht gelassen.

Allgemein besteht ferner in Amerika wie bei uns unter den Arbeitern das Mifstrauen, dafs die Akkordsätze vermindert werden, wenn der Verdienst des Arbeiters über ein gewisses Mafs hinaussteigt. Deshalb sorgen sie selbst dafür, dafs ihre Leistung den vorausgesetzten Höchstlohn nicht überschreitet, und in den Vereinigten Staaten wird ihnen diese Mühe sogar manchmal von der Union abgenommen, dort, wo die Union das Stücklohnsystem nicht hat verdrängen wollen oder können. Dann verbietet nämlich die Union dem Arbeiter, mehr als eine bestimmte Stückzahl zu liefern, wie die Amalgamated Association of Iron, Steel and Tin Workers, welche das Höchstgewicht der von einem Arbeiter zu walzenden Blechtafeln von Jahr zu Jahr festsetzt[2]), oder sie verhindert ihn, wie bei der Cash Register Co., Dayton, O., mehr als einen bestimmten Höchstlohn zu erreichen. In beiden Fällen wird er, wenn er sich nicht fügt, von der Union mit Geldstrafen belegt und kann im Wiederholungsfalle aus dem Verbande ausgestofsen werden.

Ueber die Höhe der Akkordsätze selbst werden zwischen den Unions und den Arbeitgebern oft Verträge abgeschlossen, worin der Preis jedes Stückes festgesetzt wird. Derartige Akkordlisten sind z. B. in Verträgen enthalten, die zwischen der Gewerkschaft der Grubenarbeiter (United Mine Workers of America) und den Grubenbesitzern in Pennsylvania, Ohio, Indiana und Illinois abgeschlossen sind[3]), oder zwischen der Gewerkschaft der Weifsblecharbeiter (Tin Plate Workers International Protective Association of America) und der American Tin Plate Co.[4]). Allgemein darf jedenfalls ausgesprochen werden, dafs beim Stücklohn die Menge des Ausbringens, sei es nun infolge stillschweigender Voraussetzungen, sei es durch ausdrückliche Bestimmungen, nach oben begrenzt ist.

Sehr bemerkenswert ist es übrigens, zu sehen, dafs die gesunde Vernunft der Arbeiter sich bei Lohnfragen gelegentlich gegen die Tyrannei der Führer auflehnt. Vier Lokalvereinigungen, sogenannte Logen, aus Arbeitern der Chicago-, Burlington- and Quincy-Eisenbahn bestehend, sind von ihrer Gewerkschaft, der International Association of Machinists, abgefallen, weil sie, entgegen den Satzungen der Gewerkschaft, die Einführung des Stücklohnes wünschten, ein Beispiel, das keineswegs vereinzelt dasteht.

Die Folge dieser Vorkommnisse war, dafs die International Association of Machinists im Jahre 1900 ihre Bestimmungen dahin änderte, dafs dort, wo Stücklohn eingeführt sei, den Führern der Gewerkschaft das Recht zustände, mit den Arbeitgebern zu unterhandeln, Abmachungen ähnlich, wie sie

---

das — später zu besprechende — Prämiensystem enthalte, zu treffen und dadurch die Stücklöhne unter die Aufsicht der Gewerkschaft zu bringen, wenn möglich aber ganz abzuschaffen. Durch diese etwas verklausulierte Bestimmung ist tatsächlich in den Widerstand der Union gegen den Stücklohn Bresche gelegt, und auch andere Gewerkschaften haben nicht umhin gekonnt, in ihre Satzungen die Bestimmung aufzunehmen, dafs ihre Mitglieder nur in solchen Werkstätten keine Stücklohnarbeit übernehmen dürfen, wo bisher Zeitlohn üblich war (Amalgamated Society of Engineers, Amalgamated Glassworkers International Association of America).

Wo jedoch einer der Gewerkverbände, die gegen das Stücklohnsystem eifern, in einem Streit einen vollen Sieg erringt, findet man auch in grofsen Fabriken nur Zeitlohn, wie bei der Allis-Chalmers Co. in Chicago, wo nach einem blutigen Arbeiterausstand im Jahre 1901 die Union-Arbeiter die Oberhand behielten.

Aufserordentlich mächtig ist auch der Gewerkverband der Former (Iron Molders Union of North America); es gibt wenige Giefsereien in den Vereinigten Staaten, die nicht sogenannte Union-Werkstätten sind, und dazu gehört, dafs das Zeitlohnsystem allein mafsgebend ist. (Die erwähnten Giefsereien der landwirtschaftlichen Maschinenfabriken bilden noch eine Ausnahme.) In den Giefsereien hat nun der Unternehmerwitz ein eigenartiges Mittel gefunden, um den Anführern des Gewerkverbandes ein Schnippchen zu schlagen: Man hat das sogenannte Task-System eingeführt (Giefserei der Westinghouse Electric & Mfg. Co., Alleghany; Buckey Foundry, Cincinnati, O.), das darin besteht, dafs man dem Arbeiter, der den Forderungen der Union entsprechend Tagelohn erhält, ein bestimmtes Arbeitspensum für jeden Tag vorschreibt. Wenn er dies vor Feierabend erledigt hat, so stellt man ihm frei, entweder nach Haus zu gehen oder aber neue Arbeit zu beginnen, für die er besonders bezahlt wird — und der Arbeiter bleibt in den meisten Fällen. In Wirklichkeit liegt also ein Prämiensystem vor, bei dem der Arbeiter die volle von ihm ersparte Zeit vergütet erhält. So heiter diese Tatsache klingen mag, so kennzeichnet sie doch den Ernst des Kampfes zwischen den nivellierenden Forderungen der Unions als den Vertretern des Zeitlohnes und den wirtschaftlich berechtigten Forderungen der Arbeitgeber, die dem Stücklohn den Vorzug geben.

Mitten in diesen Streit hinein trat als ein neues Ereignis die Erfindung Frederick A. Halseys: das Prämiensystem. Halsey, zurzeit Mitherausgeber der Zeitschrift »American Machinist«, hatte im Jahre 1890 dieses Lohnsystem bei der Canadian Rand Drill Co., Sherbrooke, Quebec, deren Leiter er damals war, eingeführt und es im darauf folgenden Jahre auf einer Versammlung der American Society of Mechanical Engineers in Providence, R. I.[1]), öffentlich bekannt gegeben. Das Wesentliche an Halseys Erfindung ist, dafs der Arbeiter seinen Tagelohn wie früher erhält, aufserdem aber noch eine Prämie für die Zeit, die er an der für jede Arbeit festgesetzten Grundzeit erspart. Dadurch ist eine Verbindung von Tage- und Stücklohn geschaffen oder richtiger: eine Art von Stücklohnsystem mit Mindestlohn, da der Arbeiter unter allen Umständen seinen Tagelohn bekommt[2]). Die Wirkung des Prämiensystems besteht darin, dafs der Lohn sich für die Zeiteinheit hoch stellt, für die Leistungseinheit, das ist für das Arbeitstück, aber niedrig, mit andern Worten, dafs dem Arbeiter seine Zeit gut bezahlt wird, und dafs der Arbeitgeber seine Herstellungskosten doch vermindert. In dem letzteren Punkte unterscheidet es sich von dem Stücklohn, bei welchem der Lohnanteil der Herstellungskosten des Unternehmers gleich bleibt, gleichgültig, ob der Arbeiter viel oder wenig leistet.

Was die Berechnung der Prämie betrifft, so hat Halsey in seinem oben erwähnten Vortrag vorgeschlagen, den Prozentsatz, den der Arbeiter von dem ersparten Lohn erhalten

---

[1]) Industrial Conference 1903 S. 101.
[2]) Report of the Industrial Commission Bd. VII S. 393.
[3]) Report of the Industrial Commission Bd. XVII S. 331.
[4]) ebenda S. 346.

[1]) Transaction of American Society of Mechanical Engineers Bd. XII S. 755.
[2]) Reines Stücklohnsystem mit Mindestlohn findet sich mehrfach: Die Firma Carl Zeifs, Jena, hat es eingeführt, und das obenerwähnte Task-System amerikanischer Giefsereien gehört dazu. Das Prämiensystem unterscheidet sich davon dadurch, dafs der Lohn für das einzelne Stück mit der Leistung des Arbeiters sinkt.

soll, von Fall zu Fall zu entscheiden. Bei manchen Arbeiten, so macht Halsey geltend, sei die Vermehrung des Ausbringens durch entsprechend gröfsere Muskelkraft erreicht, und dann müsse der Anteil grofs sein, in andern Fällen sei nur erhöhte Aufmerksamkeit auf Schnitt- und Vorschubgeschwindigkeit, gröfsere Handgeschicklichkeit und Vermeiden von Zeitverlust nötig; dann genüge ein geringerer Anteil. Halsey hat ferner vorgeschlagen, den Prämiensatz im allgemeinen gering zu halten und dafür die Grundzeiten reichlicher zu bemessen. Dies Verfahren erscheint dann angebracht, wenn Grund zu der Annahme vorliegt, dafs die Arbeiter vor Einführung des Prämiensystems zu wenig geleistet haben, wenn man also erwartet, dafs die Zeit erheblich verkürzt werden wird. Wenn man aber annimmt, dafs die Arbeiter ihre Schuldigkeit getan haben, so empfiehlt es sich, die Grundzeiten dem bisherigen Zeitverbrauch annähernd gleich zu setzen und lieber eine höhere Prämie zu geben. Man soll also, wenn es besonders schwierig ist, Zeit zu ersparen, den Anreiz dazu erhöhen. Das letztere ist auch die Regel in der amerikanischen Maschinenbaupraxis: die Lohnersparnis wird zu gleichen Teilen zwischen Arbeitgeber und Arbeitnehmer geteilt.

In den Snow Steam Pump Works bei Buffalo, N. Y., habe ich eine gleitende Skala für die Prämien angetroffen, Zahlentafel 4., worin der dem Arbeiter für die ersparte Zeit zu vergütende Satz von seinem Stundenlohn abhängig gemacht wird. Es werden 7 Klassen von Arbeitern unterschieden, und innerhalb jeder Klasse erhält derjenige, der

Zahlentafel 4.
Prämiensätze bei den Snow Steam Pump Works, Buffalo, N. Y.

Stundensatz	Prämie	Prämie als Prozentsatz des Stundenlohnes
cts	cts	vH
$5^1/_4$	5	95,3
7	»	71,5
$9^1/_2$	»	52,6
10	»	50,0
$10^1/_2$	»	47,6
$12^1/_2$	6	48
14	»	42,8
15	»	40,0
$15^1/_2$	»	38,7
16	7	43,7
$16^1/_2$	»	42,4
17	»	41,2
$17^1/_2$	»	40,0
18	»	38,9
$18^1/_2$	»	37,8
20	8	40,0
22	»	36,4
$22^1/_2$	»	35,5
23	»	34,8
$23^1/_2$	»	34,0
24	9	37,5
$24^1/_2$	»	36,7
25	»	36,0
$25^1/_2$	»	35,3
26	»	34,6
$26^1/_2$	»	34,0
$27^1/_2$	10	36,4
29	»	34,4
30	»	33,3
$32^1/_2$	11	33,9

den geringsten Lohnsatz hat, den gröfseren Prämienanteil, und das erscheint nicht ungerecht, wenn man annimmt, dafs jede Gruppe gleichartige Arbeiten auszuführen hat. Die Lohnabrechnung wird allerdings dadurch ein wenig verwickelter.

Ebenfalls eine gleitende Skala, und zwar in der Weise, dafs der Prämiensatz wächst, je gröfser die Zeitersparnis wird, ist bei der Dampfmaschinen-Firma A. L. Ide & Sons, Springfield, Ill., im Gebrauch[1]; dort wird jedem Arbeiter eine Zahlentafel in die Hand gegeben, worin für jede Grundzeit und jede ersparte Zeit eine Zahl enthalten ist. Mit dieser Zahl wird die Lohnsumme multipliziert, die ihm für die verbrauchte Zeit zustehen würde. Wenn z. B., Zahlentafel 5., ein Arbeiter bei einer Arbeit mit einer Grundzeit von 20 Stunden 5 Stunden erspart hat, und es beträgt sein Lohnsatz 30 Cents, so würde sein Stundenlohn von 4,50 Dollar mit 1,11 zu multiplizieren sein, der Arbeiter würde also 5 Dollar erhalten.

Die Arbeitgeber in den Vereinigten Staaten, welche das Prämiensystem eingeführt haben, sind, soweit meine

Fig. 364.
Lohnzettel der Bickford Drill & Tool Co., Cincinnati, O.

PREMIUM TICKET, SHOWING EARNINGS OF			
Mr. _John Smith_ No. 52 Tool No. 214			
On _Turning, Boring and Facing_			
6 Pieces. Marked 11 A 3 For Piece Order No. 5215			

TIME	HRS.	DATE	REMARKS
Commenced	10	7—24—99	
Finished	10.30	8—3—99	
Time Limit	102	RATE — EARNINGS	
Actual Time	88½	28	24	78
Premium	13½	14	1	89
Labor Cost of Work		26.67	
Labor Cost per Piece			
Inspected			
By		Foreman	Read Notice on Reverse Side.

Kenntnis reicht, mit den Ergebnissen durchaus zufrieden. Zunächst sind in allen Fällen die Erzeugungskosten erheblich verringert worden, indem die auf das einzelne Stück entfallenden Löhne und die allgemeinen Unkosten heruntergehen. Ein Beispiel — der erste Versuch zur Einführung des Prämiensystems bei der Bickford Drill & Tool Co., Cincinnati, O. — ist in dem Lohnzettel, Fig. 364, gegeben[2]. Bei einer Arbeitszeit von 102 Stunden würden die 6 Stücke, um die es sich handelt, an Zeitlohn 28,56 Dollar gekostet haben. Nach dem Prämiensystem sind aber nur 26,67 Dollar bezahlt, also 6,4 vH erspart worden. Der Arbeiter war $88^1/_2$ Stunden tätig und erhält 7,6 vH mehr Lohn, als er im Stundenlohn bekommen hätte.

Wie erwähnt, ist dies Beispiel ein erster Versuch; wenn das Prämiensystem längere Zeit in Anwendung steht und die Arbeiter sich die nötige Gewandtheit angeeignet haben, werden

[1] American Machinist, 7. Sept. 1899 S. 842.
[2] Engineering Magazine, Januar 1900 S. 573.

Zahlentafel 5.
Prämiensätze bei A. L. Ide & Sons, Springfield, Ill.

Grundzeit st	Zeitersparnis in Stunden																			
	$^1/_2$	1	$1^1/_2$	2	$2^1/_2$	3	$3^1/_2$	4	$4^1/_2$	5	$5^1/_2$	6	$6^1/_2$	7	$7^1/_2$	8	$8^1/_8$	9	$9^1/_2$	10
18	1,01	1,03	1,04	1,06	1,07	1,08	1,09	1,10	1,11	1,13	1,15	1,17	1,18	1,20	1,21	1,22	1,24	1,26		
19	1,01	1,03	1,04	1,05	1,06	1,07	1,08	1,09	1,10	1,12	1,14	1,16	1,17	1,20	1,21	1,22	1,23	1,25		
20	1,01	1,02	1,04	1,05	1,06	1,07	1,08	1,09	1,10	1,11	1,13	1,15	1,17	1,19	1,20	1,21	1,22	1,24	1,26	1,28

die Ergebnisse manchmal geradezu überraschend. H. N. Norris, Werkstattleiter der genannten Fabrik, hat die Löhne eines seiner Arbeiter während 1770 Stunden bekannt gegeben und sie mit den früher für dieselben Stücke bezahlten Löhnen verglichen[1]). Die Zahlentafel 6. zeigt, daſs hier durch das Prämiensystem 29,2 vH an Zeit und 14,6 vH an Löhnen gespart worden sind.

Zahlentafel 6.
Löhne und Prämien bei der Bickford Drill & Tool Co., Cincinnati, O.

Nr.	Anzahl der Stücke	Grundzeit st	wirkliche gebrauchte Zeit st	gezahlte Prämie Dollar	früher gezahlter Lohn Dollar	gegenwärtig gezahlter Lohn Dollar
1	2	20	14	0,78	5,20	4,42
2	18	72	50,50	2,80	18,72	15,92
3	18	180	126,75	6,92	46,80	39,88
4	6	30	23,25	0,88	7,80	6,92
5	»	»	20,75	1,20	»	6,60
6	»	»	20,50	1,24	»	6,54
7	»	»	20,50	1,24	»	6,54
8	»	»	20,25	1,26	»	6,52
9	»	»	18	1,56	»	6.24
10	»	»	18	1,56	»	6,24
11	16	80	58,50	2,80	20,80	18,0ℓ
12	»	»	57,25	2,96	»	17,84
13	»	»	52	3,64	»	17,16
14	6	66	54	1,56	17,16	15,60
15	»	»	49	2,21	»	14,95
16	»	»	48	2,34	»	14,82
17	»	»	48	2,34	»	14,82
18	6	66	49	2,21	17,16	14,95
19	6	54	40	1,82	14,04	12,22
20	»	»	38	2,08	»	11,96
21	»	»	37,50	2,15	»	11.89
22	»	»	36	2,34	»	11,70
23	»	»	35,75	2,37	»	11.67
24	»	»	35	2,47	»	11,57
25	12	144	103,75	5,23	37,44	32,21
26	»	»	103,50	5,26	»	32,18
27	»	»	97	6,11	»	31,33
28	12	150	102,75	6,14	39,00	32,86
29	»	»	102	6,25	»	32,75
30	2	26	21,50	0,59	6,76	6,17
31	10	105	73	4,16	27,30	23,14
32	6	21	16,75	0.55	5,46	4,91
33	»	»	16,50	0,59	»	4,87
34	6	30	23	0,91	7,80	6,89
35	12	66	48	2,34	17,16	14,82
36	2	30	22	1,04	7,80	6,76
37	12	39	29,25	1,24	10,14	8,90
38	6	54	40,50	1,76	12,96	11,20
insgesamt . . .		2500	1770	94,93	650,00	555,06

Auch Halsey hat derartige Zahlen aus dem Betriebe von Maschinenfabriken veröffentlicht[2]). Da sind u. a. Zeitersparnisse von 43 und 23 vH gemacht und Lohnersparnisse von 25 und 12 vH, während die durchschnittlichen Tageslöhne nur 29 und 18 vH gestiegen sind. In einem andern Falle, wo es sich um einen Satz von 100 Maschinen handelte, ist an Zeit 49 vH, an Löhnen 30,4 vH erspart worden, und die Leistungsfähigkeit der Fabrik, d. h. die Menge der in der Zeiteinheit gelieferten Stücke, hat sich um 104 vH gehoben.

Darin liegt nun ein weiterer Vorzug des Prämiensystems, der in vielen Fällen ausschlaggebend war, daſs es nämlich dort, wo es gegen das Stundenlohnsystem eingetauscht wird, das Ausbringen auſserordentlich vermehrt. Die Westinghouse

Electric & Mfg. Co. in Pittsburg, Pa., hatte bis zum Jahre 1897 das Stundenlohnsystem. Da entstand die Frage: Wie kann man mehr Arbeit mit denselben Einrichtungen leisten?, und als Ergebnis sorgfältiger Forschungen wurde von dem Leiter der Fabrik Philip A. Lange das Prämiensystem eingeführt. Tatsächlich gelang es, das Ausbringen in einzelnen Fabrikabteilungen um 50 bis 150 vH zu erhöhen. Das ist in einer Zeit des Hochganges der Industrie nicht allein für den Arbeitgeber, sondern für die gesamte Wirtschaftslage des Landes von auſserordentlicher Bedeutung.

Allerdings erhebt sich angesichts dessen sofort die Frage: Was geschieht mit dem Prämiensystem, das doch auf günstige Industrieverhältnisse zugeschnitten ist, wenn schlechtere Zeiten eintreten, wenn also eine Einschränkung der Produktion wünschenswert oder notwendig ist? Der Leiter einer der gröſsten Maschinenfabriken in Amerika erteilte mir die Antwort: »Dann werden wir einfach die Arbeitszeit verkürzen, etwa den Sonnabend ganz ausfallen lassen oder, wenn das nicht ausreicht, die Arbeiter in zwei Belegschaften teilen und jede davon abwechselnd eine Woche arbeiten lassen.«

Unter diesen Umständen begreift man, warum die Arbeiterverbände dem Prämiensystem, obwohl es ihnen zurzeit gröſseren Verdienst bietet, grundsätzlich widerstreben. Eine weitere Ursache für den Widerstand gegen den Prämienlohn besteht darin, daſs die Arbeiter nicht mehr als beim Stundenlohn leisten wollen aus Furcht, man könne ihnen vorwerfen, sie hätten früher gefaulenzt. Manchmal geht der Widerstand sogar von den Meistern aus, die annehmen, daſs, wenn sich herausstellt, daſs die Arbeiter früher zu lässig waren, ihnen das zur Last gelegt werden könne. Eine groſse Rolle spielt ferner ebenso wie beim einfachen Stücklohn die Befürchtung, die Sätze könnten vermindert werden, wenn der Verdienst des Arbeiters ein gewisses Maſs überschreitet. Bei der Westinghouse Electric & Mfg. Co. hatte man deshalb bei Einführung des Prämiensystems zunächst die Grundzeiten für ein Jahr festgelegt. Aber die Arbeiter hüteten sich wohl, zu viel zu leisten. Erst, als man ihnen versprach, die Grundzeiten überhaupt niemals zu ändern, es sei denn, daſs neue Maschinen oder neue Verfahren eingeführt würden, bekamen die Leute Vertrauen, und man erreichte Ergebnisse, wie sie oben mitgeteilt.

Auf hartnäckigen Widerstand stieſs im Jahre 1899 die Bickford Drill & Tool Co. Die Arbeiter weigerten sich anfangs, unter dem Prämiensystem zu arbeiten, und gingen so weit, die verdiente Prämie, als sie ihnen angeboten wurde, zurückzuweisen. Der Fabrikleiter bot darauf folgende Bedingungen an:

1) Jeder Arbeiter erhält nach wie vor seinen Tagelohn.

2) Die Grundzeiten sollen niemals kürzer festgesetzt werden, als die kürzeste Zeit unter dem Stundenlohnsystem für das gleiche Stück und die gleiche Arbeitsmaschine ausmacht.

3) Niemand soll entlassen werden, wenn es ihm nicht gelingt, weniger Zeit zu gebrauchen, als für die Grundzeit festgesetzt ist.

4) Jeder Arbeiter erhält für die gesparte Zeit 50 vH von seinem gewöhnlichen Stundenlohn.

5) Die Grundzeit soll niemals geändert werden, auſser wenn neue Verfahren eingeführt werden.

6) Alle Prämien sollen im Laufe von 2 Wochen nach Vollendung der Arbeit ausbezahlt werden[1]).

7) Nach einem Jahre soll das Prämiensystem für alle, die es nicht wünschen, aufgehoben werden.

8) Im Falle das letztere geschieht, soll der betr. Arbeiter nicht dazu angehalten werden, ebenso schnell wie unter dem Prämiensystem zu arbeiten, ohne daſs er einen Entgelt dafür erhält.

Die International Association of Machinists, welche die Entscheidung schlieſslich in die Hand bekam, konnte sich der Anschauung nicht verschlieſsen, daſs diese Bedingungen äuſserst entgegenkommend waren, und im Hinblick darauf, daſs sich, wie zuvor erwähnt, unter manchen ihrer Mitglieder ohnehin eine Stimmung für Stücklöhne geltend machte, be-

[1]) Engineering Magazine 1901 S. 585.
[2]) American Machinist, 9. März 1899 S. 180; 12. Juli 1902 S. 906.

[1]) Andere Fabriken in den Vereinigten Staaten zahlen die Prämie jeden Monat aus.

:schlofs sie, das Prämiensystem zuzulassen. Das geschah aber wohl nur, weil man sich nicht mächtig genug fühlte, ein Verbot aufrecht zu erhalten. Denn die Einwürfe, welche von den Unions gegen den Stücklohn erhoben werden, lassen sich mit demselben Recht gegen das Prämiensystem geltend machen: die Möglichkeit, dafs der Unternehmer den Grundzeiten die Leistung der flinkesten Arbeiter zugrunde legt, dafs die Sätze verkürzt werden, wenn der Verdienst der Arbeiter zu sehr steigt, und dafs eine Ueberproduktion eintritt, während der Arbeiter sich zu sehr anstrengt. Gegen die zuletzt angeführte Befürchtung läfst sich allerdings einwenden, dafs das Prämiensystem nicht so sehr zu aufsergewöhnlichen Anstrengungen verlockt, weil ja die Mehrleistung nur zur Hälfte bezahlt wird.

Im Grunde sind die Führer der American Association of Machinists noch immer entschiedene Gegner des Prämiensystemes, wie es zurzeit besteht, und man darf sich auf weitere Kämpfe gefafst machen[1]. Hat doch der Vorsitzende James O'Connell auf der Industrial Conference im Dezember 1902 die Forderung aufgestellt, dafs die volle ersparte Zeit dem Arbeiter bezahlt werde. »Wenn ein Arbeiter«, so sagte er, »der einen Stundenlohn von 25 Cents bezieht, eine Stunde spart, so gibt die Firma ihm nur $12^1/_2$ Cents für diese Stunde und behält $12^1/_2$ Cents für sich. Welches Recht, so frage ich, hat eine Firma, $12^1/_2$ Cents von meinem Stundenlohn abzuziehen, den ich doch anständigerweise verdient habe? Welches Recht haben sie, mich um $12^1/_2$ Cents für meine höhere Arbeitsleistung zu bestrafen?«

Es dürfte schwer sein, diesen Mann zu überzeugen, dafs seine Anschauung unrichtig ist. Wenn man ihm sagen würde, dafs die Abnutzung der Arbeitsmaschinen und ihr Kraftverbrauch gröfser wird bei gröfserer Leistung, so würde er wohl erwidern, dafs diese beiden Werte proportional dem Ausbringen wüchsen, dafs also der auf das einzelne Stück entfallende Anteil stets gleich bleibt. Vermuten läfst sich allerdings, dafs diese Abnutzung weit mehr als proportional wächst, weil die Maschinen leicht überanstrengt werden, wenn dem Arbeiter nur daran liegt, viel fertig zu stellen.

Es wäre übrigens sehr wertvoll, wenn über den Einflufs des Prämiensystemes auf die Aenderung des Kraftverbrauches und die Lebensdauer der Werkzeugmaschinen sowie auf die allgemeinen Unkosten Aufzeichnungen vorhanden wären; denn diese Werte müfsten bekannt sein, um ein vollkommen klares Bild über den Nutzen des Prämiensystemes zu gewinnen. Es ist mir aber leider nicht gelungen, über derartige Aufzeichnungen irgend etwas Genaueres in Erfahrung zu bringen[2].

Man kann ferner geltend machen, dafs das Prämiensystem eine eingehendere Anleitung der Arbeiter, eine sorgfältigere Prüfung der fertigen Stücks wie eine verwickeltere Lohnberechnung verlangt, und das sind doch Leistungen, für die dem Arbeitgeber unstreitig ein Anteil am Gewinn gebührt. Manchmal erwachsen dem Fabrikanten aus der Einführung des Prämiensystemes auch unmittelbare Ausgaben. So hat z. B. die American Tool Works Co., Cincinnati, O., jedem Arbeiter einen zweiten Satz Werkzeuge gegeben, damit er keine Pausen zu machen braucht, wenn ein Werkzeug angeschliffen wird. Eine andere Fabrik hat nach Einführung des Prämiensystemes neues Werkzeug für die Nachtschicht anschaffen müssen, weil

[1] Neuerdings ist in Rochester, N. Y., ein Ausstand ausgebrochen, weil die Arbeiter Abschaffung des Prämiensystems forderten (Stahl und Eisen 15. Juli 1903 S. 840).

[2] Der Leiter der Westinghouse Electric and Manufacturing Co., East Pittsburg, Pa., Hr. Philip A. Lange, hat mir auf eine Anfrage das Folgende mitgeteilt: »Es steht aufser Frage, dafs die Werkzeugmaschinen schneller verschleifsen unter der aufserordentlichen Beanspruchung, die durch die vermehrten Anstrengungen des Arbeiters, Prämien zu verdienen, verursacht ist; aber das können wir leicht vernachlässigen gegenüber der aufserordentlichen Verminderung der Herstellungskosten. Wenn es gewünscht würde, so könnte dieser Umstand leicht berücksichtigt werden, wie Sie es andeuten, durch einen gröfseren Prozentsatz der Abschreibungen für Abnutzung. Immerhin haben wir es nicht für notwendig gefunden, das in Erwägung zu ziehen.«

Die Bickford Drill & Tool Co., Cincinnati, O., teilt mir ebenfalls mit, dafs ihrer Ansicht nach die Abnutzung ein wenig vergröfsert wird, dafs diese Vermehrung jedoch nicht so bedeutend sei, um sie in Anrechnung zu bringen.

Klagen entstanden, dafs die eine Schicht der andern das Werkzeug in unbrauchbarem Zustande hinterlasse[1]). Ob aber alle diese Aufwendungen einen Anteil des Unternehmers von 50 vH und sogar mehr, wie in England, rechtfertigen, möchte ich dahingestellt sein lassen.

Was die Prüfung der Stücke betrifft, so geht man nich überall so weit, dafs man eine besondere Abteilung dafür errichtet, wie die Ingersoll-Sergeant Co., Easton, Pa., bei der 30 Prüfer unter einem Werkmeister tätig sind. Oft begnügt man sich, den Vorarbeiter auch mit der Prüfung zu betrauen, oder man läfst die einzelnen Leute die Arbeit des vorhergehenden Arbeiters kontrollieren, indem man sie für die Ausführung verantwortlich macht. Wenn also z. B. ein Mann an der Bohrmaschine ein schlecht gehobeltes Stück erhält, so hat er es zurückzuweisen; tut er das nicht, so hat er zu gewärtigen, dafs man von ihm, ebenso wie vom Hobler, Ersatz verlangt. Die Ersatzpflicht besteht gewöhnlich darin, dafs bei völlig unbrauchbaren Stücken der Arbeiter keine Bezahlung für seine Arbeit erhält oder, wenn das Stück nachgearbeitet werden mufs, die zu letzterer Arbeit erforderliche Zeit von der für die Prämie inbetracht kommenden Zeit in Abrechnung gestellt wird. Ja, es ist sogar vorgeschlagen worden[2]), 3 Klassen von Arbeitstücken zu unterscheiden: solche von tadelloser Beschaffenheit, für welche die volle Prämie bezahlt wird, solche von minderer Güte, aber immerhin brauchbar, für die ein bestimmter Abzug gemacht wird, und endlich solche Stücke die ganz verworfen werden müssen.

Für die Lohnberechnung ist es erforderlich, da das Prämiensystem eine Vereinigung von Zeit- und Stücklohn darstellt, dafs sowohl die Zeit wie die Anzahl der Stücke angeschrieben und in Rechnung gestellt wird. Vielfach hat man dem Vorarbeiter diese Schreibarbeit völlig entzogen und hat eigene Buchhalter angestellt, die durch die Werkstatt gehen und die Zeiten und die Stücke notieren. Der Vorarbeiter ist dann nur für die richtige Ausführung der Arbeit verantwortlich (American Tool Works Co.), und es ist beim Prämiensystem angebracht, dafs seine Aufmerksamkeit nicht davon abgezogen wird. Denn die Gefahr liegt immer vor, dafs die Beschleunigung der Arbeit zu Ungenauigkeiten veranlafst, weit mehr als beim Stücklohn, wo die Leistung der Arbeiter gewöhnlich durch stillschweigende Verabredung, durch Vorschriften der Unions und dergl. beschränkt ist. Es kommt z. B. beim Fräsen von Zahnrädern oder Zahnstangen oft genug vor, dafs der Arbeiter, um eine hohe Prämie zu erzielen, die Geschwindigkeiten so grofs nimmt, dafs das Stück unzulässig warm wird und beim Erkalten verzieht; später müssen dann die Zähne nachgefeilt werden. Das sind aber Vorkommnisse, die durch gute Aufsicht vermieden werden können und mit dem System nichts zu tun haben.

Mit ganz besonderer Sorgfalt müssen die Vorbereitungen getroffen, insbesondere die Grundzeiten angesetzt werden, ehe das Prämiensystem in den Betrieb eingeführt wird. Es darf nicht vorkommen, dafs, wie es in einer amerikanischen Fabrik tatsächlich der Fall ist, in der Fräserei die Prämien für den Mann im Durchschnitt etwa 60 Cents monatlich betragen, während die Hobler in derselben Zeit 15 bis 20 Dollar an Prämien verdienen. Das läfst darauf schliefsen, dafs die Grundzeiten falsch angenommen sind, und nachträgliche Aenderungen erregen leicht die Unzufriedenheit der Arbeiter. Deshalb läfst z. B. die Firma Gould & Eberhardt, Newark, N. J., welche die Absicht hat, das Prämiensystem einzuführen, sorgfältige Ermittlungen anstellen, wobei sie den in Fig. 365 auf S. 140 dargestellten Vordruck benutzt.

Aufser dieser Firma sind mir noch andere in den Vereinigten Staaten bekannt geworden, die im Begriffe stehen, zum Prämiensystem überzugehen, wie denn überhaupt diese Lohnart in den Vereinigten Staaten immer mehr an Boden zu gewinnen scheint. Um über die augenblickliche Verbreitung des Prämiensystems und anderer Lohnarten in amerikanischen Maschinenfabriken einen Ueberblick zu gewinnen, habe ich eine Umfrage bei 62 Fabriken gehalten, von denen die kleinste 100 Arbeiter, die gröfste 10 000 zählt. Darunter hatten vorwiegend

[1] Engineering Magazine, Mai 1903 S. 227.
[2] American Machinist, 2. März 1901 S. 174.

Prämiensystem 11
Stücklohn 21
Stundenlohn 20
Prämiensystem und Stücklohn 1
Stücklohn und Stundenlohn 5
Kontrakt-System (meist in Verbindung mit Stücklohn) . 4

Unter dem zuletzt angeführten Kontrakt-System ist hier nicht, wie es bisweilen in Amerika geschieht, ein erweiterter Stücklohn zu verstehen in der Weise, daß eine bestimmte Arbeit von einer Arbeitergruppe ausgeführt wird und der Gesamtlohn an die einzelnen Arbeiter ihrem Lohnsatz entsprechend verteilt wird. Das ist unter das gewöhnliche Stücklohn-System zu rechnen und weist tatsächlich keine grundsätzlichen Unterschiede von diesem auf. Vielmehr ist das Kennzeichnende des Kontrakt-Systems, daß der Arbeitgeber die einzelnen Arbeiten an selbst mitarbeitende Afterunternehmer für einen bestimmten Preis überträgt, und daß es den letzteren überlassen bleibt, sich mit ihren Arbeitern über den zu zahlenden Lohn zu einigen. Der Afterunternehmer ist für die Ausführung der Arbeit verantwortlich, d. h. er hat unter Umständen Ersatz zu leisten; er hat darauf zu sehen, daß die Rohstoffe rechtzeitig geliefert werden, daß seine Arbeiter fleißig und sorgsam arbeiten, und daß seine Werkzeuge und Arbeitsmaschinen, wenn nötig, ausgebessert werden.

Bei dieser Lohnart sind zwei Parteien im Vorteil, der Arbeitgeber und der Afterunternehmer. Der erste darf zunächst sicher sein, daß die Arbeiten rasch ausgeführt werden, denn der Afterunternehmer hat das größte Interesse, seine Leute zur Emsigkeit anzuhalten und die Arbeitspausen zu vermindern. Ein Vorkommnis in den Baldwin Locomotive Works, Philadelphia, Pa., kann als Beispiel für das zuletzt Gesagte dienen. Dort werden in der Tenderabteilung die Rahmen und Wasserkasten im ersten und zweiten Stock eines Gebäudes hergestellt und dann mittels eines Aufzuges in das dritte Geschoß befördert, wo sie zusammengebaut und auf die Achsen gesetzt werden. Eines Tages zerbrach ein Teil des Aufzuges, und man rechnete aufgrund früherer Erfahrungen auf 2 Wochen für die Ausbesserung. Aber dank den Bemühungen des Afterunternehmer gelang es, den Fahrstuhl schon nach 2 Tagen wieder in Betrieb zu setzen.

Der Afterunternehmer stellt seine Arbeiter, im Durchschnitt 5 bis 6, gewöhnlich mit Genehmigung des Werkmeisters an, oder er erhält sie von der Fabrikleitung überwiesen. Er führt eine Lohnliste; die Löhne werden aber von der Firma ausbezahlt oder, richtiger gesagt, für den Afterunternehmer verauslagt. Die Leute arbeiten im Tagelohn, der meist mit dem Afterunternehmer verabredet wird und der Genehmigung des Betriebsleiters unterliegt. Dabei ist es nur zu natürlich, daß der Afterunternehmer möglichst niedrige Löhne zahlen will und auf der andern Seite aus seinen Leuten soviel wie irgend möglich herauszuschlagen versucht, denn je mehr diese für den ihm gezahlten Lohn leisten, desto größer wird der Verdienst des Afterunternehmers, der ja selbst aus dem Arbeiterstande hervorgegangen ist, und es ist eine alte Erfahrung, daß der Arbeiter als Untergebener niemals härter behandelt wird als von seinesgleichen.

Eine weitere Folge dieses Systemes ist, daß der Afterunternehmer geneigt ist, minderwertige Kräfte und jugendliche Arbeiter einzustellen; der bessere Arbeiter gibt sich nicht gern dazu her, und er findet auch in den Vereinigten Staaten zurzeit leicht anderweitige Beschäftigung. Es ist in den beteiligten Kreisen bekannt, daß der Wert der Arbeiter in derartigen Fabriken, z. B. in den Baldwin Locomotive Works, gering ist, und das ist auch schon öffentlich zum Ausdruck gekommen[1]. Mit Recht darf man schließen, daß auch die gelieferte Arbeit nicht immer von der vorzüglichsten Beschaffenheit ist, denn der Afterunternehmer hat ja kein Interesse daran, daß die Arbeit so gut wie möglich ausfällt, wenn sie nur ausreichend ist, um nicht zurückgewiesen zu werden, und bis zu einer gewissen Grenze ist er sein eigner Aufseher.

Eine Spielart dieses Kontraktsystemes findet sich in Cramps Shipyard, Philadelphia, Pa. Dort läßt man von denjenigen Afterunternehmern, von denen die Firma weiß, daß sie in der Lage sind, eine bestimmte Arbeit ordnungsmäßig auszuführen, Preisangebote für die betreffende Arbeit machen und erteilt dem Billigsten den Auftrag. Der Gedanke, der diesem Verfahren zugrunde liegen dürfte, daß nämlich die Afterunternehmer, erfahrene Arbeiter, am besten in der Lage sind, die Preise im voraus zu berechnen, erscheint vielleicht auf den ersten Blick einleuchtend. Aber liegt nicht die drohende Gefahr vor, daß der Afterunternehmer, um die Arbeit zu bekommen, ein recht niedriges Angebot macht und sich nachher dadurch schadlos hält, daß er seine Leute schindet? Deshalb muß man gegen solches Verfahren Einspruch erheben.

Das sind die vier Lohnarten, die in der amerikanischen Maschinenindustrie Verbreitung gefunden haben: das Zeitlohnsystem, gefordert von den Arbeiterverbänden und begünstigt von einigen Arbeitgebern, das Stücklohnsystem, bekämpft von der Arbeiterpartei und bevorzugt von den Arbeitgebern, das Prämiensystem, worin beide Parteien einen vorläufigen Kompromiß gefunden haben, und schließlich das Kontraktsystem, dessen Anwendung auf wenige Betriebe beschränkt ist.

Vereinzelt kommen noch einige andere Lohnarten vor. Da ist das Differentialsystem von Fred W. Taylor (Midvale Steel Co., Philadelphia, Pa.)[2], das dadurch gekennzeichnet ist, daß ein hoher Preis für schnelle und gute Arbeit gezahlt wird, ein geringer für langsame und minder gute; es hat, soweit meine Kenntnis reicht, keine weitgehende Verbreitung in der Maschinenfabrikation gefunden. Auf das Taylorsche System baut sich das von H. L. Gantt auf[3], das zugleich mit dem Taylor-White-Schnelldrehstahl in die Maschinenwerkstätten der Bethlehem Steel Co. eingeführt worden ist. Es beruht darauf, daß dem Arbeiter für jede Arbeit eine bestimmte Zeit gegeben wird; wenn er diese überschreitet, so erhält er nur seinen Tagelohn, wenn er aber die Zeitgrenze innehält, so wird ihm neben seinem Lohn eine Belohnung (bonus) gezahlt. Dem Arbeiter wird

Fig. 365.

Ermittlungskarte für die Einführung des Prämiensystems; Gould & Eberhardt, Newark, N. J.

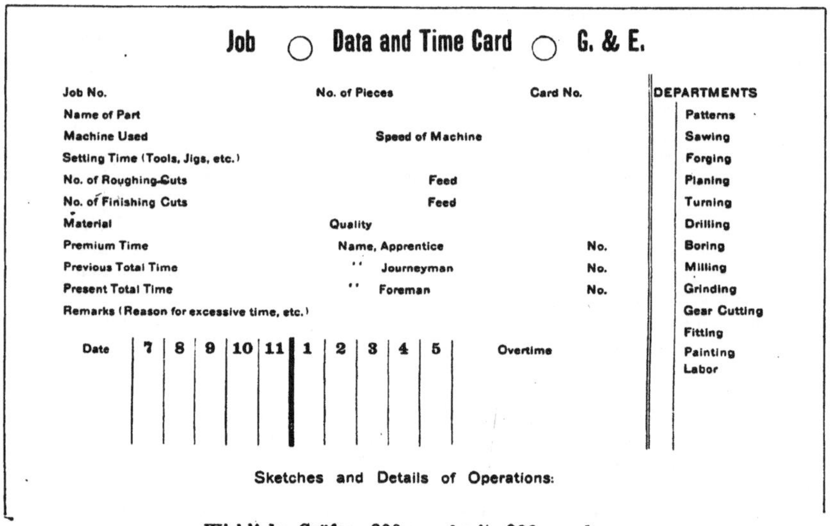

Job ○ Data and Time Card ○ G. & E.

			DEPARTMENTS
Job No.	No. of Pieces	Card No.	
Name of Part			Patterns
Machine Used	Speed of Machine		Sawing
Setting Time (Tools, Jigs, etc.)			Forging
No. of Roughing Cuts	Feed		Planing
No. of Finishing Cuts	Feed		Turning
Material	Quality		Drilling
Premium Time	Name, Apprentice	No.	Boring
Previous Total Time	" Journeyman	No.	Milling
Present Total Time	" Foreman	No.	Grinding
Remarks (Reason for excessive time, etc.)			Gear Cutting
			Fitting
Date 7 8 9 10 11 1 2 3 4 5	Overtime		Painting
			Labor

Sketches and Details of Operations:

Wirkliche Größe: 288 mm breit, 298 mm lang

---

[1] Industrial Conference 1902 S. 87.

[2] Transactions of the American Society of Mechanical Engineers Bd. XVI S. 856.

[3] ebenda Bd XXIII S. 341.

für jede Arbeit eine Instruktionskarte gegeben, auf der die einzelnen Handhabungen der Reihenfolge nach aufgezählt und die zu benutzenden Werkzeuge, Schnitt- und Vorschubgeschwindigkeiten sowie die zulässige Zeitdauer angegeben sind. Auch das Ganttsche Lohnsystem hat, abgesehen von der Bethlehem Steel Co., bisher im Maschinenbau keine weitere Verbreitung gefunden.

Eine Gewinnbeteiligung, die dem Arbeiter außer seinem Lohn gewährt wird, jene ideale Forderung mancher Volkswirtschaftler, habe ich in keiner der von mir besuchten Fabriken angetroffen. Die Yale & Towne Mfg. Co., Stamford, Conn., hatte im Jahre 1887 eine derartige Einrichtung geschaffen, die auf einem gesunden Gedanken beruht. Der Arbeiter wurde nämlich nur an dem Gewinn beteiligt, der aus seiner Tätigkeit herrührt, während er keinen Anteil an demjenigen hatte, der sich seinem Einfluß entzieht und gelegentlich in Verlust umschlagen kann, d. i. der schwankende Wert der Rohstoffe und die allgemeinen Unkosten. Es kamen für die Ertragbeteiligung inbetracht: die Löhne, die Rohstoffe, für welche zu diesem Zweck ein fester Preis angesetzt wurde, Putz- und Schmierstoffe, Werkzeuge, Kraft, Licht und Wasser, Erneuerungen und Reparaturen der Anlage und Gehälter für Aufsichtsbeamte. Bei Einführung der Ertragbeteiligung wurden diese Werte aus den Erfahrungen der letzten Jahre festgestellt und die Herstellungskosten für die Einheit jedes Erzeugnisses berechnet. Man teilte nun dem Arbeiter mit, daß, wenn es gelänge, diese Kosten herabzudrücken, so sollte am Ende des Jahres die Hälfte der Ersparnis dem Unternehmer zufallen, die andere Hälfte sollte unter die Arbeiter nach Maßgabe ihres Lohnsatzes und ihrer Arbeitsstunden verteilt werden.

Wie derartige arbeiterfreundliche Einrichtungen zu tun pflegen, so bewährte sich auch diese in den ersten Jahren, aber auch nur in den ersten Jahren, gut, und Henry R. Towne, der Leiter der Firma, konnte im Jahre 1889 auf einer Versammlung der American Society of Mechanical Engineers verkünden, daß gegenwärtig 300 seiner Arbeiter an diesem Lohnsystem beteiligt seien, und daß es sich zweckmäßig und vorteilhaft gezeigt hätte. Heute ist das System, wie die meisten ähnlichen, verschwunden, und bei der Yale & Towne Mfg. Co. wird nach reinem Stücklohn gearbeitet. Als Grund dafür, daß die Ertragbeteiligung aufgegeben ist, wird angegeben, daß sich unter den Arbeitern Unzufriedenheit zeigte, und daß es ihnen widerstrebte, mit der Auszahlung des Gewinnes jedesmal bis zum Jahresende zu warten. Die Firma selbst glaubte ebenfalls, schlecht weggekommen zu sein, und ihre Abneigung erscheint verständlich, wenn man sich die Mühe vergegenwärtigt, die sie hatte, die Einheitskosten der einzelnen Stücke alljährlich für diese Ertragbeteiligung besonders zu berechnen.

Eine ganz eigenartige Gewinnbeteiligung besteht darin, daß man es den Arbeitern möglich macht, Aktien des Unternehmens, bei dem sie beschäftigt sind, zu kaufen. Im Jahre 1893 machte die Illinois Central-Eisenbahn ihren Angestellten und Arbeitern das Anerbieten, gegen Abzahlungen von 5 Dollar oder einem Vielfachen davon Aktien zu kaufen. Bis zur vollkommenen Abzahlung der Aktie wurde die gezahlte Summe mit 4 vH verzinst, und der Angestellte durfte erst dann eine zweite Aktie erwerben, wenn die erste abbezahlt war. Der Kurs, zu welchem die Aktien abgegeben werden sollten, wurde von Monat zu Monat festgelegt. Die Aktien wurden auch so lange von den Arbeitern willig gekauft, als sie unter Pari standen[1]).

<hr>

[1]) Report of the Industrial Commission Bd. XVII, S. 865.

Andere große Unternehmungen sind in ähnlicher Weise vorgegangen. Im Anfang 1903 ist auch die United States Steel Corporation mit einem derartigen Plan hervorgetreten, wobei wohl das Beispiel der National Steel Co., jetzt ebenfalls ein Glied der Steel Corporation, welche bereits einer größeren Zahl ihrer Arbeiter Aktien verkauft hatte, mitgewirkt haben dürfte. Die United States Steel Corporation hatte 25 000 Stück siebenprozentiger Vorzugsaktien (preferred stock) vom Nennwerte 100 Dollar bereitgestellt und zum Kurse von 82,5 Dollar ihren Angestellten angeboten. Als diese Aktien zweimal überzeichnet waren, sind noch weitere 20 000 Stück hinzugefügt worden. Die Angestellten und Arbeiter der Steel Corporation wurden ihrem Einkommen nach in 6 Klassen geteilt. Die der ersten Klasse angehörigen Personen mit einem Einkommen von 20 000 Dollar und mehr dürfen bis zu 5 vH ihres jährlichen Einkommens an Aktien kaufen, die zweite Klasse von 10 000 bis 20 000 Dollar bis zu 8 vH und so fort bis zur letzten Klasse von 800 Dollar Einkommen und darunter, welche bis zu 20 vH erwerben darf. Die Abzüge werden monatlich vom Gehalt oder von den Löhnen gemacht, es dürfen jedoch nicht mehr als 25 vH abgezogen werden; in 3 Jahren muß die Gesamtsumme abbezahlt sein. Sogleich nach der ersten Zahlung erhält der Angestellte das Recht auf die siebenprozentige Verzinsung, er muß aber selbst das vorgestreckte Geld mit 5 vH verzinsen, sodaß er tatsächlich ein Geschenk von 2 vH erhält. Wenn der Angestellte die Abzahlungen einstellt, so bekommt er seine Einlage unverkürzt zurück. Wenn alles abbezahlt ist, so wird ihm seine Aktie ausgehändigt, und wenn er sie dann 5 Jahre in seinem Besitz behält und zugleich im Dienste der United States Steel Corporation bleibt, so wird ihm für jede Aktie noch der Betrag von 25 Dollar ausbezahlt; während dieser 5 Jahre würde der Betreffende also von dem angelegten Kapital tatsächlich rd. 14,6 vH Zinsen jährlich erhalten. Es ist mitgeteilt worden[1]), dass von den 168 000 Angestellten der Steel Corporation sich fast ein Sechstel an der Zeichnung beteiligt hat, und daß die Hälfte aller Zeichner aus Arbeitern besteht. Wie viel Stücke aber insgesamt von Arbeitern gezeichnet worden sind, ist leider verschwiegen worden.

Die Unternehmerin hat bei ihrem Anerbieten im Auge gehabt — wenigstens hat sie das in einem Rundschreiben an ihre Aktionäre vom 31. Dezember 1902 zum Ausdruck gebracht —, sich einen tüchtigen Stamm von Beamten und Arbeitern heranzuziehen und zu erhalten, der am Unternehmen selbst interessiert ist; und was dem Arbeiter geboten wird, klingt zunächst recht verlockend. Aber ist es denn recht, den Arbeiter zu veranlassen, seine Ersparnisse in Börsenpapieren anzulegen, die doch mehr oder minder unsichere Werte darstellen? Die Vorzugsaktien bieten zwar eine Verzinsung von 7 vH; wenn aber der Ertrag des Unternehmens dazu nicht ausreicht, so wird der Zinsfuß vermindert, und es bleibt nur der Anspruch auf Nachzahlung in besseren Jahren. Und jetzt denke man, daß in einer Zeit wirtschaftlichen Niederganges ein Arbeiter in die Lage versetzt wird, seinen Aktienbesitz verkaufen zu müssen! Dann ist es möglich, daß er seine Ersparnisse oder einen Teil davon vollkommen verliert. Deshalb kann die Beteiligung des Arbeiters als Aktionärs des Unternehmens eine richtige Lösung der Lohnfrage nicht bilden[2]).

<hr>

[1]) Carnegies Präsidialrede im Iron & Steel Institute, 7. Mai 1903.
[2]) Tatsächlich war der Kurs seitdem (am 14. Mai 1904) bereits auf $51^3/_4$ gesunken, während seiner Zeit das Angebot zu einem Kurs von 82,5 recht günstig war.